不完全性定理

The Incompleteness Theorems

菊池 誠
Makoto Kikuchi

共立出版

亡き父，菊池武之進に捧ぐ

はじめに

数学基礎論と不完全性定理

　人間の精神的な活動を感性と理性に区別するならば，音楽や絵画といった芸術は感性の領域に，数学は理性の領域に属するとされている．もちろん，芸術にも膨大な理論があり，数学に美しさを見出す人がいるなど，実はこの区別は単純なものではない．しかし，少なくとも数学の問題の答は常に一つに定まり，見方によって答が変わり得る国語の問題のような曖昧さはないと言われている．そして，数学の正しさには一分の隙もなく，数学では矛盾する二つの結論が導かれることは決してないと昔から信じられている．この確信は極めて強く，そもそも「信じられている」という言葉を使うことは不適切であり，不謹慎でさえあるかも知れない．

　この数学の正しさと無矛盾性に対する確信が揺らいだことがかつて一度だけあった．無理数の発見から2000年以上が過ぎ，ようやく実数の定義を与えることに成功した直後，19世紀末から20世紀初めにかけて数学の中で次々と逆理が発見された．正しさは数学の絶対的な規範であり，たとえ一カ所にでも亀裂が入れば数学の世界全体は粉々に砕けてしまう．逆理の発見は

「数学の危機」を引き起こして，我々の数学の正しさに対する確信を揺るがした．やがて第一次世界大戦を迎えるこの時代は，物理学では相対性理論や量子力学が誕生し，芸術においても調性を欠いた音楽が出現し，遠近法を放棄した絵画が描かれるなど，様々な分野で古くから伝わる伝統的な世界観や価値観への信頼が失われていった時期でもあった．

この数学の基礎に関する「不安の時代」には，数学の基礎をめぐって論理主義，直観主義，形式主義という三つの思想が出現し，特に形式主義と直観主義との間で激しい論争が交わされた．そして，数学の定理や証明を形式化することで，果たして数学は正しく無矛盾なのか，そもそも定理や証明とは何なのかといった哲学的な問題に対して，伝統的な哲学的手法によってではなく，数学的手法を用いて答えようとする形式主義の試みの中から数学基礎論と呼ばれる数学の一分野が生まれた．

二つの世界大戦の間，世界恐慌が起きた頃に Gödel によって証明された不完全性定理は，同じく Gödel によって証明された完全性定理と並んで数学基礎論にとって最も重要で，最も有名な基本定理である．そしてこの不完全性定理は，数学の世界全体の無矛盾性を「有限の立場」で証明することで数学を危機から救おうとした Hilbert のプログラムが実現不可能であることを明らかにした定理であった．

不完全性定理，より正確には第二不完全性定理によると，数学の命題や証明がすべて形式化可能だとすると，数学の世界全体の無矛盾性は「有限の立場」どころか，数学的知識のすべてを用いても証明できない．そのため，もしも数学的知識のすべてを人間の理性と同一視してもよいなら，不完全性定理は「人間の理性の限界を示した定理」ということになる．もちろん，このような解釈は証明も反証もできない数多くの暗黙の前提の上に成り立つものであって，数学的に誠実な立場からは強く批判されることが多い．しかし，こうした解釈が不完全性定理に大きな魅力を与え，数学とは直接には関係しない分野の人々にも多くの刺激を与えてきたことも事実である．

多種多様な文脈で様々なことが不完全性定理について物語られてきた．不完全性定理は数学の専門家以外にも最もよく知られている現代数学の定理の一つであろう．

宴のあと

さて，Hilbert のプログラムは破綻し，数学の危機を解消する明確な証拠は見つかっていないにもかかわらず，数学の危機が真面目に論じられていた「不安の時代」は意外に簡単に終わった．現在，数学の基礎を本気で心配している数学者はまずいない．これは，集合に関する逆理の発生のメカニズムが解明され，公理的集合論が整備されて，その公理的集合論は無矛盾であると信じられるようになったこと，数学の世界の一部分である算術の世界の無矛盾性が数学的に証明されたことなどによって，数学の基礎に対する危機感が徐々に薄れていった結果であろう．

「不安の時代」に数学の危機と立ち向かうために生まれた数学基礎論は，数学の世界全体の無矛盾性を証明するという当初の目標を達成することなく，「不安の時代」の終焉と共に数学を危機から救うという役目を終えた．しかし，その役目を終えた後でも数学基礎論は消滅せずに，20 世紀後半に著しい発展を遂げた．

だがこれは，多くの数学者が数学の基礎の問題を忘れた後にも孤高を守り，数学の危機の完全な解消を目指して数学の基礎の問題に挑み続けた，という訳ではない．「不安の時代」が通り過ぎた後，数学基礎論は哲学と袂を分かち，独自の数学的な問題意識や価値観を見出した．数学基礎論の専門家は「哲学的な動機のもとで数学基礎論を語る時代は終わった」と考えるようになり，哲学を連想させる「数学基礎論」という名称よりも，「数理論理学」や「論理学」，ただし「数学」や「哲学」と対峙する「論理学」ではなく，「代数学」や「幾何学」と並ぶ「論理学」という名称を好むようになった．数学基礎論は普通の数学に生まれ変わった．

不完全性定理についても数学基礎論の専門家の間では，哲学的な意義よりも様々な数学的応用可能性のほうが大切であると考えられるようになった．電子技術の爆発的な発展と共に成長した計算機の基礎理論においても不完全性定理は重要な基本定理の一つであるが，そこでも不完全性定理は定理の主張そのものよりも，定理の証明の中で提案され用いられた様々な考え方や，不完全性定理から導かれる事実のほうが遥かに重要であると考えられているであろう．数学の中でも外でも，不完全性定理は使うものであって，もはや

語るべき対象ではないと考えている人は少なくない．

　しかし今でも，不完全性定理は分からないと感じている人は珍しくはないし，不完全性定理に関する議論は続いている．その議論の中には不完全性定理の情報論的解釈を謳う華やかなものもあれば，偏屈者の拘りのようなものもある．不完全性定理の周辺にある数学的な結果が不完全性定理に新たな見方を与えている場合もある．そして，表面上は細部に執着する技術的な議論に見えても，背後には哲学的な動機がある場合がある．逆に，純粋に数学的な議論が，予期せず「数学の危機」とも「人間の理性の限界」とも違う哲学的な話題と繋がりを持つ場合もある．

　不完全性定理とは数学の形式化についての定理であり，自然数の形式的な理解に関する定理である．述語論理と公理的集合論が得られたことによって，数学の形式化は既に20世紀前半に終わっていると考えられることも多い．しかし，必ずしも我々は形式化された数学とは何であるのか，数学の正しさに対する信頼が何に由来するのかを十分に理解している訳ではない．数学の正しさとは何なのか，数学の形式化とは何なのかという古めかしい問は今でも謎のままである．そして，この問は不完全性定理の難しさや面白さの根源であって，この悩ましい問と深く関わっているからこそ不完全性定理は今でも論じられ，関心を持たれているのであろう．

　「不安の時代」には数学の危機を解消するために，数学の正しさや数学の形式化とは何なのかを明らかにする必要があった．「不安の時代」が幕を閉じた後では，少なくとも大方の数学者にとっては，数学の正しさや数学の形式化について考える必要はなくなった．しかし，数学の正しさとは何なのか，数学の形式化とは何なのかという問は普遍的なものであり，「不安の時代」の終焉とは無関係に興味深く，大切である．

　人間の精神的な活動を感性と理性に区別するありふれた二分法は，芸術とは何か，数学とは何かという問に対して口当たりのよい答を与える．しかしその答は，我々が数学に感嘆するときに何に驚いているのか，数学が分からないと感じているときに何に躓いているのかを覆い隠してしまう．確かに数学は理性と結びつくであろう．しかし，感性と理性という乱暴な二分法を掲げるだけでは理性を説明したことにはならない．そして，数学の形式化を振り返り，不完全性定理について考えることは，数学と理性について語るため

の新たな言葉を生み出すことの手掛かりになるであろう.

不完全性定理を解明し尽くされた歴史上の定理と考えるにはまだ早過ぎる. 本書では「不安の時代」が過ぎ去った後の数学的な立場から, 不完全性定理にまつわる幾つかの物語を紹介してみたい.

本書の目標と構成

本書の執筆にあたり, 不完全性定理を初めて学ぶ人のための教科書, ある程度の数学的素養を持ち, 不完全性定理に興味を持ってはいるが本格的に勉強する余裕はない人のためのガイドブック, 不完全性定理にまつわる非数学的な読み物という, 矛盾する三つの目標を設定した. 一般に数学の専門書を読むときに, 意図や目的を理解することは重要であるが, 大抵の場合, 数学に慣れていれば計算や論証から意図や目的は自分で再構成できる. しかし数学基礎論は少し特殊であり, 数学に慣れていても数学的な議論からは意図や目的を察し難いことは珍しくない. まして数学に不慣れな場合には, 数学基礎論で分かり難い事柄に出会ったときに何が分からないのかを明確にさせることは著しく困難である. その理解し難い部分を丁寧に説明することが本書の一番の目標である.

本書は数学基礎論に関する予備知識をまったく仮定しておらず, 命題論理や述語論理, 算術や集合論, 計算可能性などに関する数学基礎論の基礎的な教科書として読むことも可能である. ただし本書で扱う話題は不完全性定理に関わるものに特化しているので, 本書は数学基礎論の教科書としては良く言えば個性的であり, 悪く言えば偏っている. また本書は, 不完全性定理に関係のある話題に限定しても, 標準的な内容を一通り紹介するものではないし, 不完全性定理に関係する比較的最近の話題も紹介するが, 必ずしも数学基礎論の発展に沿って先に進むことを目指すものでもない.

本書の最も大きな特徴は, 不完全性定理の意義や位置付けといった哲学的な話題について積極的に論じていることにある. ただし, 正直なところ, 筆者は今でも不完全性定理は分からないと感じており, それは不完全性定理を学び始めた頃と大して変わらない. 本書の哲学的な議論は, 不完全性定理の難しい箇所を分かり易く説明するものではなく, 分からない場所で逡巡し,

なぜ分からないのかと反省するものであり，一般に「ここまでは分かっている」と考えられている事柄について，「本当に分かっているのか」と問い直すものである．

なお，本文中では数学的な議論と標準的な考え方の紹介に留め，個人的な見方に基づく哲学的な議論は「注意」や脚注と，最後の第 9 章にまとめた．ただし，本書で初めて不完全性定理を学ぶ場合には，むしろ，これらの議論が不必要な混乱を引き起こす恐れもある．そのような場合には，これらの議論は適宜，読み飛ばして先に進んで頂きたい．

本書は，第 2 章と第 3 章，第 4 章から第 6 章，第 7 章と第 8 章という三つの部分に分けられる七つの章からなる主に数学的な主要部分と，その三つの部分を挟んでいる非数学的で補足的な第 1 章と第 9 章という二つの章から構成されている．各章の内容は概ね独立しており，興味や予備知識に応じて特定の章のみを読むことも可能であろう．

第 2 章と第 3 章ではそれぞれ命題論理と述語論理を紹介する．初めて数学基礎論に触れる人が十分に理解できることを目指し，数学基礎論に関する予備知識は一切仮定しない．高度な数学的予備知識は必要ないが，数学で用いられる集合や関数についての標準的な知識は必要であろう．

第 4 章から第 6 章は不完全性定理の舞台となる算術や集合論といった理論と計算可能性，表現可能性の概念を紹介する．第 4 章では不完全性定理の舞台となる Peano 算術と Zermelo-Fraenkel の集合論を導入する．第 5 章では計算可能な関数や集合に関わる基本的な概念を紹介し，第 6 章では計算可能な関数や集合の形式的な定義可能性と表現可能性を紹介する．この三つの章の内容は不完全性定理を証明するための単なる予備知識というよりは，不完全性定理についての議論の根幹である．第 4 章は第 3 章の内容を仮定するが，第 5 章は予備知識なしで読むことができる．第 6 章は第 4 章と第 5 章の内容を仮定する．なお，第 6 章の内容は不完全性定理の証明にとって最も重要な部分であるが，最も退屈な部分でもある．この部分は数学基礎論の教科書では「やれば出来る」と書いて終わりにされることも珍しくないし，丁寧に書けば書くほど読まれない可能性が高い．第 6 章の個々の定理の証明は標準的なものであるが，議論全体の構成を工夫することで証明の見通しを良くすることを心がけた．

第7章で第一および第二不完全性定理の証明を紹介する．本書で紹介する不完全性定理の証明はごく標準的なものであるが，第7章では不完全性定理の証明に関連してあまり論じられることのない話題も紹介する．第8章では不完全性定理が数学の中で占める位置を理解する上で重要であると思われる数学的な事実や哲学的な議論を紹介する．

第1章と第9章では不完全性定理の歴史的な背景と不完全性定理からの帰結について議論する．第1章では数学基礎論の誕生から現在の状況までの数学の基礎をめぐる論争を概観し，不完全性定理の歴史的もしくは哲学的な背景を紹介する．第9章は数学基礎論全般に関する随想であって，かなり主観的で粗雑な考察であるが，第1章からの継承であり，第1章で提示した話題への再考である．本書の執筆にあたり最初に書いたのが，本書の最後に置かれている第9章であった．本書では全編を通して第9章で紹介する問題意識のもとで議論がなされている．第9章は問題提起であって，本書の要約や結論ではない．

謝辞

本書は足立恒雄先生のお勧めにより執筆することになったものである．執筆開始後も足立恒雄先生は一つの話題に留まりがちな筆者を先に進むよう促し，内容に関する貴重なご意見を下さり，全編を通して本書の原稿を注意深くお読みになられて表現の改善点等をご指摘下さった．足立恒雄先生がいらっしゃらなければ本書を書き始めることも，書き終えることもなかったであろう．足立恒雄先生に謹んで感謝の意を表したい．そして，手間のかかる具体的な計算や文献の調査を怠りがちである筆者を助け，豊富な知識を提供し，本書の原稿を注意深く確認してくれた倉橋太志さん，黒川英徳さん，本書を形のあるものにして下さった共立出版の赤城圭さんに感謝したい．

以下の方々は本書の原稿を丁寧に読んで何頁にも及ぶ詳細なメモをお送り下さり，内容や表現について数多くの改善点をご指摘下さった：秋吉亮太，佐藤文広，渕野昌，三宅克哉，山田竹志，依岡輝幸（敬称略，順不同）．また，以下の方々は本書で紹介した話題や考え方，本書の原稿に対して貴重なご意見，ご感想をお寄せ下さった：新井敏康，新井紀子，飯田隆，大西琢朗，

岡本賢吾，金子洋之，川居慧士，酒井拓史，鈴木佑京，高橋優太，田中一之，長坂一郎，福田拓生，八杉滿利子，藁谷敏晴（敬称略，順不同）．以上の先生方や友人達に深く感謝したい．

　本書は筆者が数学科に入学してから現在に至るまでに不完全性定理について学び，考えてきたことを纏めたものであるが，本書で紹介する話題に興味を持つようになったことは，数学基礎論の中で証明の複雑さの理論を，また数学基礎論の外で工学設計論および状況意味論を学んだことの影響が大きい．不完全性定理のことを教えてくれた花田悟さん，証明の複雑さの理論を紹介して下さった新井紀子さん，新井敏康さん，工学設計論にお誘い下さり，様々なことをお教え下さった角田譲先生，北村新三先生，上田完次先生，工学設計について膨大な議論をした長坂一郎さん，柳生孝昭先生，状況意味論の手ほどきをして下さった下嶋篤さんに謹んで感謝の意を捧げたい．

　数学基礎論は数学，哲学，計算機科学の重なり合う場所にあり，不完全性定理は数学基礎論の基本定理の一つである．筆者が数学基礎論を学んだのは，数学が得意で数学を志し，数学の中で専門として数学基礎論を選んだからではなく，まず計算機に関心を持ち，次に推論や計算，言語といった哲学的な話題に興味が移って，その話題について考えるためには数学基礎論を，そして数学を知る必要があると考えたからであった．しかし，実際に数学を学んでみると，数学の世界はとても魅力的であり，数学基礎論と数学の他の分野には多様な結びつきがあって，数学基礎論は哲学的であるというよりは数学として成熟した分野であることを知った．数学基礎論を学ぶにつれて計算機や哲学的な話題への関心は薄れていった．

　不完全性定理と逆理という，現在の数学基礎論では些か時代遅れで哲学的な話題で数学の学位を取得した後，その頃，数学基礎論で話題になっていた弱い算術と証明の複雑さの理論を勉強した．この分野の数学的に割り切った態度は心地よく，新鮮であった．特に証明の複雑さの理論ではもっぱら計算量理論の基本問題を数学的に解くことが目指されており，数学基礎論本来の哲学的な動機や価値観はまったく無視されて，形式化された証明の概念は完全に抽象化され一般化されていた．しかし，このことは逆に証明の概念の形式化とは何であったのかを考え直すことのきっかけとなった．

その後，幾つかの理由から工学設計論に関わることになった．最初は数学の村から狩り出されて無理矢理に出稼ぎに連れていかれた気分であったが，実際に工学設計論を勉強してみると予想以上に興味深く，いろいろな意味で困難な分野であった．工学設計に関する様々な議論を学び，発見という推論の様式と人工物の機能という概念を理解することの面白さと難しさを味わった．また，工学設計論を学ぶうちに自然言語の形式的意味論である状況意味論や様々な哲学的な議論に興味を持つようになった．数学基礎論を学ぶことは興味深くても半ば苦しみを伴う修行のようなものであったが，工学設計論や状況意味論などを学ぶことは単純に楽しかった．

いつの間にか数学基礎論からは完全に離れていたが，工学設計に関わる様々な議論や関係のある理論を学ぶうちに，発見の理解が特別に難しいのではなく，演繹のことも未だ十分には分かっていないのだと考えるようになった．そして，工学設計について考えるためにも，数学を工学設計論に応用することばかりを試みるのではなく，いったん工学設計論から離れて，数学基礎論について考え直す必要があると考えた．数学から離れて何年も過ぎた後に数学に戻ることは無謀であるようにも思えたが，とにかく数学基礎論に戻ってみると，かつて見ていた風景はまるで違った様子で目に映り，数学基礎論は以前に考えていたよりも遥かに興味深く魅力的な世界であると感じられた．数学基礎論を学ぶことは苦行ではなくなっていた．

数学基礎論に戻って間もなく本書を書く機会を得たが，茫漠とした思いつきに過ぎない考えや，落穂拾いのように集められた散漫な知識は，そのままでは言葉で表して一冊の本に纏められるような代物ではなかった．しかし幸いにして友人に恵まれ，友人達が本書の執筆を大いに助けてくれた．本書は筆者一人の力では到底，書き切れなかったであろう．友人達に心から感謝したい．もちろん今でも筆者の考えや知識は不十分であり，本書には話題の提示か論旨の素描にしかなっていない粗雑な箇所も少なくないし，友人達が本書の執筆を助けてくれたことは本書の議論の妥当性を確認してくれたことを意味するものでもない．本書で論じ切れなかった話題や問題のある点についてはさらに学び，考え，機会が得られれば改めて議論したい．

本書の執筆には思いがけず三年余りの歳月を費やしてしまった．本書を執

はじめに

筆している間，筆者を励まし，支え，本書の完成を共に喜んでくれた家族に感謝したい．また，個人的には本書の原稿は，今はまだ小さな二人の子供にいつの日にか読んで欲しいと願いながら書き進めてきたものである．二人の子供が大きくなって何かの機会に本書を手にしたとき，自分達が幼い頃に公園で遊び，サッカーや水泳の練習をしていたときに，いつも公園の片隅やプールの横で自分達の父親が何やらパソコンをいじっていたのは，この本を書いていたのかと思うことがあることを願っている．そして最後に，自分の言葉で考えること，自分の考えに自信を持つことの大切さを筆者に教えてくれた亡き父に感謝したい．

2014 年 9 月

菊池　誠

目次

はじめに	i
数学基礎論と不完全性定理	i
宴のあと	iii
本書の目標と構成	v
謝辞	vii
第1章　序：物語の起源	1
1.1　数学の危機	2
1.2　三つの思想	4
1.3　「不安の時代」の終焉と不完全性定理	7
1.4　再思三考：数学と哲学	11
第2章　命題論理	16
2.1　命題論理の論理式と理論	17
2.2　真理値	23
2.3　命題結合子の論理的公理と推論規則	28
2.4　演繹定理と無矛盾性	36

2.5	命題論理の完全性定理	41
2.6	コンパクト性定理その他	49

第3章 述語論理　53

3.1	述語・関係・集合	54
3.2	述語論理の論理式と理論	56
3.3	構造	64
3.4	量化子と等号の論理的公理と推論規則	70
3.5	初等的同値と初等的図式	77
3.6	述語論理の完全性定理	86
3.7	コンパクト性定理その他	94

第4章 算術と集合論　97

4.1	自然数の集合の特徴付け	98
4.2	Peano 算術	103
4.3	算術の標準モデルと超準モデル	108
4.4	Zermelo-Fraenkel 集合論	112
4.5	集合による自然数の表現	123
4.6	Skolem の逆理	131

第5章 計算可能性　135

5.1	原始再帰的関数	136
5.2	再帰的関数と Church-Turing の提唱	141
5.3	再帰的集合	149
5.4	再帰的可算集合	152
5.5	Gödel 数と述語論理の算術化	158
5.6	万能 Turing 機械と再帰定理	166

第6章 定義可能性と表現可能性　170

6.1	算術の Σ_1 完全性	171
6.2	関数と集合の定義可能性	176
6.3	可証再帰性	182

6.4	集合の弱表現可能性	185
6.5	集合の表現可能性	188
6.6	関数の表現可能性	192

第7章 不完全性定理　　199

7.1	不完全性定理への序	200
7.2	可証性述語と対角化定理	202
7.3	第一不完全性定理	207
7.4	可導性条件	215
7.5	第二不完全性定理	220
7.6	Rosser の定理	227
7.7	不完全性定理の数学的意義	234

第8章 幾つかの話題　　239

8.1	Hilbert のプログラム	239
8.2	現実的な証明と Gödel の加速定理	249
8.3	算術の超準モデル	258
8.4	可述的な自然数論と限定算術	267
8.5	整数・有理数・実数	275
8.6	Kolmogorov 複雑性	279
8.7	不完全性定理の有限的性質	283

第9章 跋：形式主義のふたつのドグマ　　288

9.1	神聖な論理と世俗的な論理	290
9.2	経験主義者の亡霊	292
9.3	机の上の白い豆	295
9.4	隠れた次元	299
9.5	数学的無垢	303
9.6	金槌で板を切る	305
9.7	関係の代数学	309
9.8	ドグマなき形式主義	312

おわりに　　　　　　　　　　　　　　　　　　　　　　**317**
　　数学としての数学基礎論の誕生 ································ 317
　　壮大な循環論法と小さな寓話 ································ 320
　　読書案内 ·· 322

参考文献　　　　　　　　　　　　　　　　　　　　　　**328**

索　引　　　　　　　　　　　　　　　　　　　　　　　**339**

序：物語の起源

　不完全性定理は数学の定理である．数学の定理は主張と証明がすべてであり，その主張と証明を理解するためには歴史的な背景など知る必要はない．ただし，歴史的な背景を知ることが定理の理解を深めることは珍しくない．特に不完全性定理については，定理の意義が定理の果たした歴史的役割と無関係ではないので，歴史的な背景は大切である[1]．そして，不完全性定理の歴史的な背景についての物語りは大抵の場合，集合に関する Russell の逆理から始まり，Hilbert のプログラムが破綻した所で終わる．本書もありきたりに Russell の逆理から話を始めて，不完全性定理の背後にあった数学の基礎にまつわる論争と，不完全性定理が証明されたことでその論争がどのような結末を迎えたのかを紹介したい．

---

[1] 数学基礎論の歴史については佐々木力 [41] 序論および第一章や，林晋・八杉満利子 [83] などを参照のこと．

1.1 数学の危機

集合という概念が日常的に使われている素朴な意味を超えて数学の中で積極的に用いられるようになったのは 19 世紀後半，我が国では明治維新が起きた頃であった．その頃にいわゆる ϵ-δ 論法が開発されて，17 世紀中頃の微分積分学の発見からおよそ 200 年に渡って感覚的なものでしかなかった微分積分学が厳密化された．そして，自然数を用いて実数を定義する方法が得られたことで，自然数のみを基礎として微分積分学を展開すること，すなわち解析学の算術化がなされた．この算術化で重要な役割を果たしたのが集合の概念であった[2]．20 世紀に入ると集合は無限そのものを数学的に分析するための道具となり[3]，さらに数学における構造という考え方の普及に伴い，集合は数学のあらゆる分野で繰り返し用いられる概念になった[4]．

数学では「何が要素であるか」が明確に判断できる物の集まりが集合であるとされている．また，集合の要素を列挙したものが集合の外延であり，何が集合の要素であるかの条件が集合の内包であるとされている．通常の数学にとってはこの程度の集合の理解で十分である．さらに「集合とは何か」を考える際には，素朴には，集合の様々な性質は「要素が等しい二つの集合は等しい」という「外延性の公理」と，「$\varphi(x)$ を x に関する条件とすると，$\varphi(x)$ を満たす x の集合 $\{x : \varphi(x)\}$ が存在する」という「内包の公理」という二つの公理から導かれると考えることができる．

20 世紀初めに発見された Russell の逆理とは集合に関する二つの公理，特に内包の公理から以下のように矛盾が導かれるというものである．内包の公理における $\varphi(x)$ を $x \notin x$ とする．このとき集合 $\{x : \varphi(x)\}$ が存在する．この集合を R とする．$R \in R$ と仮定すると，R の定義から $\varphi(R)$ が成り立つので，$\varphi(x)$ の定義から $R \notin R$ となり，矛盾する．次に $R \notin R$ と仮定す

---

[2] 数の概念の理解の歴史については，例えば足立恒雄 [2] を参照のこと．

[3] 無限を対象とする数学としての集合論についての比較的気軽に手に取ることができる解説としては竹内外史 [57] が挙げられる．より専門的な紹介には渕野昌 [87]，松原洋 [100] が，さらに本格的な教科書には Kunen [183, 27]，Kanamori [167, 22] などがある．

[4] 無限を分析するための道具としての集合という概念の役割と，構造を記述するための言語としての集合という概念の役割にはかなり大きな違いがある．大学初年級で用いられる集合に関するテキストは後者に特化している．

ると，$\varphi(x)$ の定義から $\varphi(R)$ が成り立つので，R の定義から $R \in R$ となり，矛盾する．よって $R \in R$ としても $R \notin R$ としても矛盾する．

19世紀末から20世紀初めにかけてRussellの逆理の他にも集合に関する逆理が幾つも発見されて，集合に関する逆理の存在は「数学の危機」と呼ばれるようになった．ただし，こうした集合に関する逆理には数や関数，図形といった古典的な数学的対象は現れず，「数学における逆理」というには過度に抽象的かも知れない．たとえ数学にとって集合の概念が有益であるとしても，数や関数，図形といった古典的な数学的対象とは無関係な集合は数学には不要であると考えることもできるし，そう考える場合にはRussellの逆理に代表される集合に関する逆理は数学とは無関係になる．

この考え方には説得力があり，今でも信じている人は少なくない．しかし，何が数学的対象であり得るのかを明確にすることは難しい問題であり，集合それ自身は数学的対象ではないと断定することの根拠は明らかではない．この考え方を突き詰めると数学的対象を極めて限定的に考える制限の強いものにならざるを得ず，数学の可能性を大きく損なうことになる．それよりは集合を数学的対象と認め，集合に関する逆理は無視できないと考えるほうが自然であろう．

数学を危機から救うためには，集合に関する逆理に潜む誤謬を見つけ出さなければならない．集合に関する逆理に誤りがあるとすれば，「外延性の公理」と「内包の公理」という二つの公理に問題があるか，二つの公理には問題はなく，矛盾を導く推論に問題があるかのいずれかである．ただし，集合に関する二つの公理は自然で魅力的であるため，この二つの公理を否定することは矛盾を導く推論には問題がないことが明らかになったときに限りたい．そこで，まず「数学的な命題とは何か，証明とは何なのか」という哲学的な問題を考えることになる．

このように数学の危機が論じられた「不安の時代」[5] には，数学の基礎に関わる哲学的な問題が数学にとっても大きな問題となった．そしてこの時代には論理主義，直観主義，形式主義と呼ばれる三つの強力な思想が出現し，それらの思想の信奉者の間で激しい論戦が繰り広げられた．

---

[5] この「不安の時代」という呼び名は一般的なものではない．

1.2 三つの思想

　数学の危機が論じられた「不安の時代」に現れた三つの思想の主導者としては，論理主義の Frege や Russell，直観主義の Brouwer，形式主義の Hilbert という偉大な哲学者や数学者の名前が挙げられよう．この三つの思想を紹介するなら彼らの考え方に触れない訳にはいかないが，彼らの考え方がこの三つの思想を完全に特徴付ける訳ではないし，彼らの考え方も時間と共に変化していよう．この三つの思想についての話は尽きることなく，どう書いても完全なものにはなり得ない．しかし，この三つの思想にまったく触れることなしに不完全性定理の話を始めることはできない．

　論理主義とは数学を論理学の一部分と考える立場である．この立場のもとで Frege は現在の述語論理の素となる形式的な枠組みを構築したが，その枠組みでは集合概念が重要な役割を担っていたため，Russell の逆理は論理主義にとって致命的な問題であった．Russell と Whitehead は集合に関する逆理を回避する「型理論」を提案した．しかし，この「型理論」が論理主義の当初の目論み通りに論理学の枠の中に収まっているかどうかは，論理主義の信奉者や論理主義に近い考え方を持つ人達の間でも意見が分かれた．そもそも論理学とは何なのかも必ずしも明確ではない．

　直観主義とは数学を人間の精神に還元し，数学的な対象や証明は人間の心的創造物であるとする立場である．特に Brouwer の直観主義は数学という精神的な行為の根拠を時間の直観に求め，排中律を無条件には受け入れないことに大きな特徴がある．一般にはこの排中律の拒否こそが直観主義であると考えられることが多い[6]．Brouwer の直観主義では集合概念を無制限には

---

[6] 例えば Shapiro は次のようにいう．「排中律を含む普通の論理体系は古典論理と呼ばれ，古典論理を使って追求される数学は古典数学と呼ばれる．排中律をもたないより弱い論理は，直観主義論理と呼ばれ，これに対応する数学は直観主義数学と呼ばれる．」（シャピロ [45] p. 230）この文章を読む限り，排中律を持たないことが直観主義の定義である．しかし Brouwer の直観主義を特徴付けているのはあくまで数学を人間の心的創造物とする考え方であって，排中律の拒否はそこから導きだされる二次的な性質とすべきであろう．そして Brouwer の立場に限るのでなければ，直観主義が必ず排中律の拒否に繋がる訳ではない．例えば直観主義の先駆者である Poincaré や，直観主義と密接な関係のある構成主義の Skolem は排中律を拒否していない．直観主義と排中律の関係については佐々木力 [41] p. 62, 林晋・八杉滿利子 [83] pp. 198–203 などを参照のこと．Skolem の構成主義と排中律の関係については出口康夫 [70] を参照のこと．

認めないので，集合に関する逆理は議論そのものが無意味になるという形で解消される．直観主義では証明に使える数学的手法が大きく制限されるが，それでも数学の多くの部分が直観主義的に再構成できる．

　形式主義とは数学の本質が記号の操作にあると考える立場である[7]．形式主義で重要なのは，証明を記号列として表現する枠組みを与えることで数学を形式化し，記号の有限的な操作のみから構成される「有限の立場」で形式化された数学の無矛盾性を証明することで数学を危機から救おうとする Hilbert のプログラムである．また，形式主義とは狭義には数学的対象を記述するための記号こそが数学の実体と考える立場であって，一般にはこの意味で形式主義という言葉が使われることが多い[8]．しかし Hilbert のプログラムを支えるのは狭義の形式主義ではなく[9]，証明は完全に形式的に記述可能であると考える広義の形式主義[10]である．

　Hilbert の形式主義は公理的方法と密接な関係がある．公理的方法とは公理的定義[11]を用いる数学的な方法のことである．公理的方法を用いる立場とは，控えめに言えば公理的定義を定義として認める立場で，積極的に言えば数学の全体は公理的定義によって規定されていると考える立場である．Hilbert の形式主義は「公理論的方法に基づく数学の基礎付けの試み」とされることもあり[12]，その場合には記号は公理を記述するための道具に過ぎない．「存在するとは無矛盾なことである」という Hilbert の有名な定立[13]も公理的方法を用いる立場を突き詰めたもの，もしくはその立場からの帰結であろう．もしも公理的方法を用いる立場から Hilbert の定立に至る一塊の思

---

[7] シャピロ [45] p. 185 を参照のこと．
[8] 狭義の形式主義を飯田隆は [11] で「皮相な形式主義」と呼び，林晋・八杉滿利子は [83] p. 182 で「数学全体を内容のない形式のこととする考え方」と説明する．
[9] Hilbert の立場が狭義の形式主義ではないことは Kreisel [180] や飯田隆 [11] p. 138，林晋・八杉滿利子 [83] p. 182 などで論じられている．
[10] Barwise は Davis の示唆に基づいてこの主張を Hilbert の提唱 (Hilbert's Thesis) と呼んでいる．Barwise [118] p. 41 を参照のこと．林晋・八杉滿利子 [83] p. 82 も参照のこと．
[11] 公理的定義については 2.1 節の最後で詳しく説明する．
[12] 佐々木力 [41] p. 10 を参照のこと．
[13] この定立については林晋・八杉滿利子 [83] pp. 165–170 を参照のこと．

想を公理主義と呼ぶならば[14]，Hilbert の思想は形式主義よりも，むしろ公理主義と呼ぶほうが相応しいのかも知れない[15]．

　実際には，論理主義，直観主義，形式主義という三つの思想には類似点も少なくない．例えば，公理が論理的であるかどうかには興味がないという点で形式主義は論理主義と異なるが，論理主義では論理の枠組みが形式主義的に構築され，論理主義が構築した論理の枠組みが形式主義で用いられているため，形式主義と論理主義はよく似ている．また，Hilbert のプログラムにおける「有限の立場」は排中律を拒絶しないという点が直観主義と異なるが，「有限の立場」では構成的であることが重視されているため，「有限の立場」と直観主義はよく似ている．

　さて，数学的世界は目で見ることも肌で触れることもできないが，我々が生きている物理的世界が存在することと同様に，数学的世界も客観的に存在していると考える立場がある．この立場を数学的な実在論もしくは数学的プラトン主義と呼ぶ．一方，客観的な数学的世界など存在せず，あるのは数学的対象に関わる人間の言葉だけだと考える立場を数学的な唯名論と呼ぶ．実在論と唯名論の対立という図式は明解であり，そのいずれが妥当であるのかは数学の哲学における古典的な問題の一つである．

　ただし，数学の基礎に対する立場が必ずそのいずれかに分類されるというものではない．例えば，論理主義が実在論と唯名論のどちらに繋がるのかは論理的対象に対する考え方によって異なり，いずれの立場も可能である．一方，数学を人間の精神に還元する直観主義は実在論とも唯名論とも相性が悪

---

[14] 日本語の文献には「公理主義」という言葉がしばしば現れるが，林晋・八杉満利子 [83] p. 126 によると，「公理主義」に相当する欧米語は存在しないとのことである．公理主義については前原昭二 [94] や近藤基吉 [37] などに議論がある．公理主義という言葉を持たなければ公理主義と形式主義の関係や違いを論じることは難しく，公理主義という言葉の創造は重要なことであろう．

[15] ここで公理主義と名付けたものを形式主義と呼ぶことも珍しくない．また，「排中律の否定」は原理ではなく直観主義の思想からの帰結であるという考え方が可能であることと同じように，公理主義は原理ではなく形式主義の思想からの帰結であるという考え方も可能であるのかも知れない．なお，竹内外史・八杉満利子 [58] p. 2 に見られるように，「数学における証明自身を分析研究して，その法則を見出そうとするもの」を，すなわち Hilbert が作り出した証明論という数学の一分野を「形式主義」と呼ぶこともある．

い．形式主義は数学的記述を重視するため唯名論と相性が良く，狭義の形式主義は唯名論の一種である．しかし広義の形式主義は数学的記述の背後にある数学的世界の存在や非存在については何も語っておらず，実在論と唯名論のどちらか一方に与するものではない．むしろ広義の形式主義は，数学的対象の存在についての実在論と唯名論の対立を無意味なものにする考え方であるともいえる．

理論は必ず議論の対象を持つ．数学の議論の対象は数や図形であるが，それらが一体何者であるのかが説明できなければ，数学は空論に帰してしまう．そこで古来より数とは何か，図形とは何かが問題になり，数学的な実在論や唯名論が生まれた．しかし，「存在するとは無矛盾なことである」という形式主義の定立のもとでは，数学の議論の対象が何者であるのか，何処に，どのように存在するのかは問われない．また，公理的方法は集合概念を伴うことで構造の概念の普及を促した．そして，構造の概念のもとでは構造の構成要素である個々の数学的対象が何者であるのかを問う必要はなく，構造こそが数学の議論の対象であると考えられるようになった．広義の形式主義とは限られた記号を用いて数学の証明を書き写すための言葉の枠組みではなく，数学的対象に対する新たな考え方を切り開いた思想である[16]．

1.3 「不安の時代」の終焉と不完全性定理

論理主義，直観主義，形式主義という三つの思想の間の論争は明確な決着を見せることなく曖昧に終息した．論理主義は技術的には形式主義に吸収され，思想的には穏やかに消えていった．直観主義を支持する有力な数学者は少なくなかったが，多くの数学者にとって直観主義は禁欲的過ぎて不自由な

---

[16] こうした考え方について詳しくは，例えば佐々木力 [41] pp. 7–12「存在論革命から構造論革命へ」，シャピロ [45] pp. 341–385「第 10 章 構造主義」などを参照のこと．もしも，広義の形式主義が切り開いたこのような考え方を数学の哲学における構造主義と呼ぶことにすれば，この構造主義こそが広義の形式主義の後継者であると考えられよう．しかし，この二つの主義は必ずしも同一視することはできず，さらに公理主義と呼び得る考え方もまた，この二つの主義と微妙な関係にある．現在の数学者の数学観を理解するためには，形式主義，公理主義，構造主義という三つの主義が作る 3 項関係を考えることが重要であるように思われる．

世界であり数学の基礎に関する思想の主流にはならなかった．そして，形式主義の Hilbert のプログラムが実現不可能であることを示したのが不完全性定理であった．数学の基礎をめぐる論争に勝者はなかった．しかし，三つの思想を超克するような新しい思想も現れなかった．

ただし，不完全性定理によって Hilbert のプログラムが破綻したことは形式主義の崩壊には繋がらなかった．Hilbert のプログラムの最後の一段階が達成できなくても Hilbert のプログラム全体が無意味である訳ではない．また，改めて形式主義を標榜しなくても，現在では形式主義の考え方は広く行き渡っている．原理的には証明は完全に形式的に記述できるということは信念であるというよりは事実であると思われているし，公理的方法は何の疑問も抱かれずに普通に用いられている．実質的な意味では，数学の基礎をめぐる論争に勝利したのは Hilbert の形式主義であったといえよう[17]．

数学の基礎に関わる思想の理解の仕方を考えるときには，形式主義が事実上の勝者であることはより明白になる．命題や推論を記号の有限列で表現する論理主義は初めから形式主義的で，形式主義とは論理主義から論理に対する拘りを削ぎ落としたものと考えられるかも知れない．また，形式主義と激しく敵対していた直観主義さえ形式主義に飲み込まれて，通俗的には形式主義的に再解釈された直観主義こそが直観主義であると理解されるようになった[18]．さらに，集合を扱う枠組みとして形式主義的に展開された公理的集合論が提案されて，数学の基礎についての標準理論になった．

数学の基礎をめぐる論争の実質的な勝者が形式主義であることから，形式主義的な数学の理解の仕方についての議論が数学の基礎についての中心的な話題になっていった．しかし，形式主義的な考え方に浸り切っている我々には，数学の基礎について語ること，数学の基礎について形式主義的な考え方

---

[17] 形式主義と公理主義は互いに密接に関係しているが基本的に異なる思想であり，形式主義が不完全性定理の影響を受けても公理主義は無傷のまま生き残ることが可能である，という考え方もあり得よう．

[18] 形式化された直観主義では，排中律を認めないことは直観主義の特徴ではなく定義である．一般によく知られている直観主義とはこの形式化された直観主義である．Brouwer の直観主義と形式化された直観主義の関係については例えば金子洋之 [24] pp. 39–62 を参照のこと．形式化された直観主義は松本和夫 [101]，竹内外史・八杉滿利子 [58]，古森雄一・小野寛晰 [36] などで紹介されている．

を通して語ること，そして，形式主義そのものについて語ることの区別は難しい．例えば竹内外史は数学の無矛盾性の問題を「数学の基礎づけというよりも形式主義の基礎づけである様に思われる」[19] と書いているが，このような言葉は珍しい．

不完全性定理は数学そのものについての定理ではなく，「形式化された数学」に関する定理であり，形式主義的な数学観についての定理である．もしも形式主義が完全に崩壊した過去の遺物なら「形式化された数学」は存在理由を失って，不完全性定理も歴史的な意義しか持ち得なかったであろう．今でも不完全性定理に広く興味が持たれているという事実は，形式主義は力強く現代に生き延びていることの一つの強力な証しであろう．

さて，数学の基礎をめぐる論争の実質的な勝者は形式主義であり，しかも不完全性定理により形式主義における Hilbert のプログラムは破綻することが明らかになっている．この事実は意識的もしくは無意識的に形式主義を信じる多くの人達を奈落の底に突き落として，いつまでも数学の正しさへの確信が持てずに，「不安の時代」が永遠に続くことになってもおかしくはなかった．しかし実際には「不安の時代」は長くは続かず，数学の基礎に対する危機感は徐々に失われていって，「不安の時代」は静かに幕を閉じた．

「不安の時代」が終わったことには，集合を扱う事実上の標準理論となった公理的集合論が実質的に数学全体を展開するために十分な力を持ち，かつ，その公理的集合論からは矛盾が導かれていないという経験的事実や，自然数や実数を扱う枠組みの無矛盾性が Gentzen らによって証明されたという数学的事実などの積み重ねが寄与していることは確かである．しかし数学の危機を解消する明確な証拠が見つかった訳ではないので，そうした状況証拠だけで「不安の時代」が終わることはなかったであろう．

第二不完全性定理によると，形式化された数学が無矛盾であるとしても，その無矛盾性は形式的には証明できない．「不安の時代」が終焉を迎えたこ

---

[19] 竹内外史 [47] p. 299 を参照のこと．なお，林晋は [82] p. 4 で次のようにいう．「20世紀数学は公理主義数学であった．このように言うと反論が降り注ぐことであろう．しかし，私はこれが真実であると思う．しかし，無用な反論を避けるために，もう少し正確に言い直しておこう．正業としての数学の内容は別として，20世紀の数学思想は公理主義であった．」この言葉でも数学自身と形式主義的な数学観が区別されている．

とについては，この第二不完全性定理の果たした役割が大きい．

　もしも無矛盾性が証明可能なものであるのなら，無矛盾性が証明できていないという事実は矛盾していることの兆しになる．したがって，第二不完全性定理が成り立つことを知らなければ，公理的集合論が十分な力を持ち，かつ，その公理的集合論からは矛盾が導かれていないという経験的事実だけでは満足できずに，多くの人が公理的集合論の無矛盾性を証明しようと努力し続けたことであろう．そして，どれだけ努力しても公理的集合論の無矛盾性が証明できないという理由で，公理的集合論は，そして数学の世界全体は矛盾しているのかも知れないと思い悩んだことであろう．

　しかし，無矛盾性が証明し得ないものであるのなら，無矛盾性が証明できていないという事実は矛盾していることの状況証拠にはならない．したがって，不完全性定理が成り立つことを知っていれば，無矛盾性が証明できていなくても無矛盾であると信じることはできるし，所詮，証明できないのだから，信じるより他はない．そして確かに今では，ほとんどの数学者は一抹の不安を感じつつも，とりあえず公理的集合論や，公理的集合論の上で展開できる数学は無矛盾であると信じている．つまり，数学は無矛盾であると広く信じられるようになったという意味で「不安の時代」は幕を閉じた．

　公理的集合論が無矛盾であると信じられるようになったことは，形式主義の普及を強く推し進めることになった．集合概念は数学全体を構築するための基礎としての観念的な役割だけでなく，公理的方法で数学的な議論を展開するための標準的な枠組みである構造概念を提供するという実質的な働きを持っている．公理的集合論が無矛盾であると信じられるようになったことから，数学者は集合概念を用いた公理的方法の安全性を信頼するようになった．また，構造概念を用いることで様々な対象について容易に公理的方法による数学的な議論が展開できるようになり，公理的方法は数学における標準的な手法の一つになった．集合概念が現在の数学に大きな影響を与えているのは，数学全体の基礎という観念的な役割によってではなく，むしろ，構造概念を提供するという実質的な働きによってである．

　不完全性定理は Hilbert のプログラムが破綻することを明らかにしたが，現実的な意味で「不安の時代」を終わらせて，形式主義が数学における標準的な考え方になることを導いた．

Russellの逆理の発見は数学の基礎に関する「不安の時代」を引き起こし，論理主義，直観主義，形式主義という三つの思想的立場が激しい戦いを繰り広げた．その実質的な勝者は形式主義であったが，不完全性定理によって「不安の時代」を終わらせるためのHilbertのプログラムは破綻した．しかし，不完全性定理の成立と公理的集合論の発展によって，現実的な意味では数学の基礎に対する不安は取り除かれ，形式主義の信奉者が思い描いていたものとはかけ離れた形によってではあったが，「不安の時代」は終わった．そして「不安の時代」の終焉の中から，数学の哲学としての数学基礎論ではない，しかし決して数学の哲学と無縁ではない，数学としての数学基礎論が誕生して，数学の基礎をめぐる新たな物語が始まった．

1.4　再思三考：数学と哲学

　20世紀初頭の数学の基礎に関する「不安の時代」には，数学者と哲学者は共に数学の基礎について論じていた．それが今では数学者と哲学者は極めて疎遠である．数学者，特に数学基礎論の専門家は哲学者による数学の基礎についての議論を最近の数学を無視した色褪せた100年前の論争の焼き直しに過ぎないと感じ，哲学者は最近の数学としての数学基礎論の進展を重箱の隅をつつくような技術的で瑣末な話題だと考えている．

　「不安の時代」が終焉を迎えた後では，数学者の社会の中で数学の基礎が話題になることは珍しくなり，数学基礎論に関心は持たれなくなった．数学基礎論が哲学との繋がりを失ったことを知らない数学者は今でも数学基礎論のことを「哲学のようなもの」と考えている．また，古典的な分野の数学者には数学基礎論の専門家達の言葉使いが分からなくなり，「新興のロジコ集落における言語の偏倚現象は異様であり，他集落の祭司の中には，これを集団発狂と規定して差別する者もある」[20]と記されるようになった．

　この，数学基礎論が「哲学のようなもの」であるという考えは，「哲学のような深い立派なもの」ではなく，「哲学のようなツマラナイコト」という意

---

[20] 斉藤正彦[38]「マテマ族の生態」p. 112.

味であるため[21]，このような考えを「他愛ない無邪気なもの」とは見過ごせない数学基礎論の専門家は，数学基礎論が哲学ではなく数学であることの説得を，何度となく試みてきた．その説得には二つの典型的な型がある．一つは数学基礎論が話題にする「形式化された数学」が数学的対象として興味深いと主張するものであり，もう一つは数学基礎論の普通の数学への応用例を挙げるものである．

実際，「形式化された数学」は数学的対象として興味深く，また数学基礎論は普通の数学への豊富な応用例を持っている．そして，そうした説得は一定の成果を挙げて「数学基礎論など無いほうがよい」という数学基礎論への積極的な敵意を薄めることにはある程度成功していよう．しかし大概の場合，数学基礎論の価値を認めさせることには至らず，「数学基礎論など無くてもよい」という消極的な，しかし根の深い敵意には効き目がない．「形式化された数学」に興味を持つかどうかは人それぞれであるし，普通の数学への応用例の存在が数学基礎論に存在意義をもたらすのならば，本当の価値は応用先の普通の数学にあることになる．

簡単に言えば，この二種類の説得は数学基礎論の価値や意義を「知的好奇心」と「応用可能性」に求めるものである．そして「知的好奇心」と「応用可能性」は数学者が世間の数学への無理解と不寛容を嘆き，数学の価値を説得しようとするときに頻繁に用いられる紋切り型でもある．曰く，数学は実利を求めず純粋に知的好奇心に導かれて「数の世界」の究極的な真理や美しさを追求する学問であり，しかも数学は科学技術の基礎であり実世界への豊富な応用例を持っている，と．この型の議論は数学に限られたものではなく，科学全般，学問全般でしばしば見られるものであろう．

しかし，この二種類の説得はなかなか成功しない．「知的好奇心」では学問は身勝手で浮世離れした世捨て人の道楽に過ぎないことになるし，「応用可能性」では結局，役に立つ学問にしか価値や意義を認めないことになる[22]．

---

[21] こうした話題については，例えば，竹内外史 [47] p. 27 を参照のこと．

[22] Dieudonné は「空虚な数学と意味のある数学」と題された論文 [69] の pp. 6–7 で，数学基礎論について次のようにいう．「いつでも仕事をする論理学者はいる．むしろ彼らは非常によく仕事をする．(中略) そして，一階とか二階とかの論理，回帰関数論 (筆者注：再帰的関数論または計算論のこと)，モデル理論など，注目すべき結果を生

1.4 再思三考：数学と哲学　13

　要するに「知的好奇心」と「応用可能性」に頼る説得は学問に対する通俗的な批判への，その批判と同水準の，あまり思慮深いとはいえない安易な反論でしかない．そもそも「知的好奇心」は普遍的な心の働きであって数学において特別に価値を認め得るものではないし，「応用可能性」が大切であるのなら世の中には数学よりも遥かに役立つものがいくらでもある[23]．

　「応用可能性」はともかく，大方の数学者にとって「知的好奇心」は本音であろう．それに，「知的好奇心」だけでは意義や動機としては不十分だという訳でもない．しかし，「知的好奇心」という言葉だけで数学基礎論の数学としての面白さが伝えられる訳ではないし，数学的に定義されていれば必ず数学者の興味の対象になる訳でもない．

　数学としての数学基礎論の面白さと，数学という枠組みを外したときに露わになる数学基礎論の意義や価値は異なる．数学として数学基礎論が面白い

　　んだ美しい理論について彼らが語るとき，我々数学者はそのことに何ら反論すべきことはないけれども，同時に何の関心も示さない．ただし，一二の注釈が必要である．まず，『超準解析はどうですか』と言う人がいるだろう．確かにこれは素晴らしい発明だ．（中略）しかし，実はこれは超積の概念に基づく数学の方法の一つにすぎない．（中略）すなわち，超準解析は数学の一部になったのであり，我々の数学への超準解析の応用は，すでに論理と何の関係もない．」この考え方に基づけば，通常の数学者にとって何らかの意味のある仕事がなされれば，その仕事はそもそも数学基礎論ではなく，数学としての数学基礎論は自明に空虚であることになる．この考え方の是非はともかく，確かに Dieudonné のいう通り，これまでどのような数学基礎論の応用例が示されても，通常の数学者には興味深い例外として片付けられてしまい，数学基礎論の全体が意味のある数学であると認めさせることにはならなかった．そしてこの現実は，数学基礎論に対する先入観と無知に基づく通常の数学者の無理解と不寛容というよりは，むしろ，応用可能性によって価値を認めさせようとする試みからの必然的な帰結であろう．もちろん，理解を得るためには他分野との関係を語ることが必要である．しかし，応用可能性は他分野との関係の限られた一形態に過ぎず，そもそも他分野への応用例など持たなくても意味のある数学と認められている分野はいくらでもある．応用可能性による説得は即効性のある頓服薬ではあっても，短期的で局所的な効果しか持たず，本来の価値を見失わせてしまうために大局的には深刻な悪影響をもたらす麻薬のようなものであろう．

[23] 佐藤文隆は [42] の第 6 章「知的爽快—国家・教育・アカウンタビリティ」において，特に pp. 152–164 において，科学を「思考する営み」と見なした上で，
　I. 科学が見出す新しい知識は，社会に有用なインパクトを与える源泉である．
　II. 科学の実行は，達成感の伴う楽しいことである．
という二つの科学の効用を立てて，21 世紀に入って 200 年来続いてきた前者の効用への信頼が揺らいできていること，また，後者の効用によって科学を支える経済的基盤を構築することは難しいことを論じている．

のは，「形式化された数学」について考えることが「形式化された数学」を通して自然数や実数，数の概念の拡張としての無限集合について考えることに他ならないからであり，「数を対象とした理論である」という意味においてこそ数学基礎論は数学であるように思われる．一方，興味の対象が数ではなく「形式化された数学」それ自身にあるときには，たとえ手法が数学的であったとしても，動機は哲学的であると考えるべきで数学とは呼び難い．そして，その議論が興味深く大切なのは，それが「数学という名前に値する」議論だからなのではなく，その議論が数学について，そして我々の数学の理解の仕方について考えることに他ならないからであろう．

　誰かに価値や意義を伝えたければ，具体的な内容を相手に通じる言葉で説明し，なぜその話題に興味を持っているのか，どのようにその話題が面白いのかを丁寧に物語るしか方法はない．そもそも哲学的な話題に触れずに価値や意義について論じられるはずがない[24]．数学基礎論は哲学的だからツマラ

---

[24] 竹内外史は [49] p. 170 で次のようにいう．「一つの大きなプログラムが仕上ったとする．この仕事を説明するには，その原理となった哲学を説明し，議論することが必要である．例えばヒルベルトの無矛盾性のプログラムのために形式主義と有限の立場の哲学はそれなくしてはその数学を無意味にしてしまうものといってよく，またアインシュタインの相対性理論の哲学もそのよい例といってよいであろう．」ただし，竹内外史はこの言葉の直後に，「しかしこのような行動の原理とならないような哲学というものは一体どんなものであろうか？毎日哲学について議論しているというのは一体どんなものなのであろうか？私には想像がつかないのである」と続けている．そして，数学の基礎に関する哲学的な議論を展開した後に [49] p. 174 で，「何かまだかく時機にきていないものを強引にかいてしまったような気がする．それと同時になんだか哲学者のようなことをしたみたいで恥かしい気がする．これ等のことは私にとっては行動の原理であるが，逆に，これらのことについてさらに深く考えるということは，行動（すなわち数学的活動）を通してのみ可能であると私は思う．私にとってこれ等のことについていわゆる哲学として思索することはあまり意味がないように思われる．技術的な数学者が技術的な数学としてとりあげ，問題にし，考えられる形にして提出して行くことができるのでなければ満足の行くこの問題に対する考察であるとはいえないと思う」と語っている．数学的活動を伴わない哲学的な思索のほとんどが数学にとって無意味であることは数学者の実感であり，そしておそらく真実であろう．しかし，考えについて語ることは竹内外史が哲学としての思索と呼ぶものと同義ではないし，数学にとって無意味であることが議論そのものが無意味であることを意味するものでもない．竹内外史は上の言葉に続けて「これはまあ正直な気持であるが，また同時に自分自身の恥かしさに対する言訳でもあるようである」と書いている．確かに語ることは心の内を曝け出すことで恥ずかしい．しかし，本当に恥ずべきことは考えを伴わぬ言葉を弄することや，語りもせずに世間の無知や無理解を嘆くことであって，哲学として思索することや，考えについて語ることではない．

ナイのではなく，数学基礎論についてのツマラナイ哲学的な議論ばかりが目に付くのであろう．また，ツマラナイ哲学的な議論にしか出会わないから価値や意義が理解できないのであり，哲学的な議論を避けているから価値や意義が伝えられないのであろう[25]．

---

[25] そもそも「命題とは何か，証明とは何か」といった哲学的な問題を話題にしている数学基礎論が哲学と関係がないはずはないし，実際，数学の教科書として書かれたものであっても，哲学的な話題にまったく触れていない数学基礎論の教科書はない．しかし，中途半端に哲学的な議論があるために，却って数学基礎論の哲学的な側面について論じることが難しくなっているようにも思われる．

命題論理

　20世紀初頭に行われた数学の形式化は，命題や証明の形式化，すなわち論理の形式化の上で実行された．そして論理の形式化は命題や証明は基本的な構成要素に分解可能であるという原子論的，もしくは還元主義的な考え方に基づいて進められた．

　命題とは真偽が確定し得る数学的な主張である．「否定，かつ，または，ならば」という命題結合子を用いることで単純な命題から複雑な命題が構成され，逆に，命題結合子を取り外すことで複雑な命題は単純な命題に分解される．この分解を繰り返すことで辿り着く，それ以上分解不可能な基本的な命題を原子的命題という．例えば「ポチは走る」という命題はさらに単純な命題には分解できないので原子的命題である．また，命題の証明とはその命題の正しさを根拠付けるものであり，議論の前提と論理的に正しいことが自明である命題から出発して，正しい命題からは正しい命題を導く演繹的な推論を繰り返して，命題を導出する過程のことである．ここで，命題が原子的命題に分解されるのと同様に，推論も分解していくと，それ以上分解できない基本的な推論に辿り着くと考えられている．

　さて，原子的命題は内部構造を持ち得るし，原子的命題の真偽はその内部

構造によって決定されていよう．しかし，原子的命題を不可分な対象と考え，原子的命題から「かつ」や「ならば」といった命題結合子を用いて構成される命題を形式化し，それらの論理的な振る舞いを分析する枠組みを命題論理 (Propositional Logic) と呼ぶ．一方，原子的命題は「主語＋述語」の形に分解されると考え，命題結合子に加えて「すべての」「存在する」という量化子を用いて構成される命題を形式化し，それらの論理的な振る舞いを分析する枠組みを述語論理 (Predicate Logic) と呼ぶ．命題論理や述語論理では命題や証明といった概念が形式化されるが，数学の命題や証明を形式化するためには命題論理では不十分で述語論理が必要である．ただし，命題論理は述語論理の基本的な一部分であり，述語論理で用いられる考え方の多くは命題論理に現れている．

命題論理や述語論理における命題や証明といった概念の形式化は，もちろん命題や証明という概念の分析の上に成り立つものである．そして，そうした分析は本来，数学ではなく哲学の問題なので，命題論理や述語論理の紹介には哲学的な議論は不可欠である．本章では可能な限り背後にある考え方に触れながら，命題論理の枠組みを紹介していきたい[1]．

2.1　命題論理の論理式と理論

命題論理では原子的命題が命題の最も基本的な構成要素と考えられるため，命題論理ではまず原子的命題が記号によって表現されて，その記号を用いて命題や証明が形式化される．原子的命題を表現する記号が次の定義で与えられる命題変数である．

〔定義 2.1.1〕　PV を空ではない集合とし，PV の要素を命題変数 (proposi-

---

[1] 本章で紹介するように，命題論理の枠組みは論理的公理と推論規則を特定することによって定められる．この論理的公理と推論規則の選択の妥当性については膨大な哲学的議論がある．しかし，まず議論しなければならないのは「論理的公理と推論規則を特定することで命題論理の枠組みが定められる」という考え方そのものの妥当性である．もっとも，この考え方の妥当性を示すためには何を論じる必要があるのか，この考え方に問題があるとしたら何処にどのような問題があり得るのかは定かでない．本章でもこの考え方の妥当性については実質的には何も議論できず，「可能な限り云々」とはいっても本章も基本的には従前の態度を踏襲している．

tional variable) と呼ぶ．

命題変数は「何か」が代入されて初めて意味が確定するものであるため変数と呼ばれる．しかし，通常の数学でも「変数とは何か」という問に答えるのは難しいのと同様に，「命題変数とは何か」を説明することは難しい．ここでは「命題変数とは互いに区別が付く記号である」という理解で十分である．この章では命題変数を $A, B, C, \ldots$ などで表す．

命題を繋いで新たな命題を作るものが命題結合子 (propositional connective) である．命題論理では多くの場合「否定，かつ，または，ならば」という四つの命題結合子について議論される．この四つの命題結合子を $\neg, \wedge, \vee, \to$ という四つの記号[2]で表し，これらの記号も命題結合子と呼ぶ．

〈例 2.1.2〉 A, B はそれぞれ原子的命題 Φ, Ψ を表す命題変数とする．このとき，$(\neg A) \to B$ という記号列は「Φ でない，ならば Ψ」という命題を表す．

しかし命題結合子は四つも要らない．例えば数学では「Φ かつ Ψ」は「(Φ でない，または，Ψ でない）でない」と同じことを意味し，「Φ ならば Ψ」は「Φ でない，または，Ψ」と同じことを意味すると理解されているため，命題結合子は「でない」と「または」の二つがあれば十分である．同じように「でない」と「ならば」の二つを用いて「かつ」と「または」を表すこともできる．そこで簡単のため，命題結合子は「でない」と「ならば」の二つのみであり，命題結合子を表す記号は $\neg$ と $\to$ のみであることにする[3]．

【注意 2.1.3】 なぜ数学では「Φ ならば Ψ」を「Φ でない，または，Ψ」と言い直せるのかは容易には説明できない．ただし，「Φ でない，または，Ψ」が

---

[2] これは現在の数学基礎論の習慣で，昔は $\neg, \wedge, \vee, \to$ の代わりに $\sim, \&, \vee, \supset$ などが用いられることもあった．今でも哲学的な論文ではこうした記号が用いられることも珍しくない．前原昭二 [93] を参照のこと．

[3] 別にどの組み合わせを選んでもよい．正直にいうと本書で「でない」と「ならば」の組み合わせを選んだことの本当の理由は，前原昭二 [96] でこの組み合わせが選ばれていることである．しかし，もう少し真面目に説明すれば，「ならば」を選んだ理由は，命題論理の基本的な推論規則である分離規則を説明するためには「ならば」が必要なためである．また，利点なのか欠点なのかは分からないが，「ならば」を基本的な命題結合子に選ぶと「ならば」について論じなければならなくなる．

成り立つときに,「Φ ならば Ψ」が成り立つことは明らかである.また,もしも数学に現れる「ならば」とは他の命題結合子から独立した命題結合子ではなく,「Φ でない,または,Ψ」こそが数学における「Φ ならば Ψ」の定義であると考えれば,「Φ ならば Ψ」と「Φ でない,または,Ψ」の同値性は自明になる[4].「ならば」をこのように定義される命題結合子であると考えることは,「ならば」をある種の「場合分け」の略記であると考えることに他ならない.「Φ ならば Ψ」と「Φ でない,または,Ψ」の同値性に対する違和感とは,すべての「ならば」が「場合分け」のはずがない,という我々の直感であろう.

【注意 2.1.4】 もしも,同じことを意味する命題は区別しない,という立場に立つのなら,「Φ かつ Ψ」と「Ψ かつ Φ」は同じことを意味しており,この二つの命題も区別する必要はない.しかし,A, B がそれぞれ原子的命題 Φ, Ψ を表す命題変数とするとき,「Φ かつ Ψ」と「Ψ かつ Φ」という二つの命題を表す二つの記号列 $A \wedge B$ と $B \wedge A$ は,記号列としては異なるものであると考える.「または」に関しても同様である.

命題変数と命題結合子 ¬, →, および括弧 (,) からなる有限の長さの記号列の中で,意味を持つものを論理式と呼ぶ.例えば $(\neg B)$ や $(A \to (\neg B))$ は論理式だが,$((\neg \to A$ や $A(\neg B) \to$ は論理式ではない.この論理式が命題論理において命題を形式的に表現する記号列である.厳密には次のように定義される.

〔定義 2.1.5〕 論理式 (formula) を以下のように定義する.
(1) 命題変数は論理式である.
(2) φ が論理式のとき,$(\neg \varphi)$ も論理式である.
(3) φ と ψ が論理式のとき,$(\varphi \to \psi)$ も論理式である.
(4) 以上で定められるものだけが論理式である.

論理式全体の集合を Fml で表す.PV ⊆ Fml である.簡単のため,論理式

---
[4] しかし,そう考えるのなら,基本的な命題結合子は「でない」と「または」にすべきで,「でない」と「ならば」を基本的な命題結合子とする選択は妥当ではない.

に現れる括弧は適宜省略する．以下では $\varphi, \psi, \ldots$ といったギリシャ文字で論理式を表す．

【注意 2.1.6】 論理式は命題を表すとしても，論理式と命題を関係付けているのは論理式を読む人間であり，論理式そのものは単なる記号列に過ぎない．普通，数学では命題と命題の表現を区別しないが，命題そのものは哲学的対象であり数学的対象ではないのに対して，記号列は数学的対象になり得るという違いがある．論理式と命題を区別することは数学基礎論に特有の考え方であり，数学としての数学基礎論の出発点である[5]．

【注意 2.1.7】 定義 2.1.5 の形をした定義を一般に再帰的定義 (recursive definition) という．「論理式とは何か」を理解するためだけならば定義 2.1.5 の前で紹介したような感覚的な説明だけで十分であり，再帰的定義を持ち出す必要はない．しかし，例えば「すべての論理式は性質 Φ を持つ」といった主張を証明したいときには，論理式が上のように再帰的に定義されていれば次の三つの主張がすべて成り立つことを示せばよいので都合が良い．

(1) 命題変数はすべて性質 Φ を持つ．
(2) 論理式 φ が性質 Φ を持てば，論理式 $\neg\varphi$ も性質 Φ を持つ．
(3) 論理式 φ と ψ が性質 Φ を持てば，論理式 $\varphi \to \psi$ も性質 Φ を持つ．

この形の証明は「論理式の複雑さに関する帰納法」と呼ばれている．なお，論理式を構成する記号の数をその論理式の長さと呼び，「論理式の複雑さに関する帰納法」を「論理式の長さに関する帰納法」と呼ぶこともある．

さて，我々は命題変数を単なる記号として導入したので，命題変数それ自身は意味を持たず，特定の原子的命題を表す訳でもない．しかし，そもそも我々は命題変数を用いて原子的命題を表現したかったはずであり，その原子的命題は何らかの意味を持つものであろう．

ただし，意味が定まることと，正しさが確定することは同じではない．原子的命題「$1 + 2 = 3$」のように，原子的命題の意味と同時にその原子的命題

---

[5] より正確には，「論理式」と「論理式が表す命題の意味」の区別が数学基礎論の出発点である．流儀によっては命題という言葉が「論理式」を指し示す場合もある．

の正しさが確定する場合もある．しかし原子的命題の意味が定まっても，その原子的命題の正しさが議論の対象や状況に依存して変化する場合もある．例えば「風が吹く」を原子的命題と考えるとき，素朴な意味でのこの命題の「意味」は定まっているが[6]，「何時，何処で，誰がこの主張をしたのか」が定まらなければ，この命題が正しいかどうかは決まらない．しかし，原子的命題それ自身の正しさが確定しなくても，他の原子的命題との関係は確定する場合がある．

〈例 2.1.8〉 「風が吹く」と「桶屋が儲かる」という二つの原子的命題を Φ, Ψ とする．Φ や Ψ が正しいかどうかは，日時や場所を特定しなければ判断できない．しかし，「Φ ならば Ψ」という命題，すなわち「風が吹けば桶屋が儲かる」という命題は，日時や場所とは無関係に正しいと判断できる[7]．

このように，有意味な原子的命題の集合が与えられたときには，それぞれの原子的命題の意味に照らし合わせて正しいと判断できる命題の集合が得られる．ここで再び原子論的な考え方を用いると，原子的命題の意味に照らし合わせて正しい命題の中には基本的なものと二次的なものがあると考えられる．その基本的な正しい命題に対応する論理式を集めたものが次の定義で定められる理論である．

〔定義 2.1.9〕 論理式の集合，すなわち Fml の部分集合を理論 (theory) と呼ぶ．また，理論の要素を非論理的公理 (nonlogical axiom) と呼ぶ．

T を理論とするとき，T の非論理的公理を単に T の公理 (axiom) と呼ぶことがある．理論は形式的理論 (formal theory) や公理系 (axiomatic system) とも呼ばれる．T が理論，φ が論理式のとき，理論 $T \cup \{\varphi\}$ をしばしば $T + \varphi$ と略記する．

【注意 2.1.10】 原子的命題に意味があれば，その意味は原子的命題の使い方に制約を与えるし，逆に，この制約は原子的命題の意味を間接的に定めて

---

[6] 「意味」という言葉の理解の仕方次第では，この場合も「意味」は定まっていないことになり得よう．
[7] もちろん，この命題が正しいというのは嘘である．

いると考えることができる．そして非論理的公理の集合である理論は原子的命題の使い方を規定する条件なので，理論は原子的命題の意味を間接的に定めているということができる．このように非論理的公理の集合である理論によって「原子的命題の意味」を定めることは「公理的定義 (axiomatic definition)」と呼ばれる．「公理的定義」を「陰伏的定義 (implicit definition)」もしくは「間接的定義 (indirect definition)」と呼ぶこともできる．もちろん，「公理的定義」は「直接的定義 (direct definition)」とでも呼ぶべき普通の「定義」とは随分性格が異なり，「公理的定義」を定義とは認めない立場もあり得る．「公理的定義」を定義と認めることは，Hilbert の形式主義の流れを汲む現代の標準的な数学観の大きな特徴であろう[8]．

命題論理においても述語論理においても，理論をもとに論理式の有限列として証明が定義され，証明の最後に現れる論理式として定理が定められる．理論は証明や定理という概念を定義するための基礎となる概念であり，算術や解析学，集合論といった素朴な意味での数学的な理論を公理的かつ形式的に展開するための基本的な枠組みである．

ただし，論理式の集合として記述できる概念は基本的な語彙が満たすべき条件に過ぎず，素朴な意味での理論という概念のごく一部分でしかない．また，数学的に意味のある論理式の集合は限られており，たとえ何らかの数学的ないし哲学的な動機や考察に基づくとしても，恣意的に定義された論理式の集合が意義を持つことは稀である．命題論理や述語論理における理論の定義は素朴な意味での理論という概念を過度に一般化している．

命題論理や述語論理を用いれば簡単に新しい理論を定義して公理的もしくは数学的に議論を展開することができる．これは命題論理や述語論理が持つ優れた能力であり，実際，これまでに無数の新しい数学的ないし哲学的な「何某理論」が提案されてきた．しかし，大方の新しい理論は誰からも顧みられずに生まれた端から忘れ去られている．

もちろん，千に一つ，万に一つでも価値のある理論が生まれる可能性があるのなら，新たな理論を探し求める試みは無意味ではない．しかし，そもそ

---

[8] 野本和幸 [79] pp. 397–398 に公理的定義についての Frege と Hilbert の考え方の違いについての解説がある．

も新しい理論を提示することは命題論理や述語論理の目的ではない．命題論理や述語論理において理論という概念が定義されたのは，まず集合論のように数学全体を形式的に展開できる枠組みを構築するためであり，そして何よりも「理論，証明，定理」という数学にとって最も重要な三つの基礎概念の関係を明らかにするためである．様々な話題について新たな理論を定めて，その話題について公理的ないし数学的な議論を展開することは命題論理や述語論理の目的ではなく応用であり，場合によっては濫用である．

2.2 真理値

ところで，論理式とは命題を形式的に表現するための記号列であったが，そもそも命題とは真偽が確定し得る数学的な主張である．そして命題は原子的命題から命題結合子を用いて組み立てられていて，命題結合子の意味は確定しているので，原子的命題の真偽が決まれば命題の真偽も確定する．また原子的命題は命題変数によって，命題は論理式によって形式的に表現されていた．したがって，命題変数の真偽を定めれば論理式にも真偽が定まる．そこで次のように命題変数に真偽を割り当てることを考える．

〔定義 2.2.1〕 (1) 互いに区別ができる二つの記号 $\mathbb{T}$ と $\mathbb{F}$ を真理値 (truth value) と呼ぶ．$\mathbb{T}$ が真 (true) を，$\mathbb{F}$ が偽 (false) を表す[9]．
(2) 命題変数全体の集合 PV から真理値の集合 $\{\mathbb{T}, \mathbb{F}\}$ への関数を真理値の割り当て (truth assignment) と呼ぶ．真理値の割り当てを付値 (valuation) もしくは単に割り当て (assignment) と呼ぶこともある．真理値の割り当て全体の集合を Val と書く．

【注意 2.2.2】 もちろん，$v(A) = \mathbb{T}$ であることは A が v において真であることを，$v(A) = \mathbb{F}$ であることは A が v において偽であることを意味する．ただし定義 2.2.1 における真理値 $\mathbb{T}, \mathbb{F}$ とは単なる記号に過ぎない．真理値を記号として取り扱えることは定義 2.2.1 の前提である．

---

[9] 真理値を $\mathbb{T}, \mathbb{F}$ のみとする論理的な体系を二値論理と呼ぶことがある．$\mathbb{T}, \mathbb{F}$ の他に「未定義」などを意味する真理値を付け加えた三値論理や，真理値が四つ以上の論理は多値論理と総称されている．多値論理についても様々な研究や議論がある．

真理値の割り当てが与えられると，命題結合子の意味にしたがって，単純な論理式から複雑な論理式へと順々に真理値が定まっていく．例えば命題変数 A と B について，A が真ならば $\neg A$ は偽であり，A が真かつ B が偽ならば $A \to B$ は偽である．より具体的には，論理式の真理値は次の定義によって定められる．

〔定義 2.2.3〕 v を真理値の割り当てとする．論理式全体の集合 Fml から $\{\mathbb{T}, \mathbb{F}\}$ への関数 $\bar{v}$ を以下のように定義し，この $\bar{v}$ を v の Fml への拡張と呼ぶ．

(1) $\bar{v}(A) = v(A)$.
(2) $\bar{v}(\varphi) = \mathbb{T}$ ならば $\bar{v}(\neg\varphi) = \mathbb{F}$. $\bar{v}(\varphi) = \mathbb{F}$ ならば $\bar{v}(\neg\varphi) = \mathbb{T}$.
(3) $\bar{v}(\varphi) = \mathbb{T}$ かつ $\bar{v}(\psi) = \mathbb{F}$ ならば $\bar{v}(\varphi \to \psi) = \mathbb{F}$. それ以外の場合は $\bar{v}(\varphi \to \psi) = \mathbb{T}$.

ただし，A は命題変数，φ, ψ は論理式とする．

これは関数 $\bar{v}$ の再帰的な定義である．どのような真理値の割り当て v に対しても，この定義の三つの条件を満たす関数 $\bar{v}$ が存在すること，そして，その条件を満たす関数は一つしか存在しないことは，ここでは詳しく説明はしないが，証明可能なことであるし，証明が必要なことでもある．

【注意 2.2.4】 上の定義の条件 (2) と条件 (3) はそれぞれ次の真理値表で表現できる．

φ	$\neg\varphi$
$\mathbb{F}$	$\mathbb{T}$
$\mathbb{T}$	$\mathbb{F}$

φ	ψ	$\varphi \to \psi$
$\mathbb{F}$	$\mathbb{F}$	$\mathbb{T}$
$\mathbb{F}$	$\mathbb{T}$	$\mathbb{T}$
$\mathbb{T}$	$\mathbb{F}$	$\mathbb{F}$
$\mathbb{T}$	$\mathbb{T}$	$\mathbb{T}$

「Φ ならば Ψ」と「Φ でない，または Ψ」の同値性に感じる違和感とは，この $\varphi \to \psi$ の真理値表に感じる違和感に他ならない．特に不自然に感じられるのが二段目であろう．しかし，二段目の $\varphi \to \psi$ の真理値を $\mathbb{F}$ に変更する

と，その結果得られる真理値表は φ と ψ が同値であることを意味してしまい，「ならば」の真理値表としては適当ではない．他のどのような組み合わせを考えても満足できず，結局，他に適当なものはないという消極的な理由で上の表が一番妥当だということになるが，そもそも「ならば」と真理値表は相性が悪いのかも知れない．このことは注意 2.3.6 で再び論じる．

【注意 2.2.5】 $\neg$ は「でない」を意味し，$\to$ は「ならば」を意味する記号なので，$\neg\varphi$ を「φ でない」と，$\varphi \to \psi$ を「φ ならば ψ」と読むことが多い．しかし，そのように読むと素朴な言葉としての「でない」や「ならば」と，命題結合子の読みとしての「でない」や「ならば」の区別が曖昧になり，定義 2.2.3 は「でない」を使って「でない」を，「ならば」を使って「ならば」を定義する循環論法に見えてしまう．しかし，そもそも定義 2.2.3 は「でない」や「ならば」という言葉の意味や使い方を定めるものではない．我々は素朴な意味で「でない」や「ならば」という言葉の意味や使い方を知っており，定義 2.2.3 はそれらを $\neg$ や $\to$ という記号を使って書き留めたものであると考えるべきであろう．

さて，u と v を異なる真理値の割り当てとするとき，$\bar{u}$ と $\bar{v}$ が異なる関数になることは明らかである．一方，上の定義の条件 (2) と (3) を満たす Fml から $\{\mathbb{T},\mathbb{F}\}$ への関数 $\bar{v}$ が与えられたとき，$\bar{v}$ の定義域を PV に制限して得られる PV から $\{\mathbb{T},\mathbb{F}\}$ への関数は真理値の割り当てであるが，この真理値の割り当ての Fml への拡張は $\bar{v}$ 自身である．したがって，上の定義の条件 (2) と (3) を満たす Fml から $\{\mathbb{T},\mathbb{F}\}$ への関数全体の集合と真理値の割り当て全体の集合 Val は一対一に対応する．そこで，$v \in$ Val と v の Fml への拡張 $\bar{v}$ を区別せずに，$\bar{v}$ のことも v と書くことにする．

〔定義 2.2.6〕 v を真理値の割り当て，φ を論理式とする．$v(\varphi) = \mathbb{T}$ のとき φ は v で真であるといい，$v \models \varphi$ と書く．$v(\varphi) = \mathbb{F}$ のとき φ は v で偽であるといい，$v \not\models \varphi$ と書く．

次の補題は定義から明らかである．

〔補題 2.2.7〕 v を真理値の割り当て，φ を論理式とする．このとき，以下

の (1) および (2) が成り立つ.
(1) $v \models \neg\varphi$ と $v \not\models \varphi$ は同値である.
(2) $v \models \varphi$ と $v \models \neg\varphi$ の一方が,そして一方のみが成り立つ.

〔定義 2.2.8〕 φ を論理式とする.すべての真理値の割り当て v について $v \models \varphi$ が成り立つとき,φ は恒真式 (tautological formula) であるといい,$\models \varphi$ と書く.

【注意 2.2.9】 一般に $\models \varphi$ と $\models \neg\varphi$ のいずれか一方が成り立つ訳ではない.このことは φ が命題変数の場合を考えれば明らかである.また,$\models \varphi$ と $\models \neg\varphi$ の両方が成り立つことはない.

恒真式によって表現される命題を恒真命題という.恒真命題とは原子的命題の真偽によらず命題の形だけから真であることが判断できる命題のことである.恒真命題のことをトートロジー (tautology) ともいうが,命題と論理式の区別が重要な意味を持たない場合にはトートロジーという言葉で恒真式のことを意味する場合もある.

【注意 2.2.10】 与えられた論理式が恒真式かどうかは真理値表 (truth table) を書くことで容易に確認できる.例えば論理式 $A \to (B \to A)$ が恒真式であることは以下の真理値表によって確かめられる.

A	B	$B \to A$	$A \to (B \to A)$
$\mathbb{F}$	$\mathbb{F}$	$\mathbb{T}$	$\mathbb{T}$
$\mathbb{F}$	$\mathbb{T}$	$\mathbb{F}$	$\mathbb{T}$
$\mathbb{T}$	$\mathbb{F}$	$\mathbb{T}$	$\mathbb{T}$
$\mathbb{T}$	$\mathbb{T}$	$\mathbb{T}$	$\mathbb{T}$

論理式 $A \to (B \to A)$ は A と B の二つの命題変数から構成されている.v を真理値の割り当てとすると,$v(A)$ と $v(B)$ の値の組み合わせは全部で四通りあり,この真理値表の横の四つの段がその四通りに対応する.例えば二段目は $v(A) = \mathbb{F}$ かつ $v(B) = \mathbb{T}$ である真理値の割り当て v に対応していて,その段の右の二つのマス目に $\mathbb{F}$ と $\mathbb{T}$ が書かれていることはそれぞれ

$v(B \to A) = \mathbb{F}$ であることと $v(A \to (B \to A)) = \mathbb{T}$ であることを意味している．ただし，真理値の割り当てを特定するためには A, B 以外の命題変数にも真理値を定めなければならず，一つの段が一つの真理値の割り当てに対応する訳ではない．この真理値表の四つの段は無限にたくさんある真理値の割り当てを四通りに分類したものである．

一般に論理式 φ が恒真式であるとき，φ の命題変数に他の論理式を代入して得られる論理式も恒真式になる．例えば $A \to (B \to A)$ が恒真式であり，この論理式に現れる命題変数 A, B に論理式 φ, ψ を代入すると論理式 $\varphi \to (\psi \to \varphi)$ が得られるが，この論理式 $\varphi \to (\psi \to \varphi)$ も恒真式である．このことは，真理値の割り当て v を一つ固定したときに $v(\varphi)$ および $v(\psi)$ の取り得る値の組み合わせは高々四通りであり，その四通りは上の真理値表の四つの段のいずれかに対応することから分かる．したがって次の補題の (1) が得られる．この補題の (2), (3) を適当な論理式の真理値表を作成して確認することは読者に任せる．

[補題 2.2.11]　φ, ψ, ρ を論理式とする．以下の論理式はすべて恒真式である．

(1) $\varphi \to (\psi \to \varphi)$
(2) $(\varphi \to (\psi \to \rho)) \to ((\varphi \to \psi) \to (\varphi \to \rho))$
(3) $(\neg \varphi \to \neg \psi) \to (\psi \to \varphi)$

【注意 2.2.12】　真理値表を書くために表のマス目にどのように $\mathbb{T}, \mathbb{F}$ という記号を埋めていけばよいかには簡単な計算手順がある．一般に，ある計算手順が，何かを実行した後に次に何をすべきかが一つに定まる場合には，その計算手順は決定的 (deterministic) であるという．普通は計算手順といえば決定的な計算手順のことである．真理値表を作成するための計算手順は決定的である．しかし真理値表を用いて n 個の命題変数を持つ論理式が恒真式かどうかを判定するためには 2^n 段からなる真理値表を書かなければならず，n が大きいときには真理値表を用いて恒真式かどうかを判定することは大変に時間がかかる．真理値の計算は決定的だが効率的ではない．

さて，T を理論とする．

〔定義 2.2.13〕　(1) v を真理値の割り当てとする．すべての $\psi \in T$ について $v(\psi) = \mathbb{T}$ のとき，v は T のモデル (model) であるといい，$v \models T$ と書く．

(2) φ を論理式とする．T のすべてのモデル v について $v \models \varphi$ が成り立つとき，φ は T の帰結 (consequence) または論理的帰結 (logical consequence) であるといい，$T \models \varphi$ と書く．$T \models \varphi$ でないとき $T \not\models \varphi$ と書く．

例えば $\{A, A \to B\} \models B$ である．

【注意 2.2.14】　一般に $T \models \varphi$ と $T \models \neg\varphi$ のいずれか一方が成り立つ訳ではない．しかし，T がモデルを持たない場合には，すべての φ について $T \models \varphi$ が成り立ち，したがって $T \models \varphi$ と $T \models \neg\varphi$ の両方が成り立つ．

〔補題 2.2.15〕　φ を論理式とする．このとき，以下の (1) と (2) は同値である．
(1) $T \cup \{\neg\varphi\}$ はモデルを持つ．
(2) $T \not\models \varphi$ である．

（証明）　v を真理値の割り当てとすると，$v \models T \cup \{\neg\varphi\}$ であることは，$v \models T$ かつ $v \not\models \varphi$ であることと同値なので，明らかである．　□

次の章で紹介するように，述語論理では理論の非論理的公理をすべて真とする数学的構造をその理論のモデルと呼んでいる．命題論理のモデルの定義はこのことになぞらえている．

2.3　命題結合子の論理的公理と推論規則

定理の証明とは，議論の前提と正しいことが自明である命題から出発して，定理に到達するまで推論を繰り返して構成される命題の有限列である．したがって，命題を論理式で表現するならば，証明は論理式の有限列として形式的に表現可能である．ここで，正しいことが自明である命題を表す論理

式は論理的公理と呼ばれ，証明の構成に用いてよい推論は推論規則と呼ばれる．論理的公理と推論規則を定めれば形式的な証明とは何かが定義される．論理的公理と推論規則からなる形式的な枠組みが命題論理の体系である．

論理的公理や推論規則の選び方には様々な考え方があるし，そもそも推論規則の書き方や使い方も一通りではない．代表的な命題論理の体系には Hilbert 流[10]，Gentzen の自然演繹 NK[11] と LK[12]，Fitch 流[13] など様々なものがある．それぞれの体系は微妙に異なる証明の定義を持ち，それぞれ長所や欠点を持つ．しかし，いずれの体系においても証明可能な論理式の集合，つまり定理の集合は恒真式の集合と一致するので，証明可能性，すなわち証明の存在および非存在に関してはどの体系を選んでも違いはない．本書では定義が簡単な Hilbert 流を採用する[14]．

【注意 2.3.1】 もちろん「証明可能性について議論すること」と「証明について議論すること」は違う．証明自身に興味がある場合には体系の選択は無視できない．しかし不完全性定理は証明可能性に関する定理であり，証明についての定理ではない．

論理的公理とは命題結合子の意味を考えれば自明に正しい命題を表す論理式であり，恒真式であることが明らかな論理式のことである．恒真式のすべてを論理的公理としても構わないが，原子論的もしくは還元主義的な考え方を用いると，恒真式の中にも基本的なものがあり，その他の恒真式は基本的な恒真式から二次的に証明可能であると考えられる．そこで，その基本的な

---

[10] 論理的公理が多く，推論規則が少ない体系である．証明の数学的分析が容易な体系である．新井敏康 [8]，松本和夫 [101]，前原昭二 [96] を参照のこと．

[11] 論理的公理がなく，推論規則が多い体系であり，我々の論理的な推論を自然に表現できる体系である．Hilbert 流よりも証明の構成がしやすいが，証明の定義が Hilbert 流と比べると若干複雑である．前原昭二 [93]，van Dalen [224] を参照のこと．

[12] NK における証明の構成や性質について形式的に論じるための枠組みである．前原昭二 [95]，松本和夫 [101]，竹内外史・八杉満利子 [58]，Takeuti [221] を参照のこと．

[13] NK と似ていて証明の構成が容易な体系である．角田譲 [20] を参照のこと．

[14] Hilbert が定義した体系と本書で紹介する体系は同一のものではない．本書で紹介する体系を Hilbert 流と呼ぶことは，本書で紹介する体系は推論規則が最も少なくなるように作られているという点が Hilbert が与えた体系に似ている，という事実に基づく．

恒真式を論理的公理 (logical axiom) とする.

一方,「$\varphi_1, \varphi_2, \ldots, \varphi_n$ から ψ を導く」推論 [R] は次の形で表される.

$$\frac{\varphi_1 \quad \varphi_2 \quad \cdots \quad \varphi_n}{\psi} \; [\text{R}]$$

ここで, $\varphi_1, \varphi_2, \ldots, \varphi_n$ を [R] の仮定, ψ を [R] の結論という. また, [R] が真理値を保存するということを次のように定義する.

〔定義 2.3.2〕 $\varphi_1, \varphi_2, \ldots, \varphi_n, \psi$ を論理式とし, 仮定 $\varphi_1, \varphi_2, \ldots, \varphi_n$ から結論 ψ を導く推論を [R] とする. すべての真理値の割り当て v について, $v \models \varphi_1, v \models \varphi_2, \ldots, v \models \varphi_n$ ならば $v \models \psi$ であるとき, [R] は真理値を保存する, または [R] は演繹的推論 (deductive inference) であるという.

数学の証明に用いる推論は演繹的でなければならないが, 演繹的であればどのような推論を用いても構わない. しかし, ここで再び原子論的な考え方を用いると, 演繹的推論の中にも基本的なものがあると考えられる. その基本的な演繹的推論が推論規則 (inference rule) である.

論理的公理と推論規則を定めると命題論理の体系 $\mathfrak{S}$ が定まり, $\mathfrak{S}$ の「証明」と「定理」が定義可能になる. 以下, T を理論とする.

〔定義 2.3.3〕 $(\varphi_1, \varphi_2, \ldots, \varphi_n)$ を論理式の有限列とする. すべての $i \leq n$ について以下の (1) から (3) のいずれかが成り立つとき, この有限列は T から φ_n を導く証明 (proof) である, または φ_n を導く T の証明であるという.

(1) φ_i は $\mathfrak{S}$ の論理的公理である.
(2) $\varphi_i \in T$ である.
(3) 仮定がすべて $(\varphi_1, \varphi_2, \ldots, \varphi_{i-1})$ の中に現れ, 結論が φ_i である $\mathfrak{S}$ の推論規則が存在する.

また, n をこの証明の長さという[15].

〔定義 2.3.4〕 φ を論理式とする.

---

[15] 証明に現れる論理式の数ではなく, 証明に現れる記号の数で証明の長さを定義することもある.

(1) T から φ を導く証明が存在するとき φ は T の定理 (theorem) である，もしくは φ は T から証明可能 (provable) であるといい，$T \vdash \varphi$ と書く．
(2) $\mathrm{Th}(T)$ を T の定理の集合とする．
(3) $\emptyset \vdash \varphi$ のとき φ は $\mathfrak{S}$ の定理であるといい，$\vdash \varphi$ と書く．

$T \vdash \varphi$ でないとき，$T \not\vdash \varphi$ と書き，$\{\psi\} \vdash \varphi$ であることを $\psi \vdash \varphi$ と書く．素朴な意味での証明と形式化された証明を区別するため，形式化された証明を形式的証明 (formal proof) または証明図 (proof figure) と呼ぶことがある．

【注意 2.3.5】 通常の数学では補題，定理，系という概念は互いに区別されており，定理とは証明可能な命題の中で特に重要なものであった．しかし，そうした主観的な価値判断の基準は形式化が難しい．ここではそうした価値判断の一切が停止されており，証明可能な論理式はすべて「定理」である．

【注意 2.3.6】 $\varphi \vdash \psi$ と $\vdash \varphi \to \psi$ は共に「φ ならば ψ である」と読める．後で紹介する演繹定理により，適当な論理的公理と推論規則のもとでは $\varphi \vdash \psi$ と $\vdash \varphi \to \psi$ は同値になるので，実用上は $\varphi \vdash \psi$ と $\vdash \varphi \to \psi$ を区別する必要はないが，$\varphi \vdash \psi$ と $\vdash \varphi \to \psi$ は異なる概念である．この $\varphi \vdash \psi$ と $\vdash \varphi \to \psi$ の違いは証明可能性の「ならば」と命題結合子の「ならば」の違いである．通常の数学では「φ ならば ψ」が証明可能であるとは「φ から ψ に至る証明」が存在することなので，本来，数学の「ならば」は証明可能性の「ならば」である．そして，証明可能性の一般的な性質だけからは，φ が偽であっても $\varphi \vdash \psi$ の是非については何もいえない．この意味で「Φ ならば Ψ」と「Φ でない，または，Ψ」の同値性は命題結合子の「ならば」の性質なのであって，証明可能性の「ならば」の一般的な性質とは無関係である．この二種類の「ならば」の混同が，「ならば」が真理値表とは相性が悪く，「Φ ならば Ψ」と「Φ でない，または，Ψ」の同値性の理由を説明することが難しいことの原因であろう．ただし，具体的な命題論理の体系を考える場合には命題結合子の「ならば」の性質を反映するように論理的公理と推論規則が選ばれるので，二種類の「ならば」は無関係ではない．

以下の三つの補題は後の議論でたびたび用いられる．証明はほとんど自明なものばかりであるが，証明という概念の我々の素朴な直感に照らし合わせ

ても妥当なものであろう．最初の補題は証明を任意の長さで切った論理式の有限列が再び証明になることを主張する．

[補題 2.3.7] 論理式の有限列 $(\varphi_1, \varphi_2, \ldots, \varphi_n)$ を T から φ_n を導く証明とし，$1 \leq i \leq n$ とする．このとき $(\varphi_1, \varphi_2, \ldots, \varphi_i)$ は T から φ_i を導く証明である．

次の補題は，定理の証明には既に証明されている定理を用いてよいことを主張する．

[補題 2.3.8] $(\varphi_1, \varphi_2, \ldots, \varphi_n)$ を論理式の有限列とし，$i \leq n$ ならば以下の (1) から (3) のいずれかが成り立つとする．

(1) φ_i は $\mathfrak{S}$ の論理的公理である．
(2) $T \vdash \varphi_i$ である．
(3) 仮定がすべて $(\varphi_1, \varphi_2, \ldots, \varphi_{i-1})$ の中に現れ，結論が φ_i である $\mathfrak{S}$ の推論規則が存在する．

このとき $T \vdash \varphi_n$ である．

補題 2.3.8 は，与えられた有限列の前に，既に証明されている定理の証明を繋ぐことで証明できる．これは通常の数学で，定理を幾つかの補題に分解して証明しているときに，それらの補題の証明を繋げて書けば，見た目は補題を用いない定理の証明になることに対応する．

次の系は補題 2.3.8 を言い直したものである．

[系 2.3.9] $\varphi_1, \ldots, \varphi_n, \varphi$ を論理式とする．$T \cup \{\varphi_1, \ldots, \varphi_n\} \vdash \varphi$ であり，かつ，すべての $i \leq n$ について $T \vdash \varphi_i$ であるとする．このとき，$T \vdash \varphi$ である．

最後の補題は理論を大きくしても定理は減らないことをいう[16]．

[補題 2.3.10] T, U を理論，φ を論理式とし，$T \subseteq U$ とする．このとき，

---

[16] これを推論の単調性と呼ぶ．数学的な推論で単調性が成り立つことは自明であるが，人工知能に関係する論理学の研究においては，日常的な推論の多くで単調性は成り立たないことがしばしば指摘されている．

$T \vdash \varphi$ ならば $U \vdash \varphi$ である．

さて，ここまでは論理的公理と推論規則を特定せずに話を進めてきた．ここで $\mathfrak{S}$ の証明可能性が帰結性と同値になるように命題論理の体系 $\mathfrak{S}$ を定めたい．このとき，簡単のためには論理的公理と推論規則は少ないほうがよい．しかし，論理的公理を減らせば推論規則は増えるし，推論規則を減らせば論理的公理が増える．大雑把に言えば，推論規則が最も少なくなるように論理的公理と推論規則が選ばれたものが Hilbert 流である[17]．本書で紹介する命題論理の体系 $\mathfrak{S}_0$ は Hilbert 流の体系の一つである[18]．具体的には $\mathfrak{S}_0$ の論理的公理と推論規則は以下のように定められる．

〔定義 2.3.11〕 φ, ψ, ρ を論理式とする．以下のように論理式 Ax1 から Ax3 を定める．

Ax1 $\varphi \to (\psi \to \varphi)$
Ax2 $(\varphi \to (\psi \to \rho)) \to ((\varphi \to \psi) \to (\varphi \to \rho))$
Ax3 $(\neg \varphi \to \neg \psi) \to (\psi \to \varphi)$

論理式 Ax1 から Ax3 を $\mathfrak{S}_0$ の論理的公理とする．また，以下のように推論規則 [MP] を定める．

$$\frac{\varphi \quad \varphi \to \psi}{\psi} \text{ [MP]}$$

[MP] を分離規則 (Rule of Detachment) または Modus Ponens と呼ぶ．推論規則 [MP] を $\mathfrak{S}_0$ の推論規則とする．

ただし，Ax1 から Ax3 と [MP] は論理式と推論規則の型を示したもので，Ax1 から Ax3 と [MP] の φ, ψ, ρ に任意の論理式を代入したものが $\mathfrak{S}_0$ の論理的公理と推論規則である．Ax1 から Ax3 が恒真式であることは補題 2.2.11 で確認しており，[MP] が真理値を保存することも容易に示せる．

【注意 2.3.12】 論理的公理や推論規則とは本来，恒真式や演繹的推論の中で基本的なもののはずであった．確かに [MP] は「ならば」の基本的な性質

---

[17] 逆に，すべてを推論規則で書いたものが自然演繹の体系 NK である．
[18] 本書で紹介する体系を $\mathfrak{S}_0$ と書くことは標準的な記法ではない．

であろうが，Ax1 から Ax3 が「ならば」の基本的な性質であるとはにわかには信じ難いし，Ax1 から Ax3 と [MP] で論理的公理と推論規則が十分である理由も明らかではない．$\mathfrak{S}_0$ の論理的公理や推論規則の選択には正当化が必要である．そして $\mathfrak{S}_0$ の正当化には，「$\mathfrak{S}_0$ の定理の集合が恒真式の集合と一致する」という「弱い正当化」と，「すべての理論 T と論理式 φ について，$T \models \varphi$ と $T \vdash \varphi$ が同値になる」という「強い正当化」の二種類がある．「弱い正当化」は「強い正当化」における $T = \emptyset$ の場合である．もしも「ならば」の意味は $\models$ によって自然に表現されていると考えるのであれば，$\mathfrak{S}_0$ の正当化には「強い正当化」が必要である．この「強い正当化」が成り立つことを主張するのが定理 2.5.2，すなわち $\mathfrak{S}_0$ の完全性定理である[19]．

Ax1 から Ax3 が恒真式であり，[MP] が真理値を保存することから次の補題が得られる．

[補題 2.3.13] φ を論理式，v を真理値の割り当てとし，$v \models T$ とする．このとき $T \vdash \varphi$ ならば $v \models \varphi$ である．

（証明） T から φ に至る証明の長さに関する帰納法で証明する．まず，T から φ に至る証明の長さが 1 の証明が存在する場合を考える．φ は論理的公理であるか，$\varphi \in T$ である．φ が論理的公理ならば φ は恒真式なので $v \models \varphi$ であることは明らかである．また，$v \models T$ なので，$\varphi \in T$ ならば $v \models \varphi$ であることは明らかである．

次に，どのような論理式 ψ についても，T から ψ に至る長さ n 以下の証明が存在する場合には $v \models \psi$ であると仮定する．$(\varphi_1, \varphi_2, \ldots, \varphi_n, \varphi)$ を T から φ に至る証明の長さ $n+1$ の証明とする．φ が論理的公理または $\varphi \in T$ のときは φ に長さ 1 の証明が存在する場合と同様に $v \models \varphi$ である．また，$i, j \leq n$ が存在して，φ_i が $\varphi_j \to \varphi$ であり，φ が φ_i と φ_j から [MP] を用いて導出されるときには，帰納法の仮定から $v \models \varphi_i$ かつ $v \models \varphi_j$ であり，[MP] は真理値を保存するので $v \models \varphi$ である． □

---

[19] これは数学基礎論において標準的な考え方ではあるが，様々な見方があり得る．例えば Dummett は完全性定理が成り立つことが論理的公理や推論規則の選択の正当化になるのかについて哲学的な議論を展開している．この Dummett の議論についてはダメット [68]，金子洋之 [24] pp. 80–95 を参照のこと．

[系 2.3.14] φ を論理式とする．このとき，$T \vdash \varphi$ ならば $T \models \varphi$ である．

（証明） $T \vdash \varphi$ とし，v を真理値の割り当てとする．$v \models T$ のとき，前の補題より $v \models \varphi$ である．したがって $T \models \varphi$ が成り立つ． □

この系より直ちに次の系が得られる．

[系 2.3.15] φ を論理式とし，T の要素はすべて恒真式であるとする．このとき，$T \vdash \varphi$ ならば φ は恒真式である．特に，$\vdash \varphi$ ならば φ は恒真式である．

さて，$\mathfrak{S}_0$ の論理的公理と推論規則の数は少ないので「$\mathfrak{S}_0$ に関する定理」を証明する場合には都合が良いが，$\mathfrak{S}_0$ の論理的公理の選び方は不自然であるし，実際に「$\mathfrak{S}_0$ の定理」の証明を書くことは容易ではない．例えば論理式 $\sigma \to \sigma$ は以下のように証明される．

(1) $\sigma \to ((\sigma \to \sigma) \to \sigma)$ [Ax1]
(2) $(\sigma \to ((\sigma \to \sigma) \to \sigma)) \to ((\sigma \to (\sigma \to \sigma)) \to (\sigma \to \sigma))$ [Ax2]
(3) $(\sigma \to (\sigma \to \sigma)) \to (\sigma \to \sigma)$ [MP 1, 2]
(4) $\sigma \to (\sigma \to \sigma)$ [Ax1]
(5) $\sigma \to \sigma$ [MP 3, 4]

正確に言えば，上の (1) から (5) と番号の振られた論理式を φ_1 から φ_5 とすると，五つの論理式からなる有限列 $(\varphi_1, \ldots, \varphi_5)$ が $\mathfrak{S}_0$ における $\sigma \to \sigma$ の証明である．ただし，Ax1, Ax2 と書かれている論理式は上の定義の Ax1, Ax2 の φ, ψ, ρ に適当な論理式を代入して得られる論理的公理であることを表し，MP と書かれている論理式は MP の後の数字で示されている論理式に [MP] を適用して得られた論理式であることを表している．いずれにせよ，この証明によって次の補題が得られた．

[補題 2.3.16] σ を論理式とする．このとき，$\vdash \sigma \to \sigma$ である．

【注意 2.3.17】 $\sigma \to \sigma$ のように単純で自明に正しい論理式が，上のように複雑な証明を必要とすることは奇妙である．Hilbert 流の体系 $\mathfrak{S}_0$ の論理的公理と推論規則は自明で自然なものが選ばれているというよりは，$\mathfrak{S}_0$ の定

理の集合が恒真式の集合と一致するように効率よく人工的に定められたものであると考えたほうがよいのかも知れない[20].

ある論理式の有限列が証明の条件を満たしているかどうかは容易に判定できるので，運良く φ の証明を見つけられれば φ が証明可能であることは簡単に確認できる．この「運良く」を形式張って言い直すと「決定的でない」ということになる．証明の存在の確認は決定的ではないが効率的である．この点が，決定的だが効率的ではない真理値の計算と大きく違う．

【注意 2.3.18】 φ, ψ を論理式とする．$T \vdash \varphi \to \psi$ が成り立てば，明らかに $T \vdash \varphi$ ならば $T \vdash \psi$ が成り立つ．しかし一般に逆は成り立たない．例えば A, B を異なる命題変数とし，$T = \emptyset$ の場合を考える．$T \vdash A$ が成り立たないので，$T \vdash A$ ならば $T \vdash B$ は成り立つが，$T \not\vdash A \to B$ である．ここで，$T \not\vdash A$ であること，および $T \not\vdash A \to B$ であることは，A および $A \to B$ が恒真式でないことと，上で紹介した系 2.3.14 から直ちに得られる．

2.4 演繹定理と無矛盾性

さて，具体的な証明を作ることが難しいにもかかわらず我々が $\mathfrak{S}_0$ を採用したのは，$\mathfrak{S}_0$ の定義が簡単で $\mathfrak{S}_0$ について議論しやすいからであり，また，$\mathfrak{S}_0$ では「φ を仮定して ψ が証明できる」という主張と「$\varphi \to \psi$ が証明できる」という主張の違いが明白だからである．

注意 2.3.6 でも紹介したように，通常の数学では $\varphi \vdash \psi$ と $\vdash \varphi \to \psi$ は区別されていない．この二つの主張の違いは証明可能性としての「ならば」と命題結合子としての「ならば」の違いであるが，端的にいえば証明と命題の違いである．そして，$\varphi \vdash \psi$ と $\vdash \varphi \to \psi$ の区別をしない人でも「証明と定理は違う」という主張には異議を唱えないであろう．この違いに対応して命題論理では $\vdash$ と $\to$ は明確に区別され，その上で，$\varphi \vdash \psi$ と $\vdash \varphi \to \psi$ の同

---

[20] これに対して，例えば自然演繹の体系では「σ を仮定すれば σ が得られる，ゆえに $\sigma \to \sigma$ は正しい」という主張をそのまま形式的に記述したものが $\sigma \to \sigma$ の証明になっており，Hilbert 流の体系と比べると遥かに自然である

値性が演繹定理によって示される.

この節でも T を理論とする.

[定理 2.4.1] 演繹定理 (Deduction Theorem) φ と ψ を論理式とする. このとき, 以下の (1) と (2) は同値である.

(1) $T \cup \{\varphi\} \vdash \psi$ である.
(2) $T \vdash \varphi \to \psi$ である.

(証明) (2) $\Rightarrow$ (1) を示す. まず, $T \vdash \varphi \to \psi$ を仮定し, p を T から $\varphi \to \psi$ を導く証明とする. p の後ろに φ および ψ を付け加えた論理式の列を q とする. q は $T \cup \{\varphi\}$ から ψ を導く証明である. ゆえに $T \cup \{\varphi\} \vdash \psi$ が成り立つ.

(1) $\Rightarrow$ (2) を示す. $T \cup \{\varphi\}$ から ψ を導く証明の長さに関する帰納法で, すべての ψ について, $T \cup \{\varphi\} \vdash \psi$ ならば $T \vdash \varphi \to \psi$ が成り立つことを示す.

まず $T \cup \{\varphi\}$ から ψ を導く長さ 1 の証明が存在すると仮定する. このとき ψ は論理的公理であるか, または $\psi \in T \cup \{\varphi\}$ である. まず, ψ が論理的公理のとき, 以下の論理式の列は T から $\varphi \to \psi$ を導く証明である.

(1) ψ [Ax1]〜[Ax3] のいずれか
(2) $\psi \to (\varphi \to \psi)$ [Ax1]
(3) $\varphi \to \psi$ [MP 1, 2]

したがって $T \vdash \varphi \to \psi$ が成り立つ. 次に, $\psi \in T \cup \{\varphi\}$ とする. $\psi \in T$ のときは ψ が論理的公理の場合と同様に $T \vdash \varphi \to \psi$ が成り立つ. $\psi \in \{\varphi\}$ のときは ψ と φ は等しくなるので, 補題 2.3.16 より $\vdash \varphi \to \psi$ である. ゆえに, 補題 2.3.10 から $T \vdash \varphi \to \psi$ が成り立つ.

次に $n \geq 1$ とし, どのような論理式 ψ についても, $T \cup \{\varphi\}$ から ψ を導く長さ n 以下の証明が存在すれば $T \vdash \varphi \to \psi$ であると仮定する. $(\varphi_1, \ldots, \varphi_n, \psi)$ を $T \cup \{\varphi\}$ から ψ を導く長さ $n+1$ の証明とする.

ψ が論理的公理であるか, $\psi \in T \cup \{\varphi\}$ である場合は長さ 1 の証明が存在する場合と同様に $T \vdash \varphi \to \psi$ が成り立つ. それ以外の場合には, $i, j \leq n$

が存在して φ_i は $\varphi_j \to \psi$ の形をしており，ψ は φ_i と φ_j から [MP] を用いて導かれている．補題 2.3.7 により $(\varphi_1, \ldots, \varphi_i)$ および $(\varphi_1, \ldots, \varphi_j)$ はそれぞれ $T \cup \{\varphi\}$ から φ_i と φ_j を導く長さ $i, j \leq n$ の証明なので，帰納法の仮定から $T \vdash \varphi \to \varphi_i$ かつ $T \vdash \varphi \to \varphi_j$ が成り立つ．φ_i は $\varphi_j \to \psi$ と等しかったので $T \vdash \varphi \to (\varphi_j \to \psi)$ となる．したがって，以下の論理式の有限列に補題 2.3.8 を適用すると，$T \vdash \varphi \to \psi$ が成り立つ．

(1) $\varphi \to (\varphi_j \to \psi)$ [T の定理]
(2) $\varphi \to \varphi_j$ [T の定理]
(3) $(\varphi \to (\varphi_j \to \psi)) \to ((\varphi \to \varphi_j) \to (\varphi \to \psi))$ [Ax2]
(4) $(\varphi \to \varphi_j) \to (\varphi \to \psi)$ [MP 1, 3]
(5) $\varphi \to \psi$ [MP 2, 4]

                                □

演繹定理を用いるといろいろな論理式の証明が比較的簡単に書けるようになる．もっとも，演繹定理を使っても「使わないよりはまし」という程度で，大抵の場合はパズルを解く難しさと面白さがある．

[**補題 2.4.2**] φ, ψ, ρ を論理式とする．このとき，以下の論理式はすべて $\mathfrak{S}_0$ の定理である．

(1) $(\varphi \to (\psi \to \rho)) \to (\psi \to (\varphi \to \rho))$
(2) $(\varphi \to \psi) \to ((\psi \to \rho) \to (\varphi \to \rho))$
(3) $\neg \varphi \to (\varphi \to \psi)$
(4) $\neg \neg \varphi \to \varphi$
(5) $\varphi \to \neg \neg \varphi$
(6) $(\varphi \to \neg \varphi) \to \neg \varphi$
(7) $(\varphi \to \psi) \to ((\neg \varphi \to \psi) \to \psi)$
(8) $((\varphi \to \psi) \to \varphi) \to \varphi$

(**証明**)   (1) [MP] を二回使えば $\{\varphi \to (\psi \to \rho), \psi, \varphi\} \vdash \rho$ が成り立つことが分かる．したがって，演繹定理を三回使えば $\vdash (\varphi \to (\psi \to \rho)) \to (\psi \to$

$(\varphi \to \rho))$ が得られる．(2) から (8) の証明は読者に任せる[21]． □

【注意 2.4.3】 この補題の最後の論理式は Peirce の法則 (Peirce's law) と呼ばれている．この論理式の中には否定は現れていないが Ax3 を用いないと証明できない．Peirce の法則は直観主義の論理では証明できないが，否定を用いないで書くことができる代表的な恒真式である[22]．

この補題で $\mathfrak{S}_0$ で証明可能であることが証明された論理式を用いると，完全性定理の証明で使う無矛盾性に関する幾つかの補題が証明できる．

〔**定義 2.4.4**〕 $T \vdash \varphi$ かつ $T \vdash \neg\varphi$ となる論理式 φ が存在するとき，T は矛盾 (inconsistent) するという．T が矛盾しないとき，T は無矛盾 (consistent) であるという．

次の例は系 2.3.14 と補題 2.2.7 (2) を用いて簡単に証明できる．

〈**例 2.4.5**〉 以下の理論はすべて無矛盾である[23]．
(1) 非論理的公理がすべて恒真式である理論．
(2) 非論理的公理を持たない理論，すなわち空集合 $\emptyset$．
(3) 非論理的公理がすべて命題変数である理論．

次の補題は理論が矛盾するとすべての論理式が証明可能になることをいう．したがって，数学の中で Russell の逆理のような逆理が一つでも発見されれば，数学ではすべての主張が証明可能になる．ゆえに，数学において逆理は厳格に排除されなければならない．逆に，証明できない論理式が一つでも存在する理論は無矛盾である．

[**補題 2.4.6**] 以下の (1) と (2) は同値である．
(1) T は矛盾する．
(2) すべての論理式 ψ について $T \vdash \psi$ である．

---

[21] 前原昭二 [96] に証明が丁寧に紹介されている．
[22] Peirce の法則と直観主義の論理の関係は古森雄一・小野寛晰 [36] を参照のこと．
[23] これらの理論が無矛盾であることは，不完全性定理とは直接は関係がない．

(証明) (2) ⇒ (1) は明らかである．(1) ⇒ (2) を示す．T は矛盾すると仮定する．このとき $T \vdash \varphi$ かつ $T \vdash \neg\varphi$ となる論理式 φ が存在する．ψ を論理式とする．補題 2.4.2 (3) から $\vdash \neg\varphi \to (\varphi \to \psi)$ が成り立つので，[MP] を二回用いると $T \vdash \psi$ が得られる． □

〔補題 2.4.7〕 φ を論理式とする．このとき，以下の (1) と (2) は同値である．
(1) $T \cup \{\neg\varphi\}$ は無矛盾である．
(2) $T \nvdash \varphi$ である．

(証明) 対偶を考えれば (1) ⇒ (2) は明らかである．(2) ⇒ (1) を対偶で示す．$T \cup \{\neg\varphi\}$ が矛盾すると仮定する．補題 2.4.6 より $T \cup \{\neg\varphi\} \vdash \neg(\varphi \to \varphi)$ が成り立つ．演繹定理より $T \vdash \neg\varphi \to \neg(\varphi \to \varphi)$ となる．したがって $T \vdash (\varphi \to \varphi) \to \varphi$ である．$\vdash \varphi \to \varphi$ が成り立つので，$T \vdash \varphi$ が得られる． □

〔定義 2.4.8〕 すべての論理式 φ について $T \vdash \varphi$ または $T \vdash \neg\varphi$ が成り立つとき，T は完全 (complete) であるという．

明らかに，T が矛盾していれば T は完全である．

〔補題 2.4.9〕 φ を論理式とする．このとき，以下の (1) から (4) が成り立つ．
(1) T が無矛盾であり $T \vdash \varphi$ ならば，$T \cup \{\varphi\}$ は無矛盾である．
(2) T が無矛盾であり $T \vdash \varphi$ ならば，$T \nvdash \neg\varphi$ である．
(3) T が完全であり $T \nvdash \varphi$ ならば，$T \vdash \neg\varphi$ である．
(4) T が無矛盾で完全であるならば，$T \nvdash \varphi$ と $T \vdash \neg\varphi$ は同値である．

(証明) (1) は系 2.3.9 から明らかである．(2) および (3) はそれぞれ T の無矛盾性と完全性の定義から明らかである．(4) は (2) と (3) から得られる． □

【注意 2.4.10】 T が無矛盾で完全でない場合には，$T \nvdash \varphi$ であることと $T \vdash \neg\varphi$ であることは同値ではない．

さて，$\varphi \vee \psi, \varphi \wedge \psi$ をそれぞれ $\neg\varphi \to \psi, \neg(\varphi \to \neg\psi)$ の略記だと考えると，次の補題に示されるように $\vee$ および $\wedge$ に期待される性質は概ねすべて証明可能になる．証明は再び読者に任せる[24]．

[補題 2.4.11] φ, ψ, ρ を論理式とする．このとき，以下の論理式はすべて $\mathfrak{S}_0$ の定理である．

(1) $(\varphi \to \rho) \to ((\psi \to \rho) \to (\varphi \vee \psi \to \rho))$
(2) $\varphi \to \varphi \vee \psi$
(3) $\psi \to \varphi \vee \psi$
(4) $\varphi \wedge \psi \to \varphi$
(5) $\varphi \wedge \psi \to \psi$
(6) $\varphi \to (\psi \to \varphi \wedge \psi)$

したがって，以下では $\neg, \to$ に加え $\vee, \wedge$ も自由に使うことにする．また，$(\varphi \to \psi) \wedge (\psi \to \varphi)$ を $\varphi \leftrightarrow \psi$ と略記する．ただし $\mathfrak{S}_0$ について何かを証明する場合には，命題結合子は本来，$\neg$ と $\to$ の二つしかないことを思い出すことにする．命題結合子の数は少なければ少ないほど場合分けの数が減って，$\mathfrak{S}_0$ について何かを証明するときには都合が良い．

2.5 命題論理の完全性定理

命題論理の体系は言葉の枠組みである．言葉についての議論には意味論と構文論がある．意味論とは記号列が表現する意味内容についての議論のことである．自然言語の意味論とは単語や文章が表現する意味内容に関する議論であるが，命題論理では命題の意味とは真理値であると考えられているので，命題論理の意味論とは論理式の真偽に関わる議論のことである．一方，構文論とは記号列としての言葉の成り立ちについての議論である．自然言語の構文論とは文法についての議論であり，命題論理の構文論とは記号列としての論理式や証明についての議論のことである．

命題論理の体系 $\mathfrak{S}_0$ において帰結性と証明可能性が同値であること，すな

---

[24] これらの論理式の証明も前原昭二 [96] を参照のこと．

わち，理論 T と論理式 φ について，$T \models \varphi$ と $T \vdash \varphi$ が同値であることを主張するのが $\mathfrak{S}_0$ の完全性定理である．帰結性は意味論に関わる問題であり，証明可能性は構文論に関わる問題である．したがって完全性定理は命題論理の意味論と構文論をつなぐ定理であり，$\mathfrak{S}_0$ の論理的公理と推論規則の選択の正当化を与える定理であると考えられている．

【注意 2.5.1】 $\mathfrak{S}_0$ の完全性定理によって $\mathfrak{S}_0$ の論理的公理と推論規則の選択が正当化されるとしても，$\mathfrak{S}_0$ の完全性定理を証明するためには $\mathfrak{S}_0$ の完全性定理で正当化される論理的公理や推論規則が意識的，無意識的に用いられるために，この正当化は循環論法であるという批判がある．この批判に対して Dummett は，正当化には説得と説明の二種類があり，正当化の中に循環論法が現れることは説得としての正当化では問題になるが，説明としての正当化では問題にならないと主張している[25]．

以下，T を理論とする．

[定理 2.5.2] $\mathfrak{S}_0$ の完全性定理 (Completeness Theorem)　φ を論理式とする．このとき，以下の (1) と (2) は同値である．

(1) $T \models \varphi$ である．
(2) $T \vdash \varphi$ である．

細かく区別したい場合には，完全性定理の (1) $\Rightarrow$ (2) が成り立つことを $\mathfrak{S}_0$ の完全性 (completeness)，(2) $\Rightarrow$ (1) が成り立つことを $\mathfrak{S}_0$ の健全性 (soundness) という．$\mathfrak{S}_0$ の健全性は系 2.3.14 で既に証明されている．$\mathfrak{S}_0$ の完全性は次の定理を用いて証明される．

[定理 2.5.3] $\mathfrak{S}_0$ の一般化された完全性定理 (Generalized Completeness Theorem)　以下の (1) と (2) は同値である．

(1) T は無矛盾である．
(2) T はモデルを持つ．

---

[25] この Dummett の議論については ダメット [68]，金子洋之 [24] pp. 80–95 を参照のこと．

ここで，恒真式の否定，例えば $\neg(\psi \to \psi)$ を一つ選び，φ とする．T が無矛盾であることと $T \not\vdash \varphi$ が同値であり，$T \cup \{\neg\varphi\}$ がモデルを持つことと $T \not\models \varphi$ が同値なので，定理 2.5.2 から定理 2.5.3 が得られる．

また，φ を論理式とすると，補題 2.2.15 により，$T \cup \{\neg\varphi\}$ がモデルを持つことと $T \not\models \varphi$ が同値であり，補題 2.4.7 により，$T \cup \{\neg\varphi\}$ が無矛盾であることと $T \not\vdash \varphi$ が同値である．したがって，定理 2.5.3 から直ちに定理 2.5.2 が導かれる．ゆえに，$\mathfrak{S}_0$ の一般化された完全性定理は $\mathfrak{S}_0$ の完全性定理と同値である．

なお，定理 2.5.2 の (2) ⇒ (1) は系 2.3.14 で既に証明されているので，そのことから定理 2.5.3 の (2) ⇒ (1) が成り立つことが分かる．同様に，定理 2.5.3 の (1) ⇒ (2) が証明できれば定理 2.5.2 の (1) ⇒ (2) が成り立つことが分かる．よって，定理 2.5.3 の (1) ⇒ (2) が証明できれば $\mathfrak{S}_0$ の完全性定理の証明が完了する．この定理 2.5.3 の (1) ⇒ (2) を一般的な形で証明するためには，集合論的な超越的手法である選択公理または選択公理と同値である Zorn の補題が必要になる．

集合論的な超越的手法とは弱い意味では無限集合を，より正確にいえば具体的な数学的対象のみを要素に持つ無限集合だけではなく，無限集合を要素に持つ無限集合を無制限に用いる手法である．強い意味では，そのような集合を用いることに加えて，選択公理やその変種を自由に用いる手法である．$\mathfrak{S}_0$ の完全性定理を証明するために必要である選択公理は強い意味での集合論的な超越的手法である．

なお，$\mathfrak{S}_0$ の完全性定理を最も一般的な形で証明する場合には，超越的手法を用いて定義された理論も議論の対象に含まれるので，少なくとも弱い意味での集合論的な超越的手法が必要になることは必然的なことである．また，集合論的な超越的手法を用いて $\mathfrak{S}_0$ の完全性定理を証明することは数学基礎論を数学と割り切る態度，より正確に言えば，数学基礎論を数学の基礎付けの問題とは無関係で，集合論上で形式的に展開できる数学と割り切る態度でもある．現在では大方の数学基礎論の教科書はこの態度で書かれており，本書も例外ではない．

しかし，数学基礎論の目的が「有限的な手法による集合論的な超越的手法の正当化」にあると考える場合には，数学基礎論において超越的で集合論的

な手法が用いられることは明白な循環論法である．実際，もしも集合論的な超越的手法が矛盾を導くのなら，その手法を用いて何かを証明しても意味はないし，矛盾を導かないと信じるに値する根拠があるのなら，そもそも正当化など不要であろう[26]．

ただし，注意 2.5.1 で紹介した Dummett による説得と説明という演繹的推論の二種類の働きの区別をここで援用して，$\mathfrak{S}_0$ に関する議論の目的が超越的手法の妥当性ないし安全性の説得ではなく，超越的手法の説明にあると理解するのなら，循環論法は存在しても問題ではないと考えることもできる．また，命題変数が $A_1, A_2, \ldots$ と数え上げられる場合には，$\mathfrak{S}_0$ の完全性定理の証明に選択公理は必要ない[27]．そして大方の場合，超越的手法の正当化を試みるときに話題になる理論では命題変数は数え上げが可能である．

さて，定理 2.5.3 の (1) $\Rightarrow$ (2) を証明することは，無矛盾な T に対して $v \models T$ となる真理値の割り当て v を構成することである．しかし T が無矛盾であっても，個々の命題変数にどのように $\mathbb{T}$ や $\mathbb{F}$ を割り当てたら $v \models T$ となるのかは明らかではない．

〈例 2.5.4〉 A, B を命題変数とする．$v(A) = \mathbb{F}$ とすれば $v \models \neg A$ となるし，$v(A) = v(B) = \mathbb{T}$，$v(A) = v(B) = \mathbb{F}$，$v(A) = \mathbb{F}$ かつ $v(B) = \mathbb{T}$ の三通りのいずれかを選べば $v \models A \to B$ となるので，$\{\neg A, A \to B\} \subseteq T$ の場合には，$v(A) = v(B) = \mathbb{F}$，$v(A) = \mathbb{F}$ かつ $v(B) = \mathbb{T}$ のいずれかとすればよい．しかし，上手に選ばないと，他の $\varphi \in T$ に関して $v \models \varphi$ が成り立たなくなる．個々の命題変数に $\mathbb{T}$ や $\mathbb{F}$ を順々に割り当てて $v \models T$ かどうかを確認する方法では，命題変数の数が多くなれば非常に多くの計算が必要になるし，命題変数が無限個あって T が無限集合である場合には有限時間で計算できるとは限らない．

そこで，すべての命題変数に一気に真理値を割り当てる方法を考える．そ

---

[26] なお，不完全性定理の証明それ自身には $\mathfrak{S}_0$ の完全性定理は必要ない．そして，前原昭二 [96] のように，不完全性定理の証明を紹介することを目的とした教科書では $\mathfrak{S}_0$ の正当化にはまったく触れずに議論を進めることも珍しくない．

[27] ただし，この場合でも弱い形での選択公理の変種は必要になるし，証明の基本的な考え方は選択公理を用いる一般の場合と同じである．

2.5 命題論理の完全性定理

のために，次の補題を用意する．

〔補題 2.5.5〕 以下の (1) と (2) は同値である．
(1) T はモデルを持つ．
(2) T は無矛盾で完全な理論に拡張できる．

　この補題により，T を無矛盾で完全な理論に拡張できれば T がモデルを持つことが証明できたことになるが，この拡張の際に超越的で集合論的な手法が必要になる．まず，完全性定理の証明には必要ないが，補題 2.5.5 の (1) ⇒ (2) を証明する．

〔定義 2.5.6〕 v を真理値の割り当てとする．理論 $\{\varphi \in \mathrm{Fml} : v \models \varphi\}$ を T_v とする．

〔補題 2.5.7〕 v を真理値の割り当てとする．このとき，以下の (1) から (3) が成り立つ．
(1) A を命題変数とする．このとき，$v \models A$ と $A \in T_v$ は同値である．
(2) $v \models T_v$ である．
(3) T_v は無矛盾で完全である．

（証明）　(1) と (2) は T_v の定義から明らかである．
　(3) T_v が無矛盾であることは $v \models T_v$ であることと定理 2.5.3 の (2) ⇒ (1) から明らかである．また，φ を論理式とすると $\varphi \in T_v$ または $\neg \varphi \in T_v$ が成り立つので，$T_v \vdash \varphi$ または $T_v \vdash \neg \varphi$ が成り立つ．したがって T_v は完全である． □

〔補題 2.5.8〕 v を真理値の割り当てとする．このとき，$v \models T$ ならば $T \subseteq T_v$ である．

（証明）　$v \models T$ とし，$\varphi \in T$ とする．$v \models \varphi$ なので $\varphi \in T_v$ である． □

　これで補題 2.5.5 の (1) ⇒ (2) が示せた．次に，完全性定理の証明に用いる補題 2.5.5 の (2) ⇒ (1) を証明する．

〔定義 2.5.9〕 U を無矛盾で完全な理論とする．真理値の割り当て v_U を，

命題変数 A に対して $U \vdash A$ ならば $v_U(A) = \mathbb{T}$, $U \vdash \neg A$ ならば $v_U(A) = \mathbb{F}$ によって定める.

[補題 2.5.10] U を無矛盾で完全な理論とする．このとき，以下の (1) および (2) が成り立つ．

(1) φ を論理式とする．このとき，$v_U \models \varphi$ であることと $U \vdash \varphi$ であることは同値である．

(2) $v_U \models U$ である．

（証明） (1) 論理式の複雑さに関する帰納法で証明する．まず，φ が命題変数のときに $v_U \models \varphi$ と $U \vdash \varphi$ が同値であることは v_U の定義から明らかである．次に，φ が $\neg\psi$ であり，$v_U \models \psi$ と $U \vdash \psi$ は同値であるとする．$v_U \models \varphi$ と $v_U \not\models \psi$ は同値であり，帰納法の仮定より $v_U \not\models \psi$ と $U \not\vdash \psi$ は同値である．さらに，U は無矛盾かつ完全なので，$U \not\vdash \psi$ と $U \vdash \varphi$ は同値である．ゆえに $v_U \models \varphi$ と $U \vdash \varphi$ は同値である．φ が $\psi \to \rho$ である場合も同様に証明できる．

(2) $\varphi \in U$ ならば $U \vdash \varphi$ となるので，(1) から明らかである． □

[補題 2.5.11] U を無矛盾で完全な理論とし，$T \subseteq U$ とする．このとき，$v_U \models T$ である．

（証明） $T \subseteq U$ ならば U のモデルは T のモデルなので，明らかである． □

これで補題 2.5.5 の (2) ⇒ (1) の証明が終わった．したがって，T が無矛盾ならば T は無矛盾で完全な理論 U に拡張できることを示せば，定理 2.5.3 の (1) ⇒ (2) が証明できたことになる．そこで，そのような U の存在を Zorn の補題 (Zorn's lemma) を用いて証明する．

【注意 2.5.12】 U の存在の証明には Boole 代数の極大イデアルの存在を示すことができれば十分で，Zorn の補題そのもの，すなわち選択公理そのものは必要ない．また，前にも触れたように，命題変数を数え上げることができる場合には $\mathfrak{S}_0$ の完全性定理の証明に Zorn の補題はまったく必要ない[28]．

---

[28] 詳しくは Mendelson [192] pp. 115–116, Proposition 2.36 を参照のこと．

2.5 命題論理の完全性定理　47

なお，選択公理を用いて証明される重要な命題の幾つかは選択公理の代わりに $\mathfrak{S}_0$ の完全性定理を用いることで証明可能なことが知られている．例えば非可測集合の存在や Hahn-Banach の拡張定理は $\mathfrak{S}_0$ の完全性定理から証明可能である[29]．

〔定義 2.5.13〕 T が無矛盾であり，$T \subseteq U$ かつ，$T \neq U$ を満たす無矛盾な理論 U が存在しないとき，T は極大無矛盾 (maximally consistent) であるという．

〔補題 2.5.14〕 T は極大無矛盾であるとし，φ を論理式とする．このとき，$T \vdash \varphi$ ならば $\varphi \in T$ である．

（証明） $T \vdash \varphi$ とする．補題 2.4.9 (1) より $T \cup \{\varphi\}$ は無矛盾なので，$\varphi \in T$ である． □

〔補題 2.5.15〕 T は無矛盾であるとする．このとき，以下の (1) と (2) は同値である．

(1) T は極大無矛盾である．
(2) すべての論理式 φ について，$\varphi \in T$ または $\neg\varphi \in T$ が成り立つ．

（証明） (1) ⇒ (2) を示す．T は極大無矛盾とし，φ を論理式とする．$T \vdash \varphi$ なら $\varphi \in T$ となることは前の補題で示した．$T \nvdash \varphi$ なら補題 2.4.7 より $T \cup \{\neg\varphi\}$ は無矛盾であり，T は極大無矛盾なので $\neg\varphi \in T$ である．

(2) ⇒ (1) を示す．T は極大無矛盾でないとする．このとき $T \subseteq U$ かつ $T \neq U$ である無矛盾な理論 U が存在する．φ を $\varphi \in U$ かつ $\varphi \notin T$ となる論理式とする．$\neg\varphi \in T$ なら $\neg\varphi \in U$ となり U は矛盾することになるので，$\neg\varphi \notin T$ である． □

次の系は補題 2.5.15 を言い直したものである．

〔系 2.5.16〕 T が極大無矛盾であるとすれば，T は無矛盾で完全である．

したがって，T を極大無矛盾な理論に拡張できれば，T は無矛盾で完全な

---

[29] 詳しくは田中尚夫 [64] pp. 224–225 を参照のこと．

理論に拡張できたことになる．

【注意 2.5.17】 T は無矛盾で完全であっても極大無矛盾であるとは限らない．T が無矛盾で完全であり，かつ，すべての論理式 φ について $T \vdash \varphi$ ならば $\varphi \in T$ であれば，T は極大無矛盾である．

[補題 2.5.18] T は無矛盾であるとする．このとき，$T \subseteq U$ となる極大無矛盾な理論 U が存在する．

(証明) T は無矛盾であるとする．T の無矛盾な拡張となっている理論全体からなる集合を $\mathcal{X}$ とする．つまり $\mathcal{X}$ を，$\mathcal{X} = \{T' \subseteq \mathtt{Fml} : T \subseteq T'$ かつ T' は無矛盾 $\}$ によって定められる，論理式全体の集合 $\mathtt{Fml}$ の冪集合の部分集合とする．$T \in \mathcal{X}$ なので $\mathcal{X} \neq \emptyset$ であり，また，$\mathcal{X}$ は集合としての包含関係 $\subseteq$ で順序集合になっている．

$\mathcal{Y}$ を $\mathcal{X}$ の全順序部分集合とする．$T_\mathcal{Y} = \bigcup \mathcal{Y}$ とする．つまり $T_\mathcal{Y} = \{\varphi : \exists T' \in \mathcal{Y}(\varphi \in T')\}$ と定める．$T_\mathcal{Y}$ は無矛盾であることを示す．

$T_\mathcal{Y}$ は矛盾すると仮定する．このとき，$T_\mathcal{Y} \vdash \varphi$ かつ $T_\mathcal{Y} \vdash \neg \varphi$ となる論理式 φ が存在する．φ と $\neg \varphi$ の証明はいずれも論理式の有限列なので，その二つの証明に現れる $T_\mathcal{Y}$ の要素は有限個しかない．それらを $\{\varphi_1, \ldots, \varphi_n\}$ とする．各 $i = 1, \ldots, n$ に対して $\varphi_i \in T_i$ となる $T_i \in \mathcal{Y}$ が存在する．$\mathcal{Y}$ は包含関係に関して全順序になっているので，$T_1, \ldots, T_n$ の中に包含関係の順序に関する最大元 T_j が存在する．このとき，$\{\varphi_1, \ldots, \varphi_n\} \subseteq T_j$ となるので T_j は矛盾するが，これは $T_j \in \mathcal{X}$ であることに矛盾する．したがって，$T_\mathcal{Y}$ は無矛盾である．

$T_\mathcal{Y}$ は無矛盾であり，$T \subseteq T_\mathcal{Y}$ は明らかなので，$T_\mathcal{Y} \in \mathcal{X}$ である．$T' \in \mathcal{Y}$ とすると $T' \subseteq T_\mathcal{Y}$ となることは明らかである．したがって $\mathcal{Y}$ は $\mathcal{X}$ の中に上界を持つ．よって Zorn の補題から $\mathcal{X}$ は極大元を持つ．この極大元を U とすると，U は $T \subseteq U$ を満たす極大無矛盾な理論である．□

以上で定理 2.5.3 の (1) ⇒ (2) の証明を完結させる準備が整った．

(定理 2.5.3 (1) ⇒ (2) の証明) T は無矛盾であるとする．このとき，$T \subseteq U$ を満たす極大無矛盾な理論 U が存在する．この U は T の無矛盾で完全な拡張なので，補題 2.5.5 から T はモデルを持つ．□

$\mathfrak{S}_0$ 以外の命題論理の体系に対する完全性定理を証明するときには，当然，ここで紹介した証明とは異なる証明の細部が必要になる．したがって，$\mathfrak{S}_0$ の完全性定理を「命題論理の完全性定理」という一般的な言葉で呼ぶことは必ずしも適当ではない．しかし，どのような体系の完全性定理を証明するときにも，証明の基本的な考え方に大きな違いはない．

2.6 コンパクト性定理その他

完全性定理は数学基礎論の様々な場面で用いられる基本的な技術を提供する．しかし実用上は，完全性定理そのものよりも，その系として得られるコンパクト性定理のほうが遥かに使いやすい．この節でも T は理論とする．

[**補題 2.6.1**] φ を論理式とする．このとき，以下の (1) と (2) は同値である．

(1) $T \vdash \varphi$ である．
(2) $S \vdash \varphi$ となる T の有限部分集合 S が存在する．

(**証明**) (2) $\Rightarrow$ (1) は補題 2.3.10 から明らかである．(1) $\Rightarrow$ (2) を示す．$T \vdash \varphi$ とする．このとき，T から φ を導く証明が存在する．この証明に現れる T の要素からなる集合を S とする．証明は論理式の有限列なので，S は T の有限部分集合であり，$S \vdash \varphi$ である． □

[**補題 2.6.2**] 以下の (1) と (2) は同値である．

(1) T は無矛盾である．
(2) T の有限部分集合はすべて無矛盾である．

(**証明**) (1) $\Rightarrow$ (2) は明らかである．(2) $\Rightarrow$ (1) を対偶で示す．T が矛盾するとする．このとき，$T \vdash \varphi$ かつ $T \vdash \neg\varphi$ となる論理式 φ が存在する．前の補題から T の有限部分集合 S_1 と S_2 が存在して，$S_1 \vdash \varphi$ かつ $S_2 \vdash \neg\varphi$ である．$S = S_1 \cup S_2$ とすると S は T の有限部分集合であるが，補題 2.3.10 から $S \vdash \varphi$ かつ $S \vdash \neg\varphi$ である．ゆえに S は矛盾する． □

50   第 2 章 命題論理

[定理 2.6.3] 命題論理のコンパクト性定理 (Compactness Theorem)
以下の (1) と (2) は同値である.

(1) T はモデルを持つ.
(2) T の有限部分集合はすべてモデルを持つ.

(証明) 前の補題と $\mathfrak{S}_0$ の一般化された完全性定理から明らかである. □

ここまで真理値の割り当て $v \in \mathtt{Val}$ と, v の定義域を $\mathtt{Fml}$ に拡張した関数 $\bar{v}$ を同一視してきたが, 本来, 真理値の割り当ては PV から $\{\mathbb{T}, \mathbb{F}\}$ への関数であった. したがって, $\mathtt{Val}$ は集合 $\{\mathbb{T}, \mathbb{F}\}$ の PV 個の直積集合 $\prod_{\mathrm{PV}}\{\mathbb{T}, \mathbb{F}\}$ と同一視できる. また, $\{\mathbb{T}, \mathbb{F}\}$ に離散位相を入れた空間はコンパクト空間なので, そのコンパクト空間の直積空間としての $\prod_{\mathrm{PV}}\{\mathbb{T}, \mathbb{F}\}$ もコンパクト空間になる[30]. そして以下で紹介するように, $\prod_{\mathrm{PV}}\{\mathbb{T}, \mathbb{F}\}$ がコンパクト空間であるという事実を用いると, 命題論理の完全性定理を用いずに命題論理のコンパクト性定理を直接証明することができる[31].

(定理 2.6.3 の別証明) 論理式 φ に対して $O_\varphi = \{v \in \prod_{\mathrm{PV}}\{\mathbb{T}, \mathbb{F}\} : v \not\models \varphi\}$ と定める. φ に現れる命題変数は有限個なので O_φ はコンパクト空間 $\prod_{\mathrm{PV}}\{\mathbb{T}, \mathbb{F}\}$ の開集合となる. そして, 理論 U がモデルを持たないことは $\bigcup\{O_\varphi : \varphi \in U\} = \prod_{\mathrm{PV}}\{\mathbb{T}, \mathbb{F}\}$ となること, つまり $\{O_\varphi : \varphi \in U\}$ が $\prod_{\mathrm{PV}}\{\mathbb{T}, \mathbb{F}\}$ の開被覆となることと同値である.

T はモデルを持たないと仮定する. $\bigcup\{O_\varphi : \varphi \in T\} = \prod_{\mathrm{PV}}\{\mathbb{T}, \mathbb{F}\}$ であり, $\prod_{\mathrm{PV}}\{\mathbb{T}, \mathbb{F}\}$ はコンパクトだったので, T の有限部分集合 S が存在して $\bigcup\{O_\varphi : \varphi \in S\} = \prod_{\mathrm{PV}}\{\mathbb{T}, \mathbb{F}\}$ となる. このとき, S はモデルを持たない. ゆえに, 理論 T がモデルを持たないなら T の有限部分集合 S でモデルを持たないものが存在する. □

【注意 2.6.4】 $\mathfrak{S}_0$ の完全性定理により, φ を論理式とすると, $\models \varphi$ と $\vdash \varphi$

---

[30] この事実はコンパクト空間の直積空間がコンパクト空間になるという Tychonoff の定理の特別な場合である. Tychonoff の定理は選択公理と同値である. コンパクト空間や Tychonoff の定理は大概の位相空間論の教科書に紹介されているが, 例えば松坂和夫 [99], 森田紀一 [104] などを参照のこと.

[31] 命題論理のコンパクト性定理を Zorn の補題を用いて直接証明することもできる. 詳しくは新井敏康 [8] pp. 27–29 定理 1.4.3 を参照のこと.

は同値である．この主張を $\mathfrak{S}_0$ の弱い完全性定理と呼ぶことにする．$\mathfrak{S}_0$ の弱い完全性定理は Zorn の補題を用いずに証明可能であり，命題論理のコンパクト性定理と $\mathfrak{S}_0$ の弱い完全性定理を仮定すれば Zorn の補題を用いずに定理 2.5.3 の (1) $\Rightarrow$ (2) が，つまり T が無矛盾なら T はモデルを持つことが証明できる[32]．この意味で，$\mathfrak{S}_0$ の一般化された完全性定理は $\mathfrak{S}_0$ の弱い完全性定理の上で命題論理のコンパクト性定理と同値である．

ところで理論 T は論理式全体からなる集合 Fml の部分集合であり，T の定理全体からなる集合 Th(T) もまた Fml の部分集合である．この Th は次の補題を満たすので Fml 上の閉包作用素である[33]．

〔補題 2.6.5〕 T, T' を理論とする．このとき，以下の (1) から (3) が成り立つ．

(1) $T \subseteq \mathrm{Th}(T)$ である．
(2) $\mathrm{Th}(\mathrm{Th}(T)) = \mathrm{Th}(T)$ である．
(3) $T \subseteq T'$ ならば $\mathrm{Th}(T) \subseteq \mathrm{Th}(T')$ である．

(証明) (1) 自明である．
 (2) $\mathrm{Th}(T) \subseteq \mathrm{Th}(\mathrm{Th}(T))$ であることは (1) から明らかである．また，$\mathrm{Th}(\mathrm{Th}(T)) \subseteq \mathrm{Th}(T)$ であることは補題 2.3.8 から明らかである．
 (3) 補題 2.3.10 から明らかである． □

Fml の部分集合である理論と，真理値の割り当て全体からなる集合 Val の部分集合は，以下の定義によって対応付けられる．

〔定義 2.6.6〕 (1) 理論 T に対して，真理値の割り当ての集合 $V(T)$ を
  $V(T) = \{v \in \mathrm{Val} : v \models T\}$ によって定める．
(2) $V \subseteq \mathrm{Val}$ に対して理論 $T(V)$ を $T(V) = \{\varphi \in \mathrm{Fml} : \forall v \in V (v \models \varphi)\}$
  によって定める．

---

[32] 詳しくは新井敏康 [8] p. 44 定理 1.5.11，定理 1.5.13 を参照のこと．なお，すべての恒真式を論理的公理として採用する体系を考えるときには，その体系に関する弱い完全性定理はほとんど証明の必要がない自明な事実になる．

[33] この閉包作用素は帰結作用素 (consequence operator) と呼ばれている．Pogorzelski and Wojtylak [200] pp. 19–40, Tarski [222] p. 31 などを参照のこと．

次の定理は $\mathfrak{S}_0$ の完全性定理の言い換えである．その意味で，$\mathfrak{S}_0$ の完全性定理は閉包作用素としての Th を特徴付ける定理である．

[定理 2.6.7] $T(V(T)) = \mathtt{Th}(T)$ である．

（証明） φ を論理式とする．$T(V)$ の定義により $\varphi \in T(V(T))$ は $\forall v \in V(T)(v \models \varphi)$ と同値であり，これは $\forall v \in \mathtt{Val}(v \in V(T) \Rightarrow v \models \varphi)$ のことである．$V(T)$ の定義から，さらにこれは $\forall v \in \mathtt{Val}(v \models T \Rightarrow v \models \varphi)$ と同値であり，これは $T \models \varphi$ のことである．よって，この定理の等式が意味することは $T \models \varphi$ と $T \vdash \varphi$ の同値性であり，これは $\mathfrak{S}_0$ の完全性定理に他ならない． □

真理値の割り当てを「点」，論理式を「多項式」に対応させると，この定理は初等代数幾何学における基本的な定理の一つである．$I(V(I)) = \sqrt{I}$ という Hilbert の零点定理 (Nullstellensatz) と同じ形をしている[34]．

---

[34] この類推に関しては様々な議論があるが，少なくとも筆者にはこの類推が何を意味するのかはよく分からない．なお，代数幾何学と数理論理学の関係については，層やトポスの概念に基づく直観主義論理の意味論も存在する．詳しくは竹内外史 [51]，Bell [123] を参照のこと．また，竹内外史は [51] pp. ii–iii で次のようにいう．「若し集合論のブール値モデルの理論を知っていれば，読者は層やトポス理論とブール値モデルの理論の相似性に驚かれるであろう．事実この二つの概念は全く同じ発想であるといってよい．（中略）ブール値モデルは Cohen の forcing の別名であるから Grothendieck の考えと Cohen の考えとが同じ発想から出ていたといってもよく，二十世紀後半の数学に現代的集合像が大きな寄与をしたといえるのである．」

3

述語論理

　命題論理では原子的命題を命題の基本的な要素と考えたが，多くの場合，原子的命題は「主語 + 述語」の形に分解できる．例えば，「ポチは走る」という原子的命題は「ポチ」という主語と「… は走る」という述語に分解できる．また，変数と「すべての」と「存在する」という論理的な概念を用いることで単純な命題から複雑な命題が構成される．例えば，「x は犬である」という変数 x を含む命題に「x が存在する」という量化子を付けることで，「ある x が存在して，x は犬である」という命題，つまり「犬が存在する」という命題が作られる．

　命題論理を拡張し，原子的命題を「主語 + 述語」の形に分解し，原子的命題から出発して命題結合子と量化子を用いて構成される命題を形式化することで，それらの論理的な振る舞いを分析する枠組みが述語論理 (Predicate Logic) である．述語論理の言語を適当に選べば，数学的な命題や証明はすべて述語論理の体系で形式的に記述できることが経験的に知られている．また，述語論理の体系とその拡張は，知識や情報，推論の分析など，数学以外の様々な話題への応用も試みられている．

3.1 述語・関係・集合

「ポチは走る」という文の主語は「ポチ」，述語は「…は走る」であり，大雑把に言えば主語になり得るものは名詞，述語になり得るものは動詞である．しかし，「トマトは赤い」なら主語は「トマト」，述語は「…は赤い」であり，「2は偶数である」なら主語は「2」，述語は「…は偶数である」であるが，「…は赤い」や「…は偶数である」は動詞ではなく，主語や述語を正確に定義することは容易ではない．それでも主語になり得るものは「ポチ」「トマト」「2」など何らかの「対象」を表す言葉であり，うるさいことをいわなければ問題は少ない．厄介なのは述語である．

述語の最も大きな特徴は，主語と組みになって文や命題を構成することである．命題とは真偽が定まる主張のことであったので，命題が定まれば真偽が定まる．そして，主語となるものは何らかの対象を表すので，述語とは対象の集合から真理値の集合への関数と見なすことができる[1]．例えば，「…は赤い」という述語は，「トマト」に対しては「真」を，「レタス」に対しては「偽」を返す関数であり，「…は偶数である」という述語は，「2」や「4」，「6」という自然数に対しては「真」を，「1」や「3」，「5」という自然数に対しては「偽」を返す関数である．

述語が対象の集合から真理値の集合への関数であるということを少し一般化すると，入力が2個以上の関数である述語を考えることができる．例えば「太郎と次郎は兄弟だ」は「太郎」と「次郎」という二つの主語と，「…と…は兄弟だ」という述語からなる文であると考えられる．このように考えると，数学に現れる様々な概念を「述語」と見なせるようになる．例えば，自然数上の大小関係「<」は，「1」と「2」という自然数の二つ組に対しては「真」を，「4」と「3」という自然数の二つ組に対しては「偽」を返す関数という述語であると考えられる．

対象の二つ組に対して真理値を返す関数を2項関係と呼ぶ．例えば自然数上の大小関係<は自然数上の2項関係である．2項関係と同様に，対象の三つ組が与えられたときに真理値を返す3項関係，四つ組に対して真理値を返

---

[1] この考え方はFregeに拠る．フレーゲ「関数と概念」[90] pp. 3–31, [30] pp. 15–47 を参照のこと．

3.1 述語・関係・集合

す 4 項関係なども考えられ，これを一般化すると n 項関係というものが考えられる．1 項関係は対象が一つ与えられたときに真理値を返す関数であるが，「関係」という言葉本来の意味を考えると 1 項関係という言葉は不自然ではある．1 項関係とは関係というよりは対象の性質であり，本来の意味での述語である．さらに 0 項関係を考えることもできる．この 0 項関係とは対象とは無関係に真理値を返す関数のことで，真理値そのものである．

数学では n 項関係は集合で表される[2]．例えば，集合 X 上の 2 項関係 R に対して，R という関係を持つ X の要素 a と b の二つ組 (a,b) の集合 G_R が定められる．この G_R は集合 X^2，すなわち集合 $\{(a,b) : a,b \in X\}$ の部分集合である．逆に X^2 の部分集合 G が与えられれば，X の要素 a と b について「(a,b) は G の要素である」という X 上の 2 項関係 R_G が定められる．したがって，X 上の 2 項関係は X^2 の部分集合と同一視できる．同様に X 上の n 項関係は X^n の部分集合と対応する．なお，X 上の 1 項関係は X の部分集合と対応する．例えば，「$\cdots$ は偶数である」という自然数の集合 $\mathbb{N}$ 上の 1 項関係は偶数の集合に対応する．

さて，f を関数とするとき，素朴な意味での f のグラフとは方眼紙のようなものの上に描かれた直線や曲線のことである．この直線や曲線とは $f(a) = b$ を満たす a,b の二つ組 (a,b) が表す点の集合であるが，このことを一般化し，f を集合 X から集合 Y への関数[3]とするとき，f の入力 $a \in X$ と出力 $f(a) \in Y$ の二つ組 $(a, f(a))$ の集合 $\{(a, f(a)) : a \in X\}$ を f のグラフといい，G_f と書く．特に f が X から X への関数の場合には，G_f は X 上の 2 項関係の特別な場合であり，同様に f が X^n から X への関数の場合には，G_f は X 上の $n+1$ 項関係の特別な場合である．なお，X^0 を空列 () のみからなる集合 $\{()\}$ と考えれば，X^0 から X への関数は X の要素を表す定数と同じものになる．したがって，定数も関数の一種であると考えることができる．

一般に集合 $X \times Y$，すなわち集合 $\{(a,b) : a \in X, b \in Y\}$ の部分集合を X と Y の間の関係と呼ぶ．f が X から Y への関数であれば $G_f \subseteq X \times Y$

---

[2] こうした議論に不慣れであれば，例えば松坂和夫 [99] などを参照のこと．
[3] 本書では関数という言葉と写像という言葉をまったく区別しないが，$\mathbb{N}^n$ や $\mathbb{R}^n$ 以外の集合の上で定められる関数を写像と呼んで区別することが好まれる場合もある．

56　第3章　述語論理

なので，G_f は X と Y の間の関係であり，関数と関数のグラフを同一視するならば，関数は関係の特別な場合である．

関数 f に対応する集合 G_f を f のグラフと呼んだように，X 上の 2 項関係 R に対して定められる集合 $G_R \subseteq X^2$ は R のグラフと呼ばれている．定数は関数の特別な場合であり，関数は n 項関係の特別な場合である．そして，n 項関係 R は集合 G_R のことだと考えられる．つまり，数学に現れる様々な概念はすべて集合を用いて表現できる．この事実は集合論が数学の基礎であると考えることの根拠となっている．

述語論理は定数，関数，関係について議論するための形式的な枠組みである．述語論理では定数，関数，関係を表す記号を用意し，それらの記号を用いて表現される論理式と，集合によって定められるそれらの記号の解釈の関係などが議論される．

3.2　述語論理の論理式と理論

命題論理では分解不可能とされていた原子的命題を述語論理では「主語＋述語」の形に分解する．例えば「ポチは走る」の主語は「ポチ」，述語は「・・・は走る」である．しかし，こうした例を持ち出すことがあっても，本来，「ポチ」や「・・・は走る」は述語論理の議論の対象ではない．述語論理が扱うのは数学的対象，それも何らかの構造をなす数学的対象に限られる．

ここで構造とは順序集合や，代数学で群や環，体と呼ばれているものである．一般に構造とは，ある集合の上に様々な関数や関係が定められているものである．例えば，自然数の集合 $\mathbb{N} = \{0, 1, 2, \ldots\}$ の上には順序 $\leq$ が定められており，この順序 $\leq$ による順序集合としての $\mathbb{N}$ が構造である．また，整数の集合 $\mathbb{Z}$ の上には和 $+$ と積 $\cdot$，和の逆元を与える関数 $-$ が定められており，$\mathbb{Z}$ の要素に和の単位元 0 と積の単位元 1 があるが，これらを一纏めにした代数学の環としての $\mathbb{Z}$ が構造である．

述語論理では構造に関する命題を論理式として表現し，具体的に与えられた構造の上でどのような命題が正しくなるのかが議論される．例えば，「すべての」を表す記号 $\forall$，「存在する」を表す記号を $\exists$ とすると，「最小元が存在する」という命題は $\exists x \forall y (x \leq y)$ という論理式で表現される．そして順

序集合としての $\mathbb{N}$ の上でこの命題は正しい．

順序集合の上に定められている順序 $\leq$ は 2 項関係であり，代数学の体の上に定められている $+, \cdot, -$ は関数，$0, 1$ は定数である．同様に，大方の数学的構造は定数，関数，関係によって定められているが，どのような定数，関数，関係を持つかは話題によって様々である．定数，関数，関係を表す記号を定数記号，関数記号，関係記号という．次の定義で与えられるように，述語論理において言語はこれらの記号の集合として定義される．

〔定義 3.2.1〕 定数記号 (constant symbol)，関数記号 (function symbol)，関係記号 (relation symbol) を非論理的記号 (nonlogical symbol) といい，非論理的記号の集合を言語 (language) という．

言語を記号 $\mathcal{L}$ や，$\mathcal{L}$ に添字を付けたもので表す．言語は有限集合でも，無限集合でも，空集合でも構わない．入力が n 個の関数を表す関数記号の項数 (arity) は n であるといい，同様に n 項関係を表す関係記号の項数は n であるという．例えば，和の逆元を表す関数記号 $-$ の項数は 1，和や積を表す関数記号 $+, \cdot$ の項数は 2 であり，大小関係を表す関係記号 $\leq$ の項数は 2 である．

〔定義 3.2.2〕 (1) $\mathcal{L}_O = \{\leq\}$ を順序の言語 (language of order) という．
(2) $\mathcal{L}_R = \{+, -, \cdot, 0, 1\}$ を環の言語 (language of ring) という．
(3) $\mathcal{L}_{OR} = \{+, -, \cdot, 0, 1, \leq\}$ を順序環の言語 (language of ordered ring) という．
(4) $\mathcal{L}_A = \{+, \cdot, 0, 1, \leq\}$ を算術の言語 (language of arithmetic) という．
(5) $\mathcal{L}_S = \{\in\}$ を集合論の言語 (language of set theory) という．

【注意 3.2.3】 一般に環は積に関する単位元を持つとは限らないが，ここでは単位元を持つと仮定する．なお，環 R が 0 以外の要素について積に関する逆元を持つとき，R は体 (field) と呼ばれる．以下では $\mathbb{R}$ や $\mathbb{C}$ について議論することがあり，本書では環や順序環よりもむしろ体や順序体が重要である．しかし，述語論理では関数記号は定義域が全体であることが仮定されるので，積に関する逆元を表す関数記号 $(\ )^{-1}$ を用いることはできない．したがって，以下では体や順序体の言語は用意せず，体や順序体は環や順序環の

言語の構造であると考える.

述語論理では非論理的記号の他に,言語の選択によらず共通して用いる論理的記号 (logical symbol) と呼ばれる記号を用意する.論理的記号には変数 (variable),等号 (equality),命題結合子と量化子 (quantifier) がある.変数記号を $v_0, v_1, v_2, \ldots$ とし,可算無限個の変数記号があると仮定する.具体的な変数記号を特定することなく変数記号を表したいときには $x, y, z, \ldots$ という文字と,それらの文字に添字を付けたものを用いる.等号は $=$ であり,項数が 2 の特別な関係記号とする.命題結合子は命題論理の場合と同様である.量化子には「すべての」を意味する全称量化子 (universal quantifier) $\forall$ と,「存在する」を意味する存在量化子 (existential quantifier) $\exists$ がある.

変数記号,定数記号および関数記号を用いて表される意味を持つ表現が項である.大雑把に言えば項とは多項式のようなものであり,原子的命題の中で「主語に相当するもの」を表すものである.正確には,項は次のように再帰的に定義される.

〔定義 3.2.4〕 項 (term) を以下のように定義する.
(1) 変数記号および定数記号は項である.
(2) f を項数が n の関数記号, $t_1, t_2, \ldots, t_n$ を項とする.このとき, $f(t_1, t_2, \ldots, t_n)$ は項である.
(3) 以上で定められるものだけが項である.

項を $s, t, u, \ldots$ およびそれらに添字を付けた記号で表す.なお,項の定義に厳密にしたがうなら,例えば関数記号 $+$ と項 s, t から作られる項は $+(s, t)$ と書かなければならない.しかし,数学の習慣にしたがって,このような項を適宜 $s + t$ と書く.

原子的命題の中で「述語に相当するもの」を表すものが関係記号である.原子的命題を表現する記号列が原子的論理式であり,原子的論理式は形式的には次のように定義される.

〔定義 3.2.5〕 R を項数が n の関係記号とし, $t_1, t_2, \ldots, t_n$ を項とする.このとき, $R(t_1, t_2, \ldots, t_n)$ を原子的論理式 (atomic formula) という.

項の場合と同様に，項数が 2 の関係記号 $=, \leq$ と項 s, t から作られる原子的論理式 $= (s, t), \leq (s, t)$ を $s = t, s \leq t$ と書く．

原子的論理式をもとに，命題結合子と量化子および変数記号を用いて構成される，意味を持つ記号の有限列が論理式である．命題論理の場合と同様に，命題結合子は形式的には $\neg$ と $\to$ のみであって，$\wedge$ と $\vee$ はそれらを用いた表現の略記であることにする．

量化子 $\forall, \exists$ は変数記号と組み合わせて用いられる．$\forall x(\cdots x \cdots)$ は「すべての x について $(\cdots x \cdots)$ が成り立つ」を表し，$\exists x(\cdots x \cdots)$ は「$(\cdots x \cdots)$ を満たす x が存在する」を表す．なお，素朴な意味で $\exists x(\cdots x \cdots)$ と $\neg \forall x \neg (\cdots x \cdots)$ は同じことを表す．したがって，$\exists x$ を $\neg \forall x \neg$ の略記であると考えて，形式的には量化子は $\forall$ のみであるとする．

〔定義 3.2.6〕 論理式 (formula) を以下のように定義する．
(1) 原子的論理式は論理式である．
(2) φ, ψ が論理式のとき，$(\neg \varphi), (\varphi \to \psi)$ も論理式である．
(3) x が変数記号，φ が論理式のとき，$(\forall x \varphi)$ も論理式である．
(4) 以上で定められるものだけが論理式である．

論理式は $\varphi, \psi, \rho, \ldots$ およびそれらに添字を付けた記号で表す．適宜，括弧は省略する．論理式 $\neg(s = t)$ を $s \neq t$ と略記する．

〔定義 3.2.7〕 量化子を含まない論理式を開論理式 (open formula) という．

言語が空集合でも，変数と等号があるので論理式は存在する．もちろん，論理的記号だけでは表現力は弱いが，論理的記号だけで自明ではない主張を表現することもできる．例えば次の例で見るように，量化子 $\forall$ や $\exists$ が参照する領域が n 個の対象を持つということを論理的記号だけで記述することができる．

〈例 3.2.8〉 (1) μ_1 を論理式 $\exists x(x = x)$ とする．μ_1 は命題「対象の数は 1 個以上である」を表す．
(2) n を 2 以上の自然数とし，μ_n を論理式 $\exists x_1 \cdots \exists x_n (x_1 \neq x_2 \wedge x_1 \neq x_3 \wedge \cdots \wedge x_{n-1} \neq x_n)$ とする．μ_n は命題「対象の数は n 個以上であ

る」を表す.

(3) n を 1 以上の自然数とし, ν_n を論理式 $\mu_n \wedge \neg \mu_{n+1}$ とする. ν_n は命題「対象の数は n 個である」を表す.

〔定義 3.2.9〕 (1) 変数記号 x が論理式の中で $\forall x(\cdots x \cdots)$ の形で現れるとき, x はこの論理式の束縛変数 (bound variable) であるという. 束縛変数でない変数記号を自由変数 (free variable) という. 自由変数を持たない論理式を文 (sentence) という.

(2) 言語 $\mathcal{L}$ の論理式全体の集合, 文全体の集合をそれぞれ $\mathtt{Fml}_\mathcal{L}$, $\mathtt{Snt}_\mathcal{L}$ と書く.

〈例 3.2.10〉 論理式 $\exists x(y = x+1)$ の中に現れる x は束縛変数であり, y は自由変数である. また, 論理式 $\forall y \exists x(y = x+1)$ は文であるが, $\exists x(y = x+1)$ は自由変数 y を持つので文ではない.

束縛変数は他の変数と取り替えても論理式全体の意味は変わらない. 例えば論理式 $\exists x(y = x+1)$ と論理式 $\exists z(y = z+1)$ の意味は同じである. また, 自由変数には項を代入できる.

〔定義 3.2.11〕 論理式 φ の自由変数 x に項 t を代入した結果を $\varphi[t/x]$ と書く.

代入前の論理式 φ を $\varphi(x)$ と書き, 代入後の論理式を $\varphi(t)$ と書くことも多い. 例えば $\varphi(y)$ を $\exists x(y = x+1)$ という論理式とするとき, $\varphi[z/y]$ は論理式 $\exists x(z = x+1)$ のことであるが, この $\varphi[z/y]$ を単に $\varphi(z)$ と書くことも多い. ただし $\varphi(x)$ という記法は代入すべき変数が x であることを示しているだけであって, φ が x を自由変数として持つことも, φ が x 以外の自由変数を持たないことも意味しない. なお, φ が x を自由変数として持たない場合には, $\varphi[t/x]$ とは φ のことである.

【注意 3.2.12】 論理式 $\exists x(y = x+1)$ と $\exists z(y = z+1)$ の意味は同じで, 前者の自由変数 y に z を代入した結果は $\exists x(z = x+1)$ であった. しかし, 後者の自由変数 y に z をそのまま代入すると $\exists z(z = z+1)$ となり, この論理式と $\exists x(z = x+1)$ の意味は違う. この意味の違いは $\exists z(y = z+1)$ の

自由変数 y に代入された z が論理式 $\exists z(z = z + 1)$ の中では束縛変数になることによって，つまり，代入によって自由変数が束縛変数に変化することによって引き起こされる．そこで，論理式の自由変数に項を代入するときは常に，代入する項に現れる変数が束縛変数にならないように，あらかじめ論理式の束縛変数を適当に書き直すことにする．例えば $\exists z(y = z + 1)$ の y に z を代入する場合には，まず $\exists z(y = z + 1)$ を $\exists x(y = x + 1)$ に書き直してから y に z を代入し，$\exists x(z = x + 1)$ を得ることにする．

【注意 3.2.13】「$\forall x \varphi(x)$ が成り立つ」という主張は「すべての x について $\varphi(x)$ が成り立つ」と読まれるが，数学では「すべて」と同じ意味で使われる言葉に「任意」があり，「$\forall x \varphi(x)$ が成り立つ」という主張を「任意の x について $\varphi(x)$ が成り立つ」と読むことも珍しくない．しかし，本来の日本語としての「すべて」と「任意」の意味は違う．「任意」という言葉には「強制されず自由意志に基づいて」という意味がある．このことを考えると，折角，自由変数という言葉を定めたのだから，「任意の x について $\varphi(x)$ が成り立つ」という言葉は「x を自由変数とするとき $\varphi(x)$ が成り立つ」という意味であると考えてもよいかも知れない．なお，定義 3.4.1 で紹介する論理的公理 Ax4 と推論規則 [G] により，$\forall x \varphi(x)$ が証明可能であることと，x を自由変数とするときに $\varphi(x)$ が証明可能であることは同値になる．したがって，「任意」という言葉をこのように使う場合には，数学的には「すべて」と「任意」を区別する必要はないことになる．

さて，非論理的記号は意味を持たない単なる記号に過ぎない．非論理的記号に意味を与える方法は二つある．一つは構文論的な方法，もしくは公理的な方法であり，非論理的記号が満たすべき条件を論理式の集合として表現するものである．もう一つは意味論的，もしくは集合論的な方法であり，非論理的記号の解釈を数学的構造によって与えるものである．

前者は命題論理の場合に，命題変数の意味を特定するために理論と呼ばれる論理式の集合を用いたのと同じ方法である．ただし述語論理では，自由変数を持つ論理式の意味は確定しないので，次の定義のように，論理式の集合ではなく文の集合を理論と呼ぶ．

〔定義 3.2.14〕 $\mathcal{L}$ を言語とする.

(1) $\mathcal{L}$ の文の集合を $\mathcal{L}$ の理論 (theory) もしくは公理系 (axiomatic system) と呼ぶ.
(2) T を $\mathcal{L}$ の理論とする. T の要素を T の非論理的公理 (nonlogical axiom) もしくは単に公理 (axiom) と呼ぶ.
(3) T_1, T_2 を $\mathcal{L}$ の理論とする. $T_1 \subseteq T_2$ のとき T_1 は T_2 より弱い, または T_2 は T_1 よりも強いという.

後の章で参照する場合があるので, 以下で代表的な理論を天下り式に紹介する. ただし, 不完全性定理の証明にはこれらの理論は必要ない[4]).
まず, 順序の言語 $\mathcal{L}_O$ を考える. $x \leq y \wedge x \neq y$ を $x < y$ と略記する.

〔定義 3.2.15〕 $\mathcal{L}_O$ の文 $\alpha_1, \ldots, \alpha_6$ を以下のように定める.

α_1 $\forall x(x \leq x)$
α_2 $\forall x \forall y(x \leq y \wedge y \leq x \to x = y)$
α_3 $\forall x \forall y \forall z(x \leq y \wedge y \leq z \to x \leq z)$
α_4 $\forall x \forall y(x \leq y \vee y \leq x)$
α_5 $\forall x \forall y(x < y \to \exists z(x < z \wedge z < y))$
α_6 $\forall x \exists y \exists z(y < x \wedge x < z)$

これらの文を用いて, $\mathcal{L}_O$ の理論を以下のように定める.

(1) $\mathtt{O} = \{\alpha_i : 1 \leq i \leq 3\}$ とし, $\mathtt{O}$ を順序 (order) の理論または半順序 (partial order) の理論という.
(2) $\mathtt{LO} = \{\alpha_i : 1 \leq i \leq 4\}$ とし, $\mathtt{LO}$ を線形順序 (linear order) の理論または全順序 (total order) の理論という.
(3) $\{\alpha_i : 1 \leq i \leq 5\}$ を稠密な線形順序 (dense linear order) の理論という.
(4) $\mathtt{DLO} = \{\alpha_i : 1 \leq i \leq 6\}$ とし, $\mathtt{DLO}$ を端点のない稠密な線形順序 (dense linear order without endpoint) の理論という[5]).

---

[4]) 詳細は他書を参照のこと. 例えば, 順序に関しては例えば齋藤正彦 [39] が詳しい. 体に関する教科書は数えきれない. 順序体について解説してある教科書は多くはないが, 例えば永田雅宜 [76] 第 5 章を参照のこと.
[5]) 稠密な線形順序ではなく, 端点のない稠密な線形順序のことを DLO と書くのは紛らわ

次に，環の言語 $\mathcal{L}_R$ を考える．$n \in \mathbb{N}$ かつ $n \geq 1$ のとき，$x \cdots \cdot x$ (n 個の x を関数記号・で結んだ項) を x^n と書く．

〔定義 3.2.16〕 $\mathcal{L}_R$ の文 $\beta_1, \ldots, \beta_9, \gamma$ を以下のように定める．

β_1 $\forall x \forall y \forall z ((x+y)+z = x+(y+z))$
β_2 $\forall x (x+0 = x)$
β_3 $\forall x (x+(-x) = 0)$
β_4 $\forall x \forall y (x+y = y+x)$
β_5 $\forall x \forall y \forall z ((x \cdot y) \cdot z = x \cdot (y \cdot z))$
β_6 $\forall x (x \cdot 1 = x)$
β_7 $\forall x (x \neq 0 \rightarrow \exists y (x \cdot y = 1))$
β_8 $\forall x \forall y (x \cdot y = y \cdot x)$
β_9 $\forall x \forall y \forall z ((x+y) \cdot z = x \cdot z + y \cdot z)$
γ $\forall x \exists y (y^2 = x \lor y^2 = -x)$

また，$\delta_n, \epsilon_n, \zeta_n$ を以下のように定める．

δ_n $\forall y_1 \cdots \forall y_n \exists x (x^n + y_1 \cdot x^{n-1} + y_2 \cdot x^{n-2} + \cdots + y_n = 0)$
ϵ_n $1 + \cdots + 1 = 0$ (左辺は n 個の 1 の和)
ζ_n $\forall x_1 \cdots \forall x_n (x_1^2 + \cdots + x_n^2 \neq -1)$

これらの文を用いて，$\mathcal{L}_R$ の理論を以下のように定める．

(1) $\mathrm{F} = \{\beta_i : 1 \leq i \leq 9\} \cup \{\neg \epsilon_1\}$ とし，F を体 (field) の理論という．
(2) $\mathrm{ACF} = \mathrm{F} \cup \{\delta_n : n \in \mathbb{N}, n \geq 1\}$ を代数的閉体 (algebraically closed field) の理論という．
(3) p を素数とする．$\mathrm{ACF}_p = \mathrm{ACF} \cup \{\epsilon_p\}$ とし，ACF_p を標数 (characteristic) p の代数的閉体の理論という．
(4) $\mathrm{ACF}_0 = \mathrm{ACF} \cup \{\neg \epsilon_n : n \in \mathbb{N}, n \geq 1\}$ とし，ACF_0 を標数 0 の代数的閉体の理論という．
(5) $\mathrm{RF} = \mathrm{F} \cup \{\zeta_n : n \in \mathbb{N}, n \geq 1\}$ とし，RF を実体 (real field) の理論という．
(6) $\mathrm{RCF} = \mathrm{RF} \cup \{\delta_n : n \text{ は奇数}\} \cup \{\gamma\}$ とし，RCF を実閉体 (real closed field)

しいが，数学基礎論の習慣である．新井敏康 [8] p. 188 を参照のこと．

の理論という.

順序環の言語 $\mathcal{L}_{OR}$ を考える. $\mathcal{L}_O \subseteq \mathcal{L}_{OR}$ および $\mathcal{L}_R \subseteq \mathcal{L}_{OR}$ なので, $\mathcal{L}_O$ および $\mathcal{L}_R$ の論理式は $\mathcal{L}_{OR}$ の論理式である.

〔定義 3.2.17〕 $\mathcal{L}_{OR}$ の文 η_1, η_2 を以下のように定める.

η_1 $\forall x \forall y \forall z (x \leq y \to x + z \leq y + z)$
η_2 $\forall x \forall y (0 < x \land 0 < y \to 0 < x \cdot y)$

これらの文と前の二つの定義で定められた $\mathcal{L}_O$ の文と $\mathcal{L}_R$ の文を用いて, $\mathcal{L}_{OR}$ の理論を以下のように定める.

(1) OF = F ∪ LO ∪ $\{\eta_1, \eta_2\}$ とし, OF を順序体 (ordered field) の理論という.
(2) RCOF = OF ∪ $\{\delta_n : n$ は奇数$\} \cup \{\gamma\}$ とし, RCOF を順序実閉体 (real closed ordered field) の理論という.

【注意 3.2.18】 これらの定義, 例えば順序の理論 O の定義は字面の上では通常の順序集合の定義と区別できない. しかし, 通常の順序集合の定義に現れる ≤ は集合上の 2 項関係そのものであるのに対して, 順序の理論 O を構成する論理式に現れる ≤ は 2 項関係そのものではなく, 2 項関係を表す記号に過ぎない.

3.3 構造

命題論理の体系において論理式の真偽を確定させていたのは真理値の割り当てであった. 述語論理の体系で論理式の真偽を確定するためには定数や関数, 述語の意味を特定しなければならない. こうした記号の意味を特定し論理式の真偽を確定させるものが構造である.

大雑把に言えば, 構造とは関数や関係を伴う集合であり, 代表的な構造の例に群や体, ベクトル空間, 位相空間, 多様体などがある. 例えば, 有理数の集合 $\mathbb{Q}$ の上には関数 $+, \cdot, -$ と定数 $0, 1$ が備わっており, これらを一纏めにした体 $\mathbb{Q}$ が構造である. ただし述語論理で扱う構造とは数学に現れる構造一般のことではなく, 言語に対応する定数や関数, 関係を持つ構造に限

3.3 構造

られる. 例えば体 $\mathbb{Q}$ は環の言語 $\mathcal{L}_R = \{+, -, \cdot, 0, 1\}$ に対応する関数, 定数を持つ構造である.

$\mathcal{L}$ を言語とする. $\mathcal{L}$ の構造は次のように定義される.

〔定義 3.3.1〕 $\mathcal{L}$ の構造 (structure) $\mathfrak{M}$ とは二つの集合 $|\mathfrak{M}|$ と $\mathrm{Str}_{\mathfrak{M}}$ の組 $(|\mathfrak{M}|; \mathrm{Str}_{\mathfrak{M}})$ のことである. ただし,

(1) $|\mathfrak{M}|$ は空集合ではない. $|\mathfrak{M}|$ を $\mathfrak{M}$ の台集合 (base set) または宇宙 (universe) という.
(2) $\mathcal{L}$ の定数記号 c, 項数が n の関数記号 f, 項数が n の関係記号 R に対応する $|\mathfrak{M}|$ の要素, $|\mathfrak{M}|$ 上の n 変数関数, $|\mathfrak{M}|$ 上の n 項関係をそれぞれ定数記号 c, 関数記号 f, 関係記号 R の $\mathfrak{M}$ 上の解釈 (interpretation) という. $s \in \mathcal{L}$ の $\mathfrak{M}$ 上の解釈を $s^{\mathfrak{M}}$ とする.
(3) $\mathrm{Str}_{\mathfrak{M}} = \{s^{\mathfrak{M}} : s \in \mathcal{L}\}$ である.

〈例 3.3.2〉 (1) $\mathbb{N}$ 上の順序 $\leq$ を順序の言語 $\mathcal{L}_O = \{\leq\}$ の項数が 2 の関係記号 $\leq$ の解釈と考えるとき, $(\mathbb{N}; \{\leq\})$ は $\mathcal{L}_O$ の構造である.
(2) $\mathbb{Q}$ 上の関数 $+, -, \cdot$ と定数 $0, 1$ を環の言語 $\mathcal{L}_R$ の記号の解釈と考えるとき, $(\mathbb{Q}; \{+, -, \cdot, 0, 1\})$ は $\mathcal{L}_R$ の構造である.

$\mathcal{L}$ の構造を $\mathcal{L}$ の数学的構造 (mathematical structure) ともいう. なお, 構造 $(|\mathfrak{M}|; \mathrm{Str}_{\mathfrak{M}})$ の $\mathrm{Str}_{\mathfrak{M}}$ の集合を表す記号 $\{,\}$ は適宜省略する. 例えば $(\mathbb{N}; \{\leq\})$ を $(\mathbb{N}; \leq)$ と, $(\mathbb{Q}; \{+, -, \cdot, 0, 1\})$ を $(\mathbb{Q}; +, -, \cdot, 0, 1)$ と書く. また, これらの構造における $\leq$ や $+, -, \cdot, 0, 1$ が文脈から明らかな場合には, $(\mathbb{N}; \leq)$ や $(\mathbb{Q}; +, -, \cdot, 0, 1)$ を単に $\mathbb{N}$ や $\mathbb{Q}$ と記す.

【注意 3.3.3】 構造の上での記号の解釈と, 記号自身の区別は曖昧である. 例えば $\leq$ を $\mathbb{N}$ 上の順序として $\mathcal{L}_O$ の構造 $(\mathbb{N}; \leq)$ を考えるときには, $\leq$ は $\mathbb{N}$ 上の 2 項関係のことなのか, $\mathcal{L}_O$ の記号のことなのか区別が付かない. そこで混乱の恐れがある場合には, 本来の定義通りに, 記号の解釈には構造を表す添字を付けて区別する. 例えば $\mathbb{N}$ 上の 2 項関係 $\leq$ のことを $\leq^{\mathbb{N}}$ と書いて, 関係記号 $\leq$ と区別する. なお, 台集合が同一であっても, 異なる言語の構造は異なる構造であると考える. 例えば環の言語 $\mathcal{L}_R$ の構造

($\mathbb{Q}; +, -, \cdot, 0, 1$) と順序環の言語 $\mathcal{L}_{OR}$ の構造 ($\mathbb{Q}; +, -, \cdot, 0, 1, \leq$) は異なる構造であると考える.ただし言語が文脈から明らかなときには,いずれの構造も $\mathbb{Q}$ と略記する.

構造という見方には,数学的対象に対する素朴な見方からの大きな視点の転換がある.例えば素朴な見方では,数には固有の性質や特徴があり,その性質や特徴の結果として $1 \leq 2$ や $1+2=3$ が正しくなると考えられる.それに対して構造という見方では,個々の数に固有の性質などなく,一つだけ取り出してきた数は単なる「点」に過ぎない.無個性な点の集まりに過ぎない $\mathbb{N}$ という集合の上に 2 項関係 $\leq$ や 2 変数関数 $+$ が与えられて,「$1 \leq 2$ や $1+2=3$ が正しい」と定められることが,点に過ぎない 1 や 2, 3 という $\mathbb{N}$ の要素を「数」に仕立て上げていると考えられる[6].

さて,$\mathcal{L}$ の構造 $\mathfrak{M}$ が与えられると,$\mathcal{L}$ の非論理的記号の $\mathfrak{M}$ の上での解釈が定まる.そこで,$\forall x$ を「$|\mathfrak{M}|$ の要素 x はすべて」と読み,$\exists x$ を「$|\mathfrak{M}|$ の要素 x が存在して」と読むと,$\mathcal{L}$ の文,すなわち自由変数を持たない $\mathcal{L}$ の論理式の $\mathfrak{M}$ 上での解釈が定まり,$\mathfrak{M}$ 上でその文の真偽が確定する.ただし等号 $=$ は常に本当の同一性によって解釈する.

〔定義 3.3.4〕 $\mathfrak{M}$ を $\mathcal{L}$ の構造,φ を $\mathcal{L}$ の文とする.$\mathfrak{M}$ の上で φ が真 (true) であるとき $\mathfrak{M} \models \varphi$ と書き,偽 (false) であるとき $\mathfrak{M} \not\models \varphi$ と書く.

$\mathfrak{M}$ を $\mathcal{L}$ の構造,φ を $\mathcal{L}$ の文とすると,$\mathfrak{M}$ 上で φ は真であるか,偽であるのかのいずれかである.また,$\neg\varphi$ は φ の否定を意味するので,$\mathfrak{M}$ 上で φ が偽であること,すなわち $\mathfrak{M} \not\models \varphi$ であることと,$\mathfrak{M}$ 上で $\neg\varphi$ が真であること,すなわち $\mathfrak{M} \models \neg\varphi$ であることは同値である.したがって次の補題

---

[6] よく知られているように,20 世紀の数学における構造という概念の普及において Bourbaki と呼ばれる数学者集団の果たした役割は計り知れない.Bourbaki については,例えばマシャル [98] を参照のこと.また,数学における構造という概念の普及は 20 世紀を代表する思想的立場の一つである構造主義とも接点を持つ.構造主義を代表する議論には Saussure の言語学,Levi-Strauss の文化人類学,Piaget の発達心理学などが挙げられる.その中でも Levi-Strauss や Piaget の議論には直接的に数学的構造が用いられている.構造主義を紹介する文献は膨大にあるが,例えば,Saussure の言語学については丸山圭三郎 [102] を,Levi-Strauss の文化人類学については橋爪大三郎 [81] を,Piaget の発達心理学については U. ゴスワミ [33] の第 8 章を参照のこと.

が成り立つ．

[補題 3.3.5] $\mathfrak{M}$ を $\mathcal{L}$ の構造，φ を $\mathcal{L}$ の文とする．このとき，$\mathfrak{M} \models \varphi$ と $\mathfrak{M} \models \neg\varphi$ の一方が，そして一方のみが成り立つ．

　論理式が再帰的に定義されている以上，厳密には，構造上の文の真偽も文の構成にしたがい再帰的に定義すべきである．しかし，文を分解すると自由変数を持つ論理式が現れ，構造上では自由変数を持つ論理式の真偽は定められない．したがって，構造上の文の真偽を再帰的に定義するためには多少の工夫が必要である．構造上の文の真偽を正確に定義することは，難しくはないが，面倒で退屈である．

【注意 3.3.6】 言語 $\mathcal{L}$ の構造 $\mathfrak{M}$ 上の文の真偽の再帰的な定義を正確に与える一つの方法は，$\mathfrak{M}$ の台集合 $|\mathfrak{M}|$ の各要素 $a \in |\mathfrak{M}|$ に対して新しい定数記号 c_a を導入して $\mathcal{C}_{|\mathfrak{M}|} = \{c_a : a \in |\mathfrak{M}|\}$ と定め，$\mathcal{L} \cup \mathcal{C}_{|\mathfrak{M}|}$ の文 φ について $\mathfrak{M}$ 上の φ の真偽を定めることである．このとき，例えば R が項数が n の $\mathcal{L}$ の関係記号のとき，$\mathcal{L} \cup \mathcal{C}_{|\mathfrak{M}|}$ の文 $R(c_{a_1}, \ldots, c_{a_n})$ が $\mathfrak{M}$ 上で真であることを $(a_1, \ldots, a_n) \in R^{\mathfrak{M}}$ であることと定めて，$\mathcal{L} \cup \mathcal{C}_{|\mathfrak{M}|}$ の文 $\forall x \varphi(x)$ が $\mathfrak{M}$ 上で真であることをすべての $a \in |\mathfrak{M}|$ について $\mathcal{L} \cup \mathcal{C}_{|\mathfrak{M}|}$ の文 $\varphi(c_a)$ が $\mathfrak{M}$ 上で真であることと定義できるようになる．なお，この方法は実質的には，まず最初に 3.5 節で紹介する $\mathfrak{M}$ の初等的図式 $\mathrm{Th}(\mathfrak{M}_{|\mathfrak{M}|})$ を再帰的に定めて，次に，$\mathcal{L}$ の文 φ に対して $\varphi \in \mathrm{Th}(\mathfrak{M}_{|\mathfrak{M}|})$ であるときに $\mathfrak{M}$ 上で φ は真であると定義することと同等である[7]．なお，本書では定義 3.5.1 で $\mathfrak{M}$ の理論 $\mathrm{Th}(\mathfrak{M})$ を $\mathrm{Th}(\mathfrak{M}) = \{\varphi \in \mathrm{Snt}_{\mathcal{L}} : \mathfrak{M} \models \varphi\}$ と定めるが，$\mathrm{Th}(\mathfrak{M})$ を定めることと，$\mathfrak{M}$ 上の真偽を定めることは同義である．また，明らかに $\mathrm{Th}(\mathfrak{M}) = \mathrm{Th}(\mathfrak{M}_{|\mathfrak{M}|}) \cap \mathrm{Snt}_{\mathcal{L}}$ である．

〈例 3.3.7〉 以下の (1) から (8) が成り立つ．

(1) $(\mathbb{N}; \leq) \models \forall x \exists y (x \leq y)$
(2) $(\mathbb{N}; \leq) \models \exists x \forall y (x \leq y)$
(3) $(\mathbb{N}; \leq) \models \forall y \exists x (x \leq y)$

---
[7] 詳しくは，例えば新井敏康 [8] pp. 21–22 定義 1.3.7 を参照のこと．

(4) $(\mathbb{N}; \leq) \not\models \exists y \forall x (x \leq y)$
(5) $(\mathbb{N}; \leq) \not\models \forall x \exists y \exists z (y < x \wedge x < z)$
(6) $(\mathbb{Q}; \leq) \models \forall x \exists y \exists z (y < x \wedge x < z)$
(7) $(\mathbb{Q}; +, -, \cdot, 0, 1) \not\models \exists x (x^2 = 1 + 1)$
(8) $(\mathbb{C}; +, -, \cdot, 0, 1) \models \exists x (x^2 = 1 + 1)$

〈例 3.3.8〉 n を $n \geq 1$ である自然数, μ_n および ν_n を例 3.2.8 で定められた論理式, $\mathfrak{M}$ を $\mathcal{L}$ の構造とする. このとき, 以下の (1) から (3) が成り立つ.

(1) $|\mathfrak{M}|$ の濃度が n 以上であることと, $\mathfrak{M} \models \mu_n$ は同値である.
(2) $|\mathfrak{M}|$ の濃度が n 以下であることと, $\mathfrak{M} \models \neg \mu_{n+1}$ は同値である.
(3) $|\mathfrak{M}|$ の濃度が n であることと, $\mathfrak{M} \models \nu_n$ は同値である.

【注意 3.3.9】 構造上の文の真偽と次節で紹介する証明可能性の関係を示したのが 1929 年に証明された Gödel の完全性定理である. しかし, 数学基礎論において構造という概念が現れたのは 1950 年代のことであり, 我々の現在の完全性定理の理解は Gödel が証明した定理を構造という概念を用いて再解釈したものである. 実際, 構造上の文の真偽という言い方には多少の違和感がある. 例えば自然数 0, 1 について「$0 < 1$ が真である」と言うことはあるが,「$\mathbb{N}$ 上で $0 < 1$ が真である」とはあまり言わない. もしも $\mathbb{N}$ を強調する必要があるのなら「$\mathbb{N}$ では $0 < 1$ である」と言えば十分なのであって, どうしても真偽という言葉を使いたいのなら「$\mathbb{N}$ では $0 < 1$ であることが, 数学の世界で真である」とでも言うべきであろう. 本来, 真偽という概念は個別の構造に相対的な小さなものではなく, 数学の世界全体に関わる普遍的で大きなものである. 構造という概念を用いて再解釈される前の完全性定理は, その意味での普遍的な真偽の概念と, やはり普遍的な概念である証明可能性の関係についての定理であったのであろう[8].

---

[8] この意味で本来の完全性定理と現代的に再解釈された完全性定理は, 数学的な内容には違いはないが, 哲学的な意義はまったく異なるであろう. そもそも構造という概念の成立には, 1949 年に Henkin [160] によって完全性定理の新しい証明が与えられて, 完全性定理が数学的に一般化されたことによって哲学の問題から切り離されたことの影響が大きいであろう. 構造上の真偽という概念の成立過程については Hodges [161]

さて，構造によって文の真偽が定まることにより，モデルの概念と述語論理における帰結性が定義される．

〔定義 3.3.10〕 T を $\mathcal{L}$ の理論，$\mathfrak{M}$ を $\mathcal{L}$ の構造とする．すべての $\psi \in T$ について $\mathfrak{M} \models \psi$ のとき $\mathfrak{M}$ は T のモデル (model) であるといい，$\mathfrak{M} \models T$ と書く．$\mathfrak{M} \models T$ でないとき $\mathfrak{M} \not\models T$ と書く．

⟨例 3.3.11⟩ 以下の (1) から (6) が成り立つ．

(1) $(\mathbb{N}; \leq) \models \text{LO}$
(2) $(\mathbb{N}; \leq) \not\models \text{DLO}$
(3) $(\mathbb{Q}; \leq) \models \text{DLO}$
(4) $(\mathbb{Q}; +, -, \cdot, 0, 1) \models \text{F}$
(5) $(\mathbb{Q}; +, -, \cdot, 0, 1) \not\models \text{ACF}$
(6) $(\mathbb{C}; +, -, \cdot, 0, 1) \models \text{ACF}$

【注意 3.3.12】 現在では集合論的に定められた構造こそが数学の対象であると考えることが普通なので，理論の公理を真とする構造を模型や模範という意味を持つモデルという言葉で呼ぶことは多少奇異である．しかし例えば，「本当の自然数」の集合 $\mathbb{N}$ が何処かに存在し，集合論的に定められた構造はたとえ $\mathbb{N}$ と同型であっても $\mathbb{N}$ のミニュアチュアに過ぎないのなら，モデルという言葉が選ばれたことも納得できる．モデルという言葉が使われているという事実は，集合論的な考え方が普及する以前は「本当の自然数」という考え方が現在よりも自然であったことの痕跡であるのかも知れない．

〔定義 3.3.13〕 T を $\mathcal{L}$ の理論，φ を $\mathcal{L}$ の文とする．T のすべてのモデル $\mathfrak{M}$ について $\mathfrak{M} \models \varphi$ が成り立つとき，φ は T の帰結 (consequence) または論理的帰結 (logical consequence) であるといい，$T \models \varphi$ と書く．$T \models \varphi$ でないとき $T \not\models \varphi$ と書く．

⟨例 3.3.14⟩ 以下の (1) から (4) が成り立つ．
(1) $\text{F} \models \forall x (\forall y (x + y = y) \to x = 0)$

を参照のこと．

(2) $\mathtt{F} \models \forall x \forall y (x + y = 0 \to y = -x)$
(3) $\mathtt{F} \not\models \exists x (x^2 = 1 + 1)$
(4) $\mathtt{ACF} \models \exists x (x^2 = 1 + 1)$

一般に φ を文とするとき，$T \models \varphi$ と $T \models \neg\varphi$ のいずれかが成り立つ訳ではない．

〈例 3.3.15〉 ϵ_2 を定義 3.2.16 で定めた $\mathcal{L}_R$ の文 $1+1=0$ とするとき，標数が 2 ではない代数的閉体が存在するので $\mathtt{ACF} \not\models \epsilon_2$ だが，標数が 2 の代数的閉体も存在するので $\mathtt{ACF} \not\models \neg\epsilon_2$ である．

命題論理の場合と同様に次の補題が成り立つ．証明もまったく同様である．

[補題 3.3.16]　T を理論，φ を論理式とする．このとき，以下の (1) と (2) は同値である．
(1) $T \cup \{\neg\varphi\}$ はモデルを持つ．
(2) $T \not\models \varphi$ である．

3.4　量化子と等号の論理的公理と推論規則

命題論理の体系と同様，論理的記号に関する論理的公理と推論規則によって述語論理の体系が定まる．述語論理の論理的記号には命題結合子に加えて量化子 $\forall$ と等号 $=$，変数があるので，命題論理の体系に量化子と等号，変数に関する論理的公理と推論規則を加えたものが述語論理の体系になる．この節では Hilbert 流の述語論理の体系 $\mathfrak{S}_1$ を定義し，その基本的な性質を紹介する．以下，$\mathcal{L}$ を言語，T を $\mathcal{L}$ の理論とする．

〔定義 3.4.1〕 φ, ψ を論理式，t を項，x, y, z を変数とする．以下のように論理式 Ax4 から Ax7 を定める．

Ax4　$\forall x \varphi \to \varphi[t/x]$
Ax5　$\forall x(\varphi \to \psi) \to (\varphi \to \forall x \psi)$，ただし φ は x を自由変数として含まない．

3.4 量化子と等号の論理的公理と推論規則　71

Ax6 $\forall x(x = x)$
Ax7 $\forall x \forall y(x = y \to (\varphi[x/z] \to \varphi[y/z]))$

命題論理の体系 $\mathfrak{S}_0$ の論理的公理 Ax1 から Ax3 および論理式 Ax4 から Ax7 を $\mathfrak{S}_1$ の論理的公理とする．また，以下のように推論規則 [G] を定める．

$$\frac{\varphi}{\forall x \varphi} \ [\text{G}]$$

[G] を一般化 (Generalization) と呼ぶ．$\mathfrak{S}_0$ の推論規則 [MP] および推論規則 [G] を $\mathfrak{S}_1$ の推論規則とする．

Ax4 と Ax5 は量化子 $\forall$ に関する公理であり，[G] は $\forall$ に関する推論規則である．Ax6 と Ax7 は等号 $=$ に関する公理である．

【注意 3.4.2】 言語を取り替えると論理式の集合も変わり，何が述語論理の体系 $\mathfrak{S}_1$ の論理的公理や推論規則であるのかも変化する．しかし，言語を取り替えても何が論理的公理で何が推論規則であるのかは明白なので，記号が煩雑になることを避けるために単に $\mathfrak{S}_1$ と記している．なお，命題論理の体系 $\mathfrak{S}_0$ と同様に，述語論理の体系 $\mathfrak{S}_1$ にも正当化が必要である．そして，$\mathfrak{S}_0$ の完全性定理が $\mathfrak{S}_0$ の正当化を与えたように，$\mathfrak{S}_1$ の完全性定理が $\mathfrak{S}_1$ の正当化を与える．なお，$\mathfrak{S}_0$ の完全性定理の場合と同様に，一般的な形で $\mathfrak{S}_1$ の完全性定理を証明するためには集合論的な超越的手法が必要であるが，不完全性定理に関わる理論を考えるときなど，大方の場合には超越的手法は必要ない．

【注意 3.4.3】 論理的公理 Ax4 で論理式 φ は x を自由変数として持つ必要はない．Ax5, Ax7 についても同様である．また，推論規則 [G] でも論理式 φ は x を自由変数として持つ必要はない．例えば $0 = 0$ という文から，推論規則 [G] を用いて $\forall x(0 = 0)$ という文を導いても構わない．

$\mathfrak{S}_1$ の証明や定理は命題論理の体系 $\mathfrak{S}_0$ の場合と同様に定義される．すなわち，φ を $\mathcal{L}$ の論理式とするとき，T から φ を導く証明とは $\mathfrak{S}_1$ の論理的公理と T の非論理的公理から出発し，$\mathfrak{S}_1$ の推論規則を用いて論理式を書き換えて得られる論理式の有限列のことである．また，T から φ を導く証明

が存在するとき φ は T の定理であるといって $T \vdash \varphi$ と書き，$T \vdash \varphi$ でないとき $T \not\vdash \varphi$ と書く．T の定理全体からなる集合を $\text{Th}(T)$ とし，$\emptyset \vdash \varphi$ のとき φ は $\mathfrak{S}_1$ の定理であるといって $\vdash \varphi$ と書く．

命題論理の証明に関する基本的な性質，例えば補題 2.3.7 から補題 2.3.10 は述語論理の場合もそのまま成り立ち，以下の補題と系も命題論理の場合とまったく同様に証明できる．

[補題 3.4.4] $\mathfrak{M} \models T$ とし，φ を文とする．このとき，$T \vdash \varphi$ ならば $\mathfrak{M} \models \varphi$ である．

[系 3.4.5] φ を文とする．このとき，$T \vdash \varphi$ ならば $T \models \varphi$ である．

補題 3.4.4 はある文がある理論からは証明できないことを示すのに有効な道具である．

⟨例 3.4.6⟩ $T = \emptyset$ の場合を考える．$\mathfrak{M}$ を $|\mathfrak{M}|$ の濃度が 2 以上の $\mathcal{L}$ の構造とすると $\mathfrak{M} \not\models \forall x(x = c)$ なので，補題 3.4.4 から $\not\vdash \forall x(x = c)$ である．

さて，$\exists x \varphi$ は $\neg \forall x \neg \varphi$ の略記であったが，Ax4, Ax5 を $\exists$ を使って書き直し，命題結合子に関する若干の推論を行うことで次の補題が得られる．

[補題 3.4.7] φ, ψ を論理式，t を項，x を変数とする．このとき，以下の論理式 (1) および (2) は $\mathfrak{S}_1$ の定理である．
(1) $\varphi[t/x] \to \exists x \varphi$
(2) $\forall x(\varphi \to \psi) \to (\exists x \varphi \to \psi)$．ただし ψ は x を自由変数として含まない．

以下では量化子 $\exists$ を自由に用いるものとする．次の補題は $\mathfrak{S}_1$ の完全性定理の証明で用いられるが，証明は読者に任せる．

[補題 3.4.8] φ, ψ を論理式とし，φ は x を自由変数に持たないとする．このとき，以下の論理式 (1) から (4) は $\mathfrak{S}_1$ の定理である．
(1) $\exists x(\varphi \to \psi(x)) \to (\varphi \to \exists x \psi(x))$
(2) $(\varphi \to \exists x \psi(x)) \to \exists x(\varphi \to \psi(x))$
(3) $\forall y \varphi \to \forall x \varphi[x/y]$

(4) $\exists y\varphi \to \exists x\varphi[x/y]$

なお，$\varphi(x)$ を論理式とするとき，論理式 $\exists x\varphi(x) \land \forall x\forall y(\varphi(x) \land \varphi(y) \to x = y)$ は「$\varphi(x)$ を満たす x が唯一存在する」ことを意味する．この論理式を $\exists!x\varphi(x)$ と略記する．

[定理 3.4.9] 演繹定理 (Deduction Theorem)　φ を $\mathcal{L}$ の文とする．このとき，すべての論理式 ψ について，以下の (1) と (2) は同値である．
(1) $T \cup \{\varphi\} \vdash \psi$ である．
(2) $T \vdash \varphi \to \psi$ である．

(証明)　(2) $\Rightarrow$ (1) の証明は命題論理の場合とまったく同じである．

(1) $\Rightarrow$ (2) を示す．命題論理の演繹定理の証明と同様に，$T \cup \{\varphi\}$ から ψ を導く証明の長さに関する帰納法で，すべての ψ について，$T \cup \{\varphi\} \vdash \psi$ ならば $T \vdash \varphi \to \psi$ であることを示したい．

ψ が論理的公理の場合，T の要素の場合，および，ψ がそれより前に現れる論理式から推論規則 [MP] を用いて導かれている場合は命題論理の演繹定理の証明と同様である．

ψ が $\forall x\rho$ の形をしていて，それより前に現れている論理式から推論規則 [G] を用いて導かれるとする．このとき，帰納法の仮定から $T \vdash \varphi \to \rho$ である．したがって，以下の命題の有限列に補題 2.3.8 を適用すると，$T \vdash \varphi \to \forall x\rho$ である．

(1) $\varphi \to \rho$ 　　　　　　　　　　　　　　　　　　　　　　[T の定理]
(2) $\forall x(\varphi \to \rho)$ 　　　　　　　　　　　　　　　　　　　　　　[G, 1]
(3) $\forall x(\varphi \to \rho) \to (\varphi \to \forall x\rho)$ 　　　　　　　　　　　　　[Ax5]
(4) $\varphi \to \forall x\rho$ 　　　　　　　　　　　　　　　　　　　　　　[MP 2, 3]

□

【注意 3.4.10】　述語論理の演繹定理における「φ は $\mathcal{L}$ の文」という条件を「φ は $\mathcal{L}$ の論理式」という条件に弱めることはできない．例えば c を定数記号，$\mathcal{L} = \{c\}$ とし，$T = \varnothing$ の場合を考える．φ を論理式 $x = c$，ψ を文 $\forall x(x = c)$ とする．推論規則 [G] によって $x = c \vdash \forall x(x = c)$ は成り立つ

ので，$\varphi \vdash \psi$ である．もし $\vdash x = c \to \forall x(x = c)$ が成り立つとすると推論規則 [G] および補題 3.4.7 (2) によって $\vdash \exists x(x = c) \to \forall x(x = c)$ が成り立ち，$\vdash \exists x(x = c)$ なので $\vdash \forall x(x = c)$ が成り立つことになる．これは例 3.4.6 に矛盾する．ゆえに，φ が $x = c$, ψ が $\forall x(x = c)$ のときには演繹定理は成り立たない．

理論が無矛盾であることや完全であることは以下のように命題論理と同様に定義され，命題論理の理論と同様の性質が述語論理の理論についても成り立つ．

〔定義 3.4.11〕　(1) $T \vdash \varphi$ かつ $T \vdash \neg\varphi$ となる文 φ が存在するとき T は矛盾するという．T が矛盾しないとき T は無矛盾であるという．
(2) すべての文 φ について $T \vdash \varphi$ または $T \vdash \neg\varphi$ となるとき，T は完全であるという．
(3) T が無矛盾で，$T \subseteq U$, $T \neq U$ を満たす無矛盾な理論 U が存在しないとき，T は極大無矛盾であるという．

〈例 3.4.12〉　以下の (1) から (5) が成り立つことが知られている．
(1) DLO は完全である．
(2) n を 0 または素数とするとき ACF_n は完全である．
(3) RCOF は完全である．
(4) RCF は完全である．
(5) ACF は完全ではない．

この例の (1) から (3) の理論が完全であることは，次の定義で定められる量化子除去によって示される[9]．

〔定義 3.4.13〕　$\varphi(x_1, \ldots, x_n)$ を $\mathcal{L}$ の論理式とし，φ の自由変数を $x_1, \ldots, x_n$ とすると，$T \vdash \forall x_1 \cdots \forall x_n(\varphi(x_1, \ldots, x_n) \leftrightarrow \psi(x_1, \ldots, x_n))$ が成り立つ $x_1, \ldots, x_n$ 以外の自由変数を持たない $\mathcal{L}$ の開論理式，すなわち量化子 $\forall$, $\exists$ を含まない論理式 $\psi(x_1, \ldots, x_n)$ が存在するとき，T で量化子除去（quan-

---

[9] DLO で量化子除去が成り立つことは，例えば van Dalen [224] pp. 129–131 を参照のこと．

tifier elimination) が成り立つという.

ただし，この定義の $\psi(x_1, \ldots, x_n)$ は，必ずしも $x_1, \ldots, x_n$ のすべてを自由変数として持つ必要はない．一般に，T で量化子の除去が成り立ち，T が $\mathcal{L}$ の記号に関する非論理的公理を十分に持っていれば，T は完全になる．量化子除去は理論が完全であることを示すための標準的な手法の一つである．

【注意3.4.14】 RCF では量化子除去は成り立たないので，例 3.4.12 の (4) を直接，量化子除去で証明することはできない．(4) は実閉体上では順序が一意的に定義でき，RCF 上の証明可能性は RCOF 上の証明可能性に還元できることによる．(5) は ACF だけでは標数が定まらないことによる．例えば，ϵ_2 を定義 3.2.16 で定めた $\mathcal{L}_R$ の文 $1 + 1 = 0$ とするとき，例 3.3.15 により ACF $\not\models \epsilon_2$ かつ ACF $\not\models \neg\epsilon_2$ となることと，系 3.4.5 から (5) が成り立つことが分かる．

【注意3.4.15】 $\mathbb{R}$ が RCOF のモデルであり，RCOF で量化子の除去が成り立つことから，$\mathbb{R}$ の上で $\mathcal{L}_{\mathrm{OF}}$ の論理式で定義可能な $\mathbb{R}$ の部分集合，すなわち $\varphi(x)$ を $\mathcal{L}_{\mathrm{OF}}$ の論理式として $\{a \in \mathbb{R} : \mathbb{R} \models \varphi(a)\}$ という集合は，開区間と点の有限和の形に限られることが分かる[10]．したがって，$\mathbb{N} \subseteq \mathbb{R}$ であるが，$\mathbb{N}$ は $\mathbb{R}$ の中で $\mathcal{L}_{\mathrm{OF}}$ の論理式では定義可能ではない．ゆえに $\mathbb{N} \subseteq \mathbb{R}$ であっても RCOF を「算術を含む公理系」と見なすことはできない．ACF_0 についても同様である．このことは 8.5 節で再び論じる．

次の補題も命題論理の場合とまったく同様に証明される．

[補題3.4.16] 以下の (1) から (6) が成り立つ．

(1) T が矛盾することと，すべての論理式 ψ について $T \vdash \psi$ となることは同値である．
(2) φ を文とする．このとき，$T \cup \{\neg\varphi\}$ が無矛盾であることと，$T \not\vdash \varphi$ であることは同値である．
(3) T は無矛盾であるとする．このとき，T が極大無矛盾であることと，す

---

[10] 定義可能な集合がこの形に限られる順序構造を o-minimal 構造といい，1980 年代以降，モデル論で盛んに研究されている．詳しくは Marker [189] を参照のこと．

べての文 φ について $\varphi \in T$ または $\neg\varphi \in T$ であることは同値である.
(4) T が極大無矛盾であるならば, T は完全である.
(5) T が無矛盾であるならば, $T \subseteq U$ を満たす極大無矛盾な理論 U が存在する.
(6) φ を文とし, U は極大無矛盾であるとする. このとき, $U \vdash \varphi$ ならば $\varphi \in U$ である.

ところで, 我々が等号に期待する性質は Ax6 と Ax7 という二つの論理的公理から証明可能である. 例えば次の補題が成り立つ.

[補題 3.4.17] 以下の文 (1) および (2) は $\mathfrak{S}_1$ の定理である.

(1) $\forall x \forall y (x = y \to y = x)$
(2) $\forall x \forall y \forall z (x = y \to (y = z \to x = z))$

(証明) (1) を証明する. Ax7 の φ が $z = x$ の場合を考え, 次のような論理式の列を考えればよい.(証明のあらすじのみを書く.)

(1) $\forall x \forall y (x = y \to (x = x \to y = x))$ [Ax7]
(2) $x = y \to (x = x \to y = x)$ [MP 1, Ax4]
(3) $x = x \to (x = y \to y = x)$ [MP 2, $\mathfrak{S}_0$ の定理]
(4) $\forall x (x = x)$ [Ax6]
(5) $x = x$ [MP 4, Ax4]
(6) $x = y \to y = x$ [MP 3, 5]
(7) $\forall x \forall y (x = y \to y = x)$ [G 6]

(2) の証明は読者に任せる. □

さて, 述語論理の言語を拡張することを考える. 次の定義は述語論理の完全性定理の証明の中で重要な働きを持つ.

[定義 3.4.18] $\mathcal{L}_1, \mathcal{L}_2$ を $\mathcal{L}_1 \subseteq \mathcal{L}_2$ である述語論理の言語とし, T_1, T_2 をそれぞれ $\mathcal{L}_1, \mathcal{L}_2$ の理論とする.

(1) $T_1 \subseteq T_2$ のとき, T_2 は T_1 の拡大 (extension) であるという.
(2) $T_1 \subseteq T_2$ であり, $\mathcal{L}_1$ のすべての論理式 φ について $T_2 \vdash \varphi$ ならば $T_1 \vdash \varphi$

であるとき，T_2 は T_1 の保存的拡大 (conservative extension) であるという．

[補題 3.4.19] T_2 は T_1 の保存的拡大であるとする．このとき，T_1 が無矛盾であるならば T_2 も無矛盾である．

(証明) T_1 は無矛盾であるとする．このとき，$T_1 \nvdash \varphi$ となる $\mathcal{L}_1$ の論理式 φ が存在する．T_2 は T_1 の保存的拡大なので $T_2 \nvdash \varphi$ である．したがって T_2 は無矛盾である． □

3.5 初等的同値と初等的図式

述語論理の完全性定理の証明を紹介する前に，初等的同値と初等的図式という概念を紹介する[11]．特に構造の初等的図式とは述語論理の完全性定理の証明で鍵となる概念であり，構造が持つ情報を述語論理の言語で表現したものである．この節でも $\mathcal{L}$ を言語，T を $\mathcal{L}$ の理論とする．

[定義 3.5.1] $\mathfrak{M}$ を $\mathcal{L}$ の構造とする．$\mathcal{L}$ の文の集合 $\{\varphi \in \mathrm{Snt}_\mathcal{L} : \mathfrak{M} \models \varphi\}$ を $\mathrm{Th}(\mathfrak{M})$ と書き，$\mathfrak{M}$ の理論 (theory) と呼ぶ．

[補題 3.5.2] $\mathfrak{M}$ を $\mathcal{L}$ の構造とする．このとき，以下の (1) から (3) が成り立つ．

(1) $\mathfrak{M} \models T$ と $T \subseteq \mathrm{Th}(\mathfrak{M})$ は同値である．
(2) $\mathfrak{M} \models \mathrm{Th}(\mathfrak{M})$ である．
(3) $\mathrm{Th}(\mathfrak{M})$ は極大無矛盾である．

(証明) (1) $\mathfrak{M} \models T$ とする．$\varphi \in T$ なら $\mathfrak{M} \models \varphi$ なので $\varphi \in \mathrm{Th}(\mathfrak{M})$ である．よって $T \subseteq \mathrm{Th}(\mathfrak{M})$ である．$T \subseteq \mathrm{Th}(\mathfrak{M})$ とする．$\varphi \in T$ なら $\varphi \in \mathrm{Th}(\mathfrak{M})$ なので $\mathfrak{M} \models \varphi$ である．よって $\mathfrak{M} \models T$ である．

(2) $\varphi \in \mathrm{Th}(\mathfrak{M})$ ならば $\mathfrak{M} \models \varphi$ なので明らかである．

---

[11] 数学基礎論では「初等的」という言葉が繰り返し用いられる．この「初等的」という言葉は「述語論理の言語で」ということを意味する数学基礎論の専門用語か俗語のようなものであり，「やさしい」という意味ではない．

78   第 3 章 述語論理

(3) $\text{Th}(\mathfrak{M}) \vdash \varphi$ かつ $\text{Th}(\mathfrak{M}) \vdash \neg\varphi$ となる文 φ が存在すると仮定する．$\mathfrak{M} \models \text{Th}(\mathfrak{M})$ なので補題 3.4.4 から $\mathfrak{M} \models \varphi$ かつ $\mathfrak{M} \models \neg\varphi$ が成り立つ．これは補題 3.3.5 に矛盾する．したがって $\text{Th}(\mathfrak{M})$ は無矛盾である．$\text{Th}(\mathfrak{M})$ が極大無矛盾であることは，すべての文 φ について $\varphi \in \text{Th}(\mathfrak{M})$ と $\neg\varphi \in \text{Th}(\mathfrak{M})$ のいずれか一方が成り立つことから明らかである． □

〔定義 3.5.3〕 $\mathfrak{M}, \mathfrak{N}$ を $\mathcal{L}$ の構造とする．

(1) $\text{Th}(\mathfrak{M}) = \text{Th}(\mathfrak{N})$ であるとき $\mathfrak{M}$ と $\mathfrak{N}$ は初等的同値 (elementarily equivalent) であるといい，$\mathfrak{M} \equiv \mathfrak{N}$ と書く．
(2) $\mathfrak{M}$ から $\mathfrak{N}$ への同型写像が存在するとき $\mathfrak{M}$ と $\mathfrak{N}$ は同型 (isomorphic) であるといい，$\mathfrak{M} \cong \mathfrak{N}$ と書く．

ここで $\mathfrak{M}$ から $\mathfrak{N}$ の同型写像 (isomorphism) とは，以下の三つの条件を満たす $|\mathfrak{M}|$ から $|\mathfrak{N}|$ への全単射 F である．

(1) $c \in \mathcal{L}$ を定数記号とすると，$F(c^{\mathfrak{M}}) = c^{\mathfrak{N}}$．
(2) $f \in \mathcal{L}$ を項数が n の関数記号，$a_1, \ldots, a_n \in |\mathfrak{M}|$ とすると，
$$F(f^{\mathfrak{M}}(a_1, \ldots, a_n)) = f^{\mathfrak{N}}(F(a_1), \ldots, F(a_n))$$
(3) $R \in \mathcal{L}$ を項数が n の関係記号，$a_1, \ldots, a_n \in |\mathfrak{M}|$ とすると，
$$(a_1, \ldots, a_n) \in R^{\mathfrak{M}} \Leftrightarrow (F(a_1), \ldots, F(a_n)) \in R^{\mathfrak{N}}$$

[補題 3.5.4] $\mathfrak{M}, \mathfrak{N}$ を $\mathcal{L}$ の構造とする．このとき，以下の (1) から (3) が成り立つ．

(1) T は完全で，$\mathfrak{M} \models T$ かつ $\mathfrak{N} \models T$ であるとする．このとき，$\mathfrak{M} \equiv \mathfrak{N}$ である．
(2) $\mathfrak{M} \cong \mathfrak{N}$ ならば $\mathfrak{M} \equiv \mathfrak{N}$ である．
(3) $\mathfrak{M} \models \text{Th}(\mathfrak{N})$ と $\mathfrak{M} \equiv \mathfrak{N}$ は同値である．

(証明) (1) $\varphi \in \text{Th}(\mathfrak{M})$ とする．$\mathfrak{M} \models \varphi$ かつ $\mathfrak{M} \models T$ なので補題 3.4.4 から $T \not\vdash \neg\varphi$ である．T は完全なので $T \vdash \varphi$ となる．$\mathfrak{N} \models T$ なので補題 3.4.4 から $\mathfrak{N} \models \varphi$ となり，$\varphi \in \text{Th}(\mathfrak{N})$ である．ゆえに $\text{Th}(\mathfrak{M}) \subseteq \text{Th}(\mathfrak{N})$ である．

同様に $\mathrm{Th}(\mathfrak{N}) \subseteq \mathrm{Th}(\mathfrak{M})$ なので $\mathrm{Th}(\mathfrak{N}) = \mathrm{Th}(\mathfrak{M})$ である．つまり $\mathfrak{M} \equiv \mathfrak{N}$ が成り立つ．

(2) $\mathfrak{M} \cong \mathfrak{N}$ であるとする．このとき，$\mathfrak{M} \equiv \mathfrak{N}$ であることが論理式の複雑さに関する帰納法で証明できる．

(3) $\mathfrak{M} \models \mathrm{Th}(\mathfrak{N})$ であるとする．$\varphi \in \mathrm{Th}(\mathfrak{N})$ ならば $\mathfrak{M} \models \varphi$ なので $\varphi \in \mathrm{Th}(\mathfrak{M})$ である．よって $\mathrm{Th}(\mathfrak{N}) \subseteq \mathrm{Th}(\mathfrak{M})$ である．$\mathrm{Th}(\mathfrak{M})$ は無矛盾であり，$\mathrm{Th}(\mathfrak{N})$ は極大無矛盾なので $\mathrm{Th}(\mathfrak{N}) = \mathrm{Th}(\mathfrak{M})$ である．ゆえに $\mathfrak{M} \equiv \mathfrak{N}$ である．逆に $\mathfrak{M} \equiv \mathfrak{N}$ とすると，$\mathrm{Th}(\mathfrak{M}) = \mathrm{Th}(\mathfrak{N})$ なので補題 3.5.2 (2) から $\mathfrak{M} \models \mathrm{Th}(\mathfrak{N})$ が成り立つ． □

補題 3.5.4 (1) と例 3.4.12 から次の例が得られる．

〈例 3.5.5〉 (1) $\mathfrak{M}, \mathfrak{N}$ を DLO のモデルとすれば $\mathfrak{M} \equiv \mathfrak{N}$ である．
(2) n を 0 または素数とし，$\mathfrak{M}, \mathfrak{N}$ を ACF_n のモデルとすれば $\mathfrak{M} \equiv \mathfrak{N}$ である．

後で紹介する定理 3.7.6，すなわち Löwenheim-Skolem の定理から補題 3.5.4 (2) の逆は一般には成り立たないことが分かる．この事実は $\mathcal{L}$ の文では構造を特定できないことを意味しており，述語論理の言語の表現力の限界の一つを表している．しかし，構造の台集合が有限集合である場合や，台集合が無限集合であっても濃度が等しく特定の理論のモデルである場合には，補題 3.5.4 (2) の逆が成り立つことがある．ここでは証明なしで三つの例を紹介する．

〈例 3.5.6〉 (1) $\mathfrak{M}, \mathfrak{N}$ を $\mathcal{L}$ の構造とし，$|\mathfrak{M}|$ は有限集合であるとする．このとき，$\mathfrak{M} \equiv \mathfrak{N}$ ならば $\mathfrak{M} \cong \mathfrak{N}$ である[12]．
(2) $\mathfrak{M}, \mathfrak{N}$ は DLO のモデルであるとする．$|\mathfrak{M}|, |\mathfrak{N}|$ が共に可算無限集合であれば $\mathfrak{M} \cong \mathfrak{N}$ である．特に，$\mathbb{Q}$ は DLO の可算モデルなので，$\mathfrak{M}$ が DLO のモデルであれば $\mathfrak{M} \cong \mathbb{Q}$ である[13]．
(3) n を 0 または素数とし，$\mathfrak{M}, \mathfrak{N}$ は ACF_n のモデルであるとする．$|\mathfrak{M}|, |\mathfrak{N}|$

---

[12] 完全な証明を書くことには少し手間はかかるが，ここまでの知識で証明できる．
[13] Cantor の定理．例えば新井敏康 [8] pp. 189–190 を参照のこと．

が濃度が等しい非可算無限集合であれば $\mathfrak{M} \cong \mathfrak{N}$ である．

【注意 3.5.7】 二つの $\mathbb{Q}$ の直和集合 $\{(0, a) : a \in \mathbb{Q}\} \cup \{(1, b) : b \in \mathbb{Q}\}$ の上に順序 $<$ を，すべての $a, b \in \mathbb{Q}$ について $(0, a) < (1, b)$ であり，$a < b$ なら $(0, a) < (0, b)$ かつ $(1, a) < (1, b)$ と定めて得られる順序集合を $\mathbb{Q} + \mathbb{Q}$ とする．この $\mathbb{Q} + \mathbb{Q}$ は DLO のモデルである．また，$|\mathbb{Q}|$ と $|\mathbb{Q} + \mathbb{Q}|$ は共に可算無限集合であるため，例 3.5.6 (2) により $\mathbb{Q}$ と $\mathbb{Q} + \mathbb{Q}$ は順序集合として同型である．同様に $\mathbb{R}$ と $\mathbb{R} + \mathbb{R}$ は共に DLO のモデルであり，$|\mathbb{R}|$ と $|\mathbb{R} + \mathbb{R}|$ の濃度は等しい．しかし，$\mathbb{R}$ 上の順序は完備であるのに対して $\mathbb{R} + \mathbb{R}$ 上の順序は完備ではないので，$\mathbb{R}$ と $\mathbb{R} + \mathbb{R}$ の間には全単射は存在しても順序集合としては同型ではない．一般に，$\mathfrak{M}, \mathfrak{N}$ が DLO のモデルで $|\mathfrak{M}|, |\mathfrak{N}|$ の濃度が等しくても，その濃度が非可算の場合には $\mathfrak{M} \cong \mathfrak{N}$ になるとは限らない．

【注意 3.5.8】 $\mathfrak{M}, \mathfrak{N}$ を ACF_n のモデルとする．例 3.5.6 (3) は，$\mathfrak{M}, \mathfrak{N}$ の台集合の濃度が等しく非可算である場合には，$\mathfrak{M}, \mathfrak{N}$ の素体と超越次数が等しくなることによる．しかし $\mathfrak{M}, \mathfrak{N}$ の台集合の濃度が等しくても可算の場合には，超越次数が有限の場合があるので $\mathfrak{M} \cong \mathfrak{N}$ であるとは限らない．なお，$\mathfrak{M}, \mathfrak{N}$ が ACF_n のモデルで $\mathfrak{M} \cong \mathfrak{N}$ が成り立つとしても，これは $\mathfrak{M}$ と $\mathfrak{N}$ が $\mathcal{L}_R$ の構造として同型であることを意味するものでしかなく，$\mathfrak{M}$ と $\mathfrak{N}$ が同じ体であることを意味するものではない．例えば p 進体 $\mathbb{Q}_p$ の代数的閉包の完備化 $\mathbb{C}_p$ と複素数体 $\mathbb{C}$ は $\mathcal{L}_R$ の構造としては同型であるが，完備体としては異なる体である．

【注意 3.5.9】 κ を無限濃度とする．T のすべてのモデル $\mathfrak{M}, \mathfrak{N}$ について，$|\mathfrak{M}|, |\mathfrak{N}|$ の濃度が共に κ ならば $\mathfrak{M} \cong \mathfrak{N}$ となるとき，T は κ-範疇的 (categorical) であるという．例 3.5.6 は DLO が $\aleph_0$-範疇的であること，および，$\kappa > \aleph_0$ の場合には ACF_n が κ-範疇的であることを主張するものである．κ-範疇性に関しては，T を有限または可算無限である言語の理論とするとき，ある非可算濃度 κ で T が κ-範疇的であれば，すべての非可算濃度 κ で T は κ-範疇的になることが知られている[14]．DLO は非可算濃度で範疇的

---

[14] Morley の範疇性定理 (Categoricity Theorem)．詳しくは新井敏康 [8] pp. 219–239 を参照のこと．

3.5 初等的同値と初等的図式

にならない場合の,そして ACF_n は非可算濃度で範疇的になる場合の典型的な例である.

さて,ある構造に新たに定数記号や関数記号や関係記号の解釈を付け加えて別の言語の構造に作り直すことを考える.

〔定義 3.5.10〕 $\mathcal{L}_1, \mathcal{L}_2$ を述語論理の言語とし,$\mathcal{L}_1 \subseteq \mathcal{L}_2, \mathcal{L}_1 \neq \mathcal{L}_2$ とする.$\mathfrak{M}_1, \mathfrak{M}_2$ をそれぞれ $\mathcal{L}_1, \mathcal{L}_2$ の構造とし,$|\mathfrak{M}_1| = |\mathfrak{M}_2|$ であると仮定する.$s \in \mathcal{L}_1$ ならば $s^{\mathfrak{M}_1} = s^{\mathfrak{M}_2}$ であるとき,$\mathfrak{M}_2$ は $\mathfrak{M}_1$ の拡張 (expansion) である,もしくは $\mathfrak{M}_1$ は $\mathfrak{M}_2$ を $\mathcal{L}_1$ に制限した構造であるという.

〈例 3.5.11〉 $\mathcal{L}_R \subseteq \mathcal{L}_{OR}, \mathcal{L}_R \neq \mathcal{L}_{OR}$ であり,$\mathcal{L}_{OR}$ の構造 $(\mathbb{Q}; +, -, \cdot, 0, 1, \leq)$ は $\mathcal{L}_R$ の構造 $(\mathbb{Q}; +, -, \cdot, 0, 1)$ の拡張である.

〔定義 3.5.12〕 $\mathfrak{M}$ を $\mathcal{L}$ の構造とし,$X \subseteq |\mathfrak{M}|$ とする.X のすべての要素 a に対して新しい定数記号 c_a を用意して,集合 $\{c_a : a \in X\}$ を $\mathcal{C}_X$ とする.

(1) 新しい定数記号 $c_a \in \mathcal{C}_X$ の解釈を a と定めることで $\mathfrak{M}$ を $\mathcal{L} \cup \mathcal{C}_X$ の構造に拡張したものを $\mathfrak{M}_X$ と書く.

(2) $\mathcal{L} \cup \mathcal{C}_{|\mathfrak{M}|}$ の理論 $\mathrm{Th}(\mathfrak{M}_{|\mathfrak{M}|})$ を $\mathfrak{M}$ の初等的図式 (elementary diagram) と呼ぶ.

(3) $\varphi(x_1, \ldots, x_n)$ を $\mathcal{L}$ の論理式とし,$a_1, \ldots, a_n \in |\mathfrak{M}|$ とする.$\mathfrak{M}_{|\mathfrak{M}|} \models \varphi(c_{a_1}, \ldots, c_{a_n})$ であることを $\mathfrak{M} \models \varphi(a_1, \ldots, a_n)$ と略記する.

一般に $\mathrm{Th}(\mathfrak{M}_X)$ は言語 $\mathcal{L} \cup \mathcal{C}_X$ の理論で,$\mathrm{Th}(\mathfrak{M}) = \mathrm{Th}(\mathfrak{M}_X) \cap \mathrm{Snt}_{\mathcal{L}}$ である.特に,注意 3.3.6 で触れたように,$\mathrm{Th}(\mathfrak{M}) = \mathrm{Th}(\mathfrak{M}_{|\mathfrak{M}|}) \cap \mathrm{Snt}_{\mathcal{L}}$ である.また,$\mathrm{Th}(\mathfrak{M}) = \mathrm{Th}(\mathfrak{M}_\emptyset)$ である.

〈例 3.5.13〉 $\mathcal{L}_O$ の構造 $(\mathbb{N}, \leq)$ を考える.「0 が $\mathbb{N}$ の最小元である」ことは形式的に $\forall y(0 \leq y)$ と表現できる.しかし 0 は $\mathcal{L}_O$ の定数記号ではないので,この表現は $\mathcal{L}_O$ の文ではない.それに対して,新しい定数記号の集合 $\mathcal{C}_{\mathbb{N}} = \{c_n : n \in \mathbb{N}\}$ には 0 に対応する定数記号 c_0 があるので,「0 が $\mathbb{N}$ の最小元である」ことは $\forall y(c_0 \leq y)$ という $\mathcal{L}_O \cup \mathcal{C}_{\mathbb{N}}$ の文で表現できる.この文を $\forall y(0 \leq y)$ と略記する.

82　第3章　述語論理

　補題 3.5.2 (3) により $\text{Th}(\mathfrak{M}_{|\mathfrak{M}|})$ は極大無矛盾なので，もしも $\varphi(c_a) \in \text{Th}(\mathfrak{M}_{|\mathfrak{M}|})$ となる $c_a \in \mathcal{C}_{|\mathfrak{M}|}$ が存在するならば $\exists x \varphi(x) \in \text{Th}(\mathfrak{M}_{|\mathfrak{M}|})$ であることは明らかである．次の補題はこの逆が成り立つことを主張するものである．

[補題 3.5.14]　$\varphi(x)$ を x のみを自由変数として持つ $\mathcal{L} \cup \mathcal{C}_{|\mathfrak{M}|}$ の論理式とする．もしも $\exists x \varphi(x) \in \text{Th}(\mathfrak{M}_{|\mathfrak{M}|})$ が成り立つならば $\varphi(c_a) \in \text{Th}(\mathfrak{M}_{|\mathfrak{M}|})$ となる $c_a \in \mathcal{C}_{|\mathfrak{M}|}$ が存在する．

（証明）$\exists x \varphi(x) \in \text{Th}(\mathfrak{M}_{|\mathfrak{M}|})$ が成り立つとする．このとき，$\mathfrak{M}_{|\mathfrak{M}|} \models \exists x \varphi(x)$ となるので明らかである．　　　　　　　　　　　　□

【注意 3.5.15】　補題 3.5.2 (3) と補題 3.5.14 をまとめると，理論 $\text{Th}(\mathfrak{M}_{|\mathfrak{M}|})$ は次の二つの条件を満たすことが分かる．

(1) $\text{Th}(\mathfrak{M}_{|\mathfrak{M}|})$ は極大無矛盾である．
(2) $\varphi(x)$ を x のみを自由変数として持つ $\mathcal{L} \cup \mathcal{C}_{|\mathfrak{M}|}$ の論理式とする．$\exists x \varphi(x) \in \text{Th}(\mathfrak{M}_{|\mathfrak{M}|})$ とすると，$\varphi(c_a) \in \text{Th}(\mathfrak{M}_{|\mathfrak{M}|})$ となる $c_a \in \mathcal{C}_{|\mathfrak{M}|}$ が存在する．

逆に，$\mathcal{C}$ を新しい定数記号の集合，U を $\mathcal{L} \cup \mathcal{C}$ の理論とするとき，$\mathcal{C}$ と U が

(1) U は極大無矛盾である．
(2) $\varphi(x)$ を x のみを自由変数として持つ $\mathcal{L} \cup \mathcal{C}$ の論理式とする．$\exists x \varphi(x) \in U$ とすると，$\varphi(c) \in U$ となる $c \in \mathcal{C}$ が存在する．

という二つの条件を満たせば，$\text{Th}(\mathfrak{M}) \subseteq U$ を満たす $\mathcal{L}$ の構造 $\mathfrak{M}$ を $\mathcal{C}$ と U から構成できる．この $\mathfrak{M}$ の構成方法は完全性定理の証明の中で与えられる．

[補題 3.5.16]　$\mathfrak{M}$ を $\mathcal{L}$ の構造とする．以下の (1) と (2) は同値である．

(1) $\mathfrak{M} \models T$ である．
(2) $T \subseteq \text{Th}(\mathfrak{M}_{|\mathfrak{M}|})$ である．

（証明）(1) $\Rightarrow$ (2) を示す．$\mathfrak{M} \models T$ とする．補題 3.5.2 (1) より $T \subseteq \text{Th}(\mathfrak{M})$ であり，$\text{Th}(\mathfrak{M}) \subseteq \text{Th}(\mathfrak{M}_{|\mathfrak{M}|})$ は明らかなので $T \subseteq \text{Th}(\mathfrak{M}_{|\mathfrak{M}|})$ である．

(2) ⇒ (1) を示す．$T \subseteq \mathrm{Th}(\mathfrak{M}_{|\mathfrak{M}|})$ とする．このとき，$\varphi \in T$ ならば $\mathfrak{M} \models \varphi$ なので $\mathfrak{M} \models T$ である． □

次に，言語は変えずに構造の台集合を広げることを考える．

〔定義 3.5.17〕 $\mathfrak{M}, \mathfrak{N}$ を $|\mathfrak{M}| \subseteq |\mathfrak{N}|$ を満たす $\mathcal{L}$ の構造とする．すべての定数記号 $c \in \mathcal{L}$ について $c^{\mathfrak{M}} = c^{\mathfrak{N}}$ であり，すべての関数記号もしくは関係記号 $s \in \mathcal{L}$ について $s^{\mathfrak{N}}$ を $|\mathfrak{M}|$ に制限したものが $s^{\mathfrak{M}}$ と一致するとき，$\mathfrak{N}$ は $\mathfrak{M}$ の拡大 (extension) である，もしくは $\mathfrak{M}$ は $\mathfrak{N}$ の部分構造 (substructure) であるといい，$\mathfrak{M} \subseteq \mathfrak{N}$ と書く．

〈例 3.5.18〉 $(\mathbb{Q}; +, -, \cdot, 0, 1)$ および $(\mathbb{R}; +, -, \cdot, 0, 1)$ は共に $\mathcal{L}_R$ の構造であり，$\mathbb{Q} \subseteq \mathbb{R}$ である．そして，$\mathbb{Q}$ の 0 や 1 と $\mathbb{R}$ の 0 や 1 は同じ数であって，$\mathbb{Q}$ 上の和，差，積と $\mathbb{R}$ 上の和，差，積は $\mathbb{Q}$ 上では一致するので，$(\mathbb{Q}; +, -, \cdot, 0, 1)$ は $(\mathbb{R}; +, -, \cdot, 0, 1)$ の部分構造である．

次の補題は論理式の複雑さに関する帰納法で証明できる．

［補題 3.5.19］ $\mathfrak{M}, \mathfrak{N}$ を $\mathcal{L}$ の構造とし，$\mathfrak{M} \subseteq \mathfrak{N}$ とする．また，$\varphi(x_1, \ldots, x_n)$ を $\mathcal{L}$ の開論理式とし，$a_1, \ldots, a_n \in |\mathfrak{M}|$ とする．このとき，$\mathfrak{M} \models \varphi(a_1, \ldots, a_n)$ と $\mathfrak{N} \models \varphi(a_1, \ldots, a_n)$ は同値である．

この補題が $\mathcal{L}$ の開論理式だけでなく $\mathcal{L}$ のすべての論理式について成り立つとき，次の定義で定めるように，$\mathfrak{M}$ は $\mathfrak{N}$ の初等的部分構造であるという．

〔定義 3.5.20〕 (1) $\mathfrak{M}, \mathfrak{N}$ を $\mathcal{L}$ の構造とし，$\mathfrak{M} \subseteq \mathfrak{N}$ とする．$\mathrm{Th}(\mathfrak{M}_{|\mathfrak{M}|}) = \mathrm{Th}(\mathfrak{N}_{|\mathfrak{M}|})$ であるとき，$\mathfrak{N}$ は $\mathfrak{M}$ の初等的拡大 (elementary extension) である，もしくは $\mathfrak{M}$ は $\mathfrak{N}$ の初等的部分構造 (elementary substructure) であるといい，$\mathfrak{M} \preceq \mathfrak{N}$ と書く．
(2) T のすべてのモデル $\mathfrak{M}, \mathfrak{N}$ について $\mathfrak{M} \subseteq \mathfrak{N}$ ならば $\mathfrak{M} \preceq \mathfrak{N}$ が成り立つとき，T はモデル完全 (model complete) であるという．

ある理論が完全であることを示すためには量化子除去が有効であった．モデル完全であることについては，次の補題が成り立つ．

84   第3章 述語論理

[補題 3.5.21]　T で量化子除去が成り立つならば T はモデル完全である[15]。

(証明)　T で量化子除去が成り立つとする。$\mathfrak{M} \models T$ かつ $\mathfrak{N} \models T$ とし、$\mathfrak{M} \subseteq \mathfrak{N}$ とする。$\varphi(x_1, \ldots, x_n)$ を $\mathcal{L}$ の論理式とし、$a_1, \ldots, a_n \in |\mathfrak{M}|$ とする。T で量化子除去が成り立つので、開論理式 $\psi(x_1, \ldots, x_n)$ が存在して $T \vdash \forall x_1 \cdots \forall x_n (\varphi(x_1, \ldots, x_n) \leftrightarrow \psi(x_1, \ldots, x_n))$ である。したがって $\mathfrak{M} \models \varphi(a_1, \ldots, a_n)$ と $\mathfrak{M} \models \psi(a_1, \ldots, a_n)$ は同値で、$\mathfrak{N} \models \varphi(a_1, \ldots, a_n)$ と $\mathfrak{N} \models \psi(a_1, \ldots, a_n)$ は同値である。また、$\psi(x_1, \ldots, x_n)$ は開論理式なので補題 3.5.19 から、$\mathfrak{M} \models \psi(a_1, \ldots, a_n)$ と $\mathfrak{N} \models \psi(a_1, \ldots, a_n)$ は同値である。以上から $\mathfrak{M} \models \varphi(a_1, \ldots, a_n)$ と $\mathfrak{N} \models \varphi(a_1, \ldots, a_n)$ は同値である。ゆえに $\mathfrak{M} \preceq \mathfrak{N}$ となり、T はモデル完全である。　□

次の例も量化子除去によって示される。

〈例 3.5.22〉　以下の理論 (1) から (3) はモデル完全である。

(1) 端点のない稠密な線形順序の理論 DLO.
(2) 代数的閉体の理論 ACF.
(3) 順序実閉体の理論 RCOF.

次の補題は容易に示せる。

[補題 3.5.23]　$\mathfrak{M}, \mathfrak{N}$ を $\mathcal{L}$ の構造とする。$\mathfrak{M} \preceq \mathfrak{N}$ ならば $\mathfrak{M} \equiv \mathfrak{N}$ である。

(証明)　$\mathfrak{M} \preceq \mathfrak{N}$ であるとする。このとき $\mathrm{Th}(\mathfrak{M}_{|\mathfrak{M}|}) = \mathrm{Th}(\mathfrak{N}_{|\mathfrak{M}|})$ であり、$\mathrm{Th}(\mathfrak{M}) = \mathrm{Th}(\mathfrak{M}_{|\mathfrak{M}|}) \cap \mathrm{Snt}_{\mathcal{L}}$ かつ $\mathrm{Th}(\mathfrak{N}) = \mathrm{Th}(\mathfrak{N}_{|\mathfrak{M}|}) \cap \mathrm{Snt}_{\mathcal{L}}$ なので、$\mathrm{Th}(\mathfrak{M}) = \mathrm{Th}(\mathfrak{N})$ である。ゆえに $\mathfrak{M} \equiv \mathfrak{N}$ が成り立つ。　□

もちろん、$\mathfrak{M} \equiv \mathfrak{N}$ であっても $\mathfrak{M} \subseteq \mathfrak{N}$ であるとは限らないので、$\mathfrak{M} \preceq \mathfrak{N}$ であるとは限らない。しかし、次の例で見るように、$\mathfrak{M} \subseteq \mathfrak{N}$ かつ $\mathfrak{M} \equiv \mathfrak{N}$ であっても $\mathfrak{M} \preceq \mathfrak{N}$ が成り立つとは限らないし、$\mathfrak{M} \subseteq \mathfrak{N}$ かつ $\mathfrak{M} \cong \mathfrak{N}$ で

---

[15] $\mathcal{L}$ のすべての論理式 φ に対して、開論理式の前に $\exists$ が幾つか付いた $\mathcal{L}$ の論理式 ψ が存在して φ と ψ の同値性が T 上で証明できることが、T がモデル完全であることと同値である。このことを事実として認めるならば、この補題は自明である。詳しくは Hodges [162] pp. 195–196, Chang and Keisler [133] pp. 187–188 を参照のこと。

あっても $\mathfrak{M} \preceq \mathfrak{N}$ であるとは限らない.

〈例 3.5.24〉 順序の言語 $\mathcal{L}_O$ の構造 $\mathfrak{M}, \mathfrak{N}$ を $\mathfrak{M} = (\mathbb{N} \setminus \{0\}, \leq), \mathfrak{N} = (\mathbb{N}, \leq)$ によって定める. 明らかに $\mathbb{N} \setminus \{0\} \subseteq \mathbb{N}$ である. このとき, 以下の (1) から (3) が成り立つ.

(1) $\mathbb{N} \setminus \{0\}$ 上の順序と $\mathbb{N}$ 上の順序は $\mathbb{N} \setminus \{0\}$ 上では一致するので $\mathfrak{M} \subseteq \mathfrak{N}$ である.
(2) $\mathfrak{M}$ から $\mathfrak{N}$ への同型写像が存在するので $\mathfrak{M} \cong \mathfrak{N}$ が成り立つ. したがって $\mathfrak{M} \equiv \mathfrak{N}$ である.
(3) $\varphi(x)$ を $\forall y (x \leq y)$ とする. 1 は $\mathbb{N} \setminus \{0\}$ の最小元なので $\mathfrak{M} \models \varphi(1)$ である. しかし 1 は $\mathbb{N}$ の最小元ではないので $\mathfrak{N} \not\models \varphi(1)$ である. したがって $\mathfrak{M} \preceq \mathfrak{N}$ ではない.

なお, 完全であってもモデル完全になるとは限らず, モデル完全であっても完全になるとは限らない.

〈例 3.5.25〉 DLO や, n を 0 または素数とするときの ACF_n は完全であり, モデル完全でもある. ACF はモデル完全であるが完全ではない. 例 3.5.24 の $\mathfrak{M}$ および $\mathfrak{N}$ を考える. $\mathfrak{M} \equiv \mathfrak{N}$ なので $\mathfrak{M} \models \mathrm{Th}(\mathfrak{N})$ である. したがって $\mathfrak{M}$ および $\mathfrak{N}$ は $\mathrm{Th}(\mathfrak{N})$ のモデルであるが, $\mathfrak{M} \subseteq \mathfrak{N}$ だが $\mathfrak{M} \preceq \mathfrak{N}$ ではないので, $\mathrm{Th}(\mathfrak{N})$ は完全であるがモデル完全ではない.

【注意 3.5.26】 ACF がモデル完全であることから Hilbert の零点定理が導かれる[16]. この零点定理は代数幾何学の基本的な定理の一つであるが, 代数的閉体ではない $\mathbb{R}$ の上では零点定理が成立しない. しかし, ACF と同様に RCOF がモデル完全であることから Hilbert の零点定理の順序実閉体版である実零点定理 (Real Nullstellensatz) が証明できる[17]. この実零点定理は実代数幾何学の基本定理の一つである[18].

---

[16] 例えば新井敏康 [8] p. 241, 田中一之 [61] pp. 206–207 を参照のこと.
[17] 例えば新井敏康 [8] pp. 241–242 を参照のこと.
[18] 実代数幾何学に関しては, 例えば Bochnak, Coste and Roy [126] を参照のこと.

3.6 述語論理の完全性定理

数学的構造の上で定められる真偽に基づく帰結性と，条件を満たす論理式の有限列の存在に基づく証明可能性が同値であること，すなわち，$\mathfrak{S}_1$ の $\models$ と $\vdash$ が同値であることを主張するのが $\mathfrak{S}_1$ の完全性定理である．$\mathfrak{S}_1$ の完全性定理によって $\mathfrak{S}_1$ の論理的公理と推論規則の選び方の妥当性が保証される．命題論理と同様に述語論理でも帰結性は意味論に関わる問題であり，証明可能性は構文論に関わる問題なので，完全性定理は述語論理の意味論と構文論をつなぐ定理であると考えられている．以下，$\mathcal{L}$ を言語とし，T を $\mathcal{L}$ の理論とする．

[定理 3.6.1] $\mathfrak{S}_1$ の完全性定理 (Completeness Theorem)　φ を $\mathcal{L}$ の文とする．このとき，以下の (1) と (2) は同値である．

(1) $T \models \varphi$ である．
(2) $T \vdash \varphi$ である．

命題論理の場合と同様に，完全性定理の (1) $\Rightarrow$ (2) が成り立つことを $\mathfrak{S}_1$ の完全性 (completeness)，(2) $\Rightarrow$ (1) が成り立つことを $\mathfrak{S}_1$ の健全性 (soundness) という．$\mathfrak{S}_1$ の健全性は系 3.4.5 そのものである．$\mathfrak{S}_1$ の完全性を証明することがこの節の目標である．この $\mathfrak{S}_1$ の完全性は次の定理を通して証明される．

[定理 3.6.2] $\mathfrak{S}_1$ の一般化された完全性定理 (Generalized Completeness Theorem)　以下の (1) と (2) は同値である．

(1) T は無矛盾である．
(2) T はモデルを持つ．

命題論理の場合とまったく同様に，$\mathfrak{S}_1$ の一般化された完全性定理は $\mathfrak{S}_1$ の完全性定理と同値であり，定理 3.6.2 の (1) $\Rightarrow$ (2) が証明できれば $\mathfrak{S}_1$ の完全性定理の証明が完了する．そこで以下では，T は無矛盾であると仮定して T のモデルを構成する．

【注意 3.6.3】　以下で紹介する $\mathfrak{S}_1$ の完全性定理の証明でも集合論的な超越

3.6 述語論理の完全性定理　87

的手法が用いられるが，$\mathfrak{S}_0$ の完全性定理の証明の場合と同様に，$\mathcal{L}$ の要素が数え上げられている場合には $\mathfrak{S}_1$ の完全性定理の証明には超越的手法は必要ない．そして，算術の言語 $\mathcal{L}_A = \{+, \cdot, 0, 1, \leq\}$ や集合論の言語 $\mathcal{L}_S = \{\in\}$ など，定義 3.2.2 で紹介した言語はすべて有限個の非論理的記号しか持たないので，言語の要素を数え上げることが可能である．

さて，$\mathfrak{M}$ が T のモデルのとき，$\mathfrak{M}$ から $\mathfrak{M}$ の初等的図式 $\mathrm{Th}(\mathfrak{M}_{|\mathfrak{M}|})$ を構成することができた．完全性定理の証明では，まず T のモデルの初等的図式に対応する理論が構成されて，その理論をもとに T のモデルの存在が示される．すなわち，以下の流れで T のモデル $\mathfrak{M}$ の存在が証明される．

(1) $\mathcal{C}_{|\mathfrak{M}|}$ に相当する新しい定数記号の集合 $\mathcal{C}$ を構成する．
(2) $\mathrm{Th}(\mathfrak{M}_{|\mathfrak{M}|})$ に相当する $\mathcal{L} \cup \mathcal{C}$ の理論 U を構成する．
(3) $\mathfrak{M}_{|\mathfrak{M}|}$ に相当する U のモデル $\mathfrak{M}'$ を構成する．
(4) $\mathfrak{M}'$ から $\mathcal{C}$ の解釈を削ぎ落として T のモデル $\mathfrak{M}$ を構成する．

まず，新しい定数記号の集合 $\mathcal{C}$ を構成する．$\mathcal{C}$ と U が満たさなければならない条件は以下の三つである．

(1) $T \subseteq U$ である．
(2) U は極大無矛盾である．
(3) $\varphi(x)$ を x のみを自由変数として持つ $\mathcal{L} \cup \mathcal{C}$ の論理式とする．$\exists x \varphi(x) \in U$ ならば，$\varphi(c) \in U$ となる $c \in \mathcal{C}$ が存在する．

最初の二つの条件を満たす U の存在は命題論理の場合と同様に Zorn の補題を用いて証明される．$\mathcal{C}$ は三番目の条件に関係するが，三番目の条件を満たすように $\mathcal{C}$ を構成することの難しさは，構造 $\mathfrak{M}$ を持たないのに，$\mathfrak{M}$ の台集合に対応する定数記号の集合を用意しなければならないことにある．そこで，x のみを自由変数に持つすべての論理式 $\varphi(x)$ に対して新しい定数記号 c_φ を用意する．この c_φ は，$\exists x \varphi(x) \in U$ ならば $\varphi(c_\varphi) \in U$ が成り立つことが期待される定数記号である．

【注意 3.6.4】　我々は c_φ の指示対象が何なのかを知らないし，その指示対象が何であるのかを問う必要もない．明らかなのは c_φ が論理式 $\varphi(x)$ に対

応する新しい定数記号だということだけであり，それだけで十分である[19]．なお，本当は $\exists x \varphi(x) \in U$ が成り立つ $\varphi(x)$ に対してのみ c_φ を用意すれば十分であるが，$\exists x \varphi(x) \in U$ が成り立つかどうか分からないので，すべての $\varphi(x)$ に対して新しい定数記号 c_φ を用意している．

さて，言語 $\mathcal{L}$ に新たな定数記号を付け加えると，その新しい定数記号を用いて書かれる新たな論理式が生まれる．この新しい論理式に対しても定数記号を用意しなければならないので，「定数記号を付け加える」という操作は可算無限回繰り返さなければならない[20]．そこで，$\mathcal{C}$ を以下のように定義する．なお，以下の議論では変数記号 v_0 を固定する．

〔定義 3.6.5〕 (1) $\mathcal{L}_0 = \mathcal{L}$ とする．
(2) $i \in \mathbb{N}$ とし，$\mathcal{L}_i$ が定まっているとする．v_0 のみを自由変数に持つ $\mathcal{L}_i$ の論理式全体からなる集合を F_i とする．F_i に対応する新しい定数記号の集合 $\mathcal{C}_i = \{c_\varphi : \varphi \in F_i\}$ を用意し，$\mathcal{L}_{i+1} = \mathcal{L}_i \cup \mathcal{C}_i$ とする．
(3) $\mathcal{C} = \bigcup_{i \in \mathbb{N}} \mathcal{C}_i$ とする．$\mathcal{C}$ の要素を $\mathcal{L}$ の Henkin 定数 (Henkin constant) 記号と呼ぶ．

【注意 3.6.6】 x を自由変数に持つ論理式 $\varphi(x)$ に対して定数記号 c_φ を用意したかったのだが，x が特定されていないと，$\varphi(v_0), \varphi(v_1), \ldots$ のそれぞれに定数記号を用意するのか，特定の $\varphi(v_0)$ についてのみ定数記号を用意するのかが区別できない．どちらを選んでも話は通るが，どちらであるかを明確にするために変数記号 v_0 を固定している．なお，$\mathcal{L}$ が有限もしくは可算無限集合であれば $\mathcal{C}$ は可算無限集合であり，$\mathcal{L}$ が非可算無限集合であれば $\mathcal{C}$ は $\mathcal{L}$ と濃度が等しい非可算無限集合である．また，φ が v_0 のみを自由変数に持つ $\mathcal{L} \cup \mathcal{C}$ の論理式ならば，φ が $\mathcal{L}_i$ の論理式となるような $i \in \mathbb{N}$ が存在するので，$c_\varphi \in \mathcal{C}$ である．

次に，理論 U を構成する．命題論理の場合と同様に Zorn の補題を用い

---

[19] 代数的閉包の存在の証明で同じ考え方が用いられている．体 K の代数的閉包を作るときには，すべての多項式 $f(x)$ に対して $f(c_f) = 0$ となるべき新しい定数記号 c_f を用意し，K に c_f を付け加えていく．
[20] このことは，解決方法も含めて，代数的閉包の存在の証明でも同様である．

て T を含む極大無矛盾な理論 U をとると，$T \subseteq U$ であること，および U は極大無矛盾であることという U が満たすべき二つの条件は成り立つ．U が満たすべき三番目の条件「$\exists x \varphi(x) \in U$ ならば $\varphi(c_\varphi) \in U$ である」を成り立たせるために，極大無矛盾な理論をとる前に，Henkin 公理と呼ばれる $\mathcal{L} \cup \mathcal{C}$ の文を新しい公理として T に付け加える．

〔定義 3.6.7〕 (1) φ を v_0 のみを自由変数に持つ $\mathcal{L} \cup \mathcal{C}$ の論理式とする．$\mathcal{L} \cup \mathcal{C}$ の文 φ_H を $\exists v_0 \varphi(v_0) \to \varphi(c_\varphi)$ と定め，φ に対する Henkin 公理 (Henkin axiom) と呼ぶ．
(2) 集合 $\{\varphi_H : \varphi$ は v_0 のみを自由変数に持つ $\mathcal{L} \cup \mathcal{C}$ の論理式$\}$ を H とする．
(3) $\mathcal{L} \cup \mathcal{C}$ の理論 $T \cup H$ を T の Henkin 拡大 (Henkin extension) と呼ぶ．

【注意 3.6.8】 新しい公理の集合 H を $\exists v_0 \varphi(v_0) \to \varphi(c_\varphi)$ の形の文の集合としてではなく，$\varphi(c_\varphi)$ の形の文の集合として定義する方法も考えられる．ただし，そのように H を定義する場合には，例えば $U \vdash \neg \exists v_0 \varphi(v_0)$ となる場合には $\varphi(c_\varphi)$ を H の要素としてはならないので，v_0 のみを自由変数に持つすべての論理式 $\varphi(v_0)$ について $\varphi(c_\varphi)$ を H の要素としてはならない[21]．しかし，どのような $\varphi(v_0)$ に対して $\varphi(c_\varphi)$ を H の要素とすべきなのかは判断が難しい．Henkin 公理を用いる方法では，この難しさが回避される．

T の Henkin 拡大 $T \cup H$ を拡張して得られる理論は三番目の条件を満たすことを保証するのが次の補題である．

[補題 3.6.9] U を $T \cup H \subseteq U$ を満たす $\mathcal{L} \cup \mathcal{C}$ の理論とし，$\varphi(v_0)$ を v_0 のみを自由変数に持つ $\mathcal{L} \cup \mathcal{C}$ の論理式とする．このとき，$U \vdash \exists v_0 \varphi(v_0)$ であることと $U \vdash \varphi(c_\varphi)$ であることは同値である．

（証明） まず，$T \cup H \vdash \exists v_0 \varphi(v_0) \to \varphi(c_\varphi)$ かつ $T \cup H \subseteq U$ なので，$U \vdash \exists v_0 \varphi(v_0)$ ならば $U \vdash \varphi(c_\varphi)$ である．また，補題 3.4.7 (1) により，$U \vdash \varphi(c_\varphi)$ ならば $U \vdash \exists v_0 \varphi(v_0)$ である． □

次の補題は Henkin 公理を一つ付け加えて得られる理論はもとの理論の保

---

[21] 代数的閉包の存在の証明の場合にはすべての多項式が解を持たねばならず，この問題は生じない．

存的拡大になることを，つまり Henkin 公理を一つ付け加えることは無害で
あることを主張するものである．

[補題 3.6.10] φ, ψ を $\mathcal{L}$ の論理式とし，φ は v_0 のみを自由変数に持つと
する．このとき，$T \cup \{\exists v_0 \varphi(v_0) \to \varphi(c_\varphi)\} \vdash \psi$ ならば $T \vdash \psi$ である．

(証明) $T \cup \{\exists v_0 \varphi(v_0) \to \varphi(c_\varphi)\} \vdash \psi$ であると仮定する．$T \vdash \psi$ を示し
たい．

演繹定理により $T \vdash (\exists v_0 \varphi(v_0) \to \varphi(c_\varphi)) \to \psi$ である．x を T から
$(\exists v_0 \varphi(v_0) \to \varphi(c_\varphi)) \to \psi$ を導く証明に含まれない新しい変数記号とする．
c_φ は $\mathcal{L}$ に含まれない新しい定数記号なので，この証明に現れる c_φ をすべ
て x に置き換えても証明になる．したがって，$T \vdash (\exists v_0 \varphi(v_0) \to \varphi(x)) \to \psi$
である．

推論規則 [G] を用いて，$T \vdash \forall x ((\exists v_0 \varphi(v_0) \to \varphi(x)) \to \psi)$ が得られる．
補題 3.4.7 (2) により $T \vdash \exists x (\exists v_0 \varphi(v_0) \to \varphi(x)) \to \psi$ であり，さらに補題
3.4.8 (2) により $T \vdash (\exists v_0 \varphi(v_0) \to \exists x \varphi(x)) \to \exists x (\exists v_0 \varphi(v_0) \to \varphi(x))$ なの
で，$T \vdash (\exists v_0 \varphi(v_0) \to \exists x \varphi(x)) \to \psi$ が成り立つ．$T \vdash \exists v_0 \varphi(v_0) \to \exists x \varphi(x)$
なので $T \vdash \psi$ である． □

なお，この補題は他の言語，他の理論にも一般化できて，ある理論に一つ
の Henkin 公理を付け加えて得られる理論は常にもとの理論の保存的拡大に
なる．また，この補題から次の補題 3.6.11 が導かれる．この補題 3.6.11 に
よって T に H を付け加えても問題が生じないことが保証される．

[補題 3.6.11] $T \cup H$ は T の保存的拡大である．

(証明) ψ を $\mathcal{L}$ の論理式とし，$T \cup H \vdash \psi$ と仮定する．$T \vdash \psi$ を示した
い．$T \cup H$ から ψ に至る証明に現れる H の要素全体の集合を G とすると，
G は H の有限部分集合で $T \cup G \vdash \psi$ である．$G = \{\exists v_0 \varphi_i(v_0) \to \varphi_i(c_{\varphi_i}) :$
$1 \leq i \leq k\}$ とする．$1 \leq i \leq k$ となる各 i に対して，$c_{\varphi_i} \in \mathcal{C}_{n_i}$ となる自然
数 n_i が存在する．

$n_1, \ldots, n_k$ の中で n_i が最大となるような i を一つ選ぶ．この i につい
て $\mathcal{L}_{n_i}$ を定義 3.6.5 で定めた言語とし，補題 3.6.10 で $\mathcal{L} = \mathcal{L}_{n_i}$, $\varphi = \varphi_i$,

$T = T \cup (G \setminus \{\exists v_0 \varphi_i(v_0) \to \varphi_i(c_\varphi)\})$ の場合を考えると，補題 3.6.10 から $T \cup (G \setminus \{\exists v_0 \varphi_i(v_0) \to \varphi_i(c_\varphi)\}) \vdash \psi$ となる．この操作を k 回繰り返すことで $T \vdash \psi$ が示される． □

[系 3.6.12]　$T \cup H$ は無矛盾である．

(証明)　T は無矛盾であるという仮定と，補題 3.4.19 および補題 3.6.11 から明らかである． □

次の補題は命題論理の場合とまったく同様に Zorn の補題を用いて証明できる．

[補題 3.6.13]　$T \cup H \subseteq U$ である極大無矛盾な $\mathcal{L} \cup \mathcal{C}$ の理論 U が存在する．

この補題によって存在が保証された $T \cup H \subseteq U$ である極大無矛盾な U を一つ固定する．この U が T のモデル $\mathfrak{M}$ の初等的図式 $\mathrm{Th}(\mathfrak{M}_{|\mathfrak{M}|})$ に相当する理論である．U が期待される性質を持つことは次の補題で示される．

[補題 3.6.14]　以下の (1) から (3) が成り立つ．

(1) $T \subseteq U$ である．
(2) U は極大無矛盾である．
(3) $\varphi(x)$ を x のみを自由変数として持つ $\mathcal{L} \cup \mathcal{C}$ の論理式とする．$\exists x \varphi(x) \in U$ ならば，$\varphi(c) \in U$ となる $c \in \mathcal{C}$ が存在する．

(証明)　(1) と (2) は明らかである．(3) は c として c_φ を選べば，補題 3.6.9 から明らかである． □

最後に，T のモデル $\mathfrak{M}$ を構成したい．定義 3.5.12 で $\mathfrak{M}$ の初等的図式を定めたときには，まず $\mathfrak{M}$ の台集合 $|\mathfrak{M}|$ の要素を表す新しい定数記号の集合 $\mathcal{C}_{|\mathfrak{M}|} = \{c_a : a \in |\mathfrak{M}|\}$ を用意し，$\mathfrak{M}$ に $\mathcal{C}_{|\mathfrak{M}|}$ の定数記号の解釈を付け加えて $\mathfrak{M}$ を $\mathcal{L} \cup \mathcal{C}_{|\mathfrak{M}|}$ の構造 $\mathfrak{M}_{|\mathfrak{M}|}$ に拡張した．まず，$\mathfrak{M}_{|\mathfrak{M}|}$ に対応する U のモデル $\mathfrak{M}'$ を構成する．

初等的図式を定めた際の新しい定数記号の集合 $\mathcal{C}_{|\mathfrak{M}|}$ は $\mathfrak{M}$ の台集合 $|\mathfrak{M}|$ と一対一に対応していた．$\mathcal{C}_{|\mathfrak{M}|}$ に対応する新しい定数記号の集合が $\mathcal{C}$ であ

92   第3章 述語論理

る．そこで $\mathcal{C}$ を用いて $\mathfrak{M}'$ の台集合 $|\mathfrak{M}'|$ を定めたいが，等号記号が本当の等号として解釈されなければならないので $|\mathfrak{M}'| = \mathcal{C}$ としてはならない．そこで $|\mathfrak{M}'|$ を次のように定義する[22]．

〔定義 3.6.15〕 (1) $\mathcal{C}$ 上の同値関係 $\sim$ を，$c_1, c_2 \in \mathcal{C}$ とするとき，$c_1 \sim c_2$ であるのは論理式 $c_1 = c_2$ が U の要素であるときと定める．
(2) 集合 $\mathcal{C}/\sim$ を $|\mathfrak{M}'|$ とする．$c \in \mathcal{C}$ の $\sim$ に関する同値類を $[c]$ と書く．

【注意 3.6.16】 上のように定められた 2 項関係 $\sim$ が同値関係になることは，U が極大無矛盾であるために $\mathfrak{S}_1$ の定理はすべて U の要素であることと，補題 3.4.17 から証明できる．

これで $\mathfrak{M}'$ の台集合 $|\mathfrak{M}'|$ が定まった．次に，$|\mathfrak{M}'|$ の上に $\mathcal{L} \cup \mathcal{C}$ の記号の解釈を定める．

〔定義 3.6.17〕 (1) $c \in \mathcal{L} \cup \mathcal{C}$ を定数記号とする．$\varphi(v_0)$ を論理式 $v_0 = c$ とし，c の解釈 $c^{\mathfrak{M}'}$ を
$$c^{\mathfrak{M}'} = [c_\varphi]$$
によって定める．
(2) $f \in \mathcal{L}$ を項数が n の関数記号，$c_1, \ldots, c_n \in \mathcal{C}$ とする．$\varphi(v_0)$ を論理式 $v_0 = f(c_1, \ldots, c_n)$ とし，f の解釈 $f^{\mathfrak{M}'}$ を
$$f^{\mathfrak{M}'}([c_1], \ldots, [c_n]) = [c_\varphi]$$
によって定める．
(3) $R \in \mathcal{L}$ を項数が n の関係記号とする．R の解釈 $R^{\mathfrak{M}'}$ を
$$R^{\mathfrak{M}'} = \{([c_1], \ldots, [c_n]) : c_1, \ldots, c_n \in \mathcal{C}, R(c_1, \ldots, c_n) \in U\}$$
によって定める．

【注意 3.6.18】 $\varphi(v_0)$ を論理式 $v_0 = c$ とするとき，$\exists v_0 \varphi(v_0) \in U$ なので $\varphi(c_\varphi) \in U$ であり，論理式 $c_\varphi = c$ は U の要素である．このことが $c^{\mathfrak{M}'}$ の

---
[22] 代数的閉包の存在の証明でも同様の過程が必要である．

定義の根拠になっている．同様に $\varphi(v_0)$ を論理式 $v_0 = f(c_1, \ldots, c_n)$ とするとき，$\exists v_0 \varphi(v_0) \in U$ なので $\varphi(c_\varphi) \in U$ であり，論理式 $c_\varphi = f(c_1, \ldots, c_n)$ は U の要素である．また，$f^{\mathfrak{M}'}$ の定義，$R^{\mathfrak{M}'}$ の定義が代表元の選び方によらないことは等号に関する公理を用いて簡単に確認できる．

以上によって $\mathcal{L} \cup \mathcal{C}$ の構造 $\mathfrak{M}'$ が定義された．

[補題 3.6.19] φ を $\mathcal{L} \cup \mathcal{C}$ の文とする．このとき，$\varphi \in U$ であることと $\mathfrak{M}' \models \varphi$ であることは同値である．

(証明) 論理式の複雑さに関する帰納法で証明する．

φ が自由変数を持たない $\mathcal{L} \cup \mathcal{C}$ の原子的論理式とする．$\varphi \in U$ と $\mathfrak{M}' \models \varphi$ が同値であることは $\mathfrak{M}'$ の定義から明らかである．

φ を自由変数を持たない $\mathcal{L} \cup \mathcal{C}$ の論理式とし，$\varphi \in U$ と $\mathfrak{M}' \models \varphi$ が同値であると仮定する．U は極大無矛盾なので $\neg \varphi \in U$ と $\varphi \notin U$ が同値であり，帰納法の仮定から $\varphi \notin U$ と $\mathfrak{M}' \not\models \varphi$ は同値である．ゆえに $\neg \varphi \in U$ と $\mathfrak{M}' \models \neg \varphi$ が同値である．$\varphi \to \psi$ の形の論理式についても同様に同値性が証明できる．

$\varphi(x)$ を x のみを自由変数に持つ $\mathcal{L} \cup \mathcal{C}$ の論理式とし，$\mathcal{L} \cup \mathcal{C}$ のすべての定数記号 c について，$\varphi(c) \in U$ であることと $\mathfrak{M}' \models \varphi(c)$ であることは同値であると仮定する．

まず，$\forall x \varphi(x) \in U$ とする．$[c] \in |\mathfrak{M}'|$ ならば $\mathfrak{M}' \models \varphi([c])$ となることを示せば，$\mathfrak{M}' \models \forall x \varphi(x)$ が示せたことになる．$[c] \in |\mathfrak{M}'|$ とする．このとき，$c \in \mathcal{C}$ である．$\forall x \varphi(x) \in U$ より $\varphi(c) \in U$ であり，帰納法の仮定より $\mathfrak{M}' \models \varphi(c)$ である．したがって，$\mathfrak{M}'$ の定義から $\mathfrak{M}' \models \varphi([c])$ が成り立つ．以上から $\mathfrak{M}' \models \forall x \varphi(x)$ である．

次に，$\forall x \varphi(x) \notin U$ とする．このとき $\exists x \neg \varphi(x) \in U$ なので $\exists v_0 \neg \varphi(v_0) \in U$ である．ψ を $\neg \varphi(v_0)$ とする．$\exists v_0 \neg \varphi(v_0) \to \neg \varphi(c_\psi) \in U$ なので $\neg \varphi(c_\psi) \in U$ である．よって $\varphi(c_\psi) \notin U$ となるので，帰納法の仮定により $\mathfrak{M}' \not\models \varphi(c_\psi)$ である．ゆえに $\mathfrak{M}' \models \neg \varphi(c_\psi)$ となり，$\mathfrak{M}' \not\models \forall x \varphi(x)$ が成り立つ． □

[系 3.6.20] $\mathfrak{M}' \models T$ である．

(証明) 補題 3.6.19 により $\mathfrak{M}' \models U$ であり，$T \subseteq U$ なので $\mathfrak{M}' \models T$ である． □

$\mathfrak{M}'$ は $\mathcal{L} \cup \mathcal{C}$ の構造であり，$\mathcal{L} \subseteq \mathcal{L} \cup \mathcal{C}$ である．そこで，$\mathfrak{M}'$ を $\mathcal{L}$ に制限して得られる $\mathcal{L}$ の構造，すなわち $\mathfrak{M}'$ の台集合と $\mathcal{L}$ の記号の解釈は変えずに，$\mathcal{C}$ に含まれる定数記号の解釈のみを $\mathfrak{M}'$ から省くことでえられる $\mathcal{L}$ の構造を $\mathfrak{M}$ とする．このとき，φ が $\mathcal{L}$ の文ならば $\mathfrak{M}' \models \varphi$ と $\mathfrak{M} \models \varphi$ は同値であり，T は $\mathcal{L}$ の理論なので，$\mathfrak{M} \models T$ となる．

以上によって T はモデル $\mathfrak{M}$ を持つことが示せたので，述語論理の一般化された完全性定理の証明が終わった．

【注意 3.6.21】 完全性定理の証明で存在が示された T のモデル $\mathfrak{M}$ の台集合 $|\mathfrak{M}|$ の濃度は $\mathcal{C}$ の濃度以下である．

3.7 コンパクト性定理その他

具体的にモデルを構成することで完全性定理の応用が可能になるが，一般にモデルを構成することは容易ではない．モデルを構成するためには完全性定理の系として得られる次のコンパクト性定理が便利である．以下では $\mathcal{L}$ を言語とし，T を $\mathcal{L}$ の理論とする．

〔定理 3.7.1〕述語論理のコンパクト性定理 (Compactness Theorem)
以下の (1) と (2) は同値である．

(1) T はモデルを持つ．
(2) T のすべての有限部分集合はモデルを持つ．

証明は命題論理のコンパクト性定理と同様である．コンパクト性定理は様々な応用を持つが，ここではモデルの濃度に関する応用を二つ紹介する．

〔定義 3.7.2〕 $\mathfrak{M} \models T$ とする．$|\mathfrak{M}|$ が濃度 n の有限集合のとき $\mathfrak{M}$ は濃度 n の T の有限モデルであるといい，$|\mathfrak{M}|$ が濃度 $\mathfrak{a}$ の無限集合であるとき $\mathfrak{M}$ は濃度 $\mathfrak{a}$ の T の無限モデルであるという．

3.7 コンパクト性定理その他 95

例 3.2.8 および例 3.3.8 で紹介したように，$n \geq 1$ を自然数とすると，構造の台集合の濃度が n であることや n 以下であることは，非論理的記号を用いずに一本の論理式で記述できる．しかし，次の補題と系で見るように，構造の台集合が有限であることは，どのような非論理的記号を用いても，無限個の論理式を用いても記述することはできない．

[補題 3.7.3] すべての自然数 n に対して，T が濃度 n 以上の有限モデルを持つとする．このとき，T は無限モデルを持つ．

（証明） $\{c_n : n \in \mathbb{N}\}$ を可算無限個の新しい定数記号とし，S を新しい定数記号を用いて書かれる文の集合 $\{c_i \neq c_j : i \neq j\}$ とする．

U を $T \cup S$ の有限部分集合とする．U は有限集合なので，すべての $c_j \in U$ について $j < n$ となる自然数 n が存在する．また，仮定より T は濃度 n 以上のモデルを持つので，そのモデルを $\mathfrak{M}$ とする．定数記号 $c_0, c_1, \ldots, c_{n-1}$ の解釈を互いに異なる $|\mathfrak{M}|$ の要素とすれば，$\mathfrak{M} \models U$ であることは明らかである．ゆえに U はモデルを持つ．

$T \cup S$ のすべての有限部分集合がモデルを持つので，コンパクト性定理から $T \cup S$ もモデルを $\mathfrak{M}$ 持つ．この $\mathfrak{M}$ が T の無限モデルであることは $\mathfrak{M} \models S$ から明らかである． □

この補題から直ちに次の系が得られ，台集合の濃度が有限であることは述語論理の理論では特徴付けられないことが分かる．

[系 3.7.4] $\mathfrak{M} \models T$ であることと $|\mathfrak{M}|$ が有限集合であることが同値となるような $\mathcal{L}$ の理論 T は存在しない．

【注意 3.7.5】 μ_n を例 3.2.8 で定めた文とする．例 3.3.8 により，$\mathfrak{M} \models \mu_n$ であることと $|\mathfrak{M}|$ の濃度が n 以上であることは同値である．したがって，理論 T を文の集合 $\{\mu_n : n \in \mathbb{N}\}$ とすると，$\mathfrak{M} \models T$ であることと $|\mathfrak{M}|$ の濃度が無限であることは同値である．しかし，この理論 T を用いても，上の系の反例となる理論は構成できない．理論 T は T の要素すべてを「かつ」で繋いだ主張を表現する．T が表現する主張の否定を表現しようとすれば，集合 $\{\neg \mu_n : n \in \mathbb{N}\}$ の要素すべてを「または」で繋いだ主張を表現する必要が

ある．しかし，そのような主張は，述語論理の文や理論では表現できない．

次の定理は，$\mathfrak{a}$ を無限濃度とするときには，台集合の濃度が $\mathfrak{a}$ と等しいこともまた，述語論理の理論では特徴付けられないことを主張するものである．

[定理 3.7.6] **Löwenheim-Skolem の定理 (Löwenheim-Skolem's Theorem)** $\mathcal{L}$ の濃度と可算無限の大きいほうを $\mathfrak{a}$ とし，$\mathfrak{b}$ を $\mathfrak{a} \leq \mathfrak{b}$ を満たす濃度とする．T が無限モデルを持つならば，T は濃度 $\mathfrak{b}$ の無限モデルを持つ．

（証明） C を濃度が $\mathfrak{b}$ の新しい定数記号の集合とし，集合 $\{c \neq d : c, d\text{ は異なる } C \text{ の要素}\}$ を S とする．T は無限モデルを持つので，$T \cup S$ のすべての有限部分集合はモデルを持つ．したがってコンパクト性定理により $T \cup S$ はモデルを持ち，完全性定理より $T \cup S$ は無矛盾である．完全性定理の証明で与えられる $T \cup S$ のモデルを $\mathfrak{M}$ とすると，注意 3.6.21 および $\mathfrak{M} \models S$ から $|\mathfrak{M}|$ の濃度は $\mathfrak{b}$ である． □

4

算術と集合論

　述語論理において理論は非論理的公理の集合として定義されたが，理論は性格がまったく異なる二つの範疇に分類できる．一つは様々な数学的対象の集まりに共通する性質を抽象化して得られるものである．群，環などの代数的な公理系はこの種の理論である．もう一つは特定の数学的構造や対象を公理的に特徴付けようとするものである．この種の理論として代表的なものが自然数全体の構造を特徴付けようとする Peano 算術や，集合全体の構造を特徴付けようとする Zermelo-Fraenkel 集合論である．数学全体を形式化するための枠組みとして提案された Russell と Whitehead による「Principia Mathematica の体系」は後者に分類される理論である．

　Gödel が証明したのはこの Principia Mathematica の体系についての不完全性定理である．しかし，現在では Principia Mathematica の体系はあまり興味を持たれておらず，不完全性定理は Peano 算術に代表される自然数に関する理論や Zermelo-Fraenkel 集合論に代表される集合論などに関する定理として紹介されることが多い．いずれにせよ，不完全性定理は基本的に自然数の概念に関わる定理である．この章では，数学的帰納法による自然数の集合の特徴付けと，Peano 算術ならびに Zermelo-Fraenkel 集合論，そし

て，集合論の上での自然数論の展開を紹介する．

なお，本章の 4.1 節から 4.3 節では通常の数学と同じ立場で議論を進めて，N という記号で通常の数学で扱われる自然数の集合を表すことにする．ただし，集合を用いた自然数の表現を紹介する 4.4 節から 4.6 節では，通常の数学で扱われる自然数全体の集合 N と，集合概念を用いて形式的に定義された自然数全体の集合 ω を区別する．特に 4.5 節では，我々が自然に身に付けて日常的に用いている素朴な意味での自然数全体の集合 $\mathcal{N}$ を導入する．この 4.5 節ではさらに，通常の数学が展開されている「数の世界」U と，空集合 $\emptyset$ や空集合の集合 $\{\emptyset\}$ のように，数や図形などの通常の数学的対象とは関係のない純粋な「集合の世界」V を導入して，$\mathcal{N}, \mathrm{N}, \omega$ の関係，U と V の関係について議論する．

なお，$\mathrm{N}, \omega, \mathrm{V}$ は数学ないし数学基礎論において標準的に用いられる記号であるが，$\mathcal{N}$ および U は本書で導入した記号である．この $\mathcal{N}$ や U はあまりに曖昧で，哲学的には興味深い対象ではあるが，数学的に議論するためには問題が多過ぎる．しかし，Zermelo-Fraenkel 集合論を数学の基礎と考えることの背景や目的を明確にするためには，$\mathcal{N}$ や U に触れる必要があると考えた．実際，有限の立場や Hilbert のプログラムを理解するためには $\mathcal{N}$ について論じることが不可欠である．$\mathcal{N}$ については 8.2 節でも詳しく議論する．ただし，Zermelo-Fraenkel 集合論の上での自然数論の展開や不完全性定理の証明は完全に数学的に話を進めることが可能であり，4.5 節および 8.2 節以外では $\mathcal{N}$ や U についての曖昧で不明瞭な議論は不要である．

4.1 自然数の集合の特徴付け

現在の自然数論の形式的な展開は 19 世紀末の Dedekind や Peano による「自然数とは何であるか」という議論に強く負っている．そして，Dedekind や Peano による議論から得られた重要な結果の一つは，自然数全体の集合 N が，現在では Dedekind-Peano の公理として知られている以下の五つの公理によって完全に特徴付けられることが明らかになったことである[1]．

---

[1] デデキント [72] を参照のこと．また，Dedekind や Peano による自然数の特徴付けに

(1) $0 \in \mathbb{N}$ である.
(2) $x \in \mathbb{N}$ ならば $s(x) \in \mathbb{N}$ である.
(3) $s(x) = 0$ となる $x \in \mathbb{N}$ は存在しない.
(4) $s(x) = s(y)$ ならば $x = y$ である.
(5) 数学的帰納法[2]：$X \subseteq \mathbb{N}$ とする．$0 \in X$ であり，$x \in X$ ならば $s(x) \in X$ とする．このとき，$X = \mathbb{N}$ である.

ただし，s は「次の数」を意味する $\mathbb{N}$ から $\mathbb{N}$ への関数，すなわち $s(x) = x+1$ である．この s は後者関数 (successor function) と呼ばれている．Dedekind-Peano の公理の二番目の条件は s は $\mathbb{N}$ から $\mathbb{N}$ への関数であることを，三番目の条件は 0 は s の像に入らないことを，そして四番目の条件は s は単射であることを意味している.

自然数全体の集合 $\mathbb{N}$ が Dedekind-Peano の公理で完全に特徴付けられるということは，集合 A，A から A への関数 t，A の要素 a が Dedekind-Peano の公理に現れる $\mathbb{N}, s, 0$ を A, t, a に書き換えた条件を満たすならば，A と $\mathbb{N}$ の間に本質的な違いはない，ということである．このことを正確に議論するために，次の定義のように，Dedekind-Peano の公理を満たす数学的な構造を単無限構造と呼ぶことにする．

〔定義 4.1.1〕 A を集合とし，$t : A \to A, a \in A$ とする．以下の三つの条件が成り立つとき，$(A; t, a)$ を単無限構造と呼ぶ[3].

(1) a は t の像に入らない.
(2) t は単射である.
(3) 数学的帰納法：$X \subseteq A$ とする．$a \in X$ であり，$x \in X$ ならば $t(x) \in X$ であるとする．このとき，$X = A$ である.

〈例 4.1.2〉 $(\mathbb{N}; s, 0)$ は単無限構造である．ただし，この事実は $\mathbb{N}$ の定義を与えなければ証明できないし，これまで $\mathbb{N}$ の定義は与えていない．したがっ

 ついては足立恒雄 [2] pp. 115–132, 足立恒雄 [3] を参照のこと.
[2] 数学的帰納法は次の主張と同値である：X を集合とする．$0 \in X$ であり，$x \in X$ ならば $s(x) \in X$ とする．このとき，$\mathbb{N} \subseteq X$ である.
[3] この用語は一般的なものではない.

て，この事実は今のところ素朴な立場で受け入れるしかない．

自然数の集合 $\mathbb{N}$ が Dedekind-Peano の公理で完全に特徴付けられるという主張を単無限構造という言葉を用いて書き直したものが次の定理である．

[定理 4.1.3] $(A; t, a)$ を単無限構造とする．このとき，次の二つの条件を満たす 全単射 $f : \mathbb{N} \to A$ が一意的に存在する．

(1) $f(0) = a$ である．
(2) $f(s(x)) = t(f(x))$，ただし $x \in \mathbb{N}$ である．

$$\begin{array}{ccc} A & \xrightarrow{t} & A \\ f\uparrow & & \uparrow f \\ \mathbb{N} & \xrightarrow{s} & \mathbb{N} \end{array}$$

この定理は次の補題を用いて証明される[4]．

[補題 4.1.4] $(A; t, a)$ を単無限構造，B を集合，$u : B \to B$，$b \in B$ とする．このとき，次の二つの条件を満たす $f : A \to B$ が一意的に存在する．

(1) $f(a) = b$ である．
(2) $f(t(x)) = u(f(x))$ である．ただし $x \in A$ である．

$$\begin{array}{ccc} B & \xrightarrow{u} & B \\ f\uparrow & & \uparrow f \\ A & \xrightarrow{t} & A \end{array}$$

（証明） $f : A \to B$ とする．f のグラフ G_f とは，A と B の直積集合 $A \times B$，すなわち集合 $\{(x, y) : x \in A, y \in B\}$ の部分集合 $\{(x, y) : f(x) = y\}$ であった．逆に $A \times B$ の部分集合 G が次の条件 [f1] を満たせば，G は A から B への関数のグラフになる．

[f1] すべての $x \in A$ に対して，$(x, y) \in G$ となる $y \in B$ が一意的に存在

---

[4] この補題はより一般的な形で証明できる．詳しくは齋藤正彦 [39] pp. 41–44，新井敏康 [8] pp. 126–128 などを参照のこと．

する.

また, $f(x) = y$ のときには, $f(t(x)) = u(f(x))$ という条件は $f(t(x)) = u(y)$ という条件と同値なので, G が f のグラフであるときには, 補題で与えられた二つの条件は次の二つの条件に書き直せる.

[f2] $(a, b) \in G$ である.
[f3] $(x, y) \in G$ ならば $(t(x), u(y)) \in G$ である.

したがって, 補題の条件を満たす関数 f が一意的に存在することを示すためには, 三つの条件 [f1] から [f3] を満たす $A \times B$ の部分集合 G が一意的に存在することを示せばよい.

条件 [f2] と [f3] を満たす $A \times B$ の部分集合 G の全体からなる集合を $\mathcal{G}$ とする. $A \times B \in \mathcal{G}$ なので $\mathcal{G} \neq \emptyset$ である. $G_0 = \bigcap \mathcal{G}$ とする. つまり,

$$G_0 = \{(x, y) \in A \times B : G \in \mathcal{G} \text{ ならば } (x, y) \in G \text{ である.}\}$$

とする. このとき G_0 は条件 [f2] と [f3] を満たすので $G_0 \in \mathcal{G}$ である. また, G_0 が $\mathcal{G}$ の中で包含関係に関して最小であること, つまり, $G \in \mathcal{G}$ ならば $G_0 \subseteq G$ であることも明らかである.

この G_0 が条件 [f1] を満たすことを示したい. そこで, A の部分集合 X を $X = \{x \in A : (x, y) \in G_0 \text{ となる } y \in B \text{ が唯一存在する.}\}$ によって定める. $X = A$ であることを A 上の数学的帰納法で示す.

(1) G_0 は条件 [f2] を満たすので $(a, b) \in G_0$ である. もしも $y \neq b$ かつ $(a, y) \in G_0$ となる $y \in B$ が存在すれば, $G_0 \setminus \{(a, y)\}$ は $\mathcal{G}$ の要素となる. これは G_0 の最小性に矛盾する. したがって $a \in X$ である.

(2) $x \in X$ とする. このとき $(x, y) \in G_0$ となる $y \in B$ が唯一存在する. G_0 は条件 [f3] を満たすので, $(t(x), u(y)) \in G_0$ である. もしも $y' \neq u(y)$ かつ $(t(x), y') \in G_0$ となる $y' \in B$ が存在すれば, $G_0 \setminus \{(t(x), y')\}$ は $\mathcal{G}$ の要素となる. これは G_0 の最小性に矛盾する. したがって $t(x) \in X$ である.

A 上の数学的帰納法により $X = A$ である. ゆえに, G_0 は条件 [f1] を満

たす.

この G_0 を G とすることで,条件 [f1] から [f3] を満たす $A \times B$ の部分集合 G の存在が示せた.条件 [f1] から [f3] を満たす G の一意性も,同様に A 上の数学的帰納法で証明できる.　□

(定理 4.1.3 の証明) $(A; t, a)$ を単無限構造とする.$(\mathbb{N}; s, 0)$ は単無限構造なので,補題 4.1.4 に単無限構造の以下の四通りの組み合わせを適用したときに一意的に存在する関数をそれぞれ $f: \mathbb{N} \to A$, $g: A \to \mathbb{N}$, $p: \mathbb{N} \to \mathbb{N}$, $q: A \to A$ とする.

(1) $(\mathbb{N}; s, 0)$ と $(A; t, a)$
(2) $(A; t, a)$ と $(\mathbb{N}; s, 0)$
(3) $(\mathbb{N}; s, 0)$ と $(\mathbb{N}; s, 0)$
(4) $(A; t, a)$ と $(A; t, a)$

f が定理の条件 (1) および (2) を満たすことは明らかなので,f が全単射であることを示せばよい.f と g が満たすべき条件により,次の二つの条件が成り立つ.

(1) $g \circ f(0) = 0$ である.
(2) $g \circ f(s(x)) = s(g \circ f(x))$ である.ただし $x \in \mathbb{N}$ である.

よって,p の一意性から $p = g \circ f$ である.また,$\mathbb{N}$ 上の恒等関数を $\mathrm{id}_\mathbb{N}$ とすると,$x \in \mathbb{N}$ ならば $\mathrm{id}_\mathbb{N}(x) = x$ なので,次の二つの条件が成り立つ.

(1) $\mathrm{id}_\mathbb{N}(0) = 0$ である.
(2) $\mathrm{id}_\mathbb{N}(s(x)) = s(\mathrm{id}_\mathbb{N}(x))$ である.ただし $x \in \mathbb{N}$ である.

よって,p の一意性から $p = \mathrm{id}_\mathbb{N}$ である.ゆえに $g \circ f = \mathrm{id}_\mathbb{N}$ となる.同様に A 上の恒等関数を id_A とすると,q の一意性から $f \circ g = \mathrm{id}_A$ となる.したがって f は全単射である.　□

【注意 4.1.5】 定理 4.1.3 は単無限構造の一意性を主張する定理であるが,単無限構造の存在を主張する定理ではない.この章の冒頭で断ったように,この章では $\mathbb{N}$ の存在の是非は問わず,通常の数学と同じ立場で,素朴な意味

で N は存在するものと考え，$(\mathbb{N}; s, 0)$ が単無限構造であることは自明な事実であると仮定して話を進めていく．

4.2 Peano 算術

自然数は最も基本的で最も重要な数学的対象であるので，数学を形式的に展開するためには自然数論も形式的に展開できなければならない．そして，自然数全体の集合 N は Dedekind-Peano の公理によって完全に特徴付けられている．また，述語論理は公理的な定義を形式的に記述するための実質的な標準理論なので，自然数論を形式的に展開することとは，Dedekind-Peano の公理を述語論理の論理式を用いて形式的に記述することであると考えられる．

Dedekind-Peano の公理には項数が 1 の関数 s と定数 0 が用いられているので，まず，s と 0 を非論理的記号として持つ言語を考える．

〔定義 4.2.1〕 s を項数が 1 の関数記号, 0 を定数記号とする．$\mathcal{L}_{DP} = \{s, 0\}$ を Dedekind-Peano の言語と呼ぶ．

このとき，前章で定めた単無限構造とは，以下の三つの条件を満たす $\mathcal{L}_{DP}$ の構造 $\mathfrak{M} = (|\mathfrak{M}|, s^{\mathfrak{M}}, 0^{\mathfrak{M}})$ のことである．

(1) $0^{\mathfrak{M}}$ は $s^{\mathfrak{M}}$ の像に入らない．
(2) $s^{\mathfrak{M}}$ は単射である．
(3) 数学的帰納法：$X \subseteq |\mathfrak{M}|$ とする．$0^{\mathfrak{M}} \in X$ であり，$x \in X$ ならば $s^{\mathfrak{M}}(x) \in X$ であるとする．このとき，$X = |\mathfrak{M}|$ である．

N から N への関数 $s^{\mathbb{N}}$ を $s^{\mathbb{N}}(x) = x + 1$ によって定める．また，定数記号 0 と区別するため，$0 \in \mathbb{N}$ を $0^{\mathbb{N}}$ と書くことにする．このとき，単無限構造 $(\mathbb{N}; s^{\mathbb{N}}, 0^{\mathbb{N}})$ もまた $\mathcal{L}_{DP}$ の構造である．定理 4.1.3 により，単無限構造はすべて $(\mathbb{N}; s^{\mathbb{N}}, 0^{\mathbb{N}})$ と同型である．

しかし，述語論理では「部分集合」という概念を論理式を用いて形式的に記述することができないので，数学的帰納法を論理式で直接記述することはできない．したがって，単無限構造の三つの条件は $\mathcal{L}_{DP}$ の理論を定めるも

のではなく，単無限構造の定義は Dedekind-Peano の公理を述語論理を用いて形式的に記述したものとは考えられない．

Dedekind-Peano の公理を述語論理を用いて形式的に表現するには二つの方法がある．一つの方法は，まず数学に現れるすべての集合を取り扱うことができる理論を展開して，その理論の中で単無限構造の定義を形式的に記述するものである．数学に現れるすべての集合を取り扱うことができる理論は集合論 (set theory) と呼ばれている．Dedekind-Peano の公理に限らず，数学的な概念は実質的にすべて集合論の上で形式的に表現できるので，集合論とは数学の世界全体を形式化するための理論であると考えられる．集合論は 4.4 節で，集合論の上での自然数論の展開は 4.5 節で紹介する．

もう一つの方法は，「部分集合」のすべてを取り扱うことを諦めて，「述語論理の論理式で定義可能な部分集合」のみを考えることである．このとき，適当に言語 $\mathcal{L}$ を定めれば，数学的帰納法の公理は

$$\{(\varphi(0) \wedge \forall x(\varphi(x) \to \varphi(s(x)))) \to \forall x \varphi(x) : \varphi(x) \text{ は } \mathcal{L} \text{ の論理式}\}$$

という論理式の集合で表現できる．この方法で単無限構造の定義を形式化して得られる理論は算術[5] (arithmetic) と呼ばれている．この節では算術を紹介する．

算術を具体的に定義するためには，まず言語を定める必要がある．言語 $\mathcal{L}$ が与えられたとき，$\mathcal{L}$ の要素をなす記号に関する公理と，$\mathcal{L}$ の論理式に関する数学的帰納法からなる理論として $\mathcal{L}$ 上の算術は定められる．単無限構造について記述するために最低限必要な記号からなる言語は単無限構造の言語 $\mathcal{L}_{DP}$，すなわち $\{s, 0\}$ である．しかし，$\mathcal{L}_{DP}$ の論理式では自然数の和さえ定義することができず，$\mathcal{L}_{DP}$ の表現力は弱過ぎる．$\mathcal{L}_{DP}$ に和を表す記号を加えた言語 $\{s, 0, +\}$ でも積は定義できない．

【注意 4.2.2】 $\mathcal{L}_{DP}$ 上の算術では量化子除去が成り立つので，$\mathcal{L}_{DP}$ 上の算術は完全である．このことから，偶数全体の集合が $\mathcal{L}_{DP}$ では定義できず，$\mathcal{L}_{DP}$ では和が定義できないことが分かる．言語 $\{s, 0, +\}$ 上の算術は Presburger 算術 (Presburger Arithmetic) と呼ばれている．Presburger 算

---

[5] この「算術」という言葉は数学基礎論の専門用語である．

術の保存的拡大の一つで量化子除去が成り立つことが知られており，その事実を用いると Presburger 算術も完全であること，また，平方数全体の集合が $\{s, 0, +\}$ では定義できないことを示すことができる．そして，平方数全体の集合が $\{s, 0, +\}$ では定義できないことから，$\{s, 0, +\}$ では積が定義できないことが分かる[6]．

ところが，$\mathcal{L}_{DP}$ に和と積を表す記号を加えると一気に表現力が増えて，言語 $\{s, 0, +, \cdot\}$ ではすべての計算可能な関数が定義できるようになる．

【注意 4.2.3】 言語 $\{s, 0, +, \cdot\}$ ですべての計算可能な関数が定義できることは不完全性定理の証明で重要な役割を果たす．この事実は 6.2 節で紹介する．

ところで，0 と s があれば 1 という数を $s(0)$ として定義できる．逆に，$0, 1, +$ があれば $s(x)$ を $x + 1$ のことと定義できる．また，$+$ があれば $x \leq y$ を $\exists z (z \leq y \wedge x + z = y)$ のことと定義できる．したがって，言語 $\{s, 0, +, \cdot\}$ は言語 $\{0, 1, +, \cdot, \leq\}$ と同等の表現力を持つ．そこで次のように定義する．

〔定義 4.2.4〕 $\{0, 1, +, \cdot, \leq\}$ を算術の言語 (language of arithmetic) と呼び，$\mathcal{L}_A$ と書く．

【注意 4.2.5】 算術の言語 $\mathcal{L}_A$ は順序環の言語 $\mathcal{L}_{OR}$ から和の逆元を表す関数記号 $-$ を取り除いたものである．算術の言語として $\mathcal{L}_A$ を選んだ理由には，表現力が等しければ簡単な言語のほうが好ましいという原子論的な見方と，自然数を順序環の非負数部分と考える見方がある．ただし具体的に様々な議論を展開するときや不完全性定理を考える場には，$\mathcal{L}_A$ に冪やその他の関数を表す記号を付け加えた言語を用いたほうが便利である．また，表現力は等しくても言語の選択が影響を与える話題もある．$\mathcal{L}_A$ を用いて得られた

---

[6] $\mathcal{L}_{DP}$ で和が定義できないこと，および $\{s, 0, +\}$ で積が定義できないことは Enderton [143] pp. 178–193, Smoryński [215] pp. 307–329 を参照のこと．また，田中一之 [61] pp. 141–148 も参照のこと．なお，$\{s, 0, +\}$ では積が定義できないことは Presburger 算術が完全であることと，第一不完全性定理により，後で定義する積を加えた言語の算術である Peano 算術が不完全であることからも分かる．

算術に関する結果について考える場合には，$\mathcal{L}_A$ という特定の言語に依存する結果なのか，言語の選択に依存しない普遍的な結果なのかを区別する必要がある．

さて，$\mathcal{L}_A$ の代表的な理論に，Peano 算術 (Peano Arithmetic) と呼ばれている PA と，真の算術 (True Arithmetic) と呼ばれている TA がある．本節では PA を紹介する．PA は $\mathcal{L}_A$ の非論理的記号に関する公理と数学的帰納法の公理によって定められる $\mathcal{L}_A$ の理論である．$\mathcal{L}_A$ の非論理的記号に関する公理は以下の定義で与えられる．$s \leq t \wedge s \neq t$ を $s < t$ と略記する．

〔定義 4.2.6〕 以下の 1 から 16 を算術の基本公理 (Basic Axioms of Arithmetic) と呼び，算術の基本公理全体からなる $\mathcal{L}_A$ の理論を PA$^-$ と書く．

(1) $\forall x \forall y \forall z ((x+y)+z = x+(y+z))$
(2) $\forall x \forall y (x+y = y+x)$
(3) $\forall x \forall y \forall z ((x \cdot y) \cdot z = x \cdot (y \cdot z))$
(4) $\forall x \forall y (x \cdot y = y \cdot x)$
(5) $\forall x \forall y \forall z (x \cdot (y+z) = x \cdot y + x \cdot z)$
(6) $\forall x (x+0 = x \wedge x \cdot 0 = 0)$
(7) $\forall x (x \cdot 1 = x)$
(8) $\forall x (x \leq x)$
(9) $\forall x \forall y ((x \leq y \wedge y \leq x) \to x = y)$
(10) $\forall x \forall y \forall z ((x \leq y \wedge y \leq z) \to x \leq z)$
(11) $\forall x \forall y (x \leq y \vee y \leq x)$
(12) $\forall x \forall y \forall z (x < y \to x+z < y+z)$
(13) $\forall x \forall y \forall z ((z \neq 0 \wedge x < y) \to x \cdot z < y \cdot z)$
(14) $\forall x \forall y (x \leq y \to \exists z (x+z = y))$
(15) $0 < 1 \wedge \forall x (0 < x \to 1 \leq x)$
(16) $\forall x (0 \leq x)$

公理 (1) から (7) は演算に関する公理であり，公理 (8) から (11) は順序に関する公理，公理 (12) から (16) は演算と順序の関係に関する公理である．PA$^-$ は単位元を持つ離散的な順序半環の理論である．PA$^-$ に数学的帰

納法を非論理的公理として付け加えることで PA が得られる.

〔定義 4.2.7〕 (1) $\varphi(x)$ を $\mathcal{L}_A$ の論理式とし,$y_1,\ldots,y_n$ を $\varphi(x)$ に現れる x 以外の自由変数とする.次の $\mathcal{L}_A$ の文を $\varphi(x)$ に対する数学的帰納法 (Mathematical Induction) と呼び,$I_{\varphi(x)}$ と書く.

$$\forall y_1 \cdots \forall y_n((\varphi(0) \land \forall x(\varphi(x) \to \varphi(x+1))) \to \forall x \varphi(x))$$

(2) $\mathrm{PA}^- \cup \{I_{\varphi(x)} : \varphi(x)$ は $\mathcal{L}_A$ の論理式 $\}$ を Peano 算術 (Peano Arithmetic) と呼び,PA と書く.

単無限構造の定義も PA も,非論理的記号に関する公理と数学的帰納法の公理から構成されている.この意味で,PA は単無限構造の定義を $\mathcal{L}_A$ の論理式を用いて形式的に表現したものである.ただし,単無限構造ではすべての部分集合に数学的帰納法が適用できるのに対して,PA のモデルでは $\mathcal{L}_A$ の論理式で定義可能な部分集合にしか数学的帰納法は適用できない.単無限構造の定義と PA では数学的帰納法の適用範囲が異なるので,PA は単無限構造の定義を完全に形式化したものではない.

算術の言語 $\mathcal{L}_A$ で表現可能な命題は限られている.PA は初等的な算術の命題しか取り扱えない理論であり,PA で証明可能であることは初等的に証明可能なこと,すなわち解析的な手法を用いずに証明可能なことに対応する.もっとも,通常の数学に現れる $\mathcal{L}_A$ の文で表せる正しい命題は概ねすべて PA で証明可能であることが経験的に知られている.しかし,真な命題を表す $\mathcal{L}_A$ の文がすべて PA で証明可能である訳ではない.実際,真な命題を表すが PA では証明できない $\mathcal{L}_A$ の文が存在することが第一不完全性定理から導かれる.

具体的に与えられた $\mathcal{L}_A$ の文が PA で証明可能であることを示すためには,次の定義で定められる最小値原理を使うことが便利である.

〔定義 4.2.8〕 $\varphi(x)$ を $\mathcal{L}_A$ の論理式とし,y を $\varphi(x)$ に現れない変数とする.$\forall y(y < x \to \varphi(y))$ を $\forall y < x \varphi(y)$ と略記する.
(1) 次の $\mathcal{L}_A$ の文を $\varphi(x)$ に対する順序帰納法 (Order Induction) または累

累帰納法と呼び，$O_{\varphi(x)}$ と書く[7]．

$$\forall y_1 \cdots \forall y_n (\forall x (\forall y < x \varphi(y) \to \varphi(x)) \to \forall x \varphi(x))$$

(2) 次の $\mathcal{L}_A$ の文を $\varphi(x)$ に対する最小値原理 (Least Number Principle) と呼び，$L_{\varphi(x)}$ と書く．

$$\forall y_1 \cdots \forall y_n (\exists x \varphi(x) \to \exists x (\varphi(x) \land \forall y < x \neg \varphi(y)))$$

【注意 4.2.9】 自然数の無限下降列の存在が最小値原理に反することを用いて命題を証明する方法は Fermat の無限降下法と呼ばれている[8]．

次の補題と系の証明は読者に任せる．

[補題 4.2.10] $\varphi(x)$ を $\mathcal{L}_A$ の論理式とする．このとき，以下の (1) から (3) が成り立つ．

(1) $\mathrm{PA}^- \vdash I_{\forall y < x \varphi(y)} \to O_{\varphi(x)}$ である．
(2) $\mathrm{PA}^- \vdash O_{\varphi(x)} \to I_{\varphi(x)}$ である．
(3) $\mathrm{PA}^- \vdash O_{\neg \varphi(x)} \leftrightarrow L_{\varphi(x)}$ である．

[系 4.2.11] $\varphi(x)$ を $\mathcal{L}_A$ の論理式とする．このとき，以下の (1) および (2) が成り立つ．

(1) $\mathrm{PA} \vdash L_{\varphi(x)}$ である．
(2) $\mathrm{PA}^- \cup \{L_{\psi(x)} : \psi(x) \text{ は } \mathcal{L}_A \text{ の論理式}\} \vdash I_{\varphi(x)}$ である．

4.3 算術の標準モデルと超準モデル

次に，理論 TA を定義する．簡単に言えば TA とは $\mathbb{N}$ の上で正しい $\mathcal{L}_A$ の文全体からなる理論である．

〔定義 4.3.1〕 $\mathcal{L}_A$ の非論理的記号としての $0, 1$ と区別するため，自然数 $0, 1$ を $0^{\mathbb{N}}, 1^{\mathbb{N}}$ と書き，$\mathbb{N}$ の上に自然に定まる和，積，順序を $+^{\mathbb{N}}, \cdot^{\mathbb{N}}, \leq^{\mathbb{N}}$ と

---

[7] 順序帰納法という用語はあまり一般的ではない．
[8] 無限降下法については，詳しくは足立恒雄 [1] pp. 102–103 を参照のこと．

書く．$\mathcal{L}_A$ の構造 $(\mathbb{N}; 0^{\mathbb{N}}, 1^{\mathbb{N}}, +^{\mathbb{N}}, \cdot^{\mathbb{N}}, \leq^{\mathbb{N}})$ を $\mathbb{N}$ と書く．混乱の心配がない場合には非論理的記号の解釈を表す添字の $\mathbb{N}$ は適宜省略する．

つまり，本来 $\mathbb{N}$ は自然数の集合に過ぎないので $\mathcal{L}_A$ の構造ではないが，$\mathbb{N}$ 上に自然に定められる和や積によって定義される構造も集合 $\mathbb{N}$ とは区別せずに $\mathbb{N}$ と書くことにする．第5章で紹介するように，$\mathbb{N}$ の上では PA^- の公理を満たすように一意的に和や積，順序が定義可能であるので，PA の公理はすべて $\mathbb{N}$ 上で正しい．したがって，$\mathbb{N} \models \mathrm{PA}$ である．

【注意 4.3.2】 $\mathbb{N} \models \mathrm{PA}$ であることと完全性定理から PA は無矛盾であることが分かる．また，$\mathbb{N}$ の存在や完全性定理は集合論の上で証明される．すなわち，集合論を用いれば PA の無矛盾性は数学的に証明可能である．数学基礎論，特に証明論における PA の無矛盾性の証明の目的は，$\mathbb{N} \models \mathrm{PA}$ という事実を用いずに有限的に PA の無矛盾性を示すことである．何を使っても構わないのであれば，PA が無矛盾であることは明らかである．

〔定義 4.3.3〕 $\mathcal{L}_A$ の構造 $\mathbb{N}$ の理論 $\mathrm{Th}(\mathbb{N}) = \{\varphi : \varphi \text{ は } \mathcal{L}_A \text{ の文で } \mathbb{N} \models \varphi\}$ を真の算術 (True Arithmetic) と呼び，TA と書く．

TA の定義から明らかに $\mathbb{N} \models \mathrm{TA}$ であり，TA は極大無矛盾である．PA が正しい命題を表す $\mathcal{L}_A$ の文を下から順に積み上げて構成されているのに対して，TA では正しい命題を表す $\mathcal{L}_A$ の文が天下り式に与えられている．

〔補題 4.3.4〕 T を $\mathcal{L}_A$ の理論とする．このとき，以下の (1) および (2) が成り立つ．
(1) $\mathbb{N} \models T$ であることと $T \subseteq \mathrm{TA}$ であることは同値である．
(2) $T \subseteq \mathrm{TA}$ とする．T が完全であることと $\mathrm{Th}(T) = \mathrm{TA}$ であることは同値である．

(証明) (1) を示す．$\mathbb{N} \models T$ とする．このとき，$\varphi \in T$ とすると $\mathbb{N} \models \varphi$ なので $\varphi \in \mathrm{TA}$ となる．よって $T \subseteq \mathrm{TA}$ である．逆に，$T \subseteq \mathrm{TA}$ とする．$\varphi \in T$ ならば $\varphi \in \mathrm{TA}$ なので $\mathbb{N} \models \varphi$ となる．よって $\mathbb{N} \models T$ である．

(2) を示す．$T \subseteq \mathrm{TA}$ とする．まず，T が完全であると仮定する．$\varphi \in \mathrm{TA}$

とする．もしも $T \vdash \neg\varphi$ であるとすると，$\mathtt{TA} \vdash \neg\varphi$ となり，$\mathtt{TA}$ は矛盾するので $T \nvdash \neg\varphi$ である．また，T は完全なので $T \vdash \varphi$ である．ゆえに $\mathtt{TA} \subseteq \mathrm{Th}(T)$ である．よって $\mathrm{Th}(T) = \mathtt{TA}$ である．次に，$\mathrm{Th}(T) = \mathtt{TA}$ であると仮定する．$\mathcal{L}_A$ のすべての文 φ について，$\varphi \in \mathtt{TA}$ または $\neg\varphi \in \mathtt{TA}$ なので，$T \vdash \varphi$ または $T \vdash \neg\varphi$ である．ゆえに T は完全である． □

$\mathbb{N} \models \mathtt{PA}$ なので，上の補題から直ちに次の系が得られる．

[系 4.3.5] $\mathtt{PA} \subseteq \mathtt{TA}$ である．

【注意 4.3.6】 $\mathtt{PA} \subseteq \mathtt{TA}$ であり，かつ $\mathtt{TA}$ は極大無矛盾なので，$\mathrm{Th}(\mathtt{PA}) \subseteq \mathtt{TA}$ である．また，不完全性定理から $\mathrm{Th}(\mathtt{PA}) \neq \mathtt{TA}$ であることが分かるが，$\mathtt{PA}$ は $\mathcal{L}_A$ のすべての論理式に対して数学的帰納法の公理を持っているので，$\mathtt{PA}$ と $\mathtt{TA}$ では数学的帰納法の適用範囲に違いはない．$\mathtt{PA}$ と単無限構造の定義の最も大きな違いは数学的帰納法の適用範囲にあるが，$\mathtt{PA}$ と $\mathtt{TA}$ の違いは数学的帰納法の適用範囲に由来するものではない．

さて，算術と呼ばれる理論は自然数全体の集合 $\mathbb{N}$ を捉えようとする理論なので，$\mathbb{N}$ をモデルに持ってこそ意義を持つ．

〔定義 4.3.7〕 T を $\mathcal{L}_A$ の理論とする．$\mathbb{N} \models T$ のとき $\mathbb{N}$ は T の標準モデル (standard model) であるといい，T は健全 (sound) であるという．また，$\mathbb{N}$ と同型ではない T のモデルを T の超準モデル (nonstandard model) と呼ぶ．特に，$\mathbb{N}$ と同型ではない T の可算モデルを T の可算超準モデル (countable nonstandard model) と呼ぶ．

簡単のため，以下では同型な構造は同一視して，混乱の恐れがない場合には，$\mathfrak{M}$ と $\mathbb{N}$ が同型でないことを $\mathfrak{M} \neq \mathbb{N}$ と書くことにする．

一般に T を $\mathcal{L}_A$ の理論とするとき，T は健全ならば無矛盾である．また，T が無矛盾であるならば Löwenheim-Skolem の定理により T は非可算モデルを持つ．$\mathbb{N}$ は可算モデルであるので，T の非可算モデルは $\mathbb{N}$ とは同型ではなく，T の超準モデルである．つまり，T は完全であってもなくても，無矛盾であれば超準モデルを持つ．ゆえに $\mathcal{L}_A$ の理論で $\mathbb{N}$ を特徴付けることはできない．

4.3 算術の標準モデルと超準モデル

そこで，T の可算モデルのみを考える．$\mathbb{N} \models T$ で T が不完全であれば，$\mathbb{N} \models \varphi$ であるが $T \not\vdash \varphi$ である $\mathcal{L}_A$ の文 φ が存在する．このとき $T + \neg\varphi$ は無矛盾であり，$\mathcal{L}_A$ は有限集合なので，$T + \neg\varphi$ は可算モデル $\mathfrak{M}$ を持つ．$\mathbb{N} \models \varphi$ かつ $\mathfrak{M} \models \neg\varphi$ なので，この $\mathfrak{M}$ は $\mathbb{N}$ と同型ではなく T の可算超準モデルである．つまり，T は不完全ならば可算超準モデルを持つことは明らかである．そして，T は完全であっても無矛盾ならば可算超準モデルを持つことが，次の補題から分かる．

[補題 4.3.8] T を無矛盾な $\mathcal{L}_A$ の理論とする．このとき，T は可算超準モデルを持つ．

（証明） $\mathbb{N} \not\models T$ であるとする．T は無矛盾なので可算モデルを持つが，$\mathbb{N} \not\models T$ なので，この可算モデルは $\mathbb{N}$ と同型ではない．つまり T は可算超準モデルを持つ．

$\mathbb{N} \models T$ であるとする．c を新しい定数記号として，$\mathcal{L}_A \cup \{c\}$ の文の集合 $\{a^* < c : a \in \mathbb{N}\}$ を S とする．ただし a^* は $a \in \mathbb{N}$ の数項である．すなわち，a^* は $\mathcal{L}_A$ の項 $((\cdots((1+1)+1)+\cdots)+1)$ （a 個の 1 の和）である．U を $T \cup S$ の有限部分集合とすると，c の解釈を十分大きな自然数とすれば $\mathbb{N}$ は U のモデルになるので，U はモデルを持つ．したがって，コンパクト性定理から $T \cup S$ もモデルを持つ．

このとき，Löwenheim-Skolem の定理により，$T \cup S$ は可算モデル $\mathfrak{M}$ を持つ．$|\mathfrak{M}|$ は新しい定数記号 c の解釈 $c^{\mathfrak{M}}$ を要素として持つが，$a \in \mathbb{N}$ ならば $\mathfrak{M} \models a^* < c$ なので $c^{\mathfrak{M}}$ は自然数に対応しない．したがって，$|\mathfrak{M}|$ は自然数以外の要素を持つ．よって $\mathfrak{M}$ は $\mathbb{N}$ と同型でなく，T の超準モデルである．つまり T は可算超準モデルを持つ． □

したがって，可算モデルが $\mathbb{N}$ のみである $\mathcal{L}_A$ の理論も存在しない．これは $\mathcal{L}_A$ という言語の選び方によるものではなく，どのような言語を選んでも同じであり，述語論理という枠組みの限界の一つである．

4.4 Zermelo-Fraenkel 集合論

数学に現れるすべての集合を対象とし，述語論理を用いて展開される公理的な理論が集合論である．集合論を用いることで Dedekind-Peano の公理を形式的に表現することができて，数学的な概念は実質的にすべて集合論の上で形式的に展開できるようになる．集合論とは数学の世界全体を形式化するための理論であり，数学の基礎としての理論である[9]．

述語論理において理論は，まず，言語を定めて，次に，その言語を用いて公理を記述することで与えられる．集合論の言語は集合にとって基本的な関係や関数に対応するように定められる．集合に関しては部分集合 $\subseteq$ や和集合 $\cup$, 積集合 $\cap$ など様々な関係や関数があるが[10]，その中でも特に重要なのが「対象と集合の関係」を表す $\in$ である．例えば $x \subseteq y$ は $\forall z(z \in x \rightarrow z \in y)$ のことであるなど，集合に関わる様々な概念は $\in$ を用いて表現可能である．そこで，次の《原理1》を基本的な考え方とする．

《原理1》 集合の基本的な概念は $\in$ である[11]．

---

[9] Fraenkel は「集合という一般的な概念を定義することは不可能であり，集合について考えるためには集合概念を制限する，論理を作り直す，公理的方法によるという三つの選択肢しかない．その中で唯一の選び得る選択肢が公理的方法によるものである」と論じている．詳しくは Fraenkel [147] p. 11 を参照のこと．

[10] 本書では集合 A と集合 B の共通部分 $A \cap B$ を A と B の積集合と呼ぶことにするが，直積集合 $A \times B$ と紛らわしい．

[11] 集合概念に慣れていると《原理1》は原理と呼ぶにはあまりにも当たり前な主張のように思われる．そして《原理1》の背後には「$\in$ と $\subseteq$ は違う」という，やはり集合概念に慣れている人にとってはさらに当たり前の事実が前提とされている．しかし，数学の初学者は $\in$ と $\subseteq$ を混同しがちなのであって，この前提を「当たり前な事実である」と簡単に言い切ることはできない．また，《原理1》を疑う立場が存在しない訳でもない．例えば，Frege が「算術の基本法則」で展開した議論では，$\in$ は基本的な概念ではなく他の概念を用いて定義される概念であった．田畑博敏 [65] pp. 189–190 を参照のこと．ただし，Frege は $s \in t$ を表す記号として $s \cap t$ を用いている．また，Leśniewski の部分論 (Mereology) は，集合にとって最も基本的な概念は対象と要素の関係ではなく，集合の部分と全体の関係，すなわち部分集合という概念であると考える立場で形式的に展開された集合論と考えることもできるし，$\in$ と $\subseteq$ に本質的な違いはないという考え方に基づいた集合論であると言うこともできよう．Leśniewski の部分論について詳しくは Clay [135] を参照のこと．なお，Leśniewski の部分論は述語論理の上においてではなく，存在論 (Ontology) と名付けられた形式的な理論の上で展開されている．この存在論については Fraenkel 他 [146] を参照のこと．

4.4 Zermelo-Fraenkel 集合論

この《原理1》のもとでは，集合論とは $\in$ の基本的な性質を公理として列挙したものとなる．そして $\in$ の基本的な性質は次の外延性の公理 (Axiom of Extensionality) と内包の公理[12] (Axiom of Comprehension) の二つであると考えられる．

《外延性の公理》 x, y を集合とする．$x = y$ であることと，すべての対象 z について $z \in x \Leftrightarrow z \in y$ であることは同値である．

《内包の公理》 $\varphi(x)$ を対象 x に関する性質とする．このとき，すべての対象 x について $x \in s \Leftrightarrow \varphi(x)$ となる集合 s が存在する．

外延性の公理は要素が等しい二つの集合は等しいことを意味している．また，内包の公理は何らかの性質 $\varphi(x)$ が与えられたとき，その性質を満たす対象の集合 $\{x : \varphi(x)\}$ が存在することを意味している．数学に必要な様々な集合の存在は内包の公理を用いて示される．例えば a と b という二つの集合があるとき，論理式 $x \in a \vee x \in b$ に内包の公理を適用することで a と b の和集合 $a \cup b$ の存在がいえる．

この二つの公理は我々の素朴な集合概念の理解に沿う妥当なものであろう．しかし，この二つの公理には「対象，集合，性質」という日常言語で表現された概念が含まれるため，この二つの公理は $\in$ という記号のみでは書き表せない．この二つの公理を形式的に記述するためには，「対象とは何か」「集合とは何か」「性質とは何か」という問題に答える必要がある．

最初の二つの問題に関しては，例えば，「x は対象である」，「x は集合である」ということを意味する述語記号を導入し，これらの記号に関する公理を仮定することも一つの方法である．しかし，もし対象と集合を区別しないのであれば，「対象とは何か」「集合とは何か」という二つの問題に答える必要はなくなる．そして現在の標準的な集合論では次の《原理2》を据えている．

《原理2》 対象と集合を区別しない．

【注意 4.4.1】 《原理2》は「すべての対象は集合である」という主張であると同時に，「すべての集合は対象である」という主張である．前者の主張は

---

[12] 包括原理 (Comprehension Principle) とも呼ばれる．

集合論を数学の基礎と考えることと密接な関係があるが，集合論にとって必ずしも必要なものではない[13]．集合論にとって，または数学にとって重要なのは後者の主張である．数学に不慣れな人にとって「集合の集合」，「集合の集合の集合」を考えることは簡単なことではない[14]．《原理 2》を仮定して「すべての集合は対象である」と考えることによって，集合を要素に持つ集合を自由に考えることができるようになる．

さて，《原理 1》により $\in$ を集合に関する基本的な概念と考え，《原理 2》により対象と集合を区別しないことにしたので，$\in$ を非論理的記号として持つ言語 $\{\in\}$ が集合論を形式的に展開するための言語になる．

〔定義 4.4.2〕 $\{\in\}$ を集合論の言語 (language of set theory) と呼び，$\mathcal{L}_S$ と書く．

集合論の言語を定めたことで，内包の公理に現れる「性質」という言葉を集合論の言語によって表現可能な性質のことと定められるようになる．つまり，次の《原理 3》を仮定する．

《原理 3》 内包の公理が適用可能である性質とは，集合論の言語の論理式で表現可能な性質のことである．

この《原理 1》から《原理 3》を仮定することで，外延性の公理と内包の公理は以下のように $\mathcal{L}_S$ の文によって形式的に表現できるようになる．

《外延性の公理》 $\forall x \forall y (x = y \leftrightarrow \forall z (z \in x \leftrightarrow z \in y))$.

《内包の公理》 $\forall y_1 \cdots \forall y_n \exists u \forall x (x \in u \leftrightarrow \varphi(x))$，ただし $y_1, \ldots, y_n$ は $\varphi(x)$ に現れる x 以外の自由変数である．

この節では便宜的に，外延性の公理と内包の公理を非論理的公理に持つ

---

[13] 集合論の展開の仕方次第では，集合ではない原子的な対象の存在が必要になる場合もある．そのような原子的な対象を原子元 (urelement) という．原子元についてはエビングハウス [15] pp. 428–429 にも簡単な説明がある．

[14] 実際，線形代数学の準同型定理や，位相空間論におけるコンパクト性など，数学の初学者が躓きがちな場所の多くで「集合の集合」が現れている．

$\mathcal{L}_S$ の理論を T_0 と書くことにする．T_0 は数学に現れるすべての集合を対象とする理論の最初の候補である．

しかし，1.1 節で紹介したように，内包の公理で $\varphi(x)$ を $x \notin x$ とすると Russell の逆理が導かれるので，T_0 は矛盾する．したがって，T_0 は集合に関する議論を形式的に展開するための枠組みとしては適当ではない．ここで，T_0 で Russell の逆理が発生する原因として以下の三つが考えられる．

(1) そもそも集合概念に問題がある．
(2) 矛盾を導く推論に問題がある．
(3) 外延性の公理と内包の公理という T_0 の二つの公理に問題がある．

集合概念を排除することは 20 世紀の数学の発展の多くを放棄することになるので，集合概念に問題があるとは考えたくない．また，Russell の逆理を導く推論は述語論理の上で形式化可能であり，かつ，完全性定理により述語論理の妥当性が証明されているので，矛盾を導く推論には問題がないことが保証されている．したがって，問題は T_0 の公理にあることになる．

このとき，外延性の公理は自然で必然的であるように思われるし，Russell の逆理で外延性の公理が用いられているようには見えない．それに対して内包の公理は，ある集合の存在を示すためには，その集合の要素が満たすべき性質を記述できれば十分であるという極めて強い主張をする公理である[15]．したがって，T_0 の公理で問題になるのは内包の公理である．

【注意 4.4.3】 外延性の公理を疑う議論もある．例えば Grišin [153, 154] は，ある種の非古典論理の上では内包の公理からは矛盾は導かれず，さらに外延性の公理を仮定すると矛盾が導かれることを示した．そのような非古典論理を自然なものと考えるときには，問題は外延性の公理にあるとも考えられる[16]．また，Russell の逆理の発見の契機となった Frege の「算術の基本法則」に関して，Frege 自身は逆理の原因はいわゆる「基本法則 V」にある

---

[15] もちろん，この主張を「強い」と感じることは個人的な感覚に過ぎない．むしろ内包の公理が矛盾を導くからこそ，この主張を「強い」と感じるのかも知れない．

[16] 非古典論理と Russell の逆理の関係については，例えば古森雄一 [35] pp. 40–41 を参照のこと．

と考えていたが，この「基本法則 V」は外延性の公理の一種である[17]．

内包の公理は《原理1》から《原理3》という三つの原理の上で成り立つ公理なので，内包の公理を疑うことは，この三つの原理を疑うことに他ならない．集合概念そのものを疑わなければ《原理1》を否定する理由はない．一方，対象と集合を区別するほうが我々の素朴な集合観とは相性が良く，《原理2》は少なからず不自然である．実際に，Russell の型理論 (type theory) は《原理2》を導入せずに，対象と集合を厳密に区別しながら展開した集合論と見ることもできよう．しかし型理論は複雑で使い難く数学では普及しなかった．そして数学で最も広く受け入れられた考え方は，《原理3》に問題があるというものである．

内包の公理の強さが集合論に関する矛盾の根源であると考えられたので，内包の公理の適用範囲を狭めて内包の公理を安全なものに弱めるために，《原理3》を次の《原理3′》に置き換えることが提案された．

《原理3′》 内包の公理を適用可能な性質とは，z を集合，$\varphi(x)$ を集合論の言語 $\mathcal{L}_S$ の論理式として，$x \in z \wedge \varphi(x)$ の形の $\mathcal{L}_S$ の論理式で表現可能な性質のことである．

《原理3》のもとでの内包の公理と《原理3′》のもとでの内包の公理を区別するために，《原理3》のもとでの内包の公理は完全な内包の公理 (Axiom of Full Comprehension) と呼ばれるようになり，《原理3′》のもとで成り立つ弱められた内包の公理は分離公理 (Axiom of Separation) と呼ばれるようになった．すなわち，分離公理とは次の公理である．

《分離公理》 $\forall z \forall y_1 \cdots \forall y_n \exists u \forall x (x \in u \leftrightarrow x \in z \wedge \varphi(x))$，ただし $y_1, \ldots, y_n$ は $\varphi(x)$ に現れる x 以外の自由変数である．

---

[17] Frege の「基本法則 V」と Russell の逆理の関係については，例えば野本和幸 [80]，田畑博敏 [65] などを参照のこと．ただし，「算術の基本法則」における逆理の導出では，「基本法則 V」は内包の公理の一種であると考えられる $\forall y(y \in \{x : \varphi(x)\} \leftrightarrow \varphi(y))$ という原理を導くために用いられているだけであり，逆理の原因は「基本法則 V」ではなく，むしろ，この原理にあるという考え方もある．詳しくは，岡本賢吾 [16] pp. 290–297，岡本賢吾 [17] pp. 66–69 を参照のこと．

分離公理とは集合 z から $\varphi(x)$ を満たす要素 x を切り取って得られる z の部分集合 $\{x \in z : \varphi(x)\}$ の存在を主張する公理である．

Russell の逆理は集合 $\{x : x \notin x\}$ の存在のもとで成立する逆理である．そして，この集合 $\{x : x \notin x\}$ の存在は，完全な内包の公理のもとでなら示すことができるが，分離公理のもとでは示せない．したがって，分離公理のもとではとりあえず Russell の逆理は回避される[18]．

しかし，分離公理は弱過ぎる．分離公理は既に存在している集合の部分集合の存在のみを保証する公理であって，より大きな集合の存在は言えない．例えば a と b という二つの集合があるとき，分離公理だけでは a と b の和集合 $a \cup b$ の存在は言えない．この分離公理の弱さを補うために，外延性の公理と分離公理に，数学を展開する上で必要になる様々な集合の存在公理を付け加えたのが現代的な集合論もしくは公理的集合論である．そして，代表的な公理的集合論が Zermelo-Fraenkel 集合論である．

さて，Zermelo-Fraenkel 集合論の公理を簡潔に記述するために，集合概念に関する幾つかの言葉や記号，記法を導入する．空集合 $\emptyset$ は $\forall x (x \notin \emptyset)$ を満たす集合であるが，$\mathcal{L}_S$ には $\emptyset$ に対応する定数記号はない．しかし一般に，T を述語論理の言語 $\mathcal{L}$ の理論とするとき，$T \vdash \exists x \varphi(x)$ が成り立つならば，$\mathcal{L}$ に新しい定数記号 c を付け加えた言語 $\mathcal{L} \cup \{c\}$ の理論 $T + \varphi(c)$ は T の保存的拡大になる．さらに，ψ を $\mathcal{L} \cup \{c\}$ の文とすると，$\mathcal{L}$ の文 ψ' が存在して $T + \varphi(c) \vdash \psi \leftrightarrow \psi'$ となる．つまり $\mathcal{L} \cup \{c\}$ の文は同値な $\mathcal{L}$ の文に書き直せるので，T 上で何かを証明する際には理論 $T + \varphi(c)$ を考えることで，定数記号 c を自由に用いて構わない[19]．以下の議論で現れる様々な集合や，値の存在と一意性が証明できる関数についても同様である．ただし，このように新しく導入された言語を用いて表現された論理式はあくまでも略記であり，集合論の言語はあくまでも $\mathcal{L}_S$，すなわち $\{\in\}$ である．

〔定義 4.4.4〕 x が集合のとき，集合 $x \cup \{x\}$ を $\sigma(x)$ と書く．

【注意 4.4.5】 σ は集合を入力すると集合を出力する関数であると考えるこ

---

[18] ただし，このことは無矛盾性が保証されるということではない．
[19] 詳しくは新井敏康 [8] pp. 47–49, van Dalen [224] pp. 135–141, キューネン [27] pp. 47–49 などを参照のこと．

ともできるし，$y = \sigma(x)$ を表す $\mathcal{L}_S$ の論理式 $\varphi(x, y)$ は容易に構成できる．そして，$T \vdash \forall x \exists! y \varphi(x, y)$ が証明できる場合には，空集合 $\emptyset$ の場合と同様に，$\mathcal{L}_S$ に σ を表す関数記号を付け加えた言語を考えると，$T + \forall x \varphi(x, \sigma(x))$ は T の保存的拡大になる．ただし，σ を表す関数記号を持つことは，σ のグラフが集合として存在することと同値ではない．実際，σ のグラフが集合として存在するならば，すべての集合からなる集まりが集合として存在することになり，矛盾が導かれる．なお，x が集合のとき $\sigma(x)$ が集合になることは，定義4.4.7で紹介する ZF の公理によって保証される．

〔定義 4.4.6〕 (1) x, y を自由変数に持つ $\mathcal{L}_S$ の論理式 $\forall z(z \in x \to z \in y)$ を $x \subseteq y$ と略記する．
(2) φ を $\mathcal{L}_S$ の論理式とする．$\exists x(x \in y \land \varphi), \forall x(x \in y \to \varphi)$ の形をした $\mathcal{L}_S$ の論理式をそれぞれ $\exists x \in y \varphi, \forall x \in y \varphi$ と略記する．

〔定義 4.4.7〕 以下の (1) から (8) によって定められる $\mathcal{L}_S$ の理論を Zermelo-Fraenkel 集合論 (Zermelo-Fraenkel Set Theory) といい，ZF と書く．ZF に以下の (9) を付け加えた $\mathcal{L}_S$ の理論を ZFC と書く．

(1) $\forall x \forall y (\forall z(z \in x \leftrightarrow z \in y) \to x = y)$
(2) $\forall z \forall y_1 \cdots \forall y_n \exists u \forall x (x \in u \leftrightarrow (x \in z \land \varphi(x)))$，ただし $y_1, \ldots, y_n$ は $\varphi(x)$ に現れる x 以外の自由変数である．
(3) $\forall z \exists u \forall x (\exists y(x \in y \land y \in z) \to x \in u)$
(4) $\forall x \forall y \exists u (x \in u \land y \in u)$
(5) $\forall z \exists u \forall x (x \subseteq z \to x \in u)$
(6) $\exists u (\emptyset \in u \land \forall x \in u (\sigma(x) \in u))$
(7) $\forall z \forall y_1 \cdots \forall y_n (\forall x \in z \exists! y \varphi(x, y) \to \exists u \forall x \in z \exists y \in u \varphi(x, y))$，ただし $y_1, \ldots, y_n$ は $\varphi(x, y)$ に現れる x, y 以外の自由変数である．
(8) $\forall x(x \neq \emptyset \to \exists y \in x(x \cap y = \emptyset))$
(9) $\forall z \exists u(u$ は z 上の整列順序$)$

公理 (1) は外延性の公理であり，公理 (2) は分離公理である．公理 (3) は

4.4 Zermelo-Fraenkel 集合論 119

集合の集合 z の和集合 $\bigcup z$ の存在を主張する公理であるが[20]，より正確には $\bigcup z \subseteq u$ を満たす集合 u の存在を主張する公理である．公理 (3) によって存在が保証されている集合 u から，分離公理を用いて，$\exists y(x \in y \land y \in z)$ を満たす要素 x を切り取ることによって集合 $\bigcup z$ の存在は示される[21]．なお，$z \neq \emptyset$ の場合には，z の積集合 $\bigcap z$ の存在は分離公理から直ちに示される[22]．公理 (4) は与えられた x, y に対して $\{x, y\} \subseteq u$ を満たす集合 u の存在を主張する．この公理と分離公理から集合 $\{x, y\}$ の存在が示されるが，集合 $\{x, y\}$ は順序対を定義するのに用いられ，直積集合を定義する際に必要になる[23]．

【注意 4.4.8】 論理的公理から $\exists x(x = x)$ が導かれるので，ZF の公理を用いなくても何らかの対象の存在が示される．そして我々は対象と集合を区別していないので，その存在が示された対象は集合である．その集合と公理 (1), (2) から $\exists! z \forall x(x \notin z)$ が，すなわち空集合 $\emptyset$ の存在とその一意性が証明できる．したがって，公理 (1), (2) のもとでは定数記号 $\emptyset$ を自由に用いてよい．同様に，公理 (1) から (4) のもとでは $\sigma(x) = x \cup \{x\}$ を満たす関数記号 σ を自由に用いてよい．

公理 (5) は冪集合の存在を，すなわち z を集合とするとき，z の部分集合全体からなる集合の存在を主張する公理である．より正確には，公理 (5) は

---

[20] $\bigcup z = \{x : \exists y(x \in y \land y \in z)\}$ のことであるが，この集合を $\bigcup z$ と書くのは数学基礎論の習慣で，$\bigcup z$ よりも $\bigcup_{y \in z} y$ と書かれることが多いであろう．また，《原理 2》によって対象と集合を区別しないので，「z は集合の集合である」とは言わずに，単に「z は集合である」と言っても同じことである．ただし，和集合を取りたいので，気持ちとしては z は集合の集合である．

[21] もちろん，公理 (3) を $\bigcup z$ の存在を直接主張する公理に書き換えることもできる．

[22] $z = \emptyset$ の場合には $\bigcap z$ は集合全体の集まりとなり，集合にはならない．

[23] 集合 A, B の直積集合 $A \times B$ とは A の要素 a と B の要素 b の順序対 (a, b) の集合 $\{(a, b) : a \in A, b \in B\}$ である．ここで (a, b) とは「$(a, b) = (c, d) \Leftrightarrow a = c$ かつ $b = d$」という条件を満たす「何物か」のことである．そして，(a, b) を集合 $\{\{a\}, \{a, b\}\}$ のことと定めれば，この (a, b) は順序対の条件を満たすので，与えられた集合 a, b に対して集合 $\{a, b\}$ が存在するならば順序対を集合として定義することが可能になる．ただしこの順序対の定義は，このように集合を定義すると順序対の条件を満たし，かつ，そのように定義しても困ることはない，というだけのことであって，順序対はこの方法で定義しなければならないというものではない．

冪集合を部分集合として含む集合の存在をいう公理であって，冪集合それ自身の存在は公理 (5) と分離公理から導かれる．

〔定義 4.4.9〕 集合 z の冪集合を $\mathcal{P}(z)$ と書く．

【注意 4.4.10】 公理 (1), (2), (5) のもとでは $\mathcal{P}$ を関数記号として扱ってよい．

公理 (6) は無限公理 (Axiom of Infinity) と呼ばれている．次節で詳しく説明するように，無限公理は無限集合の存在を保証する公理である．

【注意 4.4.11】 我々は簡単に黒板に $\mathbb{R}$ と書くが，$\mathbb{R}$ は非可算無限集合であるのに対して，実際に日本語で名付けられる実数は可算無限個しかない．$\mathbb{R}$ について考えることの難しさの一つは，何が要素なのかがほとんど分からない集合について考えなければならないことにある．無限集合の冪集合を考えることにも同じ難しさがあり，無限公理と冪集合の存在公理を認めればこの難しさを引き受けることになる．しかし，無限公理がなければ $\mathbb{N}$ について話すことはできず，さらに冪集合の存在公理がなければ $\mathbb{R}$ について論じることはできない．この二つの公理は集合概念を用いて数学を形式的に展開するためには欠かすことのできない公理である[24]．

公理 (7) は論理式によって定義される関数による集合の像がまた集合になることを主張し，置換公理 (Axiom of Replacement) と呼ばれている．分離公理と同様に置換公理も内包の公理の特別な場合であるが，通常の数学で置換公理が必要になることは珍しい．公理 (8) は正則性の公理 (Axiom of Regularity) または基礎の公理 (Axiom of Foundation) と呼ばれている．

【注意 4.4.12】 選択公理のもとでは，正則性の公理は $\in$ に関する無限下降列 $x_0 \ni x_1 \ni x_2 \ni \cdots$ の非存在と同値である[25]．また，正則性の公理から

---

[24] もっとも，無限公理と冪集合の存在公理を無制限には認めずに数学を展開する立場もある．例えば Brouwer の直観主義は自然数全体の集合 $\mathbb{N}$ と，$\mathbb{N}$ の各々の部分集合の存在は認めるが，$\mathbb{N}$ の冪集合の存在は認めない立場であると解釈できよう．

[25] この同値性の証明は，例えば竹内外史 [57] pp. 128–130, キューネン [27] pp. 133–135, p. 142 演習問題 7 などを参照のこと．

4.4 Zermelo-Fraenkel 集合論

$\forall x(x \notin x)$ が導かれる．ここで，Russell の逆理に現れる $\{x : x \notin x\}$ という集まりを R と書くと，正則性の公理から $\forall x(x \notin x)$ が導かれるので，正則性の公理のもとでは R は「すべての集合からなる集まり」になる．もしも「すべての集合からなる集まりは集合ではない」と考えるのなら，正則性の公理のもとでは R は集合ではなく，R の要素はすべて集合なので，$R \in R$ ではない．このように正則性の公理を用いると，「R という集合でない集まりを集合と取り違えたことが Russell の逆理の原因である」と説明できる．ただし，逆理の原因を説明することと，矛盾を回避することは違う．実際，わざわざ正則性の公理を持ち出さなくても，内包の公理を分離公理に置き換えるだけで集合としての R の存在は言えなくなる．それに，至る所で指摘されているように，公理を増やせば矛盾に近づくだけで，公理を増やす方法で矛盾を回避することはできない[26]．

公理 (9) は大変に大雑把な書き方をしているが論理式を用いて正確に記述できる主張であり，選択公理 (Axiom of Choice) と呼ばれている[27]．なお，公理 (2) から (7) は集合の存在を主張する公理であるが，内包の公理の特別な場合なので，もしも内包の公理があれば，これらの公理は不要である．これらの公理は内包の公理を分離公理に弱めた結果として必要になった公理である．一方，公理 (8) と (9)，すなわち正則性の公理と選択公理は内包の公理から導かれる公理ではない[28]．特に正則性の公理は空でない集合が満たすべき性質を規定する公理であり，余計な集合が存在しないことを主張する公理である．一般に集合を用いて数学を形式化するためには使える集合は多ければ多いほどよいので，数学を形式化するためには正則性の公理は不要である．簡単にいえば，正則性の公理は余分な集合は存在しないことを主張する公理であり，数学の形式化にとってではなく，集合論にとって有益で不可欠な公理である[29]．

---

[26] Russell の逆理と正則性の公理の関係については竹内外史 [57] pp. 118–123，Maddy [188] p. 484 などにも簡単な記述がある．

[27] 選択公理について詳しくは田中尚夫 [64] を参照のこと．

[28] ただし，内包の公理があれば矛盾してしまうので，結果として内包の公理から公理 (8) と (9) は導かれる．

[29] カナモリは [167] p. 5 で次のように語っている．「基礎の公理 (Foundation) は，数学

【注意 4.4.13】 正則性の公理とは N における最小値原理の一般化である．また，N においては最小値原理が数学的帰納法と本質的に同値であることと同じように，集合論においては正則性の公理は $\in$ に関する帰納法と同値である．そして，自然数の集合が数学的帰納法によって特徴付けられることを鑑みて数学的帰納法を自然数の概念の本質であると考えるならば，集合論において正則性の公理を採用することは，集合論とは自然数論の拡張であると考える立場を積極的に表明することに他ならないとも考えられる．

Zermelo-Fraenkel 集合論とは《原理1》，《原理2》，《原理3′》という三つの原理を受け入れて，外延性の公理と分離公理に数学を展開する上で必要になる様々な集合の存在公理を付け加えたのもである．ただし，無限公理，冪集合の存在公理，そして正則性の公理という三つの公理は，《原理1》，《原理2》，《原理3′》という三つの原理から導かれるものではない．この三つの原理は集合という概念一般に関わるものであり，この三つの原理から導かれる公理もまた集合という概念一般に関わる公理であると考えられる．それに対して，無限公理，冪集合の存在公理，そして正則性の公理という三つの公理は集合全体の世界の数学的な性質に関わる公理であり，Zermelo-Fraenkel 集合論を特徴付ける数学的な公理である．

【注意 4.4.14】 竹内外史は Zermelo-Fraenkel 集合論は無思想で「集合とは

を集合論の言葉で記述しなおす際には必要にならないが，集合論固有の構造的な研究においては，重要な役割を果たすことが明らかになってきた．実際，現在の集合論は，カントルの整列順序主義の，ツェルメロの集合の組合せ論的認識への適用化であるところの，整順性 (well-foundedness) の研究であると言っても過言ではない．」ただし，正則性の公理を仮定せず，むしろ積極的に $\in$ に関する無限下降列の存在を認める集合論も存在する．例えば Aczel はそのような集合論の一つとして AFA と名付けられた理論を提案しており，その ZF に対する相対的な無矛盾性も示されている．Aczel [116], Devlin [138] を参照のこと．そして，形式化の対象が数学の世界ではなく，自然言語の意味論や，その他の様々な日常的な現象の場合には，通常の集合論ではなく正則性の公理を仮定しない集合論のほうが適しているという議論もある．例えば Barwise and Etchemendy は [84] において，AFA を用いて循環的な「状況」という概念を定式化し，自然言語の形式的な意味論を展開することで「嘘つきの逆理」の解消を試みている．もっとも，Barwise and Etchemendy による AFA を用いた「状況」の概念の定式化と「嘘つきの逆理」の解消の仕組みは区別する必要があり，McLarty は [191] において，Barwise and Etchmendy による「嘘つきの逆理」の解消における AFA の使用は本質的ではないと論じている．AFA の他の応用例については Barwise and Moss [122] を参照のこと．

何か」という問には何も答えていないと言う[30]．確かに Zermelo-Fraenkel 集合論には「集合とは何か」を明確に規定する主張はなく，その意味では無思想である．しかし，Zermelo-Fraenkel 集合論は《原理1》，《原理2》，《原理3′》という三つの原理を受け入れて，さらに，無限公理，冪集合の存在公理，そして正則性の公理という三つの公理を掲げることで成立する理論である．《原理1》，《原理2》，《原理3′》という三つの原理を受け入れることは，集合という概念一般に対する見方に一つの方向性を与えるものである．そして，無限公理，冪集合の存在公理，そして正則性の公理という三つの公理を掲げることは，数学における集合の世界の在り方について明確な思想性を打ち出すことに他ならないように思われる[31]．

4.5 集合による自然数の表現

我々が日常的に慣れ親しみ，感覚的に理解している素朴な意味での自然数全体の集まりを $\mathcal{N}$ とし，a は素朴な意味での自然数であることを $a \in \mathcal{N}$ と書くことにする[32]．ただし $\mathcal{N}$ は数学的に定義された集合ではなく，何が $\mathcal{N}$ の要素であるのかは明確ではない．$a \in \mathcal{N}$ という記法は数学における集合の記法を $\mathcal{N}$ に援用したものである．

【注意 4.5.1】 $\mathcal{N}$ を数学的に定義したものが 4.1 節で紹介した単無限構造としての N である．数学では $\mathcal{N}$ のことは考えずに，自然数全体の集合とは N であると考えられている．しかし実際には，N とは何であるのかは判然としない．そして，N に期待される性質を持つ集合が定義 4.5.11 で定められる ω である．$\mathcal{N}$，N，そして ω という三種類の自然数全体の集合がある．「$\mathcal{N}$ と

---

[30] 竹内外史 [57] p. 105, p. 200 を参照のこと．
[31] この思想が何であるのかを端的に表したものが「反復的な集合観」と呼ばれているものであろう．この「反復的な集合観」について詳しくはブーロス [92] 等を参照のこと．なお，無限公理，冪集合の存在公理，そして正則性の公理を数学的な公理として他の公理から区別することは渕野昌の指摘に基づくものである．また，Zermelo-Fraenkel 集合論の思想的背景については Hallet [158] も参照のこと．
[32] 本章の冒頭でも触れたように，この $\mathcal{N}$ という記号は本書でしか通用しない．以下で現れる U についても同様である．

は何か」という問題に答えることは難しいが, $\mathcal{N}$ や ω とは異なる N が存在すると考えることも難しい. この $\mathcal{N}$, N, ω の関係は素朴な量の概念, 完備順序体としての $\mathbb{R}$, そして Dedekind の切断や Cauchy 列によって定義された実数全体の集合の関係に対応する.「素朴な量の概念とは何か」という問題に答えることは難しいが, 素朴な量の概念や Dedekind の切断等によって定義された実数全体の集合とは異なる $\mathbb{R}$ が存在すると考えることも難しい. 結局, 極端な数学的実在論を採るのでなければ, N は $\mathcal{N}$ と ω のいずれかと同一視せざるを得なくなるが, そのどちらと同一視すべきなのかは分からない. そこで, $\mathcal{N}$, N, そして ω という三つの記号を用意する.

【注意 4.5.2】 哲学で議論の対象となる自然数とは N の要素としての自然数ではなく, $\mathcal{N}$ の要素としての自然数であることが多い. 例えば Dummett が自然数の概念が無際限拡張可能であると言うとき[33], 話題になっているのは $\mathcal{N}$ であると考えるべきである. このことを理解しないと, 自然数の概念に関わる哲学的な議論のかなりの部分は意味が分からなくなる[34]. 哲学に近い文脈では数学基礎論も $\mathcal{N}$ と無縁ではない. 例えば論理式や証明は記号の有限列として定義されるが, 記号の数は本来 N ではなく $\mathcal{N}$ の要素としての自然数を用いて数えられている. そして, 有限の立場とは N を参照せずに $\mathcal{N}$ のみで議論を進める立場であり, 不完全性定理とは N と $\mathcal{N}$ を同一視したときに何が起きるのかについての定理であるとも考えられよう.

数学の世界には N や $\mathbb{R}$ の要素としての自然数や実数のような具体的な数学的対象や, N や $\mathbb{R}$ のように具体的な数学的対象に関わる集合が存在している. 一方, 数学の世界には空集合 $\emptyset$ やその集合 $\{\emptyset\}$ のように, 集合以外の具体的な数学的対象とは無縁である純粋な集合も存在している. そのような純粋な集合の全体からなる集まりを「集合の世界」と呼び, それ以外の数学の世界を便宜的に「数の世界」と呼んで区別することにする. 次の定義は数学的な意味での定義ではないが, 集合論における V という記号の重要性を考えて, ここでは敢えて定義として紹介する.

---

[33] この議論については, 例えばダメット [67] を参照のこと.
[34] ただし, このことを理解していても Dummett の議論が分かり易くなることはない.

〔定義 4.5.3〕「集合の世界 (the universe of sets)」を，つまり，「集合の世界」の構成要素である集合全体の集まりを V と書く．

さて，議論の対象を V の要素に限定する．集合論の言語 $\mathcal{L}_S$ の論理式 $\varphi(x)$ に対して，$\varphi(x)$ を満たす集合 x 全体の集まり $\{x : \varphi(x)\}$ を考える．例えば V は $\{x : x = x\}$ である．このような集合の集まり $\{x : \varphi(x)\}$ をクラス (class) と呼ぶ．なお，$\{x : x = x\}$ が集合であると，つまり V の要素であると仮定すると矛盾が生じる．集合はクラスの特別な場合であるが，集合ではないクラスが存在する．集合ではないクラスを真のクラス (proper class) と呼ぶ．

本来，$\in$ や $\subseteq$ は集合間の 2 項関係であるが，これらの記号をクラスにも援用する．例えば a が集合で b がクラス $\{x : \varphi(x)\}$ であるとき，$a \in b$ とは $\varphi(a)$ の略記であり，a および b がそれぞれクラス $\{x : \varphi(x)\}$ および $\{x : \psi(x)\}$ であるとき，$a \subseteq b$ とは $\forall x(\varphi(x) \to \psi(x))$ の略記である．

この V に対して，「数の世界」を U と書くことにする．数学で議論される $0, 1, 2, \ldots$ といった自然数は U の要素であり，$\mathbb{N}$ や $\mathbb{R}$ も U の要素である．$V \cup U$ が「数学的対象の世界」である．

【注意 4.5.4】 V や U という記号を定めることは，全体としては現実との境界が曖昧な，ある種の空想的な物語の舞台を設定することであって，これらの記号が表す対象や世界が存在することを主張することではない．対象と集合を区別しないという《原理 2》に含まれる「すべての対象は集合である」という主張を，集合の世界から数学の世界全体にまで拡張すると，V の外にある「数の世界」U など存在せず，V こそが数学の世界であるという考え方になる．これは強い意味で集合論が数学の基礎であると考える立場である．一方，V と U は異なる世界であるが U は V の中で再現できる，と考える立場もある．これは弱い意味で集合論が数学の基礎であると考える立場である．さらに，V の要素は空虚で数学の興味の対象にはならないという考え方もある．そして本書は，この三つの考え方のいずれか一つに与するものではないし，V や U に関する議論のどの一部分についても虚構であると断定するものでもない．要するに，筆者には V や U は分からないのである．

【注意 4.5.5】「数学」は「数学的対象の世界」V∪U を調べる学問であり，「数学」の定理や証明が何であるのかは「哲学」の問題である．つまり，「数学的対象の世界」「数学」「哲学」という三層構造がある．述語論理を用いて「数学」を形式化することで，「哲学」は数学的に展開できるようになる．この数学化された「哲学」を「超数学 (metamathematics)」と呼ぶ．この「超数学」については二通りの考え方がある．一つは，形式化されたことで「数学」は「数学的対象の世界」に移り，それに応じて「哲学」は「数学」に移ったと考えるものである．この考え方のもとでは，「数学」の一部分となった「哲学」が「超数学」である．もう一つは，「超数学」とは「数学」の一部分ではなく，あくまで数学的に展開された「哲学」であると考えるものである．前者の「超数学」では数学的手法は何でも用いられ，自然数全体の集合は $\mathbb{N}$ であると考えてよい．ただし，数学基礎論に循環論法を招き入れないためには後者の「超数学」が必要である．そして，後者の「超数学」では「有限の立場」が重要であり，自然数全体の集合は $\mathcal{N}$ であると考えるべきである．

V は集合ではないので $(V, \in)$ は集合論の言語 $\mathcal{L}_S$ の構造ではないが，$\in$ を集合に関する基本的な概念と考える《原理 1》のもとでの集合論の目的は $(V, \in)$ の理解である．そして，$(V, \in)$ が満たすべき基本的な性質を $\mathcal{L}_S$ の理論として表したものが前節で紹介した ZF または ZFC である．

【注意 4.5.6】 $\mathbb{N}$ を理解するために PA があり，V を理解するために ZF がある．そして我々は，素朴な感覚として，$\mathbb{N}$ が固定された一つの構造であると信じている．しかし，確かなことは $\mathbb{N}$ を表すと考えられる集合の存在と一意性が V の中で証明できることだけである．この事実が，$\mathbb{N}$ が一つしかないという信念の正しさの根拠になるかどうかは分からない．まして，V が固定された一つの構造であるのかどうかは分からない．例えば，竹内外史は集合の世界は growing universe であると言う[35]．この growing universe と

---

[35] 竹内外史は [56] p. 57 で次のように言う．「私は集合論の矛盾は本当の矛盾でないと思います．集合論の矛盾は，集合全体を一つの固定した集合とするとき，そこに入らない新しい集合が存在するということをいっているだけです．之は正確には集合の universe が固定した universe ではなく growing universe だということをいっているのです．数学の対象として今迄 growing universe を取扱ったことはないので最初に矛盾としてとらえたことは当然ですが，その後の数学及び集合論をみる時に growing

4.5 集合による自然数の表現

いう言葉に含まれる集合の世界の拡張可能性という概念は，Dummett の自然数概念の無際限拡張可能性という概念と酷似しており，本質的に同じものであるように思われる．そして，集合の世界は growing universe であるという見方のもとでは，V と比べるべき対象は $\mathbb{N}$ ではなく $\mathcal{N}$ であろう．ZF を構築した当初の目論みはともかく，ZF が拡張可能な性質を持つ集合の世界を論じるための枠組みとして機能するものならば，公理的方法には未だ明確には意識されていない能力があるのかも知れない．また，PA とは単に Dedekind-Peano の公理を述語論理を用いて書き直したものではなく，$\mathcal{N}$ について論じるための枠組みであると考えるべきなのかも知れない．

さて，単無限構造を $\mathbb{N}$ と呼び，完備順序体を $\mathbb{R}$ と名付けることによって，数学では「数の世界」$\mathbb{U}$ 上で $\mathbb{N}$ や $\mathbb{R}$ が定義されたことになっている．そして数学者は一般に，$\mathbb{N}$ や $\mathbb{R}$ が $\mathbb{U}$ の要素であり，$\mathbb{U}$ の一部分であると信じている．しかし実際に，それらが $\mathbb{U}$ の要素として存在するかどうかを議論する方法はない．「数の世界」$\mathbb{U}$ が存在し，$\mathbb{U}$ の中に $\mathbb{N}$ や $\mathbb{R}$ が存在すると信じることは極端な数学的実在論である．

それに対して ZF では，無限公理や冪集合の存在公理を用いることで，$\mathbb{N}$ や $\mathbb{R}$ に対応する集合の存在と一意性が証明できる．また，V は ZF の非論理的公理をすべて満たすと考えられるので，V においても $\mathbb{N}$ や $\mathbb{R}$ に対応する集合が一意的に存在することになる．以下では ZF における $\mathbb{N}$ に対応する集合の存在と一意性の証明を紹介する．

まず，空集合 $\varnothing$ が自然数 0 に対応すると考える．前節で定義した，集合 x に集合 $x \cup \{x\}$ を対応させる関数 σ は V から V への関数である．集合 $\varnothing$ と関数 σ を用いると，自然数 $0, 1, 2, \ldots$ に対応する集合 $\rho_0, \rho_1, \rho_2, \ldots$ は以下のように定義できる．

〔定義 4.5.7〕　$\rho_0 = \varnothing$, $\rho_1 = \sigma(\rho_0) = \{\rho_0\}$, $\rho_2 = \sigma(\rho_1) = \{\rho_0, \rho_1\}, \ldots$

つまり，$\rho_1 = \{\varnothing\}, \rho_2 = \{\varnothing, \{\varnothing\}\}$ である．一般に $n \in \mathcal{N}$ のとき ρ_n は n

---

universe と考えることが必然的で又自然だと思います．しかし先ず我々は growing universe をハッキリと表明して，それに対する新しい philosophy を展開する必要があります．」

を表現する集合であり, s を $\mathcal{N}$ 上の後者関数とすると $\rho_{s(n)} = \{\rho_0, \ldots, \rho_n\}$ である[36]. 自然数を表現する集合 ρ_n 全体の集合 $\{\rho_n : n \in \mathcal{N}\}$ は,「集合の世界」V の中で自然数の集合 $\mathcal{N}$ を表す集合である. ただし, $\{\rho_n : n \in \mathcal{N}\} \subseteq \mathrm{V}$ であるが, $\{\rho_n : n \in \mathcal{N}\}$ の定義は $\mathcal{N}$ という V の外にある概念を参照しているので, $\{\rho_n : n \in \mathcal{N}\} \in \mathrm{V}$ となる保証はない. そもそも $\mathcal{N}$ が何であるのかよく分からないので, $\{\rho_n : n \in \mathcal{N}\}$ が何であるのかはよく分からない.

集合論の上で自然数全体の集合を扱うためには, 自然数全体の集合を表す集合が V の要素として存在していることを示す必要がある. そのような V の要素として自然数全体の集合を表す集合を ω と書くことにする. もしも ZF 上で ω の存在が証明できれば, V の要素として ω が存在することが分かる. そして, ZF 上で ω の存在を保証するのが無限公理である.

【注意 4.5.8】 $a \in \mathrm{V}$ を $\mathcal{L}_S$ の論理式で表現できても, ZF や ZFC では a の存在を証明できない場合もある. 例えば巨大基数と呼ばれている集合は V の中に存在すると信じられているが, その存在は ZF や ZFC からは証明できない. 巨大基数の存在を主張する公理は無限公理の一種である[37].

実際に無限公理から ω の存在を示すためには多少の議論が必要である. 無限公理で存在が保証される集合 u の条件 $\emptyset \in u \wedge \forall x \in u(\sigma(x) \in u)$ を $\Omega(u)$ と書くことにする. つまり, 無限公理は $\exists u \Omega(u)$ である.

〔定義 4.5.9〕 $\Omega(a)$ が成り立つとする. このとき, 集合 $\bigcap \{x \in \mathcal{P}(a) : \Omega(x)\}$ を ω_a とする.

集合 $\{x \in \mathcal{P}(a) : \Omega(x)\}$ の存在は冪集合の存在公理, すなわち公理 (5) と分離公理によって示される. $\Omega(a)$ が成り立つとき $\{x \in \mathcal{P}(a) : \Omega(x)\}$ は空

---

[36] 他にも自然数を表現する集合の構成方法はある. ここで紹介したものは von Neumann によるもので, 現在の集合論では最も一般的だが, 例えば Zermelo は $\rho_0 = \emptyset, \rho_1 = \{\rho_0\}, \rho_2 = \{\rho_1\}, \ldots, \rho_{s(n)} = \{\rho_n\}, \ldots$ という構成方法を考案している. この二つの構成方法のうちどちらか一方が正しく, もう一方が誤りだという訳ではない. エビングハウス [15] pp. 432–433, シャピロ [45] pp. 351–352 を参照のこと.

[37] 巨大基数については, 例えば竹内外史 [57] pp. 163–172, 松原洋 [100] を参照のこと.

集合ではない．また，$\Omega(a)$ が成り立てば明らかに $\Omega(\omega_a)$ が成り立つ．

〔補題 4.5.10〕 ZF で以下のことが証明可能である．$\Omega(a)$ かつ $\Omega(b)$ ならば $\omega_a = \omega_b$ である．

（証明） $x = a \cap \omega_b$ とする．$\Omega(x)$ かつ $x \subseteq a$ なので $\omega_a \subseteq \omega_b$ である．同様に $\omega_b \subseteq \omega_a$ なので，$\omega_a = \omega_b$ である． □

したがって ω を定義するときに使う集合 a は $\Omega(a)$ が成り立てば何でもよい．そこで，ω を次のように定義する．

〔定義 4.5.11〕 $\Omega(a)$ が成り立つとする．このとき，ω_a を ω と定める．

このように定義された ω は，$\emptyset \in \omega$ であり，かつ，σ について閉じている最小の集合である．また，無限公理により $\Omega(a)$ を満たす $a \in \mathbf{V}$ の存在が保証されるので，この定義によって定められる ω もまた $\mathbf{V}$ の要素である．非形式的な表現である $\{\rho_n : n \in \mathcal{N}\}$ を定義するためには $\mathcal{N}$ を参照する必要があったが，ω を定義するためには $\mathcal{N}$ を参照する必要はない．この ω について，次の定理が成り立つ．

〔定理 4.5.12〕 ZF で以下のことが証明可能である．$b \subseteq \omega$ とする．$\emptyset \in b$ かつ $\forall x \in \omega (x \in b \to \sigma(x) \in b)$ ならば $b = \omega$ である．

（証明） $\Omega(a)$ が成り立つとする．ω の定義と補題 4.5.10 から $\omega = \omega_a$ である．$b \subseteq \omega_a$，$\emptyset \in b$，$\forall x \in \omega (x \in b \to \sigma(x) \in b)$ が成り立つとする．このとき $\Omega(b)$ が成り立ち，$\omega_a \subseteq a$ から $b \subseteq a$ となる．したがって，ω_a の定義から，$\omega_a \subseteq b$ となる．よって $b = \omega_a$ が成り立つので，$b = \omega$ である． □

つまり，σ を ω 上の後者関数と考えれば，ω のすべての部分集合について数学的帰納法が成り立つことが ZF で証明できる．この条件は「数の世界」で $\mathbb{N}$ を特徴付けている Dedekind-Peano の公理に対応しているので，この定理によって ω の存在が $\mathbf{V}$ の中で示せたことになり，少なくとも弱い意味では集合論は数学の基礎であることが示せたことになる．

以下，混乱の恐れがない場合には，$\mathbf{V}$ の中で自然数を表現する集合 $\rho_0, \rho_1, \rho_2, \ldots$ を，「数の世界」と同様に $0, 1, 2, \ldots$ という記号で表すこ

とにする．ただし，次節で説明するように，「数の世界」に属する集合であるNと「集合の世界」に属する集合であるωを同一視できるかどうかは微妙な問題がある．したがって，自然数全体の集合に関しては今までと同様に「数の世界」のNと区別して「集合の世界」ではωと書くことにする．

【注意 4.5.13】「集合の世界」の自然数の集合をωと書くことは集合論の習慣である．ただし，集合論でNと書かずにωと書く理由は，「数の世界」と「集合の世界」を区別するためではなく，自然数の集合を順序数と見るからである．順序数とは集合の概念を用いて自然数の概念を無限大まで拡張したものであり，自然数の集合は最も小さな無限の順序数である．自然数の集合を順序数と見るときにωという記号が用いられる．

さて，自然数の集合ωの存在がZF上で証明できたので，算術の言語の論理式を集合論の言語の論理式に翻訳できるようになる．

まず，言語を拡張する．ZF上で$0, 1$といった自然数や自然数全体からなる集合ωの存在と一意性が証明できる．そこで，それらを表す定数記号$0, 1$およびωを集合論の言語$\mathcal{L}_S$に付け加える．また，定理4.5.12のもとでは5.1節で紹介する原始再帰法を使ってω上の関数を定義できるので，ω上の和$+$や積$\cdot$，大小関係$\leq$もまた集合として定義可能である．したがって，それらを表す関数記号や関係記号も付け加える．このように$\mathcal{L}_S$に新たな記号を付け加えて得られる言語$\{\in, 0, 1, \omega, +, \cdot, \leq\}$もまた$\mathcal{L}_S$と書くことにして，$\mathcal{L}_A \subseteq \mathcal{L}_S$であると考えることにする．

次に，証明可能性について考える．φを$\mathcal{L}_A$の論理式とするとき，φに現れる量化子$\forall x(\cdots)$をすべて$\forall x(x \in \omega \to \cdots)$に書き換えて得られる$\mathcal{L}_S$の論理式を$\varphi^\omega$と書くことにする．ZFに新たに付け加えられた記号$0, 1, +, \cdot, \leq$を定義する条件をZFに非論理的公理として付け加えた理論はZFの保存的拡大になるので，その理論もまたZFで表すことにする．このとき，定理4.5.12によりω上では数学的帰納法が成立するので，φがPAの非論理的公理ならばZF$\vdash \varphi^\omega$となることが示せる．ゆえに，証明の長さに関する帰納法によって，次の定理が得られる．

[定理 4.5.14] φをPAの文とする．このとき，PA$\vdash \varphi$ならばZF$\vdash \varphi^\omega$で

ある.

集合論の上で算術の言語 $\mathcal{L}_A$ の文 φ を考えるときには φ^ω を考えることにして, 混乱の恐れがない場合には φ^ω を φ と書くことにする. つまり, かなり乱暴ではあるが, 以下では PA ⊢ φ ならば ZF ⊢ φ が成り立つと考えて, この意味で PA ⊆ ZF であると考える.

4.6 Skolem の逆理

自然数の集合 N は「数の世界」U に属する集合であり, ω は「集合の世界」V の中で N を表現する集合である. 二つの集合 N と ω の間に全単射が存在することが示せれば, ω は正確に N を表現していることになる. しかし, ω は V の中で定義された集合であり, N は V の外に存在する集合なので, N と ω を繋ぐ全単射の存在を V 上で議論することはできない. また, ZF の公理を用いて V 上での存在が示された ω について ZF の公理を介さずに議論することはできないので, N と ω の関係を U 上で議論することもできない. そもそも N とは何なのかはよく分からない.

さて, 一般に述語論理の構造は, 群や体といった「数の世界」に属している数学的対象と同種の存在物である. ZF の公理がすべて (V, ∈) で正しいのであれば ZF は無矛盾なはずであり, ZF が無矛盾ならば ZF のモデル $\mathfrak{M}$ が「数の世界」に存在する. そして, 同じ「数の世界」に属する $\mathfrak{M}$ と N の関係は, 完全に数学的に議論することが可能である. ただし,「数の世界」に属する ZF のモデル $\mathfrak{M}$ とは集合論の言語 $\mathcal{L}_S$ の構造であり, 2 項関係 $\in^{\mathfrak{M}}$ を伴う「点」の集合 $|\mathfrak{M}|$ でしかなく, $|\mathfrak{M}|$ の要素が集合であるとは仮定できない. この意味で ZF のモデルは, 集合の集まりである V とは完全に異なる種類の存在物である.

ところで, ZF 上で ω の存在と一意性が証明できるので, $\mathfrak{M}$ の中にも ω の解釈 $\omega^{\mathfrak{M}} \in |\mathfrak{M}|$ が存在する. N が ω と対応するのかを考えるために $\omega^{\mathfrak{M}}$ と N の関係を見たいが, $|\mathfrak{M}|$ の要素は集合であるとは仮定できないので, $|\mathfrak{M}|$ の中から一つだけ取り出してきた $\omega^{\mathfrak{M}}$ と N の間に全単射が存在するか

どうかは論じられない。そこで次のように定義する[38]。

〔定義 4.6.1〕 $a \in |\mathfrak{M}|$ のとき，$|\mathfrak{M}|$ の部分集合 $\{x \in |\mathfrak{M}| : \mathfrak{M} \models x \in a\}$ を $\text{ex}(a)$ と書き，$\text{ex}(a)$ を $\mathfrak{M}$ における a の外延 (extension) と呼ぶ．

この定義で定められる $a \in |\mathfrak{M}|$ の外延とは，$\mathfrak{M}$ の上で a がどのような集合を表しているのかを示すものである．次の補題は後で用いる．

〔補題 4.6.2〕 $a, b \in |\mathfrak{M}|$ とする．$\mathfrak{M} \models a \subseteq b$ ならば $\text{ex}(a) \subseteq \text{ex}(b)$ である．

（証明） $\mathfrak{M} \models a \subseteq b$ とする．$x \in \text{ex}(a)$ ならば $\mathfrak{M} \models x \in a$ なので $\mathfrak{M} \models x \in b$ である．したがって $x \in \text{ex}(b)$ である． □

V において自然数 n を表す集合 ρ_n と n を同一視したように，ρ_n の $\mathfrak{M}$ における解釈 $(\rho_n)^{\mathfrak{M}}$ と n を同一視する．$\omega^{\mathfrak{M}}$ の外延 $\text{ex}(\omega^{\mathfrak{M}})$ を考える．$n \in \mathbb{N}$ ならば $\mathfrak{M} \models n \in \omega^{\mathfrak{M}}$ なので，$n \in \text{ex}(\omega^{\mathfrak{M}})$ であり，$\mathbb{N} \subseteq \text{ex}(\omega^{\mathfrak{M}})$ である．しかし，PA や TA に超準モデルが存在することの証明とまったく同様に，次の定理が証明できる．

〔定理 4.6.3〕 ZF は無矛盾であるとする．このとき，$\mathbb{N} \neq \text{ex}(\omega^{\mathfrak{M}})$ となる ZF のモデル $\mathfrak{M}$ が存在する．

したがって，もしも V の要素としての ω と $\mathbb{N}$ の間に全単射が存在するとしても，それは V の在り方による事実であって，ZF から導ける事実ではない．

〔定義 4.6.4〕 $\mathfrak{M}$ を ZF のモデルとする．$\mathbb{N} = \text{ex}(\omega^{\mathfrak{M}})$ が成り立つとき $\mathfrak{M}$ は ω モデル (ω model) であるという．$\mathbb{N} \neq \text{ex}(\omega^{\mathfrak{M}})$ が成り立つとき $\mathfrak{M}$ は ZF の超準モデル (nonstandard model) であるという[39]。

【注意 4.6.5】 $\mathfrak{M}$ を ZF のモデルとする．$\mathfrak{M}$ の中で見れば，$\omega^{\mathfrak{M}}$ は PA の標準モデルであり，TA の標準モデルである．$\mathfrak{M}$ を外から見る場合には，$\mathfrak{M}$ が

---

[38] この定義は本書のみで通用し，一般的なものではない．
[39] この超準モデルという言い方は一般的なものではない．

ω モデルならば，$\mathbb{N} = \text{ex}(\omega^{\mathfrak{M}})$ なので $\text{ex}(\omega^{\mathfrak{M}})$ は PA の標準モデルであり，TA の標準モデルでもある．しかし，$\mathfrak{M}$ が ω モデルでないときは，$\text{ex}(\omega^{\mathfrak{M}})$ は PA のモデルにはなるが，TA のモデルになるとは限らない．これは不完全性定理からの帰結である．

定理 4.5.12 により $\mathfrak{M} \models \text{ZF}$ ならば，$\mathfrak{M}$ 上では $\omega^{\mathfrak{M}}$ のすべての部分集合について数学的帰納法が成り立つ．それにもかかわらず $\mathbb{N} \neq \text{ex}(\omega^{\mathfrak{M}})$ となり得ることは，次に紹介する Skokem の逆理と密接な関係がある．$\mathfrak{M} \models \text{ZF}$ のとき，ω の冪集合 $\mathcal{P}(\omega)$ の $\mathfrak{M}$ 上での解釈を $(\mathcal{P}(\omega))^{\mathfrak{M}}$ とする．

《**Skolem の逆理 (Skolem's Paradox)**》 ZF は無矛盾であると仮定する．集合論の言語 $\mathcal{L}_S = \{\in\}$ は有限集合なので，ZF は可算モデル $\mathfrak{M}$ を持つ．$\text{ex}((\mathcal{P}(\omega))^{\mathfrak{M}})$ は $|\mathfrak{M}|$ の部分集合なので可算無限集合である．一方，ZF 上で Cantor の対角線論法が証明できるので，$\mathcal{P}(\omega)$ は非可算無限集合であることが ZF 上で証明できる．よって，$(\mathcal{P}(\omega))^{\mathfrak{M}}$ は [$\mathfrak{M}$ 上で] 非可算無限集合である．$\text{ex}((\mathcal{P}(\omega))^{\mathfrak{M}})$ が可算無限集合でありながら $(\mathcal{P}(\omega))^{\mathfrak{M}}$ が [$\mathfrak{M}$ 上で] 非可算無限集合であることは，[$\mathfrak{M}$ 上で] という言葉を無視すれば，矛盾する．

Skolem の逆理において，$\text{ex}((\mathcal{P}(\omega))^{\mathfrak{M}})$ が可算無限集合であることは，$\text{ex}((\mathcal{P}(\omega))^{\mathfrak{M}})$ と $\mathbb{N}$ の間に全単射が存在することである．一方，$(\mathcal{P}(\omega))^{\mathfrak{M}}$ が非可算無限集合であることは，$|\mathfrak{M}|$ の中には $(\mathcal{P}(\omega))^{\mathfrak{M}}$ と $\omega^{\mathfrak{M}}$ を繋ぐ全単射は存在しないことである．そして，$\text{ex}((\mathcal{P}(\omega))^{\mathfrak{M}})$ と $\mathbb{N}$ を繋ぐ関数は非可算無限個存在するが，$|\mathfrak{M}|$ は可算無限集合なので，それらの関数のうち $|\mathfrak{M}|$ の要素に対応するものは可算無限個しかない．したがって，$\text{ex}((\mathcal{P}(\omega))^{\mathfrak{M}})$ と $\mathbb{N}$ の間に全単射が存在しても，その全単射に対応する $(\mathcal{P}(\omega))^{\mathfrak{M}}$ と $\omega^{\mathfrak{M}}$ を繋ぐ関数は，$|\mathfrak{M}|$ には存在しない可能性がある．ゆえに，$\text{ex}((\mathcal{P}(\omega))^{\mathfrak{M}})$ が可算無限集合であることと $(\mathcal{P}(\omega))^{\mathfrak{M}}$ が非可算無限集合であることは矛盾しない．要するに，[$\mathfrak{M}$ 上で] という言葉は無視できない．Skolem の逆理は本来，逆理と呼ぶべきものではない．

さて，集合 $\text{ex}((\mathcal{P}(\omega))^{\mathfrak{M}})$ と集合 $\mathcal{P}(\text{ex}(\omega^{\mathfrak{M}}))$ の間には，次の定理で示される関係が成り立つ．

[定理 4.6.6] $\mathfrak{M} \models \mathsf{ZF}$ とする．このとき，以下の (1) と (2) が成り立つ．

(1) $\{\mathsf{ex}(a) : a \in \mathsf{ex}((\mathcal{P}(\omega))^{\mathfrak{M}})\} \subseteq \mathcal{P}(\mathsf{ex}(\omega^{\mathfrak{M}}))$ である．

(2) $\mathfrak{M}$ が可算モデルならば，$\{\mathsf{ex}(a) : a \in \mathsf{ex}((\mathcal{P}(\omega))^{\mathfrak{M}})\} \neq \mathcal{P}(\mathsf{ex}(\omega^{\mathfrak{M}}))$ である．

(証明) (1) を示す．$a \in \mathsf{ex}((\mathcal{P}(\omega))^{\mathfrak{M}})$ とする．$\mathfrak{M} \models a \in (\mathcal{P}(\omega))^{\mathfrak{M}}$ なので $\mathfrak{M} \models a \in \mathcal{P}(\omega)$ である．したがって $\mathfrak{M} \models a \subseteq \omega$ であり，$\mathfrak{M} \models a \subseteq \omega^{\mathfrak{M}}$ である．補題 4.6.2 から $\mathsf{ex}(a) \subseteq \mathsf{ex}(\omega^{\mathfrak{M}})$ となるので $\mathsf{ex}(a) \in \mathcal{P}(\mathsf{ex}(\omega^{\mathfrak{M}}))$ である．ゆえに，$\{\mathsf{ex}(a) : a \in \mathsf{ex}((\mathcal{P}(\omega))^{\mathfrak{M}})\} \subseteq \mathcal{P}(\mathsf{ex}(\omega^{\mathfrak{M}}))$ である．

(2) を示す．$\mathfrak{M}$ を可算モデルとする．$\mathsf{ex}((\mathcal{P}(\omega))^{\mathfrak{M}})$ は $|\mathfrak{M}|$ の部分集合なので可算無限集合であり，$\{\mathsf{ex}(a) : a \in \mathsf{ex}((\mathcal{P}(\omega))^{\mathfrak{M}})\}$ も可算無限集合である．一方，通常の対角線論法により $\mathcal{P}(\mathsf{ex}(\omega^{\mathfrak{M}}))$ は非可算無限集合なので，$\{\mathsf{ex}(a) : a \in \mathsf{ex}((\mathcal{P}(\omega))^{\mathfrak{M}})\} \neq \mathcal{P}(\mathsf{ex}(\omega^{\mathfrak{M}}))$ である． □

【注意 4.6.7】 $\mathfrak{M}$ が非可算モデルの場合には，$\{\mathsf{ex}(a) : a \in \mathsf{ex}((\mathcal{P}(\omega))^{\mathfrak{M}})\}$ と $\mathcal{P}(\mathsf{ex}(\omega^{\mathfrak{M}}))$ は一致する場合も，一致しない場合もある．

$\mathfrak{M}$ を ZF のモデルとする．$\mathfrak{M}$ 上で $\omega^{\mathfrak{M}}$ のすべての部分集合について数学的帰納法が成り立つという事実によって保証されていることは，$\{\mathsf{ex}(a) : a \in \mathsf{ex}((\mathcal{P}(\omega))^{\mathfrak{M}})\}$ に属する $\mathsf{ex}(\omega^{\mathfrak{M}})$ の部分集合については数学的帰納法が成り立つということであって，$\mathcal{P}(\mathsf{ex}(\omega^{\mathfrak{M}}))$ のすべての要素，すなわち $\mathsf{ex}(\omega^{\mathfrak{M}})$ のすべての部分集合について数学的帰納法が成り立つということではない．したがって，$\mathbb{N} \neq \mathsf{ex}(\omega^{\mathfrak{M}})$ となる可能性がある．

【注意 4.6.8】 集合論の最も基本的な問題の一つである連続体仮説は $\mathcal{P}(\omega)$ の構造に関わる問題である．集合論の主な興味の対象は $\mathcal{P}(\omega)$ や，さらに大きな無限集合である．一般に $\mathcal{P}(\omega)$ よりも大きな無限集合の研究には $\mathbb{N} \neq \mathsf{ex}(\omega^{\mathfrak{M}})$ である ZF のモデル $\mathfrak{M}$，すなわち ZF の超準モデルはあまり役に立たない．したがって，集合論で ZF の超準モデルに関心が持たれることは珍しい．

5

計算可能性

　述語論理では論理式や証明は記号の有限列として与えられて，記号の有限列が論理式になっているか，証明の条件を満たしているかどうかは，有限的で機械的な操作で判定できる．この有限的で機械的な操作という概念を一般化したものが計算可能性という概念である．そもそも述語論理を用いて数学を形式化することの目的は数学における命題や証明を有限的手法で論じることにあるが，不完全性定理はその有限的手法の限界に関わる定理であり，計算可能性は不完全性定理に関する最も基本的な概念の一つである．

　計算可能性の概念は記号の有限列に関わる概念であると同時に，自然数についての概念である．記号の有限列を扱うためには自然数の概念が必要であり，記号の有限列は自然数でコード化できる．また，自然数を記号の有限列で表現することもできるので，記号の有限列に関する議論と自然数に関する議論はしばしば同一視される．しかし，本来，記号の有限列と自然数とは異なる概念である．そして，計算可能性の概念を記号の有限列に関わる概念として定式化したものが Turing 機械であり，自然数に関わる概念として定式化したものが再帰的関数である．

　本章では計算可能性の概念を自然数に関わる概念と考える立場から不完全

性定理に必要となる計算可能性に関わる様々な概念と，不完全性定理の証明の重要な一段階である Gödel 数による述語論理の算術化を紹介する．なお，本章では命題論理や述語論理といった形式的な枠組みからは離れて，通常の数学と同様の，形式化されていない素朴な立場で自然数全体の集合 $\mathbb{N}$ や，$\mathbb{N}$ 上で定義される関数，$\mathbb{N}$ の部分集合について議論する．

5.1 原始再帰的関数

自然数に関わる概念として計算可能性の概念を考えるためには，自然数の概念そのものが必要である．4.1 節で自然数全体の集合 $\mathbb{N}$ が数学的帰納法によって特徴付けられることを紹介したが，計算可能性の概念について議論するためには，自然数の概念の理解はこの特徴付けで十分である．

数学的帰納法による $\mathbb{N}$ の特徴付けで鍵となっていたのが補題 4.1.4 であった．この補題 4.1.4 から次の系が得られる．

[系 5.1.1] $a \in \mathbb{N}$, $h : \mathbb{N} \to \mathbb{N}$ とする．このとき，以下の条件 (1) と (2) を満たす $f : \mathbb{N} \to \mathbb{N}$ が一意的に存在する．

(1) $f(0) = a$
(2) $f(s(x)) = h(f(x))$

$$\begin{array}{ccc} \mathbb{N} & \xrightarrow{h} & \mathbb{N} \\ f \uparrow & & \uparrow f \\ \mathbb{N} & \xrightarrow{s} & \mathbb{N} \end{array}$$

つまり，この補題における f に対する二つの条件を与えれば，その二つの条件を満たす関数 f が唯一存在するので，その二つの条件を満たす関数 f を定義したことになる．

⟨例 5.1.2⟩ $a \in \mathbb{N}$, $f(x) = x + a$ とする．この f は以下の条件 (1) と (2) を満たしている．

(1) $f(0) = a$
(2) $f(s(x)) = s(f(x))$

上の系 5.1.1 によって，この二つの条件を満たす f は唯一存在する．したがって，この二つの条件によってこの f を定義することができる．

和や積といった $\mathbb{N}$ 上の様々な初等的な関数が，系 5.1.1 の二つの条件と同種の二つの条件を与えることで定義できる．

〈例 5.1.3〉 関数 add : $\mathbb{N}^2 \to \mathbb{N}$ を $\mathbb{N}$ 上の和，すなわち $\mathrm{add}(x,y) = x + y$ とする．この add は後者関数 $s(x)$ を用いて以下の条件 (1) と (2) で定義できる．

(1) $\mathrm{add}(x, 0) = x$
(2) $\mathrm{add}(x, s(y)) = s(\mathrm{add}(x, y))$

さらにこの add を使うと，$\mathbb{N}$ 上の積 mult : $\mathbb{N}^2 \to \mathbb{N}$，すなわち $\mathrm{mult}(x, y) = x \cdot y$ は以下の条件 (1) と (2) で定義できる．

(1) $\mathrm{mult}(x, 0) = 0$
(2) $\mathrm{mult}(x, s(y)) = \mathrm{add}(\mathrm{mult}(x, y), x)$

ただし，上の例の add や mult の項数はいずれも 2 であり，上の例の条件を満たす関数が唯一存在することは系 5.1.1 では保証されない．項数が 2 以上の関数を系 5.1.1 の二つの条件と同種の条件で定義するためには，系 5.1.1 を次の定理に一般化する必要がある．以下，$n \in \mathbb{N}$ とし，$\mathbb{N}^n$ の要素 $(x_1, \ldots, x_n)$ を $\bar{x}$ と書く．

[定理 5.1.4] $g : \mathbb{N}^n \to \mathbb{N}$，$h : \mathbb{N}^{n+2} \to \mathbb{N}$ とする．このとき，以下の条件 (1) と (2) を満たす $f : \mathbb{N}^{n+1} \to \mathbb{N}$ が一意的に存在する．

(1) $f(\bar{x}, 0) = g(\bar{x})$
(2) $f(\bar{x}, s(y)) = h(\bar{x}, y, f(\bar{x}, y))$

【注意 5.1.5】 $\bar{x}$ という記号で $(x_1, \ldots, x_n)$ を表したり，$x_1, \ldots, x_n$ を表したりするなど，本書ではかなり乱暴に $\bar{x}$ という記法を用いる．

定理 5.1.4 の証明は省略するが，補題 4.1.4 と同様に $(\mathbb{N}; s, 0)$ が単無限構造であることから証明できる．

〔定義 5.1.6〕 定理 5.1.4 で一意的に存在することが保証される関数 f を，関数 g と h から原始再帰法[1] (primitive recursion) で定義される関数と呼ぶ．

原始再帰法を用いると $\mathbb{N}$ 上の様々な関数が定義できる．ただし，原始再帰法を用いて関数を定義するためには，あらかじめ g, h という二つの関数を用意する必要がある．また，定理 5.1.4 を用いるためには項数を正確に揃える必要がある．例えば，例 5.1.3 で add や mult を定めている条件は，厳密に言えば原始再帰法による定義を与えてはいない．これらの関数を原始再帰法で正確に定義するためには若干の工夫が必要である．

原始再帰法を用いて関数を定義する際に出発点となるべき基本的な関数や，「若干の工夫」のために必要となる関数として零関数，射影関数，後者関数を用意して，それらの関数から出発して，原始再帰法と関数の合成を繰り返し用いて定義される関数が原始再帰的関数である．正確には原始再帰的関数は以下のように定義される．

〔定義 5.1.7〕 (1) 関数 $z : \mathbb{N}^0 \to \mathbb{N}$ を $z = 0$ と定める．これを零関数 (zero function) と呼ぶ．

(2) 関数 $p_i^n : \mathbb{N}^n \to \mathbb{N}$ （ただし $1 \leq i \leq n$）を $p_i^n(\bar{x}) = x_i$ と定める．これを射影関数 (projection function) と呼ぶ．

(3) $1 \leq m$ とし，$g_i : \mathbb{N}^n \to \mathbb{N}$ （ただし $1 \leq i \leq m$），$h : \mathbb{N}^m \to \mathbb{N}$ とする．$\bar{x} \in \mathbb{N}^n$ に対して $f(\bar{x}) = h(g_1(\bar{x}), \ldots, g_m(\bar{x}))$ で定義される関数 $f : \mathbb{N}^n \to \mathbb{N}$ を，$g_1, \ldots, g_m$ と h の合成 (composition) と呼ぶ．

【注意 5.1.8】 零関数 z は実質的には定数である．ここでは定数を項数 0 の関数と見なしている．

〔定義 5.1.9〕 原始再帰的関数 (primitive recursive function) は以下のように再帰的に定義される．

(1) 零関数 z，後者関数 s，射影関数 p_i^n は原始再帰的関数である．

---

[1] かつて数学基礎論では recursive という単語は一般に帰納的と訳されていて，原始再帰法は原始帰納法と呼ばれていた．しかし帰納的という言葉は inductive という単語の訳語でもあり，紛らわしい．また，計算機科学では以前より recursive という単語は再帰的と訳されることが多かった．

(2) 原始再帰的関数の合成は原始再帰的関数である．
(3) 原始再帰的関数から原始再帰法で定義される関数は原始再帰的関数である．
(4) 以上で定められる関数のみが原始再帰的関数である．

⟨例 5.1.10⟩ add および mult は原始再帰的である．

（証明） add が原始再帰的であることを示す．関数 $h : \mathbb{N}^3 \to \mathbb{N}$ を $h(x,y,z) = s(p_3^3(x,y,z))$ によって定義する．s および p_3^3 は原始再帰的なので，それらの合成で定義される h も原始再帰的である．このとき add : $\mathbb{N}^2 \to \mathbb{N}$ は次の二つの条件で定義できるので，add も原始再帰的である．

(1) $\text{add}(x, 0) = p_1^1(x)$
(2) $\text{add}(x, s(y)) = h(x, y, \text{add}(x, y))$

mult が原始再帰的であることの証明は読者に任せる． □

一般に原始再帰的であることを厳密に示すことは，難しくはなくても面倒なことが多い．しかし慣れれば，例 5.1.3 で与えられている直感的な add や mult の定義から簡単に原始再帰法による厳密な定義を構成できるようになるし，厳密な原始再帰法による定義はむしろ読み難い．以下では原始再帰法を用いた定義の直感的な記述のことも単に原始再帰法と呼ぶことにする．

【注意 5.1.11】 和に関する様々な性質が add の定義から証明できる．例えば和が可換であること，すなわち x, y を自然数とすると $\text{add}(x, y) = \text{add}(y, x)$ であることは，add の定義から数学的帰納法を用いて証明できる．

次の補題の証明は読者に任せる[2]．

[補題 5.1.12] 以下の (1) から (8) で定められる関数は原始再帰的である．
(1) 前者関数 pred : $\mathbb{N} \to \mathbb{N}$，ただし $x > 0$ のとき $\text{pred}(x) = x - 1$，$x = 0$ のとき $\text{pred}(x) = 0$．

---

[2] 証明は例えば篠田寿一 [43] pp. 24–25, 高橋正子 [46] pp. 14-19 を参照のこと．

(2) 差 $\mathtt{sub}(x, y)$. ただし $x \geq y$ のとき $\mathtt{sub}(x, y) = x - y$. $x < y$ のとき $\mathtt{sub}(x, y) = 0$.
(3) 冪 x^y
(4) 階乗 $x!$
(5) 最大値 $\max(x, y)$
(6) 最小値 $\min(x, y)$
(7) 符号 $\mathtt{sg}(x)$. ただし $\mathtt{sg}(0) = 0$, $x > 0$ なら $\mathtt{sg}(x) = 1$.
(8) 等号判定 $\mathtt{equal}(x, y)$. ただし $x = y$ なら $\mathtt{equal}(x, y) = 1$, $x \neq y$ なら $\mathtt{equal}(x, y) = 0$.

[補題 5.1.13] $f : \mathbb{N}^{n+1} \to \mathbb{N}$ は原始再帰的であるとする. このとき以下の (1) および (2) で定められる関数 $g, h : \mathbb{N}^{n+1} \to \mathbb{N}$ も原始再帰的である.

(1) 有限和 $g(\bar{x}, y) = \Sigma_{z<y} f(\bar{x}, z)$
(2) 有限積 $h(\bar{x}, y) = \Pi_{z<y} f(\bar{x}, z)$

（証明） 有限和が原始再帰的であることを示す. g が原始再帰的であることは, 次のように原始再帰法で g を定義できることから明らかである.

(1) $g(\bar{x}, 0) = 0$
(2) $g(\bar{x}, s(y)) = \mathtt{add}(g(\bar{x}, y), f(\bar{x}, y))$

有限積が原始再帰的であることの証明は読者に任せる. □

原始再帰法による定義は, 定義される関数の計算方法を示したものでもある. 例えば和 $1 + 2$ については, 例 5.1.3 の $\mathtt{add}$ の直感的な定義を用いて以下の式変形を行うことで, 計算結果の 3 が得られる.

$$\begin{aligned}
& \mathtt{add}(s(0), s(s(0))) \\
= & \; s(\mathtt{add}(s(0), s(0))) \\
= & \; s(s(\mathtt{add}(s(0), 0))) \\
= & \; s(s(s(0)))
\end{aligned}$$

この意味で原始再帰的関数の定義は, $\mathbb{N}$ 上の関数の計算手順を記述するための一種のプログラミング言語の定義である. そして, 原始再帰的関数の定

義を正確に書くことの面倒さは，プログラムを書くことの面倒さに他ならない．

たとえプログラムを具体的に書くことは面倒であるとしても，N 上で定められる大概の初等的な関数は原始再帰的である．ただし，次の例で与えられるように，計算可能であるが原始再帰的でない関数が存在する．したがって，原始再帰的であることと計算可能であることは一致しない．

⟨例 5.1.14⟩ 関数 $f : \mathbb{N}^2 \to \mathbb{N}$ を，以下の条件 (1) から (3) で定義する．
(1) $f(0, y) = y + 1$
(2) $f(x + 1, 0) = f(x, 1)$
(3) $f(x + 1, y + 1) = f(x, f(x + 1, y))$

このとき，f を計算するためのプログラムは書けるので f は計算可能であるが，f は原始再帰的ではない[3]．この f を Ackermann 関数 (Ackermann function) という．

原始再帰的関数は数学的帰納法による自然数全体の集合 N の特徴付けに沿って関数を定義するものであり，計算可能な関数を定義する方法としては自然なものである．しかし，計算可能であるが原始再帰的ではない関数が存在するので，計算可能な関数の全体を特徴付けるためには原始再帰的関数の概念を拡張する必要がある．

5.2 再帰的関数と Church-Turing の提唱

20 世紀初頭には計算可能性の様々な定義が提案された．1936 年に提案された Turing 機械 (Turing machine) による定義はその代表的なものであるが[4]，大雑把に言えば Turing 機械とは記号の読み書きが可能な記憶領域と制御機構からなる有限的な機械である．記憶容量や計算時間の現実的な制約

---

[3] 証明は，例えば新井敏康 [8] p. 83，篠田寿一 [43] pp. 33–36，高橋正子 [46] pp. 22–23，Tourlakis [223] pp. 148–155 を参照のこと．
[4] Turing 機械について詳しくは渡辺治・米崎直樹 [115]，新井敏康 [8]，高橋正子 [46] を参照のこと．

を無視していることを除けば Turing 機械の能力は現在の計算機と同等である．Ackermann 関数も Turing 機械を用いて計算可能であり，今では計算可能であるとは Turing 機械で計算可能であることと信じられている．そして，Turing 機械で計算可能な関数全体の集合と一致するように原始再帰的関数の概念を拡張したものが再帰的関数の概念である．

ただし，Turing 機械の概念が提案されて再帰的関数の概念が得られたことは，単に計算可能な関数を増やしただけでなく，計算可能な関数に対する視点もしくは価値観に大きな転換をもたらした．

関数の計算可能性に関しては「関数，プログラム，アルゴリズム」という互いに関連する，しかし異なる三つの概念がある．関数とは集合論的に定められた関数のグラフと同一視できるものである．プログラムは実際の計算機上で関数を計算するための記号列であり，一つの関数は様々なプログラムによって計算される．そしてアルゴリズムとは個々のプログラムの背後にある考え方であり，一つのアルゴリズムは様々なプログラムによって実現される．計算可能性が話題になった当初は，関数が計算可能かどうかが問題であった．それが，計算可能性の概念が獲得された後では，プログラムがどのような関数を計算するのかが問われるようになった．すなわち，興味の対象が関数からプログラムに移った．この転換は再帰的関数に関する様々な基礎定理をもたらし，20 世紀後半の計算論の発展の出発点となっている．

興味の対象が関数それ自身から関数を計算するプログラムに移ったことにより，全域的ではない関数についても関心が持たれるようになった．通常，数学で f が X から Y への関数であるというときには f の全域性が，つまりすべての $x \in X$ に対して $f(x) \in Y$ が定まっていることが仮定されている．Turing 機械や再帰的関数の概念が得られた直後は，計算可能性に関する議論においても全域的な関数を計算するプログラムが話題になっていた[5]．しかし，プログラムによっては計算が停止しない場合があり，全域的な関数は計算可能性の概念と相性が悪い[6]．価値観の転換の後では，関数が

---

[5] 全域的な再帰的関数は一般再帰的関数 (general recursive function) と呼ばれる．

[6] 全域的な関数の計算可能性を考えるときの一番の問題は，プログラムが与えられたときに，そのプログラムが計算する関数が全域的であるかどうかは計算できないことである．この事実は不完全性定理と関係が深く，後節で改めて紹介する．詳しくは篠田

全域的であることよりもプログラム全体を考えるほうが大事になり，全域的ではない関数，すなわち部分関数を考えるようになった[7]．

【注意 5.2.1】 関数をグラフによって定めるためには定義域と値域を特定する必要がある．したがって，$\mathcal{N}$ を 4.5 節で論じた素朴な意味での自然数全体の集合とするとき，関数をグラフによって定める場合には何が要素であるのかが明らかではない $\mathcal{N}$ を用いることができず，数学的に明確に定められた $\mathbb{N}$ を使う必要がある．一方，関数をプログラムによって定める場合には定義域や値域を特定する必要はないので，プログラムによって定められた関数の定義域や値域は $\mathcal{N}$ であると考えることができる．このことは不完全性定理の有限的性質について論じる際に重要な意味を持つ．詳しくは 8.7 節を参照のこと．

再帰的関数とは何かを紹介するために，まず，部分関数に関する幾つかの概念を紹介する．

〔定義 5.2.2〕 $S \subseteq \mathbb{N}^n$, $f : S \to \mathbb{N}$ とする．

(1) f を $\mathbb{N}^n$ から $\mathbb{N}$ への部分関数 (partial function) といい，$f : \mathbb{N}^n \to \mathbb{N}$ と書く．
(2) $\mathrm{dom}(f) = S$ とし，f の定義域 (domain) と呼ぶ．
(3) $\mathrm{rng}(f) = \{f(\bar{x}) \in \mathbb{N} : \bar{x} \in S\}$ とし，f の値域 (range) と呼ぶ．
(4) $\bar{x} \in \mathbb{N}^n$ とする．$\bar{x} \in S$ のとき $f(\bar{x})\downarrow$ と書き，$\bar{x} \notin S$ のとき $f(\bar{x})\uparrow$ と書く．
(5) $S = \mathbb{N}^n$ のとき，f は全域的 (total) であるという．

〔定義 5.2.3〕 $f, g : \mathbb{N}^n \to \mathbb{N}$ とする．以下の条件 (1) と (2) が成り立つとき $f \simeq g$ と書く．

(1) $\mathrm{dom}(f) = \mathrm{dom}(g)$ である．

寿一 [43] p. 47 系 4.8，高橋正子 [46] p. 49 系 1.6.8 を参照のこと．
[7] 再帰的関数の理論の誕生を，その理論の創始者の一人が振り返る興味深い論文である Kleene [174] や Kleene [175] によると，部分関数の概念が明示的に初めて現れたのは 1938 年に出版された Kleene [173] であるという．なお，Soare [216] ではより現代的な観点から包括的に計算可能性の理論の歴史が振り返られている．

(2) $\bar{x} \in \mathrm{dom}(f)$ ならば $f(\bar{x}) = g(\bar{x})$ である.

　集合 $\mathrm{dom}(f) \subseteq \mathbb{N}^n$ を定め,各 $\bar{x} \in \mathrm{dom}(f)$ に対して $f(\bar{x}) \in \mathbb{N}$ を定めることで,部分関数 $f : \mathbb{N}^n \to \mathbb{N}$ が定義される.以下,混乱の恐れがない場合には,部分関数を単に関数と呼ぶ.

　計算可能な部分関数である再帰的関数を定義するために新たに導入される概念が次の最小化である.

〔定義 5.2.4〕 $g : \mathbb{N}^{n+1} \to \mathbb{N}$ を部分関数とする.以下の条件 (1) と (2) で定義される部分関数 $f : \mathbb{N}^n \to \mathbb{N}$ を g から最小化 (minimization) で定義される関数といい,$f(\bar{x}) \simeq \mu y[g(\bar{x}, y) = 0]$ と書く.

(1) $\mathrm{dom}(f) = \{\bar{x} \in \mathbb{N}^n : \exists y [\forall z < y (g(\bar{x}, z) \downarrow) $ かつ $ g(\bar{x}, y) = 0]\}$ とする.
(2) $\bar{x} \in \mathrm{dom}(f)$ のとき,$g(\bar{x}, y) = 0$ を満たす最小の y を $f(\bar{x})$ とする.

〈例 5.2.5〉 $f(x)$ を $g(x, y)$ から最小化で定義される関数とする.このとき,以下の (1) から (4) が成り立つ.

(1) $g(x, y) = \mathrm{sub}(x, y)$ ならば $f(x) = x$ である.
(2) $g(x, y) = y$ ならば $f(x) = 0$ である.
(3) $g(x, y) = x$ ならば,$x = 0$ なら $f(x) = 0$ で,$x \neq 0$ なら $f(x) \uparrow$ である.
(4) $g(x, 0) \uparrow$ ならば $f(x) \uparrow$ である.

　$g : \mathbb{N}^{n+1} \to \mathbb{N}$ を計算可能な関数,$f : \mathbb{N}^n \to \mathbb{N}$ を g から最小化で定義される関数とする.$\bar{x} \in \mathbb{N}^n$ のとき,$f(\bar{x})$ の値は $g(\bar{x}, 0), g(\bar{x}, 1), \ldots$ の計算結果を用いて以下のように計算できる.

(1) $g(\bar{x}, 0)$ を計算する.計算が終了しなければ $\bar{x} \notin \mathrm{dom}(f)$ である.計算が終了し,$g(\bar{x}, 0) = 0$ ならば $f(\bar{x}) = 0$ で計算終了とする.$g(\bar{x}, 0) \neq 0$ ならば次のステップに進む.
(2) $g(\bar{x}, 1)$ を計算する.計算が終了しなければ $\bar{x} \notin \mathrm{dom}(f)$ である.計算が終了し,$g(\bar{x}, 1) = 0$ ならば $f(\bar{x}) = 1$ で計算終了とする.$g(\bar{x}, 0) \neq 0$ ならば次のステップに進む.
(3) $g(\bar{x}, 2)$ を計算する.以下同様.

このとき，$\bar{x} \in \mathrm{dom}(f)$ ならば必ず有限回の計算で $f(\bar{x})$ の値が求まる．この意味で f は計算可能な関数であり，最小化は計算可能な関数を導入するための操作の一つであると考えられる．

ただし，$g(\bar{x}, m) = 0$ となる m が存在しない場合や，$g(\bar{x}, m) = 0$ を満たす m が存在しても，$g(\bar{x}, m) = 0$ を満たす最小の m より小さな k が存在して $g(\bar{x}, k)$ の計算が停止しない場合には $f(\bar{x})$ の計算は停止せず，$f(\bar{x})$ は値を持たない[8]．最小化を関数を計算するための原理として認めるために支払った代償が，関数とは全域的なものであるという仮定を放棄することである．

〔定義 5.2.6〕 再帰的関数 (recursive function) は以下のように再帰的に定義される．
(1) 零関数 z，後者関数 s，射影 p_i^n は再帰的関数である．
(2) 再帰的関数の合成は再帰的関数である．
(3) 再帰的関数から原始再帰法で定義される関数は再帰的関数である．
(4) 再帰的関数から最小化で定義される関数は再帰的関数である．
(5) 以上で定められる関数のみが再帰的関数である．

このように再帰的関数を定義するとき，次の定理が成り立つ．

[定理 5.2.7] 関数が再帰的であることは，Turing 機械で計算可能であることと同値である．

Turing 機械の動きを自然数を用いてコード化できることがこの定理の証明の鍵である．しかし，本書では Turing 機械の具体的な定義を与えていないので，この定理の証明は紹介できない．いずれにせよ，これまでに提案されてきた計算可能性の定義はすべて Turing 機械による定義と同値になることが知られている[9]．この経験的な事実によって，現在では次の提唱が広く

---

[8] これは通常の計算機において，プログラムの実行が無限ループに陥って停止しない場合に対応している．
[9] こうした同値性の証明は実質的にはプログラムの設計である．Turing 機械やその他の計算機で計算可能なことと再帰的であることの同値性の証明は，渡辺治・米崎直樹 [115]，新井敏康 [8]，高橋正子 [46]，篠田寿一 [43] などを参照のこと．

受け入れられている．

《**Church-Turing の提唱**》 計算可能であるとは，Turing 機械で計算可能であるということである．

【**注意 5.2.8**】 Church-Turing の提唱は素朴な概念としての計算可能性を数学的に定義するものであるが，計算可能性の概念それ自身は数学的で厳密な定義を持たないので，その妥当性は数学的に証明や反証が可能なものではない．そのため，様々な方法で数学的に定義された概念が同値になることが重要な意味を持つことになる．しかし，この同値性は，それらの概念が自然で重要なものであることの証拠にはなっても，Church-Turing の提唱が素朴な概念としての計算可能性を明確化していることの根拠になるものではない．Church-Turing の提唱が妥当であることを示すためには，単に数学的に定義された概念間の同値性を示すだけでなく，素朴な概念としての計算可能性について議論し，その妥当性を直接明らかにする必要がある．

Church-Turing の提唱を受容するまでの歴史は単純なものではなかった．初期の段階の Church の提唱を Gödel が簡単には認めなかったように，Church-Turing の提唱が妥当であると見なされるまでには様々な議論があった[10]．計算可能な関数が満たすべき条件を与えて，その条件から Church-Turing の提唱を導き出そうとする議論もある[11]．また，Turing 機械を超えた計算力を持つ機械を探し求める試みもあるし[12]，逆に，計算可能な関数とは全域的な再帰的関数や原始再帰的関数に限るべきだという考え方もある．Turing 機械で定義される計算可能性が自然で重要な概念であることに間違いはない．しかし，素朴な概念としての計算可能性が Church-Turing の提唱によって適切に明確化されているかどうかは別の問題である．

---

[10] このことについては Davis [73] や Soare [216] を参照のこと．

[11] たとえば Gandy [150]，Kripke [182] を参照のこと．Soare [216] にはこのような議論についての概観がある．

[12] 例えば Syropoulos [218]，Siegelmann [210]，Copeland and Sylvan [136] などを参照のこと．ただし，そのような議論の多くは何らかの物理的な状態遷移を計算と見なそうとするものであり，Church-Turing の提唱そのものの是非を問題にする議論というよりは，有限的な内部状態を持つ機械による記号列の有限的な操作として計算を考えるという Church-Turing の提唱の前提を否定するものであると考えるべきであろう．

5.2 再帰的関数と Church-Turing の提唱　147

【注意 5.2.9】 Church-Turing の提唱の是非を考える際の要点の一つに，再帰的関数は全域的でなくても計算可能であるといえるのかという問題があるが，再帰的関数は全域的でなくても計算可能であるという主張を正当化する二つの考え方がある．一つは本節の冒頭で説明した穏便なもので，計算可能な関数 f の実質は f を計算するプログラムであると考えるものである．もう一つは計算が停止しないことを計算の出力の一種であると考えて，計算結果であることの確証は得られていないが，計算結果は得られていると考えるものである．この二つの考え方はいずれも，再帰的関数は全域的でなくても計算可能であると考えることの根拠を与えている．ただし，この二つの考え方を認めるのなら，原始再帰法，最小化に加え，極限再帰法によって定められる関数も計算可能という観点から重要なものであるように思われる[13]．極限再帰法によって定められる関数は，出力された値が計算結果であることの確証は得られないが，暫定的な計算結果を有限的に出力するプログラムを持つものである．なお，この二つの考え方とは異なる正当化に，f を全域的でない再帰的関数とするとき，f の計算結果とは個々の $f(\bar{x})$ の値ではなく，f のグラフであるという考え方，より正確にいえば f のグラフを近似する有限集合であるという考え方があり得よう．f のグラフは一般に無限集合になるので有限的には確定できないが，f のグラフを近似する有限集合を出力するプログラムが存在する．そして，この考え方のもとでは，$\bar{x} \in \mathbb{N}^n$ に対して $f(\bar{x})$ が値を持たないことは，$y \in \mathbb{N}$ が f の値域に入らないことと大きな違いはない．一方，極限再帰法によって定められる関数については，関数のグラフを近似する有限集合を出力するプログラムが存在するとは限らない．

【注意 5.2.10】 Church-Turing の提唱では記憶容量や計算時間といった効率の問題は考慮されておらず，現実的な意味で計算可能な関数は Turing 機械で計算可能な関数よりも少ないという考え方がある．これは計算量または計算の複雑さ (computational complexity) の理論に繋がる重要な考え方で

---

[13] $f : \mathbb{N}^n \to \mathbb{N}$ を $g : \mathbb{N}^{n+1} \to \mathbb{N}$ から極限再帰法によって定めるとは，$\forall z(y \leq z \to g(\bar{x}, y) = g(\bar{x}, z))$ となる $y \in \mathbb{N}$ が存在するとき $f(\bar{x}) = g(\bar{x}, y)$ とし，それ以外のとき $\bar{x} \notin \mathrm{dom}(f)$ とすることで f を定義することである．極限再帰法について詳しくは，例えば Gold [152]，Putnam [201]，八杉満利子 [105]，Syropoulos [218] pp. 25–27 などを参照のこと．

ある.ただし,この考え方は計算の効率を考慮した計算可能性の概念のほうが,単なる計算可能性の概念よりも重要で興味深いという価値観の表明であって,Church-Turing の提唱を再検討しようとするものではない.

【注意 5.2.11】 定理 5.2.7 で紹介したように 関数が Turing 機械で計算可能であることと再帰的であることは同値なので,Turing 機械によって定められる計算可能性と,再帰的関数によって定められる計算可能性は,数学的には区別する必要はない.しかし,敢えて記号の有限列と自然数を区別するならば,Turing 機械とは記号の有限列を操作するための機械仕掛けであって,N 上の関数を計算するための機械仕掛けではない.一方,自然数とは 0 から始まって,後者関数 s を使って順次構成されるものであり,再帰的関数とはこの N の成り立ちに沿って計算方法が定められる関数である.Turing 機械を用いて計算可能性を定義したほうが計算可能性の定義の妥当性を感覚的に理解し易いが,N の成り立ちに沿って計算方法を定めるという意味では再帰的関数によって計算可能性を定めたほうが自然である.

なお,与えられた関数が再帰的であることを厳密に示すことは大抵の場合,面倒である.例えば,Ackermann 関数は明らかに計算可能であり再帰的であるが,再帰的関数の定義にしたがって Ackermann 関数が再帰的であることを示すことは容易ではない[14].しかし,定理 5.2.7 により,再帰的であることを示すためには計算可能であることを示せば十分であり,計算可能であることは感覚的に明らかな場合が多い.

さて,ある関数が計算可能であるとは,定義域に含まれる入力に対して,その関数の値を計算する計算過程が有限的に終了することである.原始再帰的な関数に関しては,原始再帰的な関数の定義にしたがってプログラムを書いて,そのプログラムを用いて原始再帰的関数の計算値を計算するときには,計算過程の長さの上限は原始再帰的に計算できる.また,全域的な再帰的関数を計算するプログラムを考える場合には,計算過程の長さの上限が原始再帰的な関数で押さえられるならば,適当にその関数を定義し直すこと

---

[14] 例えば篠田寿一 [43] pp. 45–46 に Ackermann 関数が再帰的であることの証明が紹介されているが,その証明は後で紹介する再帰定理を用いるものであり,Ackermann 関数の定義を再帰的関数の定義にしたがって直接書き下すものではない.

で，その関数は原始再帰的であることが示せる．つまり，大雑把に言えば，原始的な再帰的関数と一般の全域的な再帰的関数の違いは，計算過程の長さを原始再帰的な関数で評価できるかできないかの違いである．

また，再帰的関数の定義にしたがってプログラムの書き方を定める場合には，与えられたプログラムが計算する関数が原始再帰的かどうかを判定するアルゴリズムが存在して，計算過程の長さの上限も原始再帰的に計算できる．しかし一般に，与えられたプログラムが計算する関数が全域的であるかどうかを判定するアルゴリズムは存在しないことが知られている[15]．有限性という概念を厳格な意味で理解するときには，原始再帰的であることが重要である[16]．

5.3 再帰的集合

本来，計算可能性は関数に関する概念であるが，集合の特性関数の計算可能性を考えることによって，$\mathbb{N}^n$ の部分集合に関しても計算可能性を考えることができるようになる．また，述語論理において論理式によって表現されるのは関数ではなく述語や命題であり，関数はグラフを表現することを通して間接的に表現される．したがって，述語論理を用いて計算可能性について議論する場合には，関数よりも集合を考えるほうが都合が良い．

〔定義 5.3.1〕 $A \subseteq \mathbb{N}^n$ とする．
(1) $\chi_A : \mathbb{N}^n \to \mathbb{N}$ を，$\bar{x} \in A$ のとき $\chi_A(\bar{x}) = 1$，$\bar{x} \notin A$ のとき $\chi_A(\bar{x}) = 0$ と定義する．χ_A を A の特性関数 (characteristic function) と呼ぶ．
(2) χ_A が原始再帰的であるとき，A は原始再帰的 (primitive recursive) であるという．
(3) χ_A が再帰的であるとき，A は再帰的 (recursive) または決定可能 (decidable) であるという．

---

[15] このことは後で紹介する定理 5.6.7 を用いて証明することができる．
[16] 例えば Tait は，Hilbert の「有限の立場」を形式化するためには原始再帰的という概念が重要であるという．詳しくは Tait [219] を参照のこと．

150   第 5 章 計算可能性

再帰的な集合とは，何が要素であるかを判定するプログラムが存在する集合である．自然に定義される再帰的な集合の多くは単に再帰的であるだけでなく原始再帰的である．例えば次の例が成り立つ[17]．

⟨例 5.3.2⟩   以下の (1) から (8) で定められる集合はすべて原始再帰的である．

(1) 有限集合
(2) 偶数の集合，奇数の集合
(3) 素数の集合
(4) $\{(x, y, z) \in \mathbb{N}^3 : \mathtt{add}(x, y) = z\}$
(5) $\{(x, y, z) \in \mathbb{N}^3 : \mathtt{mult}(x, y) = z\}$
(6) $\{(x, y) \in \mathbb{N}^2 : x \leq y\}$
(7) $t_1(\bar{x}), t_2(\bar{x})$ を変数 $\bar{x} = x_1, \ldots, x_n$ から作られる算術の言語 $\mathcal{L}_A$ の項とするとき，$\{\bar{a} \in \mathbb{N}^n : t_1(\bar{a}) = t_2(\bar{a})\}$．
(8) $t_1(\bar{x}), t_2(\bar{x})$ を変数 $\bar{x} = x_1, \ldots, x_n$ から作られる算術の言語 $\mathcal{L}_A$ の項とするとき，$\{\bar{a} \in \mathbb{N}^n : t_1(\bar{a}) \leq t_2(\bar{a})\}$．

【注意 5.3.3】   関数が原始再帰的であることと，関数のグラフが原始再帰的であることは必ずしも対応しない．例えば Ackermann 関数 $f : \mathbb{N}^2 \to \mathbb{N}$ は原始再帰的ではないが，Ackerman 関数のグラフ $G_f = \{(x, y, z) \in \mathbb{N}^3 : f(x, y) = z\}$ は原始再帰的である[18]．

次の補題から，原始再帰的（または再帰的）な集合の集まりは基本的な集合演算に関して閉じていることが分かる．

[補題 5.3.4]   以下の (1) から (3) が成り立つ．

(1) $A \subseteq \mathbb{N}^n$ とする．A が原始再帰的（または再帰的）であるならば，$\mathbb{N}^n \setminus A$ も原始再帰的（または再帰的）である．

---

[17] この例に証明を直接与えることは，それほど難しくはないが，退屈で面倒であるし，直接証明するよりも，後で紹介する一連の事実を用いて証明するほうが楽である．そもそも慣れてくると証明抜きでも納得できるようになる．

[18] 証明は，例えば Tourlakis [223] pp. 155–158 を参照のこと．

(2) $A, B \subseteq \mathbb{N}^n$ とする．A, B が原始再帰的（または再帰的）であるならば，$A \cup B, A \cap B$ も原始再帰的（または再帰的）である．
(3) $A \subseteq \mathbb{N}^{n+1}$ とする．A が原始再帰的（または再帰的）であるならば，

$$B = \{(\bar{x}, y) \in \mathbb{N}^{n+1} : \exists z < y((\bar{x}, z) \in A)\}$$
$$C = \{(\bar{x}, y) \in \mathbb{N}^{n+1} : \forall z < y((\bar{x}, z) \in A)\}$$

も原始再帰的（または再帰的）である．

(証明) (1) $A \subseteq \mathbb{N}^n$ は原始再帰的であるとする．このとき χ_A は原始再帰的であり，$\chi_{\mathbb{N}^n \setminus A}(\bar{x}) = \mathrm{sub}(1, \chi_A(\bar{x}))$ なので，$\chi_{\mathbb{N}^n \setminus A}$ も原始再帰的である．ゆえに $\mathbb{N}^n \setminus A$ も原始再帰的である．A が再帰的であれば $\mathbb{N}^n \setminus A$ も再帰的であることも同様に証明できる．

(2) $A, B \subseteq \mathbb{N}^n$ は原始再帰的とする．このとき χ_A, χ_B は共に原始再帰的であり，$\chi_{A \cup B}(\bar{x}) = \max(\chi_A(\bar{x}), \chi_B(\bar{x}))$ なので，$\chi_{A \cup B}$ も原始再帰的である．ゆえに $A \cup B$ も原始再帰的である．A, B が再帰的であれば $A \cup B$ も再帰的なことや，$A \cap B$ についても同様に証明できる．

(3) $A \subseteq \mathbb{N}^{n+1}$ は原始再帰的であるとする．このとき，χ_A は原始再帰的であり，$\chi_B(\bar{x}, y) = \mathrm{sg}(\Sigma_{z<y} \chi_A(\bar{x}, z))$ なので，χ_B も原始再帰的である．ゆえに B も原始再帰的である．A が再帰的であれば B も再帰的であることや，C についても同様に証明できる． □

【注意 5.3.5】 この補題の (3) の $\exists z < y, \forall z < y$ を $\exists z, \forall z$ に書き換え，$B = \{(\bar{x}) \in \mathbb{N}^n : \exists z((\bar{x}, z) \in A)\}, C = \{(\bar{x}) \in \mathbb{N}^n : \forall z((\bar{x}, z) \in A)\}$ とすることはできない．このことは以下で定義する再帰的可算であることと再帰的であることの違いと関係している．

定義から明らかに，再帰的な集合 A から定義される特性関数 χ_A は全域的な再帰的関数である．逆に，全域的な再帰的関数は再帰的な集合を定めることが，次の補題から分かる．

[補題 5.3.6] $A \subseteq \mathbb{N}^n$ とする．このとき，以下の (1) と (2) は同値である．
(1) A は再帰的である．
(2) $A = \{\bar{x} \in \mathbb{N}^n : f(\bar{x}) = 0\}$ となる全域的な再帰的関数 f が存在する．

（証明） (1) ⇒ (2) を示す．A は再帰的であるとする．$f(\bar{x}) = \mathrm{sub}(1, \chi_A(\bar{x}))$ とすると，f は全域的な再帰的関数で，$A = \{\bar{x} \in \mathbb{N}^n : f(\bar{x}) = 0\}$ である．

(2) ⇒ (1) を示す．f を全域的な再帰的関数とし，$A = \{\bar{x} \in \mathbb{N}^n : f(\bar{x}) = 0\}$ とする．このとき $\chi_A(\bar{x}) = \mathrm{sub}(1, \mathrm{sg}(f(\bar{x})))$ なので，χ_A は再帰的である．よって A は再帰的である． □

5.4　再帰的可算集合

さて，$A \subseteq \mathbb{N}$ とする．$A = \mathrm{rng}(f)$ を満たす $\mathbb{N}$ から $\mathbb{N}$ への部分関数 f が存在するときに A は可算であるということにする．$A = \mathrm{rng}(f)$ のとき $A = \{f(0), f(1), f(2), \ldots\}$ なので，A が可算であることは重複を許しながら A の要素を枚挙する部分関数 f が存在することである．そして，$A = \mathrm{rng}(f)$ を満たす $\mathbb{N}$ から $\mathbb{N}$ への再帰的関数が存在するときに，つまり，重複を許しながら A の要素を枚挙していく関数を計算するプログラムが存在するときに，$A \subseteq \mathbb{N}$ は再帰的可算であるということにする．

〔定義 5.4.1〕　$A \subseteq \mathbb{N}$ とする．$A = \mathrm{rng}(f)$ となる再帰的関数 f が存在するとき，A は再帰的可算 (recursively enumerable) であるという[19]．

次の補題は $A \neq \emptyset$ のときには，定義 5.4.1 における再帰的関数 f として全域的なものを選ぶことができることを意味している．

〔補題 5.4.2〕　$A \subseteq \mathbb{N}$ とし，$A \neq \emptyset$ とする．このとき，以下の (1) と (2) は同値である．
(1) A は再帰的可算である．
(2) $A = \mathrm{rng}(g)$ となる全域的な再帰的関数 g が存在する．

この補題の (2) ⇒ (1) は自明である．以下で (1) ⇒ (2) の証明のアイディアを紹介する．再帰的関数 f を計算するためのプログラム p に x

---

[19] 再帰的可算を略して r.e. と書くが，再帰的可算を computably enumerable といって c.e. と書くこともある．また，再帰的可算であることを枚挙可能ということもある．可算という言葉は enumerable の訳語ではないので，枚挙可能という言葉のほうが適当かも知れない．

を入力したときの y ステップ目の計算を $c_p(x, y)$ と書くことにする．つまりプログラム p を実行する計算機に x を入力したとき，この計算機は $c_p(x, 1), c_p(x, 2), \ldots$ を実行して，ある z について $c_p(x, z)$ が終了状態となったときに $f(x)$ の値を出力して計算を終了する．

(**証明**) (1) $\Rightarrow$ (2) を証明する．A は再帰可算であるとする．A が有限集合の場合は明らかなので，A は無限集合であるとする．再帰的可算な集合の定義により，$A = \mathrm{rng}(f)$ となる再帰的関数 $f : \mathbb{N} \to \mathbb{N}$ が存在する．f は計算可能なので，$x \in \mathbb{N}$ が与えられたときに，$f(x)$ が値を持つ場合には有限ステップの動作の後に計算が終了して $f(x)$ の値を出力するプログラム p が存在する．この p を用いて新しい関数 g の計算手順を次のように定める．

> $x \in \mathbb{N}$ とする．$f(0), f(1), f(2), \ldots$ を 1 ステップずつ計算する．つまり，$c_p(0, 1), c_p(1, 1), c_p(0, 2), c_p(2, 1), c_p(1, 2), c_p(0, 3), \ldots$ を計算過程を記録しながら順に実行していく．ただし，$c_p(n, m)$ が終了状態になった場合には，m より大きな l については $c_p(n, l)$ は飛ばす．x 番目に終了状態になったときに計算を終了して，その終了状態の出力を $g(x)$ の値と定める．

このとき g は計算可能なので再帰的である．また，定義から明らかに g は全域的で，$A = \mathrm{rng}(g)$ である． □

次の補題は A の要素を枚挙する関数 f を用いて g を計算するプログラムが書けること，および，g を用いて f を計算するプログラムが書けることから導かれる[20]．

[**補題 5.4.3**] $A \subseteq \mathbb{N}$ とする．このとき，以下の (1) と (2) は同値である．
(1) A は再帰的可算である．
(2) $A = \{x \in \mathbb{N} : g(x) = 0\}$ となる再帰的関数 $g : \mathbb{N} \to \mathbb{N}$ が存在する．

---

[20] 具体的にプログラムを書く形で証明するのではなく，再帰的関数の性質を用いて直接証明することもできる．例えば篠田寿一 [43] pp. 63–64，高橋正子 [46] pp. 53–55 を参照のこと．ただし，その証明には再帰的関数に関する多少の準備が必要であるし，その再帰的関数の性質を証明するためには，どこかで必ずプログラムを書くことに対応する作業が必要になる．

(証明) (1) ⇒ (2) を証明する．A は再帰可算であるとする．このとき，$A = \mathrm{rng}(f)$ となる再帰的関数 $f : \mathbb{N} \to \mathbb{N}$ が存在する．f を計算するプログラムを p とし，p を用いて新しい関数 g の計算手順を次のように定める．

> $x \in \mathbb{N}$ とする．$f(0),\ f(1),\ f(2),\ \ldots$ を 1 ステップずつ計算する．つまり，$c_p(0,1),\ c_p(1,1),\ c_p(0,2),\ c_p(2,1),\ c_p(1,2),\ c_p(0,3),\ \ldots$ を計算過程を記録しながら順に実行していく．ただし，$c_p(n,m)$ が終了状態になった場合には，m より大きな l については $c_p(n,l)$ は飛ばす．出力が x である終了状態が発生したときに計算を終了して，$g(x) = 0$ と定める．それ以外の場合には計算を続ける．

このとき，g は計算可能なので再帰的である．また，$x \in \mathrm{rng}(f)$ なら $g(x)$ の計算は終了し $g(x) = 0$ であり，$x \notin \mathrm{rng}(f)$ なら $g(x)$ の計算は終了しない．ゆえに $\mathrm{rng}(f) = \{x \in \mathbb{N} : g(x) = 0\}$ であり，f の定義から $A = \mathrm{rng}(f)$ なので $A = \{x \in \mathbb{N} : g(x) = 0\}$ である．

(2) ⇒ (1) を証明する．$g : \mathbb{N} \to \mathbb{N}$ は再帰的関数で，$A = \{x \in \mathbb{N} : g(x) = 0\}$ とする．g は計算可能なので g を計算するプログラム q が存在する．この q を用いて新しい関数 $f : \mathbb{N} \to \mathbb{N}$ の計算手順を次のように定める．

> $x \in \mathbb{N}$ とする．$g(0),\ g(1),\ g(2),\ \ldots$ を 1 ステップずつ計算する．つまり，$c_q(0,1),\ c_q(1,1),\ c_q(0,2),\ c_q(2,1),\ c_q(1,2),\ c_q(0,3),\ \ldots$ を計算過程を記録しながら順に実行していく．ただし，$c_q(n,m)$ が終了状態になった場合には，m より大きな l については $c_q(n,l)$ は飛ばす．x 番目に $c_q(n,m)$ の実行結果が 0 を出力とする終了状態が現れたときに計算を終了して，$f(x) = n$ と定める．

このとき f は計算可能なので再帰的である．また，$A = \mathrm{rng}(f)$ なので A は再帰的可算である． □

さて，この補題の条件 (2) の $g : \mathbb{N} \to \mathbb{N}$ の代わりに $g : \mathbb{N}^n \to \mathbb{N}$ を考えることで，以下のように再帰的可算であることの定義を $n \geq 1$ の場合の $\mathbb{N}^n$ の部分集合に一般化できる．

〔定義 5.4.4〕 $A \subseteq \mathbb{N}^n$ とする．$A = \{\bar{x} \in \mathbb{N}^n : g(\bar{x}) = 0\}$ となる再帰的関

数 $g: \mathbb{N}^n \to \mathbb{N}$ が存在するとき，A は再帰的可算 (recursively enumerable) であるという．

この定義と補題 5.3.6 から直ちに次の系が得られる．

[系 5.4.5] 再帰的な集合は再帰的可算である．

【注意 5.4.6】 系 5.4.5 の逆が成り立たないこと，すなわち再帰的可算だが再帰的ではない集合が存在することは，第一不完全性定理の証明で鍵となっている対角化定理を用いて証明できる．対角化定理を用いずに再帰的可算だが再帰的ではない集合の存在を示すこともできるが[21]，その証明にはコード化の概念と対角線論法が必要であり，実質的には対角化定理を用いた証明とあまり違いはない．また，定理 7.3.19 で紹介するように，再帰的可算だが再帰的でない集合の存在から第一不完全性定理を証明することもできる．再帰的可算だが再帰的でない集合の存在は第一不完全性定理と関係が深い．

【注意 5.4.7】 $A \subseteq \mathbb{N}^n$ は再帰的可算であるとする．定義 5.4.4 から $A = \{\bar{x} \in \mathbb{N}^n : f(\bar{x}) = 0\}$ となる再帰的関数 f が存在する．しかし補題 5.3.6 により，A が再帰的でなければ f は全域的ではない．大雑把に言えば，再帰的可算な集合は再帰的関数に，再帰的な集合は全域的な再帰的関数に対応している．

原始再帰的な集合や再帰的な集合の場合と同様に，$A, B \subseteq \mathbb{N}^n$ が共に再帰的可算であれば $A \cup B, A \cap B$ も再帰的可算である．しかし次の補題が成り立ち，再帰的ではない再帰的可算な集合が存在するので，再帰的可算な集合の補集合は再帰的可算になるとは限らない．

[補題 5.4.8] $A \subseteq \mathbb{N}^n$ とする．このとき，以下の (1) と (2) は同値である．
(1) A は再帰的である．
(2) A と $\mathbb{N}^n \setminus A$ は共に再帰的可算である．

(証明) (1) $\Rightarrow$ (2) を証明する．A は再帰的であるとする．補題 5.3.4 (1)

---

[21] 最も代表的な証明は再帰定理を用いるものである．例えば篠田寿一 [43] pp. 47–48, p. 59 を参照のこと．この話題については 5.6 節で詳しく論じる．

から $\mathbb{N}^n \setminus A$ も再帰的である．したがって，系 5.4.5 から A と $\mathbb{N}^n \setminus A$ は共に再帰的可算である．

(2) $\Rightarrow$ (1) を証明する．A と $\mathbb{N}^n \setminus A$ は共に再帰的可算であるとする．このとき，$A = \{\bar{x} \in \mathbb{N}^n : f(\bar{x}) = 0\}$ かつ $\mathbb{N}^n \setminus A = \{\bar{x} \in \mathbb{N}^n : g(\bar{x}) = 0\}$ となる再帰的関数 $f, g : \mathbb{N}^n \to \mathbb{N}$ が存在する．この f, g を計算するプログラムを用いて新しい関数 $h : \mathbb{N}^n \to \mathbb{N}$ の計算手順を次のように定める．

> $\bar{x} \in \mathbb{N}^n$ とする．$f(\bar{x})$ の値と $g(\bar{x})$ の値を計算するプログラムを 1 ステップずつ交互に走らせる．入力 $\bar{x}$ に対して f, g はいずれも，0 を出力して停止する場合，0 以外の数を出力して停止する場合，停止しない場合の三通りの可能性があるが，$A \cup (\mathbb{N}^n \setminus A) = \mathbb{N}^n$ かつ $A \cap (\mathbb{N}^n \setminus A) = \emptyset$ なので，f, g の少なくとも一方は 0 を出力して停止し，f と g の両方が 0 を出力して停止することはない．f が 0 を出力して停止したら $h(\bar{x}) = 1$ と定めて計算終了とする．g が 0 を出力して停止したら $h(\bar{x}) = 0$ と定めて計算終了とする．

このとき h は計算可能で $\chi_A(\bar{x}) \simeq h(\bar{x})$ なので χ_A も計算可能である．したがって χ_A は再帰的である．ゆえに A は再帰的である． □

$A \subseteq \mathbb{N}^{n+1}$ が再帰的可算であれば，原始再帰的集合や再帰的集合の場合と同様に，集合 $\{(\bar{x}, y) \in \mathbb{N}^{n+1} : \exists z < y((\bar{x}, z) \in A)\}$，$\{(\bar{x}, y) \in \mathbb{N}^{n+1} : \forall z < y((\bar{x}, z) \in A)\}$ も再帰的可算である．しかし原始再帰的集合や再帰的集合の場合とは異なり，再帰的可算な集合に関しては次の補題が成り立つ．

[補題 5.4.9]　$A \subseteq \mathbb{N}^{n+1}$ は再帰的可算であるとし，$B = \{\bar{x} \in \mathbb{N}^n : \exists y((\bar{x}, y) \in A)\}$ とする．このとき，B は再帰的可算である．

(証明)　A は再帰的可算なので，$A = \{(\bar{x}, y) \in \mathbb{N}^{n+1} : f(\bar{x}, y) = 0\}$ となる再帰的関数 $f : \mathbb{N}^{n+1} \to \mathbb{N}$ が存在する．この f を計算するプログラムを用いて新しい関数 $g : \mathbb{N}^n \to \mathbb{N}$ の計算手順を次のように定める．

> $\bar{x} \in \mathbb{N}^n$ とする．$f(\bar{x}, 0), f(\bar{x}, 1), f(\bar{x}, 2), \ldots$ の値を順々に 1 ステップずつ計算していく．何らかの $y \in \mathbb{N}$ について $f(\bar{x}, y) = 0$ との出力が得られたとき，$g(\bar{x}) = 0$ と定めて計算終了とする．

このとき g は計算可能なので再帰的である．また $B = \{\bar{x} \in \mathbb{N}^n : g(\bar{x}) = 0\}$ なので，B は再帰的可算である． □

【注意 5.4.10】 上の証明で定めた g は，$\exists y((\bar{x}, y) \in A)$ が正しい場合に，その事実を有限ステップの計算で確認する関数である．しかし，$\forall y((\bar{x}, y) \in A)$ が正しい場合に，その事実を有限ステップの計算で確認する関数は一般に存在しない．したがって，$A \subseteq \mathbb{N}^{n+1}$ が再帰的可算であっても集合 $\{\bar{x} \in \mathbb{N}^n : \forall y((\bar{x}, y) \in A)\}$ は再帰的可算であるとは限らない．

さて，f を集合 X から集合 Y への関数とするとき，f のグラフ G_f とは $X \times Y$ の部分集合 $\{(a, f(a)) : a \in X\}$ であった．補題 5.4.8 により，再帰的な集合についての議論は再帰的可算な集合についての議論に翻訳できた．次の補題により，再帰的な関数についての議論も再帰的可算な集合についての議論に翻訳できることになる．

[補題 5.4.11] $f : \mathbb{N}^n \to \mathbb{N}$ とする．このとき，以下の (1) と (2) は同値である．

(1) f は再帰的である．
(2) G_f は再帰的可算である．

(証明) (1) $\Rightarrow$ (2) を証明する．f は再帰的であるとする．再帰的関数 $g : \mathbb{N}^{n+1} \to \mathbb{N}$ を $g(\bar{x}, y) = \mathtt{sub}(1, \mathtt{equal}(f(\bar{x}), y))$ によって定めると，$G_f = \{(\bar{x}, y) \in \mathbb{N}^{n+1} : g(\bar{x}, y) = 0\}$ である．したがって G_f は再帰的可算である．

(2) $\Rightarrow$ (1) を証明する．G_f は再帰的可算であるとする．このとき，$G_f = \{(\bar{x}, y) \in \mathbb{N}^{n+1} : g(\bar{x}, y) = 0\}$ となる再帰的関数 $g : \mathbb{N}^{n+1} \to \mathbb{N}$ が存在する．この g を計算するプログラムを用いることで，関数 f の計算手順を次のように定めることができる．

> $\bar{x} \in \mathbb{N}^n$ とする．$g(\bar{x}, 0)$, $g(\bar{x}, 1)$, $g(\bar{x}, 2)$, ... の値を順々に 1 ステップずつ計算していく．最初に $g(\bar{x}, y) = 0$ との出力が得られたときの y を $f(\bar{x})$ の値と定めて計算終了とする．

したがって f は計算可能であるので，f は再帰的である． □

再帰的な関数が全域的な場合には次の補題が成り立つ．

[補題 5.4.12] $f : \mathbb{N}^n \to \mathbb{N}$ を全域的な関数とする．このとき，以下の (1) と (2) は同値である．

(1) f は再帰的である．
(2) G_f は再帰的である．

（証明）(1) ⇒ (2) を示す．f は全域的な再帰的関数であるとする．このとき，補題 5.4.11 における (1) ⇒ (2) の証明において定義された関数 g も全域的である．したがって，G_f は再帰的である．

(2) ⇒ (1) が成り立つことは，再帰的な集合は再帰的可算なことと，補題 5.4.11 から明らかである． □

【注意 5.4.13】 本節の結果から，再帰的な関数や集合という概念を再帰的可算な集合という概念を用いて定義することも可能であることが分かる．次章では再帰的な関数や集合，再帰的可算な集合を算術の言語 $\mathcal{L}_A$ を用いて定義する方法を紹介するが，$\mathcal{L}_A$ の論理式を用いて定義する場合には一般に，再帰的可算な集合のほうが再帰的な関数や集合よりも簡単で自然である．

5.5 Gödel 数と述語論理の算術化

前章で紹介した PA や ZF のように，述語論理を用いて適当な言語と理論を定めることで，数学の命題や証明を記号の有限列として形式的に展開できるようになる．本来，数学の命題や証明を対象とした議論は哲学の領域に属するものである．しかし，記号の有限列は数学的に議論することができるので，述語論理を用いて数学を形式的に展開することで，数学の哲学に関わる問題を数学的に議論できるようになる．このことは数学の基礎付けを目指す Hilbert のプログラムの重要な一段階であった．

不完全性定理の証明の中で Gödel が示した重要な事実の一つに，数学に現れる命題や証明は記号の有限列として表現できるだけでなく，自然数を用いて表現できる，つまり自然数でコード化できることがある．命題や証明を

5.5 Gödel 数と述語論理の算術化

表現する自然数を，自然数によって表現されている命題や証明の Gödel 数という．現在ではあらゆる情報が計算機上で 0 と 1 の有限列で表現されている．そのような 0 と 1 の有限列を自然数の 2 進数表現だと思えば，0 と 1 の有限列で表現されている情報は一つの自然数で表現されていると考えてもよい．その自然数が 0 と 1 の有限列で表現されている情報の Gödel 数である．Gödel 数とは現在の計算機科学の基礎である自然数による情報のコード化の原点である．

命題や証明を Gödel 数を用いて自然数としてコード化することで，命題や証明に関する議論を自然数に関する議論に転化させることができる．自然数は我々にとって最も馴染みのある数学的対象である．述語論理が Gödel 数を用いて算術化されたことで，数学の哲学に関する議論が古典的な数学的対象である自然数に関する議論になる．ただし，数学の形式化の目的は命題や証明を有限的な手法で論じることなので，算術化された述語論理においても，命題や証明を表す自然数をどこまで有限的な手法で取り扱えるのかが重要である．この有限的な手法の限界を明らかにするために必要になるものが，本章で紹介している計算可能性の概念である．

さて，本節では本質的に Gödel が与えたものと同等の Gödel 数の定義を一つ紹介するが，Gödel 数には様々な定め方があり，本節で紹介する性質が成り立つ限り，どのような Gödel 数の定義を選んでも構わない．本節で紹介する Gödel の方法は単純で分かり易いが，一般に Gödel 数がとても大きな数になってしまい，効率的でなく実用的ではない[22]．以下，本節では言語 $\mathcal{L}$ は有限集合 $\{s_1, \ldots, s_l\}$ であると仮定し，n 番目の素数を p_n と書く．

〔定義 5.5.1〕 記号や記号の有限列，記号の有限列の有限列 S の Gödel 数 (Gödel number) を以下のように定め，$\lceil S \rceil$ と書く．

(1) まず，$\mathcal{L}$ の非論理的記号 s_i に対して，$\lceil s_i \rceil = 2i - 1$ とする．次に，論理記号 $=$, $\neg$, $\rightarrow$, $\forall$, $\exists$, 括弧 (と) およびコンマ , の Gödel 数をそ

---

[22] 8.4 節で紹介する現実的な計算可能性に関わる算術の理論についての不完全性定理を考える場合には，このことは無視できない問題になる．そのような理論と，その理論のための効率の良い Gödel 数の定義については，例えば Buss [130]，竹内外史 [52] を参照のこと．

れぞれ $2l+1$ から $2l+15$ までの奇数とする．さらに，変数 v_i に対して $\lceil v_i \rceil = 2l + 17 + 2i$ とする．
(2) 記号 $S_1, \ldots, S_n$ の Gödel 数が $\lceil S_1 \rceil, \ldots, \lceil S_n \rceil$ であるとする．記号の有限列 $(S_1, \ldots, S_n)$ の Gödel 数 $\lceil (S_1, \ldots, S_n) \rceil$ を $\lceil (S_1, \ldots, S_n) \rceil = p_1^{\lceil S_1 \rceil} \cdots p_n^{\lceil S_n \rceil}$ によって定める．
(3) 記号の有限列 $S_1, \ldots, S_n$ の Gödel 数が $\lceil S_1 \rceil, \ldots, \lceil S_n \rceil$ であるとする．記号の有限列の有限列 $(S_1, \ldots, S_n)$ の Gödel 数 $\lceil (S_1, \ldots, S_n) \rceil$ を $\lceil (S_1, \ldots, S_n) \rceil = p_1^{\lceil S_1 \rceil} \cdots p_n^{\lceil S_n \rceil}$ によって定める．

【注意 5.5.2】 記号の Gödel 数は奇数であり，記号の有限列または記号の有限列の有限列の Gödel 数は偶数である．また，記号の有限列の Gödel 数を素因数分解したときの 2 の冪は奇数であり，記号の有限列の有限列の Gödel 数を素因数分解したときの 2 の冪は偶数である．したがって，記号，記号の有限列，記号の有限列の有限列に同じ Gödel 数が割り当てられることはない．

すべての自然数が何らかの記号や記号の有限列などの Gödel 数になっている訳ではない．記号の Gödel 数全体の集合は奇数の集合と一致するので原始再帰的である．また，実際に定義や証明を書き下すことは容易ではないが，素数の集合や，自然数 n, m が与えられたときに n を素因数分解したときの m 番目の素数 p_m の冪を求める関数などが原始再帰的なので，記号の有限列の Gödel 数全体の集合，記号の有限列の有限列の Gödel 数全体の集合も原始再帰的である．

さて，述語論理の論理式や文は記号の有限列であり，自然数 n が与えられたときに，n が $\mathcal{L}$ の論理式や文の定義を満たす記号の有限列の Gödel 数になっているかどうかを判定する関数，すなわち，次の定義で定められる集合 $\mathrm{Fml}_{\mathcal{L}}, \mathrm{Snt}_{\mathcal{L}}$ の特性関数は原始再帰的である．したがって，これらの集合も原始再帰的である．

〔定義 5.5.3〕 $\mathrm{Fml}_{\mathcal{L}}$ を $\mathcal{L}$ の論理式の Gödel 数全体の集合，$\mathrm{Snt}_{\mathcal{L}}$ を $\mathcal{L}$ の文の Gödel 数全体の集合とする．

証明は論理式の有限列，すなわち記号の有限列の有限列であり，証明 p は

Gödel 数 $\ulcorner p \urcorner$ を持つ．ただし，$\mathcal{L}$ の理論 T からの証明の Gödel 数の集合が原始再帰的になるかどうかは，次の定義の意味で T が原始再帰的かどうかに依存する．

〔定義 5.5.4〕 T を $\mathcal{L}$ の理論とする．$\{\ulcorner \varphi \urcorner \in \mathbb{N} : \varphi \in T\}$ が原始再帰的（または再帰的，再帰的可算）であるとき，T は原始再帰的（または再帰的，再帰的可算）であるという．

T の証明の Gödel 数すべての集合，T の定理の Gödel 数すべての集合を次の定義で定める記号で表すことにする．

〔定義 5.5.5〕 以下の (1) および (2) によって，集合 Prf_T および Prv_T を定める．
(1) $\mathrm{Prf}_T = \{(\ulcorner \varphi \urcorner, \ulcorner p \urcorner) \in \mathbb{N}^2 : \varphi$ は $\mathcal{L}$ の文で，p は T からの φ の証明$\}$
(2) $\mathrm{Prv}_T = \{\ulcorner \varphi \urcorner \in \mathbb{N} : \varphi$ は $\mathcal{L}$ の文で，$T \vdash \varphi\}$

明らかに $\mathrm{Prv}_T \subseteq \mathrm{Snt}_\mathcal{L}$ である．第 3 章で T の定理全体からなる集合を $\mathrm{Th}(T)$ と定めた．この記号を用いれば，$\mathrm{Prv}_T = \{\ulcorner \varphi \urcorner \in \mathbb{N} : \varphi \in \mathrm{Th}(T)\}$ である．次の補題はほぼ明らかである．つまり，証明を正確に書き下すことは面倒であるが，少し考えれば正しいと確信することができる．

〔補題 5.5.6〕 T が原始再帰的（または再帰的，再帰的可算）であれば，Prf_T も原始再帰的（または再帰的，再帰的可算）である．

さて，$x \in \mathrm{Prv}_T$ であることは，$\exists y((x, y) \in \mathrm{Prf}_T)$ と同値である．ゆえに，補題 5.4.9 から次の補題が成り立つ．

〔補題 5.5.7〕 Prf_T が再帰的可算であれば Prv_T も再帰的可算である．

したがって T が再帰的であれば Prv_T は再帰的可算である．一般に T が再帰的であっても Prv_T が再帰的になるかどうかは分からない．つまり，理論 T が決定可能であることを次のように定義するならば，T が再帰的であっても T は決定可能であるとは限らない．

〔定義 5.5.8〕 Prv_T が再帰的であるとき，T は決定可能（decidable）であ

るという.

【注意 5.5.9】 実際，算術の言語 $\mathcal{L}_A$ を考えて，$\mathrm{PA} \subseteq T$ かつ T は無矛盾であるとすると，T は決定可能ではない．つまり，Prv_T は再帰的ではない．これは不完全性定理からの帰結の一つである．Prv_T は再帰的可算であるが再帰的ではない代表的な集合である．詳しくは定理 7.3.16 で紹介する．

T が完全な場合には次の補題が成り立つ．

［補題 5.5.10］ T が完全かつ再帰的ならば T は決定可能である．つまり，Prv_T は再帰的である．

（証明） T が矛盾していれば $\mathrm{Prv}_T = \mathrm{Snt}_\mathcal{L}$ となり，$\mathrm{Snt}_\mathcal{L}$ は再帰的なので Prv_T は再帰的である．よって T は無矛盾であるとする．

T が再帰的なので Prv_T は再帰的可算である．$\mathrm{Snt}_\mathcal{L}$ は再帰的なので補題 5.4.8 により $\mathbb{N} \setminus \mathrm{Snt}_\mathcal{L}$ は再帰的可算である．φ を $\mathcal{L}$ の文とする．T は無矛盾かつ完全なので補題 2.4.9 により $T \nvdash \varphi$ であることと $T \vdash \neg\varphi$ であることは同値である．したがって $\ulcorner\varphi\urcorner \in \mathbb{N} \setminus \mathrm{Prv}_T$ であることと $\ulcorner\neg\varphi\urcorner \in \mathrm{Prv}_T$ であることは同値である．

さて，$a \in \mathbb{N}$ が与えられたとき，a が $\neg\varphi$ という形の $\mathcal{L}$ の文の Gödel 数かどうかは原始再帰的に判定でき，かつ，Prv_T は再帰的可算なので，$\{\ulcorner\neg\varphi\urcorner \in \mathrm{Prv}_T : \varphi$ は $\mathcal{L}$ の文 $\}$ は再帰的可算である．また，$\mathbb{N} \setminus \mathrm{Prv}_T = \{\ulcorner\varphi\urcorner \in \mathbb{N} : \varphi$ は $\mathcal{L}$ の文で $\ulcorner\neg\varphi\urcorner \in \mathrm{Prv}_T\} \cup (\mathbb{N} \setminus \mathrm{Snt}_\mathcal{L})$ なので，$\mathbb{N} \setminus \mathrm{Prv}_T$ は再帰的可算である．以上から，Prv_T および $\mathbb{N} \setminus \mathrm{Prv}_T$ は再帰的可算なので，補題 5.4.8 により Prv_T は再帰的である． □

〔定義 5.5.11〕 自然数 a を表す $\mathcal{L}_A$ の項 $((\cdots((1+1)+1)+\cdots)+1)$ (a 個の 1 の和) を a^* と書き[23]，a の数項 (numeral) と呼ぶ．ただし，0^* は定数記号 0 とする．

自然数 a に対して a の数項 a^* の Gödel 数は再帰的に計算可能である．また，$\varphi(x)$ を $\mathcal{L}_A$ の論理式とすると，$\mathcal{L}_A$ の文 $\varphi(a^*)$ の Gödel 数も再帰的

---

[23] この記法は一般的なものではない．

に計算可能である．したがって，T が再帰的であれば Prv_T は再帰的可算であることの証明と同様に，次の補題を証明することができる．

〔補題 5.5.12〕 $\varphi(x)$ を $\mathcal{L}_A$ の論理式とする．T が再帰的であれば集合 $\{a \in \mathbb{N} : T \vdash \varphi(a^*)\}$ は再帰的可算である．

ところで，以下の議論から，何が証明可能であるのかを考える限り，再帰的な理論のすべてを考えるためには，原始再帰的な理論のみを考慮すればよいことが分かる．

〔定義 5.5.13〕 T を $\mathcal{L}$ の理論とする．$\text{Th}(T) = \text{Th}(T')$ を満たす原始再帰的（または再帰的）な理論 T' が存在するとき，T は原始再帰的（または再帰的）に公理化可能 (axiomatizable) であるという．

〔定理 5.5.14〕 再帰的可算な理論は，再帰的に公理化可能である．

この定理を証明するために，$\mathcal{L}$ の文 φ と 1 以上の自然数 m に対して，m 個の φ を「かつ」で結んだ $\mathcal{L}$ の文，すなわち $((\cdots((\varphi \wedge \varphi) \wedge \varphi) \wedge \cdots) \wedge \varphi)$ を $\varphi^{(m)}$ と定義する．ただし，$\varphi^{(1)} = \varphi$ とする．明らかに $\vdash \varphi \leftrightarrow \varphi^{(m)}$ である．

〔補題 5.5.15〕 ψ を文とすると，ψ が文字列として $\varphi^{(m)}$ と一致するような $m \in \mathbb{N}$ の最大値と，そのときの文 φ が一意的に存在する．また，ψ の Gödel 数 $\lceil \psi \rceil$ からこの文 φ の Gödel 数 $\lceil \varphi \rceil$ を計算する関数，および $\lceil \psi \rceil$ から m を計算する関数はいずれも原始再帰的である．

(証明) 次の手順で ψ から φ と m を求める．

(1) ψ が $(\psi_1 \wedge \psi_2)$ の形でない場合は，$\varphi = \psi$ かつ $m = 1$ である．
(2) ψ が $(\psi_1 \wedge \psi_2)$ の形である場合を考える．$\psi_1 = \psi_2$ の場合は，$\varphi = \psi_2$ かつ $m = 2$ である．
(3) $\psi_1 \neq \psi_2$ の場合を考える．ψ_1 が $(\psi_{11} \wedge \psi_{12})$ の形でない場合には，$\varphi = \psi$ かつ $m = 1$ である．
(4) ψ_1 が $(\psi_{11} \wedge \psi_{12})$ の形である場合を考える．$\psi_{12} \neq \psi_2$ の場合は，$\varphi = \psi$ かつ $m = 1$ である．$\psi_{11} = \psi_{12} = \psi_2$ の場合は，$\varphi = \psi_2$ かつ $m = 3$ で

ある．

(5) $\psi_{11} \neq \psi_2$ かつ $\psi_{11} \neq \psi_{12}$ の場合を考える．ψ_{11} が $(\psi_{111} \wedge \psi_{112})$ の形かどうかを調べる．以下，同様に計算を続ける．

論理式は有限の長さなので，この作業は ψ の記号の数よりも少ない回数で必ず停止し，φ と m が求まる．明らかに $m \geq 1$ である．このとき，ψ の Gödel 数 $\ulcorner\psi\urcorner$ から φ の Gödel 数 $\ulcorner\varphi\urcorner$ と m を計算する関数は原始再帰的である． □

(定理 5.5.14 の証明) T は再帰的可算であるとする．このとき補題 5.4.2 から，$\{\ulcorner\varphi\urcorner : \varphi \in T\} = \mathrm{rng}(f)$ となる全域的な再帰的関数 f が存在する．$T' = \{\varphi^{(n+1)} : \ulcorner\varphi\urcorner = f(n)\}$ とする．$a \in \mathbb{N}$ が与えられたとき，$a \in \{\ulcorner\psi\urcorner : \psi \in T'\}$ かどうかは次の計算方法で確認できる．

> a が $\mathcal{L}$ の論理式の Gödel 数でなければ $a \notin \{\ulcorner\psi\urcorner : \psi \in T'\}$ である．a が $\mathcal{L}$ の論理式の Gödel 数のとき，$a = \ulcorner\varphi^{(m)}\urcorner$ となる $m \in \mathbb{N}$ と，そのときの $\ulcorner\varphi\urcorner$ を計算する．明らかに $m \geq 1$ である．$f(m-1) = \ulcorner\varphi\urcorner$ であれば $a \in \{\ulcorner\psi\urcorner : \psi \in T'\}$ である．そうでなければ $a \notin \{\ulcorner\psi\urcorner : \psi \in T'\}$ である．

したがって，$\{\ulcorner\psi\urcorner : \psi \in T'\}$ は再帰的である．また，$\vdash \varphi \leftrightarrow \varphi^{(m)}$ なので，$\mathrm{Th}(T) = \mathrm{Th}(T')$ となる．ゆえに T は再帰的に公理化可能である． □

この証明方法は Craig のトリック (Craig's trick) と呼ばれている．この証明を工夫すると，議論は多少複雑になるが，再帰的可算な理論は再帰的に公理化可能なだけでなく，原始再帰的に公理化可能であることが示せる．このことを次の定理で紹介する．

[定理 5.5.16] 再帰的可算な理論は，原始再帰的に公理化可能である．

(証明) T は再帰的可算であるとする．このとき，定理 5.5.14 の証明と同様に，$\{\ulcorner\varphi\urcorner : \varphi \in T\} = \mathrm{rng}(f)$ となる全域的な再帰的関数 f が存在する．理論 T' を，以下の条件 (1) から (3) を満たす $m \in \mathbb{N}$ が存在するときの論理式 $\varphi^{(n+1)}$ の集合とする．

5.5 Gödel 数と述語論理の算術化

(1) $m \leq n$ である.
(2) $\ulcorner\varphi\urcorner = f(m)$ である.
(3) $f(m)$ の計算は n ステップ以内に停止する.

もし $\varphi^{(n+1)} \in T'$ ならば $\varphi \in T$ なので, $\mathrm{Th}(T') \subseteq \mathrm{Th}(T)$ である. $\varphi \in T$ とする. $\ulcorner\varphi\urcorner = f(m)$ となる m が存在する. $f(m)$ を計算するステップ数と m の大きいほうを n とすると, $\varphi^{(n+1)} \in T'$ である. よって $\mathrm{Th}(T) \subseteq \mathrm{Th}(T')$ となる. ゆえに $\mathrm{Th}(T) = \mathrm{Th}(T')$ である.

このとき, $a \in \mathbb{N}$ が与えられたとき, $a \in \{\ulcorner\psi\urcorner : \psi \in T'\}$ かどうかは次の計算方法で確認できる.

(1) a が $\mathcal{L}$ の論理式の Gödel 数でなければ $a \notin \{\ulcorner\psi\urcorner : \psi \in T'\}$ である. a が $\mathcal{L}$ の論理式の Gödel 数のとき, $a = \ulcorner\varphi^{(n+1)}\urcorner$ となる $n \in \mathbb{N}$ と, そのときの $\ulcorner\varphi\urcorner$ を計算する.
(2) $f(0), \ldots, f(n)$ の値を n ステップまで計算する. もしも $m \leq n$ を満たす $m \in \mathbb{N}$ で, n ステップまでの計算で $f(m)$ の計算が終了し, $\ulcorner\varphi\urcorner = f(m)$ となるものが存在するならば, $a \in \{\ulcorner\psi\urcorner : \psi \in T'\}$ である. そうでなければ $a \notin \{\ulcorner\psi\urcorner : \psi \in T'\}$ である.

この計算は, $f(0), \ldots, f(n)$ の値を n ステップまでしか計算しないので, 原始再帰的である. ゆえに T' は原始再帰的である. 以上から, T は原始再帰的に公理化可能である. □

この定理から, 完全で再帰的な理論が存在するかどうかは完全で原始再帰的な理論が存在するかどうかを調べれば十分なことが分かる. ただし, 不完全性定理に関連して話題になる理論は PA や ZF など, いずれも最初から原始再帰的なことが多いので, 実際に個々の理論が不完全であることを不完全性定理によって示す場合にこの補題が必要になることは滅多にない. しかしこの補題は, 特に 7.6 節で紹介する Rosser の定理のように原始再帰的な理論にしか適用できない結果を再帰的な理論に一般化する場合に役に立つものである.

5.6 万能 Turing 機械と再帰定理

現在の計算機の最も大きな特徴の一つは，あらかじめ定められた特別な関数の値を計算する機械ではなく，プログラムを入れ替えることによって様々な関数の値が計算できる普遍的な機械であることにある．

各々の Turing 機械や再帰的関数の定義は関数を計算するためのプログラムであると考えられる．前節で論理式や証明をコード化する方法を紹介したが，プログラムも論理式や証明と同様に記号の有限列であり，自然数でコード化することができる．そして Turing 機械の中にはコード化されたプログラムを入力することで様々な Turing 機械の働きをする万能 Turing 機械と呼ばれるものがある．現在の計算機は記憶容量や計算時間を無視すれば万能 Turing 機械の一種である．

この節では万能 Turing 機械の基本的な性質と再帰定理を紹介して，再帰的可算だが再帰的でない集合の存在を示す．なお，本節の内容は不完全性定理を理解するために必要なものであるが，不完全性定理の証明を理解するためには必要ない．

以下では，再帰的関数 f とは f のグラフではなく f の定義を意味することとし，再帰的関数のコード化の方法を再帰的関数の定義にしたがって定めて，再帰的関数 f のコードを $\lceil f \rceil$ と書く．また，$e = \lceil f \rceil$ のとき，f を $\{e\}$ と書く[24]．

[定理 5.6.1] 正規形定理 (Normal Form Theorem)　次の条件を満たす原始再帰的な述語 $T_n(\bar{x}, y, z)$ と原始再帰的な関数 U が存在する．$f: \mathbb{N}^n \to \mathbb{N}$ を再帰的な部分関数とすると，$f(\bar{x}) \simeq U(\mu z T_n(\bar{x}, \lceil f \rceil, z))$ が成り立つ．

(証明)　簡単のため $n = 1$ とする．また，$m \in \mathbb{N}$ とする．f が再帰的な部分関数のとき，$x \in \mathbb{N}$ を入力としたときの f の m ステップ目までの計算過程は自然数の有限列で表現できて，その有限列は自然数でコード化できる．ただし，適当なコード化の方法を選ぶことで，z が f の m ステップ目までの計算過程のコードのとき，z が終了状態に至っているかどうかは原始再帰

---

[24] 本節の議論はコード化の方法に依存し，本節の議論が成り立たないコード化の方法も存在する．詳しくは Odifreddi [196] pp. 214–238 を参照のこと．

5.6 万能 Turing 機械と再帰定理　167

的に判定できるものとする.

さて, $x, y, z \in \mathbb{N}$ が与えられたとき, $y = \lceil f \rceil$ のとき, z が x を入力とし終了状態に至る f の計算過程のコードのときに真, それ以外のときに偽となる述語を $T_1(x, y, z)$ とする. $T_1(x, y, z)$ は原始再帰的である.

また, もしも z が終了状態に至る計算過程のコードになっているとき, その計算過程の出力を z から取り出す関数も原始再帰的である. この関数を $U : \mathbb{N} \to \mathbb{N}$ とする. このとき, $f(x) \simeq U(\mu z T_1(x, \lceil f \rceil, z))$ となる. □

この定理の T_n は Kleene の T 述語 (T predicate) と呼ばれている. この定理から, 再帰的関数を定義するためには最小化は一度だけ用いれば十分であることが分かる.

【注意 5.6.2】 一般に, $x, y \in \mathbb{N}$ が与えられたときに, $x \in \mathrm{dom}(f)$ かつ $y = \lceil f \rceil$ である場合に, x を入力とし終了状態に至る f の計算過程のコードを出力する関数は原始再帰的ではない. T 述語が原始再帰的なのは, 終了状態に至る計算過程のコードを出力する関数が必要になる訳ではなく, 与えられた自然数が終了状態に至る計算過程のコードになっているかどうかを判定すれば十分だからである.

〔定義 5.6.3〕 $\mathbb{N}^{n+1}$ から $\mathbb{N}$ の再帰的な部分関数 $U(\mu z T_n(\bar{x}, y, z))$ を n 変数の万能 Turing 機械 (universal Turing machine) と呼ぶ.

以下では n 変数の万能 Turing 機械を $V_n(\bar{x}, y)$ と書く. つまり, f が $\mathbb{N}^n$ から $\mathbb{N}$ への再帰的な部分関数のとき, $f(\bar{x}) \simeq V_n(\bar{x}, \lceil f \rceil)$ である.

さて, $m, n \in \mathbb{N}$ とし, $\bar{x} = x_1, \ldots, x_n$, $\bar{y} = y_1, \ldots, y_m$ とする. $f(\bar{x}, \bar{y})$ が $\mathbb{N}^{m+n}$ から $\mathbb{N}$ への再帰的な部分関数で, $\bar{b} \in \mathbb{N}^m$ のとき, $f(\bar{x}, \bar{y})$ の $\bar{y}$ に $\bar{b}$ を代入して得られる関数 $f(\bar{x}, \bar{b})$ は $\mathbb{N}^n$ から $\mathbb{N}$ への再帰的な部分関数になる. このとき, $\lceil f(\bar{x}, \bar{b}) \rceil$ は $\lceil f \rceil$ と $\bar{b}$ から原始再帰的に計算できる. この原始再帰的関数を $S_n^m(x, \bar{y})$ とする. つまり, S_n^m は次の定理を満たす $\mathbb{N}^{m+1}$ から $\mathbb{N}$ への原始再帰的な関数である.

〔定理 5.6.4〕 S_n^m 定理 (S_n^m Theorem) f を $\mathbb{N}^{m+n}$ から $\mathbb{N}$ への再帰的な部分関数とし, $\bar{b} \in \mathbb{N}^m$ とする. このとき, $f(\bar{x}, \bar{b}) \simeq \{S_n^m(\lceil f \rceil, \bar{b})\}(\bar{x})$ が成り立つ.

この S^m_n 定理は次の定理の証明の鍵となっている.

[定理 5.6.5] 再帰定理 (Recursion Theorem)　$f(\bar{x},y)$ を $\mathbb{N}^{n+1}$ から $\mathbb{N}$ への再帰的な部分関数とする. このとき, $\{e\}(x) \simeq f(x,e)$ となる $e \in \mathbb{N}$ が存在する.

(証明)　簡単のため $n = 1$ とする. $S^1_1(x,y)$ は $\mathbb{N}^2$ から $\mathbb{N}$ への原始再帰的な関数である. $f(x,y)$ の y に $S^1_1(y,y)$ を代入して得られる $f(x,S^1_1(y,y))$ は, $\mathbb{N}^2$ から $\mathbb{N}$ への再帰的な部分関数である. $a = \lceil f(x,S^1_1(y,y)) \rceil$ とし, $e = S^1_1(a,a)$ とする. このとき, S^1_1 と a の定義から $\{S^1_1(a,a)\}(x) \simeq f(x,S^1_1(a,a))$ となるので, $\{e\}(x) \simeq f(x,e)$ である. □

【注意 5.6.6】　$S^1_1(a,a)$ を考えることは, $\mathbb{N}^2$ から $\mathbb{N}$ への再帰的な部分関数を並べて $f_0(x,y)$, $f_1(x,y)$, $f_2(x,y)$, … とし, a 番目の関数 $f_a(x,y)$ の y に a を代入したもの $f_a(x,a)$ を考えることに相当する. これは対角線論法の一種である.

再帰定理の系として, 次の定理が得られる.

[定理 5.6.7] Rice の定理 (Rice's Theorem)　$\mathcal{F}$ を一変数の再帰的な部分関数の全体からなる集合とし, $\mathcal{C}$ を $\mathcal{C} \neq \emptyset$ かつ $\mathcal{C} \neq \mathcal{F}$ を満たす $\mathcal{F}$ の部分集合とする. $C = \{e \in \mathbb{N} : \{e\} \in \mathcal{C}\}$ とする. このとき, C は再帰的ではない.

(証明)　C は再帰的であると仮定する. $\mathcal{C}$ の条件より, 再帰的な部分関数 $f(x) \in \mathcal{C}$ と $g(x) \notin \mathcal{C}$ が存在する. 関数 $h : \mathbb{N}^2 \to \mathbb{N}$ を $y \notin C$ ならば $h(x,y) \simeq f(x)$, $y \in C$ ならば $h(x,y) \simeq g(x)$ によって定義する. $f(x)$ と $g(x)$ は再帰的であり, C も再帰的であるので, $h(x,y)$ は再帰的である. 再帰定理より, $h(x,e) \simeq \{e\}(x)$ となる $e \in \mathbb{N}$ が存在する.

さて, $e \in C$ とする. $h(x,y)$ の定義より $h(x,e) \simeq g(x)$ で, $h(x,e) \simeq \{e\}(x)$ かつ $g(x) \notin \mathcal{C}$ なので $e \notin C$ となり, 矛盾する. 次に, $e \notin C$ とする. $h(x,y)$ の定義より $h(x,e) \simeq f(x)$ で, $h(x,e) \simeq \{e\}(x)$ かつ $f(x) \in \mathcal{C}$ なので $e \in C$ となり, 矛盾する. ゆえに C は再帰的ではない. □

5.6 万能 Turing 機械と再帰定理　169

このRiceの定理を用いることで，fを再帰的な部分関数とするとき，集合 $\{e \in \mathbb{N} : f \simeq \{e\}\}$ が再帰的でないことや，$e_1, e_2 \in \mathbb{N}$ に対して $\{e_1\} \simeq \{e_2\}$ かどうかを判定するアルゴリズムは存在しないことが証明できる．なお，再帰的可算であるが再帰的ではない集合の存在は以下のように証明できる．

[**定理 5.6.8**]　$K \subseteq \mathbb{N}$ を $K = \{x \in \mathbb{N} : V_1(x, x) \downarrow\}$ によって定める．このとき，K は再帰的可算であるが再帰的ではない．

(**証明**)　V_1 は再帰的な部分関数なので，補題 5.4.11 により V_1 のグラフ $G_{V_1} = \{(x, y, z) \in \mathbb{N}^3 : V_1(x, y) = z\}$ は再帰的可算である．$J = \{(x, y) \in \mathbb{N}^2 : \exists z ((x, y, z) \in G_{V_1})\}$ とする．補題 5.4.9 により J は再帰的可算なので J の特性関数は再帰的である．$K = \{x \in \mathbb{N} : (x, x) \in J\}$ なので，K の特性関数も再帰的である．したがって K は再帰的可算である．

K は再帰的であると仮定する．このとき $\mathbb{N} \setminus K$ は再帰的可算なので，$\mathbb{N} \setminus K = \{x \in \mathbb{N} : f(x) = 0\}$ となる再帰的関数 f が存在する．$f(x) \neq 0$ ならば $f(x)$ の計算が停止しないように f を作り変えて，$f(x) = 0$ と $f(x) \downarrow$ は同値であると仮定する．$e = \lceil f \rceil$ とする．$e \in \mathbb{N} \setminus K$ と $f(e) \downarrow$ は同値であり，$f(e) \downarrow$ は $V_1(e, e) \downarrow$ のことなので $e \in K$ と同値であり，矛盾する．ゆえに K は再帰的ではない．　□

6

定義可能性と表現可能性

　さて，4.5 節では Zermelo-Fraenkel 集合論 ZF の中では自然数の集合 ω の存在と基本的な性質が示せて，その他の数学的対象の存在と基本的な性質も概ねすべて ZF 上で示せることを紹介した．第 5 章で紹介した再帰的な関数や集合，再帰的可算な集合などの計算可能性に関わる様々な関数や集合の存在と基本的な性質もまた ZF の中で示すことができる．

　また，4.5 節では Peano 算術 PA は Zermelo-Fraenkel 集合論 ZF に埋め込むことができ，PA $\subseteq$ ZF と見なし得ることを紹介した．この PA は自然数を議論するための形式的な枠組みであるが，算術の言語 $\mathcal{L}_A$ は表現力が弱い．PA の上で形式化できるのは「数学の世界」の中でも自然数に関わるごく一部分に過ぎず，例えば実数全体の集合 $\mathbb{R}$ や，$\mathbb{R}$ 上の関数などの数学的対象を PA 上で形式的に取り扱うことは難しい．「数学の世界」の全体の基礎付けという文脈で論じる限り，PA は弱過ぎて役に立たない．PA $\subseteq$ ZF であることも ZF の中で自然数論を展開できるという当然の事実からの帰結でしかなく，それだけでは興味深いものではない．

　しかし，算術の言語 $\mathcal{L}_A$ の表現力は弱く限定的ではあるが繊細で，表現対象の性質をよく反映する．特に，再帰的な集合や関数，再帰的可算な集合は

$\mathcal{L}_A$ の論理式で特徴付けられ，この特徴付けは不完全性定理の証明において重要な役割を果たしている．この意味で $\mathcal{L}_A$ という言語や $\mathcal{L}_A$ の理論として定義される PA は，述語論理を用いて数学の世界を形式的に再構成するための枠組みというよりはむしろ，計算可能性について論じるための道具立てである．そして，不完全性定理は数学の世界全体に関わる定理であるというよりはむしろ，計算可能性に関わる定理であると考えることもできる．本章の目的はこの特徴付けを紹介することである．

なお，本章では T は $\mathrm{PA}^- \subseteq T$ を満たす $\mathcal{L}_A$ の再帰的な理論であるとする．

6.1 算術の Σ_1 完全性

算術の言語を用いて計算可能な関数や集合について議論するために，まず，量化子 $\forall$，$\exists$ の現れ方によって算術の論理式に名前を付ける．

〔定義 6.1.1〕 x を変数とし，t を x を含まない $\mathcal{L}_A$ の項とする．$\forall x (x \leq t \to \cdots)$ および $\exists x (x \leq t \wedge \cdots)$ の形で $\mathcal{L}_A$ の論理式の中に現れる量化子 $\forall$，$\exists$ を限定量化子 (bounded quantifier) と呼び，それぞれ $\forall x \leq t (\cdots)$ および $\exists x \leq t (\cdots)$ と略記する．

論理式 $\neg \forall x \leq t (\cdots)$ は正確に書くと $\neg \forall x (x \leq t \to \cdots)$ である．この論理式は $\exists x (x \leq t \wedge \neg \cdots)$ と同値なので，$\neg \forall x \leq t (\cdots)$ は $\exists x \leq t (\neg \cdots)$ と同値である．同様に $\neg \exists x \leq t (\cdots)$ は $\forall x \leq t (\neg \cdots)$ と同値である．

〔定義 6.1.2〕 φ を $\mathcal{L}_A$ の論理式とする．
(1) φ に現れる量化子がすべて限定量化子のとき，φ は Δ_0 論理式であるという．
(2) Δ_0 論理式 ψ と $m \in \mathbb{N}$ が存在して φ が $\exists x_1 \cdots \exists x_m \psi$ の形のとき，φ は Σ_1 論理式であるという．
(3) Δ_0 論理式 ψ と $m \in \mathbb{N}$ が存在して φ が $\forall x_1 \cdots \forall x_m \psi$ の形のとき，φ は Π_1 論理式であるという．

なお，この定義では $m = 0$ の場合も認めることにする．つまり，Δ_0 論理式は Σ_1 論理式でもあり，Π_1 論理式でもあるとする．Δ_0 論理式は Σ_0 論理式や Π_0 論理式とも呼ばれる．そして一般に $n \in \mathbb{N}$ のとき，ψ が Π_n 論理式（または Σ_n 論理式）のとき，$\exists x_1 \cdots \exists x_m \psi$ の形の論理式（または $\forall x_1 \cdots \forall x_m \psi$ の形の論理式）は Σ_{n+1} 論理式（または Π_{n+1} 論理式）であるという．この Σ_n 論理式，Π_n 論理式のなす $\mathcal{L}_A$ の論理式の階層構造は算術的階層と呼ばれて，計算論において重要な働きを持つ．しかし，不完全性定理を証明するためには Σ_1 論理式と Π_1 論理式だけで十分である．

さて，φ, ψ が Δ_0 論理式のとき，明らかに $\varphi \wedge \psi, \varphi \vee \psi$ は Δ_0 論理式である．φ, ψ が Σ_1 論理式（または Π_1 論理式）のとき，$\varphi \wedge \psi, \varphi \vee \psi$ は Σ_1 論理式（または Π_1 論理式）と同値である．また，明らかに Δ_0 論理式の否定は Δ_0 論理式である．$\neg \exists x \varphi$（または $\neg \forall x \varphi$）は $\forall x \neg \varphi$（または $\exists x \neg \varphi$）と同値なので，Σ_1 論理式（または Π_1 論理式）の否定は Π_1 論理式（または Σ_1 論理式）と同値である．これらの同値性は論理的公理と推論規則のみから導かれるが，$\mathbb{N}$ 上では次の補題が成り立つ．

[補題 6.1.3] φ を Σ_1 論理式（または Π_1 論理式），t を x を含まない $\mathcal{L}_A$ の項とする．このとき，$\forall x \leq t \varphi$ および $\exists x \leq t \varphi$ は共に $\mathbb{N}$ 上で Σ_1 論理式（または Π_1 論理式）と同値である．

(証明) まず φ は Σ_1 論理式であるとする．簡単のため ψ を Δ_0 論理式として，φ は $\exists y \psi$ であるとする．このとき，$\forall x \leq t \varphi$ は $\forall x \leq t \exists y \psi$ のことで，この論理式は $\mathbb{N}$ 上で $\exists z \forall x \leq t \exists y < z \psi$ と同値である．これは Σ_1 論理式である．また，$\exists x \leq t \varphi$ は $\exists x \leq t \exists y \psi$ のことで，この論理式は $\mathbb{N}$ 上で $\exists x \exists y (x < t \wedge \psi)$ と同値である．これは Σ_1 論理式である．

次に φ は Π_1 論理式であるとする．簡単のため ψ を Δ_0 論理式として，φ は $\forall y \psi$ であるとする．このとき，$\forall x \leq t \varphi$ は $\forall x \leq t \forall y \psi$ のことで，この論理式は $\mathbb{N}$ 上で $\forall x \forall y (x \leq t \to \psi)$ と同値である．これは Π_1 論理式である．また，$\exists x \leq t \varphi$ は $\exists x \leq t \forall y \psi$ のことで，この論理式は $\mathbb{N}$ 上で $\forall z \exists x \leq t \forall y < z \psi$ と同値である．これは Π_1 論理式である． □

この補題の同値性は $\mathbb{N}$ 上で成り立つだけでなく，PA 上で証明できる．そ

して，以下で混乱の恐れがない場合には，PA 上で Σ_1 論理式（または Π_1 論理式）と同値になる論理式も Σ_1 論理式（または Π_1 論理式）と呼ぶことにする．また，$\forall x(x < t \to \varphi)$ は $\forall x(x \leq t \to (x \neq t \to \varphi))$ と同値であり，$\exists x(x < t \land \varphi)$ は $\exists x(x \leq t \land (x \neq t \land \varphi))$ と同値なので，以下では $\forall x < t$，$\exists x < t$ も限定量化子であると考えることにする．

さて，不完全性定理は $\mathsf{PA}^- \subseteq T$ を満たす $\mathcal{L}_A$ の再帰的な理論 T についての定理であるが，不完全性定理を証明するためには，素朴に展開される自然数に関する数学的な議論，すなわち $\mathbb{N}$ 上での議論を T 上で形式化する必要がある．Σ_1 文に関しては，$\mathbb{N}$ 上で真であれば T から証明可能であり，この事実は不完全性定理の基礎になっている．以下でこの事実を証明する．

まず，論理式が $\mathbb{N}$ 上で真であることと，T から証明可能であることの関係について，以下の二つの定義を導入する．

〔定義 6.1.4〕 Φ を $\mathcal{L}_A$ の文の集合とする．すべての $\varphi \in \Phi$ について，$\mathbb{N} \models \varphi$ ならば $T \vdash \varphi$ が成り立つとき，T は Φ 完全であるという．特に Φ が Σ_n 文全体（または Π_n 文全体）の集合のとき，Φ 完全であることを Σ_n 完全 (Σ_n complete)（または Π_n 完全 (Π_n complete)）であるという．

〔定義 6.1.5〕 Φ を $\mathcal{L}_A$ の文の集合とする．すべての $\varphi \in \Phi$ について，$T \vdash \varphi$ ならば $\mathbb{N} \models \varphi$ が成り立つとき，T は Φ 健全であるという．特に Φ が Σ_n 文全体（または Π_n 文全体）の集合のとき，Φ 健全であることを Σ_n 健全 (Σ_n sound)（または Π_n 健全 (Π_n sound)）であるという．

[補題 6.1.6] $n \in \mathbb{N}$ とする．このとき，以下の (1) および (2) が成り立つ．

(1) T は Π_n 完全ならば Σ_{n+1} 完全である．
(2) T は Σ_n 健全ならば Π_{n+1} 健全である．

(証明) (1) を証明する．T は Π_n 完全であるとする．φ を Σ_{n+1} 文とし，$\mathbb{N} \models \varphi$ とする．φ は Σ_{n+1} 文なので，Π_n 論理式 $\psi(x_1, \ldots, x_m)$ が存在して，φ は $\exists x_1 \cdots \exists x_m \psi(x_1, \ldots, x_m)$ の形をしている．このとき $\mathbb{N} \models \exists x_1 \cdots \exists x_m \psi(x_1, \ldots, x_m)$ なので，$\mathbb{N} \models \psi(a_1, \ldots, a_m)$ となる $a_1, \ldots, a_m \in \mathbb{N}$ が存在する．T は Π_n 完全なので $T \vdash \psi(a_1, \ldots, a_m)$ であり，$T \vdash$

$\exists x_1 \cdots \exists x_m \psi(x_1, \ldots, x_m)$ となる. つまり $T \vdash \varphi$ である.

(2) も同様に証明できる. □

また, 次の補題が成り立つので, Σ_n 健全性は無矛盾性を強めた主張であることが分かる.

[補題 6.1.7] T は Σ_1 健全ならば無矛盾である.

(証明) T が矛盾するとする. このとき $T \vdash 0 = 1$ であるが, $0 = 1$ は Σ_1 文で $\mathbb{N} \models 0 = 1$ でないので, T は Σ_1 健全ではない. □

【注意 6.1.8】 T は Σ_n 完全であっても Π_n 完全であるとは限らず, Π_n 健全であっても Σ_n 健全であるとは限らない. 実際, Gödel の第一不完全性定理は Σ_1 完全だが Π_1 完全ではない理論, および Π_1 健全だが Σ_1 健全ではない理論の存在を示した定理であると解釈することもできる.

Gödel の第一不完全性定理は Σ_1 健全な理論に関する定理であるが, Φ が $\mathcal{L}_A$ の文のどのような集合であっても, $\mathbb{N} \models T$ ならば T は Φ 健全である. 特に $\mathbb{N} \models \mathsf{PA}$ なので PA は Σ_1 健全であり, $T \subseteq \mathsf{PA}$ ならば T は Σ_1 健全である. Σ_1 完全性については次の定理が成り立つ.

[定理 6.1.9] Σ_1 **完全性 (Σ_1 completeness)** T は Σ_1 完全である. つまり, $\varphi(x)$ を Σ_1 文とすると, $\mathbb{N} \models \varphi$ ならば $T \vdash \varphi$ である.

この定理は論理式の複雑さに関する帰納法で証明されるが, その証明を与えるために, 幾つかの補題を用意する. まず, 次の補題は PA^- の公理を用いて, 項 t の複雑さに関する帰納法で証明できる.

[補題 6.1.10] $t(x_1, \ldots, x_m)$ を $\mathcal{L}_A$ の項, $a_1, \ldots, a_m, b \in \mathbb{N}$ とする. このとき, $\mathbb{N} \models t(a_1, \ldots, a_m) = b$ ならば $T \vdash t(a_1, \ldots, a_m) = b$ である.

次の補題は自然数 a についての帰納法で証明できる.

[補題 6.1.11] $\varphi(x)$ を Δ_0 論理式, t を自由変数を持たない $\mathcal{L}_A$ の項, a を自然数とする. また, $\mathbb{N} \models t = a$ とする. このとき, 以下の (1) および (2) が成り立つ.

(1) $\mathbb{N} \models \forall x \leq t \varphi(x) \leftrightarrow \varphi(0) \wedge \cdots \wedge \varphi(a)$
(2) $\mathbb{N} \models \exists x \leq t \varphi(x) \leftrightarrow \varphi(0) \vee \cdots \vee \varphi(a)$

また，その証明は PA^- の公理のみを用いて形式化できるので，以下の (1) および (2) が成り立つ．

(1) $T \vdash \forall x \leq t \varphi(x) \leftrightarrow \varphi(0) \wedge \cdots \wedge \varphi(a)$
(2) $T \vdash \exists x \leq t \varphi(x) \leftrightarrow \varphi(0) \vee \cdots \vee \varphi(a)$

したがって，φ が Δ_0 文であるとき，φ に含まれる限定量化子を外側から順々に外して論理式を書き換えていくことで，次の補題が得られる．

[補題 6.1.12] φ を Δ_0 文とする．このとき，$\mathbb{N} \models \varphi \leftrightarrow \psi$ かつ $T \vdash \varphi \leftrightarrow \psi$ となる量化子を含まない $\mathcal{L}_A$ の文 ψ が存在する．

【注意 6.1.13】 自由変数を含まない項 t の表す値に応じて，限定量化子 $\forall x < t$ および $\exists x < t$ をそれぞれ $\wedge$ および $\vee$ で書き換えて得られる論理式の長さは変化する．また，論理式は定まった長さを持たなければならないので，t が自由変数を含む場合には限定量化子を $\wedge$ および $\vee$ を用いて書き直すことはできない．したがって，補題 6.1.12 は φ が自由変数を含むとき，つまり文でないときには成り立たない．

量化子を含まない文とは原子的な文，すなわち $1 + 2 = 3$ や $4 \leq 1$ のような文を命題結合子で結んでできる文である．φ を量化子を含まない $\mathcal{L}_A$ の文とするとき，φ を適当に変形することによって，$\mathbb{N} \models \varphi$ ならば $T \vdash \varphi$ であることが証明できる．このことから次の補題と系が得られる．

[補題 6.1.14] φ を Δ_0 文とする．このとき，以下の (1) および (2) が成り立つ．

(1) $\mathbb{N} \models \varphi$ ならば $T \vdash \varphi$ である．
(2) T は無矛盾であるとする．このとき，$T \vdash \varphi$ ならば $\mathbb{N} \models \varphi$ である．

この補題から直ちに次の系が得られる．

[系 6.1.15] T は Δ_0 完全である．また，T は無矛盾ならば Δ_0 健全で

ある．

(定理 6.1.9 の証明）　系 6.1.15 により T は Δ_0 完全である．つまり T は Π_0 完全なので，補題 6.1.6 から T は Σ_1 完全である． □

同様に，系 6.1.15 と補題 6.1.6 から，次の補題が得られる．

[補題 6.1.16]　T は無矛盾であるとする．このとき，T は Π_1 健全である．

なお，φ が Δ_0 文ならば $\mathbb{N} \models \varphi$ または $\mathbb{N} \models \neg\varphi$ が成り立つので，補題 6.1.14 から次の系が得られる．

[系 6.1.17]　φ を Δ_0 文とする．このとき，$T \vdash \varphi$ または $T \vdash \neg\varphi$ である．

6.2　関数と集合の定義可能性

この節では再帰的な集合や再帰的可算な集合，そして再帰的な関数のグラフを Σ_1 論理式または Π_1 論理式で定義可能な集合として特徴付けることを紹介する．

[定義 6.2.1]　(1) A を $\mathbb{N}^n$ の部分集合，$\varphi(x_1,\ldots,x_n)$ を $\mathcal{L}_A$ の論理式とする．$A = \{(a_1,\ldots,a_n) \in \mathbb{N}^n : \mathbb{N} \models \varphi(a_1,\ldots,a_n)\}$ となるとき，A は $\mathbb{N}$ 上で $\varphi(x_1,\ldots,x_n)$ で定義されるという．
(2) Δ_0（または Σ_1，Π_1）論理式で定義される $\mathbb{N}^n$ の部分集合は Δ_0 集合（または Σ_1 集合，Π_1 集合）であるという．
(3) Σ_1 集合であり，かつ，Π_1 集合である $\mathbb{N}^n$ の部分集合は Δ_1 集合であるという．

さて，φ を $\mathcal{L}_A$ の文とすると $\mathbb{N} \not\models \varphi$ と $\mathbb{N} \models \neg\varphi$ は同値である．したがって，$\mathbb{N}^n$ の部分集合 A が $\mathbb{N}$ 上で論理式 $\varphi(x_1,\ldots,x_n)$ で定義されるならば，A の補集合 $\mathbb{N}^n \setminus A$ は $\mathbb{N}$ 上で $\neg\varphi(x_1,\ldots,x_n)$ で定義される．また，例 5.3.2 により $\mathcal{L}_A$ の原子論理式で定義される集合は原始再帰的なので，補題 5.3.4 により Δ_0 集合は原始再帰的であることが分かる．

この節の目的は次の定理を証明することである．

6.2 関数と集合の定義可能性　177

[定理 6.2.2] 定義可能性 (Definability)　$f : \mathbb{N}^n \to \mathbb{N}$ を部分関数，$A \subseteq \mathbb{N}^n$ とする．このとき，以下の (1) から (3) が成り立つ．

(1) f が再帰的であることと，f のグラフが Σ_1 集合であることは同値である．
(2) A が再帰的可算であることと，A が Σ_1 集合であることは同値である．
(3) A が再帰的であることと，A が Δ_1 集合であることは同値である．

　この定理を幾つかの補題に分けて証明する．この定理の (1) は補題 6.2.3 で示され，(2) は補題 6.2.7 で証明される．(3) は系 6.2.8 で与えられる．手間がかかるのは (1) の証明で，(2) および (3) は (1) から導かれる．

　まず (1) を証明する．関数 $f : \mathbb{N}^n \to \mathbb{N}$ のグラフ G_f とは $\mathbb{N}^{n+1}$ の部分集合 $\{(a_1, \ldots, a_n, b) \in \mathbb{N}^{n+1} : f(a_1, \ldots, a_n) = b\}$ である．なお，読み易さのために，混乱の恐れがない場合には関数 $f(x_1, \ldots, x_n)$ のグラフ G_f を定義する論理式を $f(x_1, \ldots, x_n) = y$ と書くことにする．次の補題が定理 6.2.2 の (1) である．

[補題 6.2.3]　$f : \mathbb{N}^n \to \mathbb{N}$ を部分関数とする．このとき，以下の (1) と (2) は同値である．

(1) f は再帰的である．
(2) f のグラフ G_f は Σ_1 集合である．

　この補題の (2) $\Rightarrow$ (1) の証明は容易である．

(補題 6.2.3 (2) $\Rightarrow$ (1) の証明)　簡単のため $n = 1$ とする．$\varphi(x, y, z)$ を Δ_0 論理式として，$G_f = \{(x, y) \in \mathbb{N}^2 : \mathbb{N} \models \exists z \varphi(x, y, z)\}$ であるとする．一般に Δ_0 集合は原始再帰的なので，$a, b, c \in \mathbb{N}$ とするとき，$\mathbb{N} \models \varphi(a, b, c)$ かどうかは有限回の計算で確認可能である．また，$\exists z \varphi(x, y, z)$ は部分関数のグラフを定義しているので，各 $a \in \mathbb{N}$ に対して $\mathbb{N} \models \varphi(a, b, c)$ となる $b \in \mathbb{N}$ は存在すれば一つしかない．$a \in \mathbb{N}$ とする．(b, c) の組み合わせを $(0, 0)$, $(1, 0)$, $(0, 1)$, $(2, 0)$, $(1, 1)$, $(0, 2)$, $\ldots$ と変えながら，$\mathbb{N} \models \varphi(a, b, c)$ かどうかを順々に確認していく．最初に $\mathbb{N} \models \varphi(a, b, c)$ となったときの b が $f(a)$ の値である．したがって f は計算可能であり，再帰的である．　□

この補題の (1) ⇒ (2) は f の定義にしたがって再帰的に証明されるが，面倒なのは f が原始再帰法で定義されている場合と，最小化で定義されている場合である．例えば $n = 1$ で f が原始再帰法で定義されている場合には，$f(x)$ の値を求めるためには $f(x-1)$ の値が必要であり，$f(x-1)$ の値を求めるためには $f(x-2)$ の値が必要である．結局，$f(x) = y$ であることを確認するためには $f(0), f(1), \ldots, f(x-1)$ の値がすべて必要である．最小化の場合も同様で，例えば $f(x) \simeq \mu y[g(x,y) = 0]$ と定義されている場合に $f(x) = y$ であることを確認するためには $g(x,0), \ldots, g(x,y)$ の値がすべて必要である．したがって，この補題を証明するためには，これら有限個の値を一つの自然数でコード化することで $f(x)$ の計算過程を自然数で表現して，f のグラフを Σ_1 論理式で定義する必要がある．

ただし，このコード化に関する関数を補題 6.2.3 の証明で用いるためには，あらかじめそれらの関数のグラフが Δ_0 集合もしくは Σ_1 集合であることを示しておく必要がある．そこで次の補題を用意する．

[補題 6.2.4] 以下の条件 (1) および (2) を満たす原始再帰的な関数 $\beta(x,y)$ が存在する．

(1) $a_1, \ldots, a_k$ を自然数の有限列とする．このとき，すべての自然数 $i < k$ について $\beta(b, i) = a_{i+1}$ となる自然数 b が存在する．
(2) $\beta(x,y)$ のグラフは Δ_0 集合である．

この関数 $\beta(x,y)$ はしばしば Gödel の β 関数と呼ばれている．また，$\beta(x,y)$ は $(x)_y$ と書かれることも多い．この関数 $\beta(x,y)$ は，自然数 x でコード化されている自然数の有限列の長さにも，y の値にも関係なく，いつでも $\beta(x,y)$ の値を計算できることに特徴がある．

この補題を証明するためには自然数の有限列をコード化する方法を定める必要があるが，そのコード化にはいろいろな方法がある．例えば，i 番目の素数を p_i として，自然数の有限列 $a_1, \ldots, a_k$ に対して，その有限列のコード $b \in \mathbb{N}$ を，$b = p_1^{a_1+1} \cdots p_k^{a_k+1}$ と定めればよい．このとき，$\beta(x,y) = a_{y+1}$ なので，$\beta(x,y)$ の値を求めるためには，x を素因数分解して p_{y+1} の冪 b_y を求めて，$1 \leq b_y$ なら $\beta(x,y) = b_y - 1$，$b_y = 0$ なら $\beta(x,y) = 0$ とすれば

よい．したがって $\beta(x,y)$ の値は x と y の値から原始再帰的に計算可能である．

ただし，この $\beta(x,y)$ のグラフが Δ_0 集合になることを示すためには，冪関数 x^y のグラフなどが Δ_0 集合になることを示す必要がある．

【注意 6.2.5】 実際，x^y のグラフは Δ_0 集合である．ただし，その事実を証明するためには手間もアイディアも必要である[1]．

もう少し複雑なコード化の方法を用いれば，対応する $\beta(x,y)$ のグラフが Δ_0 集合になることを示すことは容易になる．いずれにせよ，具体的にコード化の方法を定めて，対応する関数 $\beta(x,y)$ のグラフが Δ_0 集合であることを示すことは手間がかかって面倒であるし，その割にあまり面白くなく退屈である．

また，もしも算術の言語 $\mathcal{L}_A$ を豊かにして，すべての原始再帰的な関数に対応する記号を用意し，それぞれの原始再帰的な関数を定義する論理式を非論理的公理として仮定するのなら，この補題は自明な事実になる[2]．つまり，この補題の証明は言語の選択に依存する．一方，不完全性定理は基本的に言語の選択には依存しない普遍的な定理である．したがってこの補題は，不完全性定理の証明の一部分であるというよりは，$\mathcal{L}_A$ という特定の言語に関わる命題であると考えるべきであろう．そこで，この補題の証明は本書では省略する[3]．

【注意 6.2.6】 一般に再帰的関数は部分関数であり，述語論理の関数記号で表される関数は全域的であることが仮定されているので，$\mathcal{L}_A$ に再帰的関数のすべてに対応する関数記号を付け加えることはできない．そもそも不完全性定理とは述語論理の言語で何が，どこまで表現できるのかという問題に関わる定理であり，補題 6.2.3 は正にこの問題に関わる補題である．したがって，補題 6.2.4 と補題 6.2.3 は異なる種類の補題であり，補題 6.2.4 の証明を省略したことと同じ理由では補題 6.2.3 の証明を省略することはできない．

---

[1] 詳しくは Hájek and Pudlák [156] pp. 209–303 および p. 406 を参照のこと．
[2] 例えば新井敏康 [8] を参照のこと．
[3] 補題 6.2.4 の証明は，例えば Kaye [168] pp. 58–64 を参照のこと．

(**補題 6.2.3** (1) ⇒ (2) の証明) f が零関数, 後者関数, 射影の場合, f のグラフが Σ_1 集合であることは明らかである. そこで, グラフが Σ_1 集合である関数の合成, 原始再帰法, 最小化によって f が定義される場合に f のグラフも Σ_1 集合になることを示せばよい. 簡単のため, $n = 1$ とする.

まず, $f(x)$ は $g_1(x), \ldots, g_m(x)$ と $h(x_1, \ldots, x_m)$ から合成によって定義される関数であるとする. つまり $f(x) = h(g_1(x), \ldots, g_m(x))$ とする. g_i と h のグラフは Σ_1 集合であるとする. $\varphi(x, y)$ を論理式 $\exists x_1 \cdots \exists x_m(x_1 = g_1(x) \wedge \cdots \wedge x_m = g_m(x) \wedge y = h(x_1, \ldots, x_m))$ とする. このとき, $\varphi(x, y)$ は f のグラフを定義する Σ_1 論理式になる. よって f のグラフは Σ_1 集合である.

次に, $f(x)$ は定数 c と $h(x, y)$ から原始再帰法で定義される関数であるとする. つまり, $f(0) = c$ かつ $f(s(x)) = h(x, f(x))$ とする. h のグラフは Σ_1 集合であるとする. $\varphi(x, y)$ を論理式 $\exists z(\beta(z, 0) = c \wedge \beta(z, x) = y \wedge \forall u < x \exists v(v = \beta(z, u+1) \wedge v = h(u, \beta(z, u))))$ とする. このとき, $\varphi(x, y)$ は f のグラフを定義する Σ_1 論理式になる. よって f のグラフは Σ_1 集合である.

最後に, $f(x)$ は $g(x, y)$ から最小化によって得られるとする. つまり, $f(x) \simeq \mu y[g(x, y) = 0]$ とする. g のグラフは Σ_1 集合であるとする. $\varphi(x, y)$ を論理式 $\exists z(\forall u \leq x \exists v(v = \beta(z, u) \wedge v = g(x, u)) \wedge \beta(z, x) = 0 \wedge \forall u < x \neg(\beta(z, u) = 0))$ とする. このとき, $\varphi(x, y)$ は f のグラフを定義する Σ_1 論理式になる. よって f のグラフは Σ_1 集合である. □

以上で定理 6.2.2 の (1) の証明が終わった. 定理 6.2.2 の (2) は補題 6.2.3 から導かれる. 次の補題が定理 6.2.2 の (2) である.

[**補題 6.2.7**] $A \subseteq \mathbb{N}^n$ とする. このとき, 以下の (1) と (2) は同値である.
(1) A は再帰的可算である.
(2) A は Σ_1 集合である.

(**証明**) 簡単のため, $n = 1$ とする.

(1) ⇒ (2) を証明する. $A \subseteq \mathbb{N}$ は再帰的可算であるとする. このとき補題 5.4.3 から $A = \{a \in \mathbb{N} : f(a) = 0\}$ となる再帰的関数 $f : \mathbb{N} \to \mathbb{N}$ が存在す

る．補題 6.2.3 から f のグラフ G_f は Σ_1 集合なので，すべての $a, b \in \mathbb{N}$ について $f(a) = b$ と $\mathbb{N} \models \varphi(a, b)$ が同値となる Σ_1 論理式 $\varphi(x, y)$ が存在する．このとき $A = \{a \in \mathbb{N} : \mathbb{N} \models \varphi(a, 0)\}$ であり，また $\varphi(a, 0)$ は Σ_1 論理式なので，A は Σ_1 集合である．

(2) $\Rightarrow$ (1) を証明する．$A \subseteq \mathbb{N}$ は Σ_1 集合であるとする．このとき，$A = \{a \in \mathbb{N} : \mathbb{N} \models \varphi(a)\}$ となる Σ_1 論理式 $\varphi(x)$ が存在する．関数 $f : \mathbb{N} \to \mathbb{N}$ を，$\mathrm{dom}(f) = A$ かつ $a \in A$ ならば $f(a) = 0$ と定義する．$\psi(x, y)$ を論理式 $\varphi(x) \wedge y = 0$ とする．$\psi(x, y)$ は Σ_1 論理式で，$G_f = \{(a, b) \in \mathbb{N}^2 : \mathbb{N} \models \psi(a, b)\}$ である．よって補題 6.2.3 から f は再帰的である．$A = \{a \in \mathbb{N} : f(a) = 0\}$ なので補題 5.4.3 から A は再帰的可算である． □

補題 5.4.8 により，$A \subseteq \mathbb{N}^n$ が再帰的であることは，A と $\mathbb{N}^n \setminus A$ が共に再帰的可算であることと同値である．また，Σ_1 論理式の否定は Π_1 論理式である．したがって，次の系が成り立つ．この系が定理 6.2.2 の (3) である．

[**系 6.2.8**] $A \subseteq \mathbb{N}^n$ とする．このとき，以下の (1) と (2) は同値である．

(1) A は再帰的である．
(2) A は Δ_1 集合である．

この系によって定理 6.2.2 の証明が終了した．この系と補題 5.4.12 から直ちに次の系が得られる．

[**系 6.2.9**] $f : \mathbb{N}^n \to \mathbb{N}$ を全域的な関数とする．このとき，以下の (1) と (2) は同値である．

(1) f は再帰的である．
(2) f のグラフ G_f は Δ_1 集合である．

【**注意 6.2.10**】 Σ_1 論理式とは数学的に定義された概念で，Σ_1 論理式の定義自身は哲学的な議論とは関係がない．また，注意 5.4.13 で紹介したように，再帰的な集合や関数を再帰的可算な集合を用いて定義することができるので，計算可能性に関しては再帰的可算という概念が最も基本的なものであ

ると考えることもできる[4]．したがって，もしも再帰的可算であることと Σ_1 論理式で定義可能であることの同値性を Church-Turing の提唱を参照せずに説明することができれば，計算可能性に関する議論をすべて Σ_1 論理式の性質に還元できるし，そのように議論を展開したほうが数学的には見通しがよい．ただし，再帰的可算を計算可能性に関する基本的な概念とすることの是非や，再帰的可算であることと Σ_1 論理式で定義可能であることの同値性の根拠について議論することは簡単なことではない．

6.3　可証再帰性

　前節では再帰的可算であることと Σ_1 集合であることの同値性や，再帰的であることと Δ_1 集合であることの同値性を紹介した．この二つの事実と，T が Σ_1 完全であるという事実により，計算可能性に関わる議論の多くが T 上で形式的に展開できることになる．

　さて，数学では一般に関数は全域的であり，述語論理でも関数記号が表す関数は全域的であると仮定されている．したがって，関数を用いた議論を T 上で形式化するためには，特に全域的な関数について，$\mathbb{N}$ 全体での関数値の存在と一意性が T 上で扱えなければならない．しかし，一般に再帰的関数は部分関数であり，全域的な再帰的関数についても全域的であることは T 上で扱えるとは限らない．そこで，T 上で全域的であることが扱える全域的な再帰的関数を T 上で可証再帰的な関数ということにする．本節では原始再帰的関数が PA 上で可証再帰的であり，原始再帰的な関数を用いる議論は PA 上で形式化できることを紹介する．なお，ここでは $\mathbb{N}$ から $\mathbb{N}$ への関数について論じるが，$\mathbb{N}^n$ から $\mathbb{N}$ への関数についても同様である．

　f を $\mathbb{N}$ から $\mathbb{N}$ への全域的な再帰的関数とする．補題 6.2.3 により f のグラフ $G_f \subseteq \mathbb{N}^2$ は Δ_1 集合なので，$\mathbb{N}$ 上で集合 G_f を定義する Σ_1 論理式 $\varphi(x,y)$ が存在する．この論理式 $\varphi(x,y)$ を用いて $\mathbb{N}$ 全体での関数値の存在と一意性を表すと，$\forall x \exists y \varphi(x,y)$ および $\forall x \forall y \forall z (\varphi(x,y) \land \varphi(x,z) \to y = z)$ となる．これらの二つの条件を略記したものが $\forall x \exists! y \varphi(x,y)$ である．

---

[4] この考え方については，例えば Odifreddi [196] pp. 143–145 を参照のこと．

6.3 可証再帰性

〔定義 6.3.1〕 $f : \mathbb{N} \to \mathbb{N}$ を部分関数とする．以下の二つの条件を満たす Σ_1 論理式 $\varphi(x, y)$ が存在するとき，f は T 上で可証再帰的 (provably recursive) であるという[5]．

(1) $\varphi(x, y)$ は $\mathbb{N}$ 上で G_f を定義する．
(2) $T \vdash \forall x \exists ! y \varphi(x, y)$ である．

PA 上で可証再帰的ならば再帰的かつ全域的であることは明らかである．しかし，再帰的だが PA 上では可証再帰的でない全域的な再帰的関数の存在が知られている[6]．また，原始再帰的関数については次の定理が成り立つ．

[定理 6.3.2] 原始再帰的関数は PA で可証再帰的である．

定理 6.3.2 は原始再帰的な関数の構成に関する帰納法で証明される．その証明で鍵となるのは，全域的という性質が原始再帰法に関して閉じていることを，PA 上で形式的に証明できることである．その証明は，多少の手間はかかるが，難しいものではない．また，Gödel の β 関数の場合と同様，最初から $\mathcal{L}_A$ に原始再帰的な関数を表す関数記号のすべてを付け加え，PA の公理を適当に拡張しておけば，この定理は証明の必要ない自明な事実になる．したがって，本書ではこの定理の証明は割愛する．

【注意 6.3.3】 $f : \mathbb{N} \to \mathbb{N}$ を原始再帰的関数，$\varphi(x, y)$ を $\mathbb{N}$ 上で f のグラフ G_f を定義する Σ_1 論理式とし，$T \vdash \forall x \exists ! y \varphi(x, y)$ が成り立つとする．このとき，原始再帰的な関数の構成に関する帰納法によって，$\varphi(x, y)$ が f を定義する等式を満たすことを PA 上で証明できる．よって，$\mathcal{L}_A$ に原始再帰的な関数を表す関数記号を加え，その関数記号に関する適当な公理を PA に加えても保存的拡大になる．したがって以下の議論では，必要に応じて原始再帰的な関数に対応する関数記号を用意しておいて，原始再帰的な関数とその定義はすべて和や積と同様に PA の中で取り扱ってよいものとする[7]．

---

[5] なお，provably recursive は provably total と呼ばれることもある．また，可証再帰的という訳語は本書のみで用いられ，標準的なものではない．
[6] 詳しくは，例えば田中一之他 [59] pp. 146–154 を参照のこと．
[7] 詳しくは，例えば Kaye [168] pp. 51–52 を参照のこと．

【注意 6.3.4】 例 5.1.14 で紹介した Ackermann 関数は全域的な再帰的関数であるが，原始再帰的ではない．この Ackermann 関数は PA 上で可証再帰的である[8]．したがって，PA 上で可証再帰的であるが原始再帰的でない関数が存在する．どのような関数が T 上で可証再帰的になるのかは T の選択によって変化する．なお，可証再帰的でないが全域的な再帰的関数 $f: \mathbb{N} \to \mathbb{N}$ のグラフ G_f を $\mathbb{N}$ 上で定義する Σ_1 論理式を $\varphi(x, y)$ とすると，$\mathbb{N} \models \forall x \exists y \varphi(x, y)$ であるが $T \not\vdash \forall x \exists y \varphi(x, y)$ となる．したがって，可証再帰的でない全域的な再帰的関数の存在を示すことは，真であるが T 上では証明可能ではない命題の存在を示すことになるので，第一不完全性定理の別証を与えることになる[9]．

PA の数学的帰納法の適用範囲を Σ_1 論理式に制限して得られる理論を $I\Sigma_1$ という．$I\Sigma_1$ は PA よりも真に弱いことが知られているが，定理 6.3.2 の証明を丁寧に辿れば，原始再帰的関数は $I\Sigma_1$ で可証再帰的であることが分かる[10]．逆に，$I\Sigma_1$ で可証再帰的な関数は原始再帰的である[11]．したがって，次の定理が成り立つ．

[定理 6.3.5] Parsons の定理 (Parsons' Theorem) $\mathbb{N}$ 上の関数が原始再帰的であることと $I\Sigma_1$ で可証再帰的であることは同値である．

【注意 6.3.6】 この Parsons の定理は定理 6.3.2 を強めたものである．$I\Sigma_1$ で証明可能な命題は，原始再帰的な関数を用いて証明可能な命題であると考えられる．この意味で $I\Sigma_1$ は有限の立場に対応する算術であると考えられることが多い．

ところで，再帰的な集合は Δ_1 集合であり，Σ_1 論理式と Π_1 論理式のいずれでも $\mathbb{N}$ 上で定義可能である．つまり，$\mathbb{N}$ 上では再帰的な集合を定義する

---

[8] 詳しくは Kaye [168] p. 68 を参照のこと．
[9] 可証再帰的関数と第一不完全性定理の関係については Kaye [168] pp. 194–196，Hájek and Pudlák [156] pp. 245–258 を参照のこと．
[10] 証明は例えば Hájek and Pudlák [156] pp. 44–50 を参照のこと．
[11] 証明は例えば Hájek and Pudlák [156] pp. 245–247，田中一之他 [59] pp. 137–145 を参照のこと．

Σ_1 論理式と Π_1 論理式は同値である．しかし，この同値性もまた一般には T 上では証明できない．以下，$\mathbb{N}$ の部分集合のみについて議論するが，$\mathbb{N}^n$ の部分集合についても同様である．

〔定義 6.3.7〕 $A \subseteq \mathbb{N}$ を再帰的な集合とする．A を $\mathbb{N}$ 上で定義する Σ_1 論理式 $\varphi(x)$ と Π_1 論理式 $\psi(x)$ で $T \vdash \forall x(\varphi(x) \leftrightarrow \psi(x))$ が成り立つものが存在するとき，A は T 上で可証再帰的[12]であるという．

[補題 6.3.8] $A \subseteq \mathbb{N}$ を再帰的な集合とする．このとき，以下の (1) と (2) は同値である．
(1) A の特性関数は T 上で可証再帰的である．
(2) A は T 上で可証再帰的である．

(証明) (1) $\Rightarrow$ (2) を証明する．$A \subseteq \mathbb{N}$ とし，$\chi_A : \mathbb{N} \to \mathbb{N}$ を A の特性関数とする．仮定より $\mathbb{N}$ 上で χ_A のグラフを定義する Σ_1 論理式 $\varphi(x,y)$ で $T \vdash \forall x \exists! y \varphi(x,y)$ が成り立つものが存在する．このとき，A は $\mathbb{N}$ 上で $\varphi(x,1)$ で定義される．また，$\mathbb{N} \setminus A$ は $\mathbb{N}$ 上で $\varphi(x,0)$ で定義されるので，A は $\mathbb{N}$ 上で $\neg \varphi(x,0)$ で定義される．論理式 $(\varphi(x,1) \wedge y = 1) \vee (\exists z(\varphi(x,z) \wedge z \neq 1) \wedge y = 0)$ を $\psi(x,y)$ とする．このとき，Σ_1 論理式 $\psi(x,1)$，Π_1 論理式 $\neg \psi(x,0)$ は共に $\mathbb{N}$ 上で A を定義して，$T \vdash \forall x(\psi(x,1) \leftrightarrow \neg \psi(x,0))$ が成り立つ．ゆえに A は T 上で可証再帰的である．

(2) $\Rightarrow$ (1) の証明は読者に任せる． □

この補題と定理 6.3.2 から次の系が得られる．

[系 6.3.9] 原始再帰的な集合は PA 上で可証再帰的である．

6.4 集合の弱表現可能性

前節までで紹介してきた T が Σ_1 完全であることや，原始再帰的関数が可証再帰的であることを用いると，計算可能性に関わる議論の多くが T 上で形式化できることになる．しかし，この形式化は包括的なものではない．

---

[12] この用語は一般的なものではない．

186 第6章 定義可能性と表現可能性

本節と次節では，再帰的な集合や再帰的可算な集合の基本的な性質が T 上で表現可能であることを示し，これまで素朴な立場で論じてきた再帰的もしくは再帰的可算な集合に関する議論は概ねすべて，述語論理の中で形式的に取り扱えることを紹介する．

以下，表記の煩雑さを避けるため，論理式に代入された自然数はその自然数を表す数項であると解釈する．つまり，$\varphi(x)$ が $\mathcal{L}_A$ の論理式で $a \in \mathbb{N}$ のとき，$\varphi(a)$ と書く場合の a は自然数 a を表す数項 a^* であり，$\varphi(a)$ とは $\varphi(a^*)$ のことであるとする．なお，本節では $\mathbb{N}$ の部分集合のみについて議論するが，$\mathbb{N}^n$ の部分集合についてもまったく同様である．

〔定義 6.4.1〕 $A \subseteq \mathbb{N}$ とし，$\varphi(x)$ を $\mathcal{L}_A$ の論理式とする．すべての $a \in \mathbb{N}$ について $a \in A$ と $T \vdash \varphi(a)$ が同値になるとき，すなわち $A = \{a : T \vdash \varphi(a)\}$ であるとき，A は T 上で $\varphi(x)$ で弱表現されるという．A を T 上で弱表現する論理式が存在するとき，A は T 上で弱表現可能 (weakly representable) であるという．

A が T 上で $\varphi(x)$ で弱表現されるならば，$a \in A$ と $T \vdash \varphi(a)$ は同値なので，$a \notin A$ と $T \nvdash \varphi(a)$ は同値になる．しかし，$T \nvdash \varphi(a)$ と $T \vdash \neg\varphi(a)$ は同値ではないので，$a \notin A$ と $T \vdash \neg\varphi(a)$ は同値になるとは限らない．したがって，A が T 上で $\varphi(x)$ で弱表現されても，$\mathbb{N} \setminus A$ は T 上で $\neg\varphi(x)$ で弱表現されるとは限らない．

弱表現可能性は定義可能性と関係が深いが，どちらか一方がもう一方よりも強い条件である訳ではない．まず，$A \subseteq \mathbb{N}$ が $\mathbb{N}$ 上で $\varphi(x)$ で定義されるとする．このとき，$a \in A$ ならば $\mathbb{N} \models \varphi(a)$ であるが，このことから $T \vdash \varphi(a)$ が導かれる訳ではないので，A が T 上で $\varphi(x)$ で弱表現されるとは限らない．次に，A が T 上で $\varphi(x)$ で弱表現されるとする．T が健全でない場合には，$T \vdash \varphi(a)$ であることから $\mathbb{N} \models \varphi(a)$ が導かれる訳ではないので，A は $\mathbb{N}$ 上で $\varphi(x)$ で定義されるとは限らない．また，T が健全であっても，$a \notin A$ からは $T \nvdash \varphi(a)$ しか言えないので，$\mathbb{N} \models \neg\varphi(a)$ が成り立つとは限らない．したがって T が健全な場合でも，A が $\mathbb{N}$ 上で $\varphi(x)$ で定義されるとは限らない．

〈例 6.4.2〉 Con(PA) を次章で定義する PA の無矛盾性を表す Π_1 文とする. $\varphi(x)$ を論理式 $x = x \wedge \text{Con(PA)}$ とすれば, $\varphi(x)$ は $\mathbb{N}$ 上で集合 $\mathbb{N}$ を定義するが, 次章で紹介する第二不完全性定理により, $\varphi(x)$ が PA 上で弱表現する集合は空集合である.

ただし, 次の補題は成り立つ.

[補題 6.4.3] T は Σ_1 健全であるとする. $A \subseteq \mathbb{N}$ が $\mathbb{N}$ 上で Σ_1 論理式 $\varphi(x)$ で定義されるならば, A は T 上で $\varphi(x)$ で弱表現される.

(証明) A は $\mathbb{N}$ 上で Σ_1 論理式 $\varphi(x)$ で定義されるとする. $a \in A$ ならば $\mathbb{N} \models \varphi(a)$ なので, 定理 6.1.9 から $T \vdash \varphi(a)$ である. 逆に, $T \vdash \varphi(a)$ ならば, T は Σ_1 健全なので, $\mathbb{N} \models \varphi(a)$ となり $a \in A$ である. □

さて, 定義 6.1.5 で定めたように, Φ を $\mathcal{L}_A$ の文の集合とするとき, $T \vdash \varphi$ ならば $\mathbb{N} \models \varphi$ が Φ のすべての要素 φ について成り立つ場合に, T は Φ 健全であるといった. 再帰的可算集合については次の定理が成り立つ.

[定理 6.4.4] 弱表現可能性 (weak representability) T は Σ_1 健全であるとし, $A \subseteq \mathbb{N}$ とする. このとき, 以下の (1) から (3) は同値である.
(1) A は再帰的可算である.
(2) A は T 上で Σ_1 論理式で弱表現可能である.
(3) A は T 上で弱表現可能である.

定理 6.4.4 の (2) ⇒ (3) は自明である. (3) ⇒ (1) は補題 5.5.12 から明らかである. したがって, 定理 6.4.4 を証明するためには (1) ⇒ (2) を示せばよい. そして, 補題 6.2.7 で示したように再帰的可算であることと Σ_1 集合であることは同値であるので, (1) ⇒ (2) は上で紹介した補題 6.4.3 から直ちに得られる.

【注意 6.4.5】 定理 6.4.4 の T は Σ_1 健全であるという条件は T は無矛盾であるという仮定に弱められる. ただし (1) ⇒ (2) の証明は複雑になり, 次章で紹介する対角化定理と Rosser の不完全性定理の証明の考え方が必要になる[13]).

---

[13]) Lindström [186] pp. 42–43, Smoryński [215] pp. 354–368, Ehrenfeucht and Feferman

188　第6章　定義可能性と表現可能性

【注意 6.4.6】 $T \subseteq T'$ かつ T' が無矛盾であり，集合 $A \subseteq \mathbb{N}$ が T で論理式 $\varphi(x)$ によって弱表現されるとしても，A は T' でも同じ論理式 $\varphi(x)$ によって弱表現されるとは限らない．

6.5　集合の表現可能性

　$A \subseteq \mathbb{N}$ は再帰的可算であり，T は Σ_1 健全であるとする．定理 6.4.4 により，T 上で A を弱表現する $\mathcal{L}_A$ の論理式 $\varphi(x)$ が存在し，$a \in \mathbb{N}$ ならば $T \vdash \varphi(a)$ となる．したがって $a \in A$ であることは T 上で形式的に扱えるが，$a \notin A$ の場合には $T \nvdash \varphi(a)$ となるだけで，$T \vdash \neg\varphi(a)$ となる訳ではない．それに対して A が再帰的な場合には，定理 6.5.5 で紹介するように，$\varphi(x)$ が T 上で A を弱表現し，$\neg\varphi(x)$ が T 上で $\mathbb{N} \setminus A$ を弱表現するように $\mathcal{L}_A$ の論理式 $\varphi(x)$ を選ぶことができる．この定理 6.5.5 を紹介することが本節の目標である．なお，本節でも $\mathbb{N}$ の部分集合のみについて議論するが，$\mathbb{N}^n$ の部分集合についてもまったく同様である．

〔定義 6.5.1〕 $A \subseteq \mathbb{N}$ とし，$\varphi(x)$ を $\mathcal{L}_A$ の論理式とする．T 上で A および $\mathbb{N} \setminus A$ がそれぞれ $\varphi(x)$ および $\neg\varphi(x)$ で弱表現されるとき，A は T 上で $\varphi(x)$ で**表現される**という．T 上で A を表現する論理式が存在するとき，A は T 上で**表現可能** (representable) であるという．

　定義可能性と表現可能については，次の補題が成り立つ．

[補題 6.5.2] T は健全であるとし，$A \subseteq \mathbb{N}$ が T 上で $\mathcal{L}_A$ の論理式 $\varphi(x)$ で表現されるとする．このとき，$\mathbb{N}$ 上で A は $\varphi(x)$ で定義され，$\mathbb{N} \setminus A$ は $\neg\varphi(x)$ で定義される．

（証明） A は T 上で $\varphi(x)$ で表現されるとする．このとき，$a \in A$ ならば $T \vdash \varphi(a)$ なので $\mathbb{N} \models \varphi(a)$ である．また，$a \notin A$ ならば $T \vdash \neg\varphi(a)$ なので $\mathbb{N} \models \neg\varphi(a)$ である．したがって，$\mathbb{N}$ 上で A は $\varphi(x)$ で定義され，$\mathbb{N} \setminus A$ は $\neg\varphi(x)$ で定義される．　□

---

　　[141] および Shepherdson [208] を参照のこと．

【注意 6.5.3】 T が Σ_1 健全で $A \subseteq \mathbb{N}$ は再帰的とするとき, Σ_1 論理式 $\varphi(x)$ が $\mathbb{N}$ 上で A を定義し, Σ_1 論理式 $\psi(x)$ が $\mathbb{N}$ 上で $\mathbb{N} \setminus A$ を定義するとする. このとき, $\varphi(x)$ は T 上で A を弱表現し, $\psi(x)$ は T 上で $\mathbb{N} \setminus A$ を弱表現する. しかし, $T \vdash \forall x(\varphi(x) \leftrightarrow \neg\psi(x))$ とは限らないので, $\varphi(x)$ が A を表現するとは限らない.

[補題 6.5.4] T は無矛盾であるとする. $A \subseteq \mathbb{N}$ とし, $\varphi(x)$ を $\mathcal{L}_A$ の論理式とする. A が T 上で $\varphi(x)$ で表現されることは, 以下の (1) および (2) が成立することと同値である.

(1) $a \in A$ ならば $T \vdash \varphi(a)$ である.
(2) $a \notin A$ ならば $T \vdash \neg\varphi(a)$ である.

(証明) A が T 上で $\varphi(x)$ で表現されるならば二つの条件が成り立つことは自明である. 逆は T の無矛盾性から導かれる. □

[定理 6.5.5] 表現可能性 (representability) T は無矛盾であるとし, $A \subseteq \mathbb{N}$ とする. このとき, 以下の (1) から (3) は同値である.

(1) A は再帰的である.
(2) A は T で Σ_1 論理式で表現可能である.
(3) A は T で表現可能である.

定理 6.5.5 の (2) ⇒ (3) は自明である. $A \subseteq \mathbb{N}$ が T 上で表現可能であるとき, A と $\mathbb{N} \setminus A$ は共に T 上で弱表現可能である. したがって, 定理 6.4.4 と注意 6.4.6 により A と $\mathbb{N} \setminus A$ は共に再帰的可算になり, 補題 5.4.8 により A は再帰的である. ゆえに定理 6.5.5 の (3) ⇒ (1) が成り立つ. よって, 定理 6.5.5 を証明するためには (1) ⇒ (2) を示せばよい.

$A \subseteq \mathbb{N}$ は再帰的であるとする. 補題 5.4.8 と定理 6.4.4 により, Σ_1 論理式 $\varphi(x)$ と $\psi(x)$ が存在して, T 上で A と $\mathbb{N} \setminus A$ はそれぞれ $\varphi(x)$ と $\psi(x)$ で弱表現される. しかし, $\psi(x)$ は $\neg\varphi(x)$ とは限らないので, このままでは A が T 上で表現可能であることは導かれない. A が T 上で表現可能であることを示すため, まず, 再帰的可算な集合を定義する Σ_1 論理式の形を整理する.

[補題 6.5.6] $\varphi(x_1,\ldots,x_m,x)$ を Δ_0 論理式とする．このとき，$\mathbb{N}$ 上で $\exists x_1\cdots\exists x_m\varphi(x_1,\ldots,x_m,x)$ と $\exists y\exists x_1\le y\cdots\exists x_m\le y\varphi(x_1,\ldots,x_m,x)$ は同値である．

（証明） 簡単のため $m=2$ とする．まず，$\exists y\exists x_1\le y\exists x_2\le y\varphi(x_1,x_2,x)$ が成り立つときに $\exists x_1\exists x_2\varphi(x_1,x_2,x)$ が成り立つことは自明である．逆に $\exists x_1\exists x_2\varphi(x_1,x_2,x)$ が成り立つとき，$\varphi(a_1,a_2,x)$ を満たす a_1 と a_2 に対して $b=a_1+a_2$ と定めれば，$\exists x_1\le b\exists x_2\le b\varphi(x_1,x_2,x)$ となるので，$\exists y\exists x_1\le y\exists x_2\le y\varphi(x_1,x_2,x)$ が成り立つ． □

よって，再帰的可算な集合を定義する Σ_1 論理式に現れる限定されていない存在量化子 $\exists$ は一つだけであると仮定して構わない．ただし，補題 6.5.6 を用いて Σ_1 論理式に現れる限定されていない存在量化子を一つに減らす場合には，限定量化子の数は増える．

【注意 6.5.7】 限定されていない存在量化子の数を増やして構わなければ，$x_1,\ldots,x_n$ を自由変数に持つ Σ_1 論理式は限定量化子は一つも現れない Σ_1 論理式に変形でき，さらに，変数 $x_1,\ldots,x_n$ および $y_1,\ldots,y_m$ から作られる $\mathcal{L}_A$ の項 s および t が存在して，$\exists y_1\cdots\exists y_m(s=t)$ という形の Σ_1 論理式に変形できる．この事実は証明した四人の数学者の頭文字をとって MRDP 定理と呼ばれている．再帰的可算だが再帰的でない集合の存在と MRDP 定理という二つの事実が Hilbert の第 10 問題の解決の鍵となっている[14]．

定理 6.5.5 の (1) $\Rightarrow$ (2) は次の補題から直ちに得られる．

[補題 6.5.8] T は無矛盾であるとする．$A\subseteq\mathbb{N}$ とし，$\varphi(x,y)$ と $\psi(x,y)$ を Δ_0 論理式とする．また，$\mathbb{N}$ 上で A と $\mathbb{N}\setminus A$ はそれぞれ $\exists y\varphi(x,y)$ と $\exists y\psi(x,y)$ で定義されているとする．$\exists y(\varphi(x,y)\land\forall z<y\neg\psi(x,z))$ を $\rho(x)$ とする．このとき $\rho(x)$ は Σ_1 論理式で，A は T 上で $\rho(x)$ で表現される．

この補題で定めた $\rho(x)$ が Σ_1 論理式であることは明らかである．この補題を証明するためには，すべての $a\in\mathbb{N}$ について，$a\in A$ と $T\vdash\rho(a)$ が同

---

[14] 詳しくは篠田寿一 [43]，竹内外史 [50]，広瀬健 [86] などを参照のこと．

6.5 集合の表現可能性　191

値であり, $a \in \mathbb{N} \setminus A$ と $T \vdash \neg \rho(a)$ が同値であることを示せばよい.

[補題 6.5.9]　$a \in A$ ならば $T \vdash \rho(a)$ である.

（証明）$a \in A$ とする. $\mathbb{N}$ 上で $\exists y \varphi(x, y)$ が A を定義するので, $\mathbb{N} \models \exists y \varphi(a, y)$ である. $b \in \mathbb{N}$ かつ $\mathbb{N} \models \varphi(a, b)$ とする. $\mathbb{N} \models \exists z < b \psi(a, z)$ と仮定する. このとき $\mathbb{N} \models \exists y \psi(a, y)$ であり, $\exists y \psi(a, y)$ は $\mathbb{N}$ 上で $\mathbb{N} \setminus A$ を定義するので $a \in \mathbb{N} \setminus A$ となり矛盾する. ゆえに $\mathbb{N} \models \forall z < b \neg \psi(a, z)$ である. したがって $\mathbb{N} \models \exists y (\varphi(a, y) \wedge \forall z < y \neg \psi(a, z))$ となり, $\exists y (\varphi(a, y) \wedge \forall z < y \neg \psi(a, z))$ は Σ_1 文なので, 定理 6.1.9 から $T \vdash \exists y (\varphi(a, y) \wedge \forall z < y \neg \psi(a, z))$ となる. つまり $T \vdash \rho(a)$ である.　□

[補題 6.5.10]　$a \in \mathbb{N} \setminus A$ ならば $T \vdash \neg \rho(a)$ である.

（証明）$a \in \mathbb{N} \setminus A$ とする. $\mathbb{N}$ 上で $\exists y \psi(x, y)$ が $\mathbb{N} \setminus A$ を定義するので, $\mathbb{N} \models \exists y \psi(a, y)$ である. $b \in \mathbb{N}$ かつ $\mathbb{N} \models \psi(a, b)$ とする. $T \vdash \neg \rho(a)$ を示したい. $\neg \rho(a)$ は $\forall y (\neg \varphi(a, y) \vee \exists z < y \psi(a, z))$ と同値であり, $T \vdash \forall y (y \leq b \vee b < y)$ なので, $\forall y \leq b (\neg \varphi(a, y) \vee \exists z < y \psi(a, z))$ と $\forall y (b < y \to \neg \varphi(a, y) \vee \exists z < y \psi(a, z))$ が共に T から証明できればよい.

$c \in \mathbb{N}$ かつ $c \leq b$ とする. $\mathbb{N} \models \varphi(a, c)$ なら $\mathbb{N} \models \exists y \varphi(a, y)$ となるので, $a \in \mathbb{N} \setminus A$ という仮定に矛盾する. よって $\mathbb{N} \models \neg \varphi(a, c)$ である. したがって $\mathbb{N} \models \forall y \leq b \neg \varphi(a, y)$ であり, $\mathbb{N} \models \forall y \leq b (\neg \varphi(a, y) \vee \exists z < y \psi(a, z))$ である. $\forall y \leq b (\neg \varphi(a, y) \vee \exists z < y \psi(a, z))$ は Δ_0 文なので補題 6.1.14 から $T \vdash \forall y \leq b (\neg \varphi(a, y) \vee \exists z < y \psi(a, z))$ である. また, $\mathbb{N} \models \psi(a, b)$ であり, $\psi(a, b)$ は Δ_0 文なので補題 6.1.14 から $T \vdash \psi(a, b)$ である. したがって $T \vdash \forall y (b < y \to \exists z < y \psi(a, z))$ であり, ゆえに $T \vdash \forall y (b < y \to \neg \varphi(a, y) \vee \exists z < y \psi(a, z))$ である. 以上から, $T \vdash \rho(a)$ である.　□

この二つの補題と補題 6.5.4 から補題 6.5.8 が得られる. ゆえに定理 6.5.5 の (1) ⇒ (2) が成り立ち, 定理 6.5.5 の証明が終わった.

【注意 6.5.11】　弱表現の場合と同様に, $\varphi(x)$ が T 上で集合 $A \subseteq \mathbb{N}$ を表現しても, $\varphi(x)$ が $\mathbb{N}$ 上で A を定義するとは限らない. また, $\varphi(x)$ が $\mathbb{N}$ 上で A を定義しても, $\varphi(x)$ が T 上で集合 $A \subseteq \mathbb{N}$ を表現するとは限らない. し

かし，弱表現の場合とは異なり，$T \subseteq T'$ かつ T' が無矛盾で，A が T で論理式 $\varphi(x)$ で表現されるなら，A は T' でも $\varphi(x)$ で表現される．

6.6 関数の表現可能性

前の二つの節では論理式を用いて再帰的可算な集合や再帰的集合を T の上で形式的に表現することについて論じてきた．この節では関数を T 上で形式的に表現することについて論じる．

論理式を用いて表現できる対象は集合であって関数ではないので，関数そのものを論理式を用いて表現することはできない．しかし，関数とそのグラフを同一視すれば関数は集合の特別な場合であると考えられるので，関数のグラフを T 上で弱表現することを考える．ただし，関数を T 上で扱うためには，単に関数のグラフが T 上で弱表現できるだけなく，関数値の存在と一意性を T 上で扱える必要がある．本節では関数のグラフを弱表現する論理式を用いて関数を T 上で表現することの定義を与え，その基本的な性質を紹介する．本節では簡単のため $\mathbb{N}$ から $\mathbb{N}$ への部分関数のみについて議論するが，$\mathbb{N}^n$ から $\mathbb{N}$ への関数についても同様である．

f を $\mathbb{N}$ から $\mathbb{N}$ への部分関数とする．f の関数値の存在と一意性を f のグラフ G_f を用い表すと，$a \in \mathrm{dom}(f)$ ならば $\exists b \in \mathbb{N}((a,b) \in G_f)$ という条件と，$a \in \mathbb{N}$ ならば $\forall b \in \mathbb{N} \forall c \in \mathbb{N}((a,b) \in G_f \wedge (a,c) \in G_f \to b = c)$ という条件になる．

$\varphi(x,y)$ を T 上で G_f を弱表現する論理式とする．このとき，この二つの条件が T 上で証明可能であることは，$a \in \mathrm{dom}(f)$ ならば $T \vdash \exists y \varphi(a,y)$，および，$a \in \mathbb{N}$ ならば $T \vdash \forall y \forall z (\varphi(a,y) \wedge \varphi(a,z) \to y = z)$ と書ける．ここで，$\varphi(x,y)$ は T 上で G_f を弱表現するので，$f(a) = b$ ならば $T \vdash \varphi(a,b)$ である．よって，$a \in \mathrm{dom}(f)$ ならば $T \vdash \exists y \varphi(a,y)$ である．したがって問題なのは，$a \in \mathbb{N}$ ならば $T \vdash \forall y \forall z (\varphi(a,y) \wedge \varphi(a,z) \to y = z)$ という条件である．そこで，$\varphi(x,y)$ が T 上で関数 f を表現することを次のように定義する．

〔定義 6.6.1〕　$\varphi(x,y)$ を $\mathcal{L}_A$ の論理式とする．以下の二つの条件が成り立

つとき，$\varphi(x,y)$ は T 上で関数 f を表現するという．
(1) $\varphi(x,y)$ は T 上で集合 G_f を弱表現する．
(2) $a \in \mathbb{N}$ ならば，$T \vdash \forall y \forall z (\varphi(a,y) \land \varphi(a,z) \to y = z)$ である．

T 上で f を表現する論理式が存在するとき，f は T 上で表現可能 (representable) であるという．

【注意 6.6.2】 この他にも関数の表現可能性については互いに同値な定義が幾つもあり，そのいずれを採用するかは教科書や論文によって様々である[15]．なお，関数が可証再帰的であることと表現可能であることは，定義も目的もよく似ている．しかし，可証再帰的であることは表現可能であることよりも強く，表現可能であるが可証再帰的ではない全域的な再帰的関数が存在する．また，可証再帰的な場合は関数記号を導入できるが，表現可能であるだけでは全域性が証明可能になる保証はなく，関数記号を導入すれば全域性が自明に証明可能になるので，表現可能なだけでは関数記号を導入してはならない．表現可能性は関数記号を導入できない再帰的関数についても T 上での形式的な議論を可能にするための概念である．

関数の表現可能性については次の定理が成り立つ．

[定理 6.6.3] 表現可能性 (representability) T は無矛盾であるとし，f を $\mathbb{N}$ から $\mathbb{N}$ への部分関数とする．このとき，以下の (1) から (3) は同値である．
(1) f は再帰的である．
(2) f は T で Σ_1 論理式で表現可能である．
(3) f は T で表現可能である．

定理 6.6.3 の (2) $\Rightarrow$ (3) は自明であり，(3) $\Rightarrow$ (1) は f が T で表現可能であれば G_f を弱表現する $\mathcal{L}_A$ の論理式が存在することと，定理 6.4.4，および補題 5.4.11 から明らかである．したがって，定理 6.6.3 を証明するためには (1) $\Rightarrow$ (2) を証明すればよい．この (1) $\Rightarrow$ (2) の証明は，f が全域的であ

---

[15] 定義 6.6.1 については Smoryński [215] p. 355 および p. 359 を参照のこと．

る場合，または T が Σ_1 健全である場合は比較的容易である．以下ではこの二つの場合の定理 6.6.3 の (1) $\Rightarrow$ (2) の証明を紹介する[16]．

f を再帰的な部分関数とする．補題 6.2.3 から G_f は Σ_1 集合であるが，補題 6.5.6 から，集合 G_f は Δ_0 論理式に存在量化子が一つだけ付いた Σ_1 論理式で定義される．そこで，$\varphi(x,y,z)$ を Δ_0 論理式とし，Σ_1 論理式 $\exists z \varphi(x,y,z)$ が $\mathbb{N}$ 上で G_f を定義するとする．もしもこの $\varphi(x,y,z)$ が T 上で G_f を弱表現し，$a \in \mathbb{N}$ ならば $T \vdash \forall u \forall v (\exists z \varphi(a,u,z) \land \exists z \varphi(a,v,z) \to u = v)$ という条件を満たすならば，$\exists z \varphi(x,y,z)$ が T 上で f を表現することになる．しかし一般に，$\varphi(x,y,z)$ がこの二つの条件を満たすことは期待できない．そこで，この $\varphi(x,y,z)$ を用いて，T 上で f を表現する新たな Σ_1 論理式を構成する．

特に問題なのは関数値の一意性を T 上で証明できるようにすることである．一意性を証明できるようにする最も簡単な方法は「最小値を選ぶ」という無駄な条件を付け加えることである．例えば，$\forall y' < y \neg \exists z \varphi(x,y',z)$ を $\psi(x,y)$ と定めて，$\exists z \varphi(x,y,z) \land \psi(x,y)$ を $\rho(x,y)$ とする．このとき，明らかに $\exists z \varphi(x,y,z)$ と $\rho(x,y)$ が $\mathbb{N}$ 上で定義する集合は一致し，$a \in \mathbb{N}$ ならば $T \vdash \forall u \forall v (\rho(a,u) \land \rho(a,v) \to u = v)$ となる．しかし，この $\psi(x,y)$ は Π_1 論理式なので，$\rho(x,y)$ は Σ_1 論理式にならない．また，$\rho(x,y)$ が f のグラフ G_f を T 上で弱表現することの保証もない．関数値の一意性が T 上で証明できるように Σ_1 論理式を定めるためには工夫が必要である．

〔定義 6.6.4〕 論理式 $\forall y' \leq (y+z) \forall z' \leq (y+z)((y \neq y' \lor (y'+z' < y+z)) \to \neg \varphi(x,y',z'))$ を $\psi(x,y,z)$ とし，論理式 $\varphi(x,y,z) \land \psi(x,y,z)$ を $\rho(x,y,z)$ とする．

論理式 $\psi(x,y,z)$ は Δ_0 論理式である．$\rho(x,y,z)$ も Δ_0 論理式なので，$\exists z \rho(x,y,z)$ は Σ_1 論理式である．f が全域的である場合，または T が Σ_1 健全である場合に，この $\exists z \rho(x,y,z)$ が T 上で関数 f を表現することを以

---

[16] 関数 f が全域的であることも，T が Σ_1 健全であることも仮定しない場合の証明は，例えば Smoryński [215] pp. 359–361 を参照のこと．なお，多くの教科書では定理 6.6.3 (1) $\Rightarrow$ (2) は再帰的関数の構成に関する帰納法で証明されている．本章の証明は Kaye [168] の証明を修正したものである．

下で見ていく．ただし，以下の二つの補題は f が全域的でなくても，T が Σ_1 健全でなくても成り立つ．

[補題 6.6.5] $f(a) = b$ とする．このとき，$T \vdash \exists z \rho(a, b, z)$ である．

(証明) $f(a) = b$ なので，$(a, b) \in G_f$ である．$\exists z \varphi(x, y, z)$ は $\mathbb{N}$ 上で G_f を定義するので，$\mathbb{N} \models \exists z \varphi(a, b, z)$ である．したがって，$\mathbb{N} \models \varphi(a, b, c)$ を満たす最小の $c \in \mathbb{N}$ が存在する．

$b', c' \in \mathbb{N}$ とし，$b' \leq (b+c), c' \leq (b+c)$ とする．$b \neq b'$ ならば $f(a) \neq b'$ なので $\mathbb{N} \models \neg\varphi(a, b', c')$ は明らかである．$b = b'$ かつ $b' + c' < b + c$ とする．このとき $c' < c$ であるが，c の最小性より $\mathbb{N} \models \neg\varphi(a, b, c')$ である．つまり $\mathbb{N} \models \neg\varphi(a, b', c')$ である．

以上から $\mathbb{N} \models \psi(a, b, c)$ となり，$\mathbb{N} \models \varphi(a, b, c)$ なので $\mathbb{N} \models \rho(a, b, c)$ である．$\rho(a, b, c)$ は Δ_0 文なので $T \vdash \rho(a, b, c)$ である．したがって，$T \vdash \exists z \rho(a, b, z)$ である． □

[補題 6.6.6] $a \in \mathbb{N}$ とするとき，$T \vdash \forall y \forall u (\exists z \rho(a, y, z) \wedge \exists z \rho(a, u, z) \to y = u)$ である．

(証明) $T \vdash \forall y \forall u (\exists z \rho(a, y, z) \wedge \exists z \rho(a, u, z) \wedge y \neq u \to 0 = 1)$ を示す．以下，T 上で議論を進める．$\rho(a, y, z) \wedge \rho(a, u, v) \wedge y \neq u$ を仮定する．$y + z \leq u + v, u + v \leq y + z$ の少なくとも一方が成り立つ．

$y + z \leq u + v$ を仮定する．$y \leq y + z$ かつ $z \leq y + z$ なので $y \leq u + v$ かつ $z \leq u + v$ となる．$\rho(a, u, v)$ を仮定しているので $\psi(a, u, v)$ である．$y \neq u$ なので $\neg\varphi(a, y, z)$ である．一方，$\rho(a, y, z)$ を仮定しているので $\varphi(a, y, z)$ である．したがって矛盾するので，$0 = 1$ が成り立つ．$u + v \leq y + z$ の場合も同様に示すことができる．

以上から，$T \vdash \forall y \forall u (\exists z \rho(a, y, z) \wedge \exists z \rho(a, u, z) \wedge y \neq u \to 0 = 1)$ が成り立つ． □

【注意 6.6.7】 T が矛盾している場合には，この二つの補題は自明に成り立つ．したがって，この二つの補題では T が無矛盾であることを仮定する必要はない．

まず f が全域的である場合に，$\exists z \rho(x,y,z)$ が T 上で関数 f を表現することを示す．

[補題 6.6.8] T は無矛盾であるとし，$f: \mathbb{N} \to \mathbb{N}$ は全域的であるとする．$\varphi(x,y)$ が以下の二つの条件を満たせば，$\varphi(x,y)$ は T 上で関数 f を表現する．

(1) $f(a) = b$ ならば $T \vdash \varphi(a,b)$ である．
(2) $a \in \mathbb{N}$ ならば，$T \vdash \forall y \forall z (\varphi(a,y) \land \varphi(a,z) \to y = z)$ である．

（証明）$\varphi(x,y)$ が補題の二つの条件を満たすとする．$\varphi(x,y)$ が T 上で f を表現することを示すためには，$a, b \in \mathbb{N}$ とするとき，$T \vdash \varphi(a,b)$ ならば $f(a) = b$ となることを示せばよい．$f(a) \neq b$ とする．f は全域的なので $f(a) = c$ となる $c \in \mathbb{N}$ が存在する．このとき，$T \vdash b \neq c \land \varphi(a,c)$ となるので，二番目の条件から $T \vdash \neg \varphi(a,b)$ である．T は無矛盾なので $T \nvdash \varphi(a,b)$ である． □

【注意 6.6.9】 $\varphi(x,y)$ が T 上で関数 f を表現する場合に，$\varphi(x,y)$ が補題の二つの条件を満たすことは明らかである．したがって T が無矛盾で f が全域的であれば，この補題の二つの条件で関数の表現可能性を定義することもできる[17]．また，この補題から，T が無矛盾で f が全域的である場合には，$\varphi(x,y)$ が T 上で関数 f を表現することと，$f(a) = b$ ならば $T \vdash \forall y (\varphi(a,y) \leftrightarrow y = b)$ であることが同値になることが分かる．したがって T が無矛盾で f が全域的であれば，$f(a) = b$ ならば $T \vdash \forall y (\varphi(a,y) \leftrightarrow y = b)$ という一つの条件で関数の表現可能性を定義することもできる[18]．

補題 6.6.5，補題 6.6.6，補題 6.6.8 から次の系が得られ，f が全域的な場合

---

[17] 例えば，Kaye [168] p. 36, Mendelson [192] p. 167 を参照のこと．なお，これら二つの教科書では二番目の条件 $a \in \mathbb{N}$ ならば $T \vdash \forall y \forall z (\varphi(a,y) \land \varphi(a,z) \to y = z)$ の代わりに，$a \in \mathbb{N}$ ならば $T \vdash \exists ! y \varphi(a,y)$ という条件が用いられている．f が全域的で，$f(a) = b$ ならば $T \vdash \varphi(a,b)$ という仮定のもとでは，$a \in \mathbb{N}$ ならば $T \vdash \exists y \varphi(a,y)$ が成り立つので，これらの二つの条件は同値である．

[18] 例えば，Shoenfield [209] pp. 126–127, Enderton [143] p. 212 を参照のこと．

6.6 関数の表現可能性

の定理 6.6.3 の (1) ⇒ (2) が得られる.

[系 6.6.10] T が無矛盾で f が全域的とする. このとき, $\exists z \rho(x, y, z)$ は T 上で f を表現する.

次に T が Σ_1 健全である場合に, $\exists z \rho(x, y, z)$ が T 上で関数 f を表現することを示す.

[補題 6.6.11] T が Σ_1 健全であるとする. このとき, すべての $a, b \in \mathbb{N}$ について, $T \vdash \exists z \rho(a, b, z)$ ならば $f(a) = b$ である.

(証明) $T \vdash \exists z \rho(a, b, z)$ とする. $\rho(x, y, z)$ の定義より $T \vdash \exists z \varphi(a, b, z)$ である. $\exists z \varphi(a, b, z)$ は Σ_1 論理式で T は Σ_1 健全なので, $\mathbb{N} \models \exists z \varphi(a, b, z)$ である. $\exists z \varphi(a, b, z)$ は $\mathbb{N}$ 上で G_f を定義するので $f(a) = b$ である. □

補題 6.6.5, 補題 6.6.6, 補題 6.6.11 から次の系が得られ, T が Σ_1 健全な場合の定理 6.6.3 の (1) ⇒ (2) が得られる.

[系 6.6.12] T が Σ_1 健全であるとする. このとき, $\exists z \rho(x, y, z)$ は T 上で f を表現する.

以上で f が全域的な場合, または T が Σ_1 健全な場合の定理 6.6.3 の証明が終わった.

ところで f が全域的である場合には次の補題が成り立つので, 関数の表現可能性の定義における $\varphi(x, y)$ は T 上で集合 G_f を弱表現するという条件は, $\varphi(x, y)$ は T 上で集合 G_f を表現するという条件に置き換えてもよいことが分かる.

[補題 6.6.13] T は無矛盾であるとし, f は全域的であるとする. また, $a \in \mathbb{N}$ ならば $T \vdash \forall y \forall z (\varphi(a, y) \wedge \varphi(a, z) \to y = z)$ が成り立つと仮定する. このとき, 以下の (1) と (2) は同値である.

(1) $\varphi(x, y)$ は T 上で G_f を弱表現する.
(2) $\varphi(x, y)$ は T 上で G_f を表現する.

(証明) (2) ⇒ (1) は明らかなので, (1) ⇒ (2) を示す. $\varphi(x, y)$ は T 上で

G_f を弱表現するとする．補題 6.5.4 により，$\varphi(x,y)$ が T 上で G_f を表現することを示すためには，すべての $a,b \in \mathbb{N}$ について，以下の条件 (1) および (2) が成り立つことを示せばよい．

(1) $f(a) = b$ ならば $T \vdash \varphi(a,b)$ である．
(2) $f(a) \neq b$ ならば $T \vdash \neg\varphi(a,b)$ である．

$f(a) = b$ とする．$T \vdash \varphi(a,b)$ となることは，$\varphi(x,y)$ が T 上で G_f を弱表現することから明らかである．$f(a) \neq b$ とする．f は全域的なので $f(a) = c$ となる $c \in \mathbb{N}$ が存在する．仮定より $T \vdash \varphi(a,c)$ かつ $T \vdash \forall y \forall z(\varphi(a,y) \land \varphi(a,z) \to y = z)$ が成り立つ．$\mathbb{N} \models b \neq c$ なので $T \vdash b \neq c$ である．ゆえに $T \vdash \neg\varphi(a,b)$ である． □

7

不完全性定理

　本章では Gödel による第一および第二不完全性定理の証明と，不完全性定理に関連する幾つかの基本的な話題を紹介する．まず最初の 7.1 節では本章の 7.2 節以降の内容の概略を紹介する．7.2 節では可証性述語と対角化定理を紹介し，7.3 節で第一不完全性定理を紹介する．そして，第二不完全性定理を証明するために必要となる可証性述語の可導性条件を 7.4 節で紹介し，7.5 節で第二不完全性定理を紹介する．7.6 節では Rosser による第一不完全性定理の改良について論じる．7.7 節では不完全性定理の数学的意義と，不完全性定理についてはしばしば話題になる嘘つきの逆理と対角線論法について論じる．

　本章では特に断らない限り，$\mathcal{L}$ を $\mathcal{L}_A$ を含み Gödel 数化を伴う言語とし，T を PA を含む再帰的な $\mathcal{L}$ の理論とする．また，$\mathbb{N}$ をこの $\mathcal{L}$ の構造と考え，$\mathrm{TA} = \mathrm{Th}(\mathbb{N})$ とする．ただし，注意 6.3.3 で論じたように，$\mathcal{L}_A$ の記号で原始再帰的な関数を表現できるので，以下では $\mathcal{L}$ は必要に応じて適宜，原始再帰的な関数を表す記号を持つと仮定し，その記号にも Gödel 数が割り当てられているものとする．

7.1 不完全性定理への序

　証明を記号列として表現する枠組みを与えることで数学を形式化し，記号の有限的な操作によって形式化された数学の無矛盾性を証明することで数学を危機から救おうとしたものが Hilbert のプログラムであった．数学における証明の概念が述語論理によって形式化され，述語論理の上に Peano 算術 PA や Zermelo-Fraenkel の集合論 ZF が定められた．ZF は数学を形式的に展開するための十分な力を持つことが経験的に知られているので，ZF を得たことで Hilbert のプログラムの第一段階は達成されたことになる．したがって Hilbert のプログラムを達成するために残された問題は，ZF の無矛盾性を有限的な方法で証明することである．

　さて，記号列は自然数でコード化できて，述語論理の論理式や証明を自然数でコード化したものが Gödel 数であった．そして算術の言語 $\mathcal{L}_A$ や集合論の言語 $\mathcal{L}_S$ は Gödel 数を持ち，Gödel 数を用いることで PA や ZF における証明可能性の概念は自然数に関わる概念に翻訳される．本章では，$\mathcal{L}$ は $\mathcal{L}_A \subseteq \mathcal{L}$ を満たし Gödel 数が定義されている言語で，T は $PA \subseteq T$ を満たす $\mathcal{L}$ の再帰的な理論であった．このとき T の定理の Gödel 数全体の集合は再帰的可算である．したがって，この集合は Σ_1 論理式で定義可能である．すなわち「x は T で証明可能な論理式の Gödel 数である」ことを意味する Σ_1 論理式が存在する．この論理式を「可証性述語」と呼ぶ．

　可証性述語と対角線論法を用いると，「σ は T では証明できない」ことを意味する $\mathcal{L}$ の文 σ の存在が示される．この σ は T の Gödel 文と呼ばれている．いわゆる「嘘つきの逆理」では「この文は偽である」という主張の真偽が決定できないことが問題にされるが，この「嘘つきの逆理」で論じられる主張の「偽である」を「T では証明できない」に置き換えて形式化して得られる自己言及的な $\mathcal{L}$ の文が Gödel 文である．

　T の Gödel 文 σ について，もしも T が無矛盾なら $T \nvdash \sigma$ であり，T が Σ_1 健全なら $T \nvdash \neg\sigma$ であることが分かる．これが Gödel の第一不完全性定理である．PA や ZF の公理はすべて正しいと信じられていて，PA や ZF は Σ_1 健全であり，無矛盾であると考えられている．したがって，第一不完全性定理から PA や ZF は不完全であることが分かる．これは PA や ZF の公理

7.1 不完全性定理への序

が足りないことを意味しているが，第一不完全性定理は算術を展開できて再帰的に公理化可能な理論で成り立つ普遍的な定理なので，PAやZFに新たに有限個の公理を付け加えたとしても，付け加えた公理が正しい命題である限り，不完全であることに違いはない．

可証性述語を用いると，T が無矛盾であることを表す $\mathcal{L}$ の文 $\mathrm{Con}(T)$ を定めることができる．可証性述語の満たす条件を調べると $T \vdash \sigma \to \mathrm{Con}(T)$ であることが分かるが，第一不完全性定理の証明を T 上で形式化することで，$T \vdash \mathrm{Con}(T) \to \sigma$ が示される．したがって，T 上で $\mathrm{Con}(T)$ が証明可能ならば σ も T 上で証明可能になるので，第一不完全性定理により T が無矛盾ならば $T \nvdash \mathrm{Con}(T)$ が成り立つ．これが第二不完全性定理である．

もしも T の無矛盾性が有限的な手法で証明できるのなら，その証明を自然数を用いてコード化することで，$\mathrm{Con}(T)$ の T 上での証明が得られるはずである．しかし第二不完全性定理により $\mathrm{Con}(T)$ は T では証明できないので，T の無矛盾性は有限的手法では証明できず，Hilbert のプログラムは実現不可能であることが分かる．そして，第一不完全性定理と同様に第二不完全性定理も一定の条件を満たす理論で成り立つ普遍的な定理であるため，Hilbert のプログラムが実現不可能であることは PA や ZF という理論の選び方の問題ではなく，本質的な困難さであることが分かる．

要約すると次のようになる．Gödel 数化と対角線論法を用いて「嘘つきの逆理」を形式化することで「算術を含む Σ_1 健全で再帰的な理論は不完全である」という第一不完全性定理が証明される．この第一不完全性定理の証明を形式化することによって，「算術を含む無矛盾で再帰的な理論では，その理論の無矛盾性を表す論理式は証明できない」という第二不完全性定理が示される．この第二不完全性定理によって Hilbert のプログラムは実現できないことが明らかになった．

ただし，「嘘つきの逆理」や自己言及性と不完全性定理の関係には様々な議論がある．Paris と Harrington は Peano 算術から独立な組合せ論的な命題を与えており，「嘘つきの逆理」や自己言及性は不完全性定理にとって必ずしも本質的な事柄ではないとも考えられる．

また，二つの不完全性定理の解釈にも注意が必要である．T の無矛盾性を意味する論理式 $\mathrm{Con}(T)$ は可証性述語を用いて定められるが，可証性述語は

Gödel 数化の方法に依存して定められ，Gödel 数化の方法は一つではないし，Gödel 数化の方法を一つ定めても可証性述語は一通りには決まらない．そして，T の無矛盾性を意味する論理式が T で証明可能になるように可証性述語を定義することもできる．そもそも Hilbert のプログラムとは何なのかという問題もある．Hilbert のプログラムは無矛盾性プログラムと，還元性プログラムまたは保存性プログラムという二つの形で定式化できる．無矛盾性プログラムとしての Hilbert のプログラムが実現不可能であることを示したのは第二不完全性定理であるが，還元性プログラムとしての Hilbert のプログラムが実現不可能であることを示したのは第二不完全性定理ではなく第一不完全性定理であると考える立場もある[1]．

7.2 可証性述語と対角化定理

本節では不完全性定理の証明の鍵となる対角化定理を紹介する．なお，本節でも表記上の煩雑さを避けるため，一般に自然数 a と a の数項 a^* を区別しないことにして，論理式の中に現れる自然数 a はその自然数の数項 a^* を意味すると仮定する．したがって，$\mathcal{L}$ の論理式 φ の Gödel 数 $\lceil\varphi\rceil$ と，$\lceil\varphi\rceil$ の数項 $(\lceil\varphi\rceil)^*$ も区別せず，$(\lceil\varphi\rceil)^*$ のことも $\lceil\varphi\rceil$ と略記する．なお，自然数 a を入力したときに a の数項 a^* を出力する関数のようなものを考えて，その関数を x^* と書くことにする．ただし x^* は $\mathcal{L}$ の項ではなく，非形式的な表現に過ぎない．この x^* は本章で対角化定理の感覚的な意味を説明するときに用いられるが，それ以外には必要ない．

【注意 7.2.1】 a が自然数のとき a^* は言語 $\mathcal{L}$ の項であるが，x が変数のとき x^* は $\mathcal{L}$ の項ではない．したがって，$\varphi(x)$ が $\mathcal{L}$ の論理式のとき，$\varphi(a)$ は $\mathcal{L}$ の論理式であるが，$\varphi(x^*)$ は $\mathcal{L}$ の論理式ではなく，自然数 a を入力したときに論理式 $\varphi(a^*)$ を出力する関数の非形式的な表現に過ぎない．ただし，a を入力したときに a^* の Gödel 数を出力する関数を f とすると，f は原始再帰的であり，$\mathcal{L}$ が f を表す関数記号 $\mathbf{f}$ を持つとすると，$\varphi(\mathbf{f}(x))$ は

---

[1] 例えば Smoryński [214] p. 4 を参照のこと．Hilbert のプログラムと二つの不完全性定理の関係については 8.1 節で詳しく論じる．

$\mathcal{L}$ の論理式 $\varphi(\ulcorner x^*\urcorner)$ のことである．$\varphi(a),\ \varphi(x),\ \varphi(x^*),\ \varphi(\ulcorner x^*\urcorner)$ はすべて異なり，$\varphi(x^*)$ は $\mathcal{L}$ の論理式ではないが，それ以外の三つは $\mathcal{L}$ の論理式である．同様に，$\Phi(x)$ を $\mathcal{L}$ の論理式とするとき，$\Phi(\ulcorner \varphi(x)\urcorner)$ と $\Phi(\ulcorner \varphi(x^*)\urcorner)$ も異なる．前者は $\mathcal{L}$ の文である．一方，a を入力したとき $\ulcorner \varphi(a^*)\urcorner$ を出力する原始再帰的な関数を g とし，g を表す関数記号を $\mathbf{g}$ とすると，後者は x を自由変数に持つ $\mathcal{L}$ の論理式 $\Phi(\mathbf{g}(x))$ である．このような区別が，後で紹介する対角化定理の証明を理解する上で重要な働きを持つ．

定義 5.5.5 で集合 Prf_T を $\{(\ulcorner\varphi\urcorner,\ulcorner p\urcorner) \in \mathbb{N}^2 : p\ \text{は}\ T\ \text{からの}\ \varphi\ \text{の証明}\}$ と，集合 Prv_T を $\{\ulcorner\varphi\urcorner \in \mathbb{N} : \varphi\ \text{は}\ \mathcal{L}\ \text{の文で}\ T \vdash \varphi\}$ と定めた．T が再帰的なので補題 5.5.6 より Prf_T も再帰的であり，補題 5.5.7 より Prv_T は再帰的可算である．また，Prf_T は再帰的なので定理 6.2.2 より Δ_1 集合であり，$\mathbb{N}$ 上で Prf_T を定義する Σ_1 論理式および Π_1 論理式が存在する．

【注意 7.2.2】 Σ_n 論理式および Π_n 論理式は $\mathcal{L}_A$ の論理式に対して定義したが，$n > 0$ の場合は，原始再帰的な関数を表す関数記号を含む論理式に対して Σ_n 論理式および Π_n 論理式の定義を拡張しても，これまで紹介してきた Σ_n 論理式および Π_n 論理式の性質は変化しない．そこで本章では，$n > 0$ の場合は，Σ_n 論理式および Π_n 論理式においても原始再帰的な関数を表す関数記号を用いてよいものとする．

〔定義 7.2.3〕 $\mathbb{N}$ 上で Prf_T を定義する Σ_1 論理式を一つ選んで $\mathrm{Pf}_T(x,y)$ と書き，T の証明述語 (proof predicate) と呼ぶ．

Gödel は証明述語を具体的に構成しているが，$\mathbb{N}$ 上で Prf_T を定義する Σ_1 論理式はいろいろある．また，7.6 節で詳しく説明する Rosser による第一不完全性定理の改良は，証明述語を人工的に作り直すことによって Gödel の不完全性定理を強めたものである．

【注意 7.2.4】 もしも T が原始再帰的であれば，Prf_T も原始再帰的になるので，その特性関数は原始再帰的である．つまり，原始再帰的関数 $\chi : \mathbb{N}^2 \to \{0,1\}$ が存在して，$(x,y) \in \mathrm{Prf}_T$ と $\chi(x,y) = 1$ が同値になる．この χ を表す関数記号 ch を $\mathcal{L}$ が持っていて，T が ch に関する適切な公

理を持っていれば，Prf_T は論理式 $\mathrm{ch}(x,y)=1$ によって表現される．したがって，十分な関数記号を持つ言語を考える場合には $\mathrm{Pf}_T(x,y)$ は開論理式，すなわち量化子を含まない論理式であるとすることができる．ただし，一つの原始再帰的関数は複数の定義を持ち，原始再帰的関数の公理は定義に応じて書く必要があるため，関数記号はそれぞれの定義に応じて用意しなければならない．したがって，Prf_T の特性関数を表す関数記号は一つには定められない．T が原始再帰的で，$\mathbb{N}$ 上で Prf_T を定義する論理式を原始再帰的関数を表す記号を用いて定めるとしても，その論理式の選択の恣意性は免れない．

〔定義 7.2.5〕 Σ_1 論理式 $\exists y \mathrm{Pf}_T(x,y)$ を $\mathrm{Pr}_T(x)$ と書き，T の可証性述語 (provability predicate) と呼ぶ．

$\mathrm{Pr}_T(x)$ の定め方から次の補題が成り立つ．

〔補題 7.2.6〕 $\mathrm{Pr}_T(x)$ は $\mathbb{N}$ 上で Prv_T を定義する Σ_1 論理式である．つまり，$a \in \mathrm{Prv}_T$ と $\mathbb{N} \models \mathrm{Pr}_T(a)$ は同値である．

$\mathrm{Pr}_T(x)$ は $\mathbb{N}$ 上で集合 Prv_T を定義するが，T 上で集合 Prv_T を表現するとは限らない．また，証明述語を用いて定義された $\mathrm{Pr}_T(x)$ 以外にも $\mathbb{N}$ 上で集合 Prv_T を定義する Σ_1 論理式はいろいろある．第二不完全性定理は $\mathbb{N}$ 上で集合 Prv_T を定義する Σ_1 論理式の選択に依存する定理である．一方，第一不完全性定理を証明するためには，$\mathbb{N}$ 上で集合 Prv_T を定義する Σ_1 論理式であれば $\mathrm{Pr}_T(x)$ 以外の論理式を用いても構わない．

次の補題は Gödel 数の定義と $\mathrm{Pr}_T(x)$ が $\mathbb{N}$ 上で Prv_T を定義する論理式であることから明らかである．

〔補題 7.2.7〕 φ を $\mathcal{L}$ の文とする．このとき，$T \vdash \varphi$ と $\mathbb{N} \models \mathrm{Pr}_T(\ulcorner \varphi \urcorner)$ は同値である．

この補題によって，述語論理によって形式化された数学的な証明の概念が，$\mathcal{L}$ の論理式を用いて算術化されたことになる．また，この補題と $\mathrm{Pr}_T(x)$ が Σ_1 論理式であること，および定理 6.1.9 から次の補題が成り立つ．

[補題 7.2.8]　φ を $\mathcal{L}$ の文とする．このとき，$T \vdash \varphi$ ならば $T \vdash \mathrm{Pr}_T(\ulcorner\varphi\urcorner)$ である．

【注意 7.2.9】　正確にいえば，定理 6.1.9 は言語 $\mathcal{L}_A$ についての定理であるが，注意 7.2.2 で触れたように，定理 6.1.9 は $\mathcal{L}_A$ に原始再帰的関数を表す記号を付け加えた言語でも成り立つ．

　一般に補題 7.2.8 の逆は無条件には成り立たない．しかし，$\mathrm{Pr}_T(\ulcorner\varphi\urcorner)$ が Σ_1 文であることと補題 7.2.7 から次の補題が成り立つ．

[補題 7.2.10]　T は Σ_1 健全であるとする．φ を $\mathcal{L}$ の文とするとき，$T \vdash \mathrm{Pr}_T(\ulcorner\varphi\urcorner)$ ならば $T \vdash \varphi$ である．

　二つの不完全性定理は可証性述語に関する定理であるが，第一不完全性定理の証明では $\mathrm{Pr}_T(x)$ の性質としては基本的に上の三つの補題しか用いない．したがって，$\mathrm{Pr}_T(x)$ の定義の仕方は第一不完全性定理の証明にとって本質的な問題ではない．

　次の定理は第一不完全性定理の証明で鍵となる定理である．この定理は対角線論法の一種を用いて証明されるので対角化定理と呼ばれている．

[定理 7.2.11] 対角化定理 (Diagonalization Theorem)　$\Phi(x)$ を x のみを自由変数に持つ $\mathcal{L}$ の論理式とする．このとき，$T \vdash \delta \leftrightarrow \Phi(\ulcorner\delta\urcorner)$ を満たす $\mathcal{L}$ の文 δ が存在する．

(証明)　まず，原始再帰的関数 $s : \mathbb{N}^2 \to \mathbb{N}$ を定める．v_0 を述語論理の変数とする．$a \in \mathbb{N}$ が与えられたとき，「a が v_0 のみを自由変数に持つ $\mathcal{L}$ の論理式の Gödel 数であるか」は，原始再帰的に判定できる．また，a が v_0 のみを自由変数に持つ $\mathcal{L}$ の論理式 $\varphi(v_0)$ の Gödel 数のとき，つまり $a = \ulcorner\varphi(v_0)\urcorner$ のとき，$\varphi(v_0)$ の自由変数 v_0 に $b \in \mathbb{N}$ の数項を代入して得られる $\mathcal{L}$ の文 $\varphi(b)$ の Gödel 数 $\ulcorner\varphi(b)\urcorner$ は，a と b から原始再帰的に計算できる．そこで，原始再帰的関数 $s : \mathbb{N}^2 \to \mathbb{N}$ を次のように定義する．

(1) a が v_0 のみを自由変数に持つ $\mathcal{L}$ の論理式 $\varphi(v_0)$ の Gödel 数のとき，$s(a, b) = \ulcorner\varphi(b)\urcorner$ とする．

(2) それ以外のとき，$s(a,b) = 0$ とする．

この s に対応する $\mathcal{L}$ の関数記号を sb とする．論理式 $\Phi(\mathsf{sb}(v_0, v_0))$ を $\gamma(v_0)$ として，$d = \ulcorner\gamma(v_0)\urcorner$ とする．このとき，$s(d,d) = \ulcorner\gamma(d)\urcorner$ なので $T \vdash \mathsf{sb}(d,d) = \ulcorner\gamma(d)\urcorner$ である．したがって，等号に関する公理を用いて $T \vdash \Phi(\mathsf{sb}(d,d)) \leftrightarrow \Phi(\ulcorner\gamma(d)\urcorner)$ が得られる．$\Phi(\mathsf{sb}(d,d))$ とは $\gamma(d)$ のことだったので，$T \vdash \gamma(d) \leftrightarrow \Phi(\ulcorner\gamma(d)\urcorner)$ となる．ゆえに，$\gamma(d)$ を δ とすると，$T \vdash \delta \leftrightarrow \Phi(\ulcorner\delta\urcorner)$ である． □

【注意 7.2.12】 文 φ を入力したら文 $\Phi(\ulcorner\varphi\urcorner)$ を出力する関数を $f_{\Phi(x)}$ とする．つまり，$f_{\Phi(x)}(\varphi) = \Phi(\ulcorner\varphi\urcorner)$ とする．T 上で同値になる論理式を同一視すると，対角化定理で存在が示された $T \vdash \delta \leftrightarrow \Phi(\ulcorner\delta\urcorner)$ を満たす δ は $f_{\Phi(x)}$ の不動点となる．したがって，この δ を $\Phi(x)$ の不動点 (fixed point) と呼び，対角化定理を不動点定理 (Fixed Point Theorem) と呼ぶことがある．なお，対角化定理は $\Phi(x)$ が x 以外の自由変数を持つ場合に一般化できる[2]．

対角化定理の証明が対角線論法を用いているとは次のようなことである．v_0 のみを自由変数に持つ $\mathcal{L}$ の論理式を並べて $\varphi_0(v_0), \varphi_1(v_0), \varphi_2(v_0), \ldots$ とする．各 $\varphi_i(v_0)$ に自然数 $0, 1, 2, \ldots$ の数項を代入することで，$\mathcal{L}$ の文の列 $\varphi_i(0), \varphi_i(1), \varphi_i(2), \ldots$ が得られる．これらの文を次のように長方形に並べる．

$$\begin{array}{cccc} \varphi_0(0) & \varphi_0(1) & \varphi_0(2) & \cdots \\ \varphi_1(0) & \varphi_1(1) & \varphi_1(2) & \cdots \\ \varphi_2(0) & \varphi_2(1) & \varphi_2(2) & \cdots \\ \vdots & \vdots & \vdots & \ddots \end{array}$$

この長方形の対角成分に現れる文 $\varphi_0(0), \varphi_1(1), \varphi_2(2), \ldots$ の自然数を変数で置き換えたもの $\varphi_{v_0}(v_0^*)$ を考える．この $\varphi_{v_0}(v_0^*)$ は $\mathcal{L}$ の論理式の定義にしたがって書かれた表現ではないので $\mathcal{L}$ の論理式ではない．しかし，個々の $a \in \mathbb{N}$ について $\varphi_a(a)$ は $\mathcal{L}$ の文であり，自然数 a を入力したときに $\ulcorner\varphi_a(a)\urcorner$ を出力する関数は原始再帰的なので，$\Phi(\ulcorner\varphi_{v_0}(v_0^*)\urcorner)$ は v_0 を自由

---

[2] 詳しくは Ehrenfeucht and Feferman [141] を参照のこと．

変数に持つ $\mathcal{L}$ の論理式になる．この論理式が $\gamma(v_0)$ である．

【注意 7.2.13】 ここで論じた $\varphi_{v_0}(v_0{}^*)$ は $\mathcal{L}$ の論理式ではないが，$\varphi_a(a)$ および $\Phi(\ulcorner \varphi_{v_0}(v_0{}^*) \urcorner)$ は $\mathcal{L}$ の論理式である．このことは注意 7.2.1 で紹介した，$\varphi(x^*)$ は $\mathcal{L}$ の論理式ではないが，$\varphi(a)$ や $\varphi(\ulcorner x^* \urcorner)$ は $\mathcal{L}$ の論理式であることと同じ理由による．

上で紹介した対角化定理の証明では原始再帰的関数 s を表す関数記号 sb が用いられている．この章では $\mathbf{PA} \subseteq T$ を仮定しており，$\mathbf{PA} \subseteq T$ ならば原始再帰的な関数は可証再帰的なので，このような関数記号を用いることが可能である．ただし，関数記号 sb を持たない場合でも，$\Phi(\mathsf{sb}(v_0, v_0))$ を考える代わりに，原始再帰的関数 s のグラフを T 上で表現する Σ_1 論理式 $\sigma(x, y, z)$ を用いて，論理式 $\gamma(v_0)$ を $\forall y(\sigma(v_0, v_0, y) \to \Phi(y))$ と定めることで，議論は多少煩雑になるが，上で紹介した証明と同様に対角化定理は証明できる[3]．そして，再帰的関数は $\mathbf{PA}^-$ 上で表現可能なので，対角化定理は T が $\mathbf{PA}^-$ である場合にも成立する．したがって，次の定理が成り立つ．

[定理 7.2.14] $\Phi(x)$ を x のみを自由変数に持つ $\mathcal{L}$ の論理式とする．このとき，$\mathbf{PA}^- \vdash \delta \leftrightarrow \Phi(\ulcorner \delta \urcorner)$ を満たす $\mathcal{L}$ の文 δ が存在する．

もしも $\mathbb{N} \models T$ であれば，すなわち T が健全であれば，$T \vdash \delta \leftrightarrow \Phi(\ulcorner \delta \urcorner)$ ならば $\mathbb{N} \models \delta \leftrightarrow \Phi(\ulcorner \delta \urcorner)$ となる．しかし，本章では T が健全であることは仮定していないので，定理 7.2.11 の δ は必ずしも $\mathbb{N} \models \delta \leftrightarrow \Phi(\ulcorner \delta \urcorner)$ を満たすとは限らない．一方，$\mathbb{N} \models \mathbf{PA}^-$ なので，定理 7.2.14 の δ は $\mathbb{N} \models \delta \leftrightarrow \Phi(\ulcorner \delta \urcorner)$ を満たす．以下の議論では，必要に応じて，対角化定理によって得られる δ は $\mathbf{PA}^- \vdash \delta \leftrightarrow \Phi(\ulcorner \delta \urcorner)$ および $\mathbb{N} \models \delta \leftrightarrow \Phi(\ulcorner \delta \urcorner)$ を満たすものとする．

7.3 第一不完全性定理

論理式 $\neg \mathrm{Pr}_T(x)$ に対角化定理を適用すると，$T \vdash \sigma \leftrightarrow \neg \mathrm{Pr}_T(\ulcorner \sigma \urcorner)$ を満たす $\mathcal{L}$ の文 σ の存在が示される．第一不完全性定理は σ の T における証

---

[3] 詳しくは Kaye [168] pp. 37–38 を参照のこと．

明可能性に関する定理である．

〔定義 7.3.1〕 $T \vdash \sigma \leftrightarrow \neg\mathrm{Pr}_T(\lceil\sigma\rceil)$ を満たす $\mathcal{L}$ の文 σ を，$\mathrm{Pr}_T(x)$ によって定められた T の Gödel 文 (Gödel sentence) と呼ぶ．

文脈から T や $\mathrm{Pr}_T(x)$ が明らかなときは，$\mathrm{Pr}_T(x)$ によって定められた T の Gödel 文を単に Gödel 文と呼ぶ．なお，σ を T の Gödel 文とすると，$\mathrm{Pr}_T(x)$ は Σ_1 論理式なので，$\neg\mathrm{Pr}_T(\lceil\sigma\rceil)$ は Π_1 文である．したがって σ は T 上で Π_1 文と同値なので，以下では σ は Π_1 文であるとする．この節では第一不完全性定理の証明と，第一不完全性定理からの帰結を紹介する．

【注意 7.3.2】 一般に Gödel 文は唯一つには定まらない．しかし，Gödel 文がすべて同値になること，つまり，σ_1 と σ_2 が Gödel 文ならば，$T \vdash \sigma_1 \leftrightarrow \sigma_2$ となることを補題 7.5.8 で紹介する．

〔定理 7.3.3〕第一不完全性定理 (First Incompleteness Theorem)　σ を T の Gödel 文とする．このとき，以下の (1) および (2) が成り立つ．
(1) T が無矛盾であれば $T \nvdash \sigma$ である．
(2) T が Σ_1 健全であれば $T \nvdash \neg\sigma$ である．

(証明)　(1) の対偶を示す．$T \vdash \sigma$ とする．補題 7.2.8 より $T \vdash \mathrm{Pr}_T(\lceil\sigma\rceil)$ である．σ の定義より $T \vdash \neg\sigma \leftrightarrow \mathrm{Pr}_T(\lceil\sigma\rceil)$ なので，$T \vdash \neg\sigma$ である．ゆえに T は矛盾する．

(2) を示す．T は Σ_1 健全であり，$T \vdash \neg\sigma$ とする．補題 6.1.7 により T は無矛盾である．σ の定義より $T \vdash \neg\sigma \leftrightarrow \mathrm{Pr}_T(\lceil\sigma\rceil)$ なので $T \vdash \mathrm{Pr}_T(\lceil\sigma\rceil)$ である．T は Σ_1 健全なので $\mathbb{N} \models \mathrm{Pr}_T(\lceil\sigma\rceil)$ となり，補題 7.2.7 より $T \vdash \sigma$ となる．ゆえに T は矛盾するが，これは T が無矛盾であることに反する．□

なお，Gödel の本来の第一不完全性定理の後段は「T が ω 無矛盾であれば $T \nvdash \neg\sigma$ である」というものである．ただし，T が ω 無矛盾 (ω-consistent) であるとは，「$\mathcal{L}$ のすべての論理式 $\varphi(x)$ について，$T \vdash \exists x \varphi(x)$ であれば $T \vdash \neg\varphi(a)$ でない自然数 $a \in \mathbb{N}$ が存在する」ことである．$\mathbb{N} \models T$ であれば明らかに T は ω 無矛盾である．また，一般に $T \vdash \exists x(x = x)$ なので，T が ω 無矛盾であれば，$T \vdash a \neq a$ でない自然数 $a \in \mathbb{N}$ が存在することになる

ので補題 2.4.6 から T は無矛盾である.

【注意 7.3.4】 $n \in \mathbb{N}$ とし, ω 無矛盾の定義に現れる $\varphi(x)$ を Σ_n 論理式に制限して得られる T の条件を n 無矛盾性 (n-consistency) という. 定義から明らかに ω 無矛盾であれば n 無矛盾である. 1 無矛盾性は Σ_1 健全性と, 2 無矛盾性は Σ_2 健全性と同値である. しかし, ω 無矛盾性から Σ_3 健全性は導かれない. また, T がすべての $n \in \mathbb{N}$ について Σ_n 健全であれば, この条件は $\mathbb{N} \models T$ と同値なので, T は ω 無矛盾であるが, $n \in \mathbb{N}$ とするとき, T が Σ_n 健全であることからは T が ω 無矛盾であることは導かれない[4]. したがって, ω 無矛盾であれば Σ_1 健全であるが, Σ_1 健全だが ω 無矛盾ではない理論 T が存在するので, T が Σ_1 健全であるという条件は T が ω 無矛盾であるという条件よりも弱い. ただし, Σ_1 健全性を仮定しようが ω 無矛盾性を仮定しようが, 第一不完全性定理の証明方法に違いはない. なお, ω 無矛盾性から Σ_3 健全性は導かれないので, T が ω 無矛盾であっても $\mathbb{N} \models T$ になるとは限らない. しかし, T が ω 無矛盾かつ完全で $\mathrm{PA} \subseteq T$ ならば $\mathbb{N} \models T$ となる. つまり, $T = \mathrm{TA}$ となる[5].

【注意 7.3.5】 Gödel の第一不完全性定理の後段では T の Σ_1 健全性が仮定されているが, 実際には第一不完全性定理の後段を証明するためには Σ_1 健全性の全体は必要なく, T が無矛盾であること, および, σ を Gödel 文とするとき「$T \vdash \mathrm{Pr}_T(\ulcorner \sigma \urcorner)$ ならば $T \vdash \sigma$ である」こと, という二つの条件が成り立てば十分である. この二つの条件はいずれも Σ_1 健全性の特別な場合であるが, 互いに独立である. したがって, 第一不完全性定理の後段の証明では Σ_1 健全性を二度用いる必要がある. Σ_1 健全性という条件は第一不完全性定理には強過ぎる. もちろん, 強過ぎる条件でも妥当であれば問題ない. それに, この二つの条件のうち後者を仮定することの意義や根拠は明確ではなく, Σ_1 健全性を必要最小限の二つの条件に弱めてしまうと条件の妥当性はむしろ見えなくなる.

---

[4] ω 無矛盾性と Σ_n 健全性の関係については, 詳しくは Lindström [186] p. 36, Isaacson [163] を参照のこと.

[5] 詳しくは Isaacson [163] p. 141 を参照のこと.

定義3.4.11で定めたように,すべての文 φ について $T \vdash \varphi$ または $T \vdash \neg\varphi$ が成り立つとき,T は完全であるという.第一不完全性定理から直ちに次の系が得られる.

[系 7.3.6] T は Σ_1 健全ならば不完全である.

【注意 7.3.7】 後の節で紹介する Rosser の定理は,系 7.3.6 の仮定を T が無矛盾であるという条件に弱めることで,系 7.3.6 を一般化したものである.ただし,Rosser の定理で話題になるのは Gödel 文ではない.Gödel 文が T から独立であることを示すためには T が Σ_1 健全であるという条件が必要である.Rosser が一般化したのは系 7.3.6 であって,定理 7.3.3 ではない.

さて,σ を T の Gödel 文とし,$\mathbb{N} \models \sigma \leftrightarrow \neg\mathrm{Pr}_T(\ulcorner\sigma\urcorner)$ が成り立つとする.$\mathbb{N}$ 上では $\mathcal{L}$ の文の真偽は決定されているので,$\mathbb{N} \models \sigma$ と $\mathbb{N} \models \neg\sigma$ のいずれか一方が,そして一方のみが成り立つ.$\mathbb{N} \models \neg\sigma$ が成り立つと仮定する.$\neg\sigma$ は Σ_1 文なので T の Σ_1 完全性,すなわち定理 6.1.9 により,$T \vdash \neg\sigma$ が成り立つ.一方,$\mathbb{N} \models \sigma \leftrightarrow \neg\mathrm{Pr}_T(\ulcorner\sigma\urcorner)$ が成り立つので,$\mathbb{N} \models \mathrm{Pr}_T(\ulcorner\sigma\urcorner)$ である.したがって,補題 7.2.7 から $T \vdash \sigma$ となる.よって $\mathbb{N} \models \neg\sigma$ ならば T は矛盾する,ゆえに次の系が得られた.

[系 7.3.8] σ を T の Gödel 文とする.このとき,T が無矛盾であれば,$\mathbb{N} \models \sigma$ かつ $T \nvdash \sigma$ である.

【注意 7.3.9】 不完全性定理は有限の立場で証明できる構文論的な定理であって,$\mathbb{N}$ 上の真偽という意味論的な概念とは無関係であるという考え方がある.この考え方のもとでは,$\mathbb{N}$ 上の真偽の概念を参照する系 7.3.8 は不完全性定理を論じるべき文脈からは逸脱しているとも考えられる[6].しかし,

---

[6] 例えば前原昭二は [97] で,Boolos による不完全性定理の別証明 [91] に関連して,次のようにいう.「ブーロス氏の原稿を見て,わたくしがまず抵抗を感じたのは,氏が証明しようとしていることが『論理式の真偽』に直結している内容であったことである.わたくしの理解している限り,ゲーデルの不完全性定理とはそのようなものではなかった.わたくしも,不完全性定理の通俗な解説をしたことは何度かある.『正しいけれども証明できない命題があるということを示したのがゲーデルの不完全性定理である』という説明をしたことがある.そのときは,われながら適切な表現を思いついたもの,と自負し,その説明法を何度も利用したものだった.しかし,それが不完全性定理の本

7.3 第一不完全性定理　211

この考え方には注意が必要である．形式的証明とは記号の有限列に関わる概念であり，記号の有限列は自然数の概念と関わっている．そして，$T \vdash \varphi$ を算術化したものが $\mathrm{Pr}_T(\ulcorner\varphi\urcorner)$ であって，補題 7.2.7 で紹介したように $T \vdash \varphi$ と $\mathbb{N} \models \mathrm{Pr}_T(\ulcorner\varphi\urcorner)$ は同値である．$\mathbb{N} \models \mathrm{Pr}_T(\ulcorner\varphi\urcorner)$ と $T \vdash \varphi$ の違いは，$\mathbb{N}$ 上の真偽の概念に関わるか関わらないかという違いではなく，$\mathbb{N}$ 上の真偽の概念との関係を明示するかしないかという違いでしかない．証明可能性について論じることは，$\mathrm{Pr}_T(\ulcorner\varphi\urcorner)$ という Σ_1 文の $\mathbb{N}$ 上の真偽について論じることに他ならない．したがって，系 7.3.8 は不完全性定理を論じるべき文脈から逸脱していると簡単にいうことはできない[7]．

さて，第一不完全性定理は再帰的な理論に関わる定理であり，計算可能性の概念と関係が深い．例えば，本章では T は PA を含む再帰的な $\mathcal{L}$ の理論であると仮定してきたが，第一不完全性定理から直ちに次の系が得られる．

[系 7.3.10]　PA を含む Σ_1 健全で完全な $\mathcal{L}$ の理論は再帰的ではない．

TA は Σ_1 健全で完全なので，この系から TA は再帰的ではないことが分かる．これは，$\mathcal{L}$ の文 φ が与えられたとき，$\mathbb{N} \models \varphi$ か $\mathbb{N} \models \neg\varphi$ かを判定するアルゴリズムは存在しないことを意味している．定義 5.5.8 で Prv_T が再帰的であるとき T は決定可能であるというと定めたので，次の系が成り立つ．

[系 7.3.11]　TA は決定可能ではない．つまり，$\mathrm{Th}(\mathbb{N})$ は決定可能ではない．

TA が再帰的ではないとは，集合 $\{\ulcorner\varphi\urcorner \in \mathbb{N} : \mathbb{N} \models \varphi\}$ が再帰的ではないことである．これは，この集合が Δ_1 集合でないこと，つまり，この集合は Σ_1 論理式と Π_1 論理式のいずれかでは定義可能ではないことである．$\Phi(x)$ を $\mathcal{L}$ の論理式とする．このとき，$\mathbb{N} \models \varphi \leftrightarrow \Phi(\ulcorner\varphi\urcorner)$ が $\mathcal{L}$ のすべての論理式 φ について成り立つことは，$\mathbb{N} \models \varphi$ と $\mathbb{N} \models \Phi(\ulcorner\varphi\urcorner)$ が $\mathcal{L}$ のすべての論理式 φ について同値になることである．このことは，集合 $\{\ulcorner\varphi\urcorner \in \mathbb{N} : \mathbb{N} \models \varphi\}$ が $\Phi(x)$ で定義されることと同値である．したがって，次の定理が意味するこ

質であると思っている若い専門家に出会ったとき，わたくしは，自責の念にかられざるを得なかった．」

[7] この話題については 8.7 節で詳しく論じる．

とは，TA は，つまり集合 $\{\ulcorner\varphi\urcorner \in \mathbb{N} : \mathbb{N} \models \varphi\}$ は再帰的でないだけでなく，$\mathcal{L}$ のいかなる論理式でも定義されないことである．

[定理 7.3.12] Tarski の定理 (Tarski's Theorem) $\mathcal{L}$ のすべての文 φ について $\mathbb{N} \models \varphi \leftrightarrow \Phi(\ulcorner\varphi\urcorner)$ が成り立つような $\mathcal{L}$ の論理式 $\Phi(x)$ は存在しない．

【注意 7.3.13】 この定理は「真とは何か」という哲学的な問に関わっている．この問に対して，「φ が真であるのは φ が成り立つときで，またそのときに限る」という Tarski の答がある．この答の是非はともかく，この答の「真である」という部分を様相演算子，すなわち項数 1 の命題結合子 T を用いて書き直すと，「すべての φ について，$\varphi \leftrightarrow \mathrm{T}\varphi$ である」となる．Tarski の定理はこの様相演算子を Gödel 数と算術の論理式によって定義することはできないことを意味する定理であり，「真という概念」は算術の論理式では定義できないことを示した定理として知られている[8]．

$\mathbb{N} \models \mathrm{PA}^-$ なので，定理 7.3.12 は次の補題 7.3.14 の特別な場合である．

[補題 7.3.14] $\mathfrak{M} \models \mathrm{PA}^-$ とする．$\mathcal{L}$ のすべての文 φ について $\mathfrak{M} \models \varphi \leftrightarrow \Phi(\ulcorner\varphi\urcorner)$ を満たす $\mathcal{L}$ の論理式 $\Phi(x)$ は存在しない．

（証明） $\mathfrak{M} \models \mathrm{PA}^-$ とし，$\Phi(x)$ を $\mathcal{L}$ の論理式とする．定理 7.2.14 により，$\mathrm{PA}^- \vdash \varphi \leftrightarrow \neg\Phi(\ulcorner\varphi\urcorner)$ を満たす φ が存在する．このとき，$\mathfrak{M} \models \varphi \leftrightarrow \neg\Phi(\ulcorner\varphi\urcorner)$ なので，$\mathfrak{M} \models \varphi \leftrightarrow \Phi(\ulcorner\varphi\urcorner)$ は成り立たない． □

【注意 7.3.15】 $\mathfrak{M} \models T$ が T の超準モデルの場合，つまり $\mathfrak{M}$ が $\mathbb{N}$ と同型ではない場合には，$\mathcal{L}$ のすべての文 φ について $\mathfrak{M} \models \varphi \leftrightarrow \Phi(\ulcorner\varphi\urcorner)$ が成り立つ訳ではないとしても，$\mathcal{L}$ のすべての文 φ について $\mathfrak{M} \models \varphi$ と $\mathbb{N} \models \Phi(\ulcorner\varphi\urcorner)$ が同値になる可能性はある．したがって，補題 7.3.14 からは，一般に $\mathrm{Th}(\mathfrak{M})$ は $\mathcal{L}$ の論理式では定義できないとはいえない．実際，$\mathrm{Th}(\mathfrak{M})$ が，つまり集合 $\{\ulcorner\varphi\urcorner \in \mathbb{N} : \mathfrak{M} \models \varphi\}$ が Σ_2 集合となる T の超準モデル $\mathfrak{M}$ が存在する[9]．ただし，このような $\mathfrak{M}$ は $\mathbb{N}$ と初等的同値ではなく，また，TA が再帰的で

---

[8] この「真という概念」については，例えば Halbach [157] を参照のこと．
[9] より正確には，この集合が Δ_2 集合となる T の超準モデル $\mathfrak{M}$ が存在する．詳しくは Kaye [168] p. 188，Smoryński [213]，Kikuchi and Tanaka [171] を参照のこと．

ないことと同じ理由により，$\mathfrak{M} \models T$ ならば $\mathrm{Th}(\mathfrak{M})$ は常に再帰的ではない．なお，$\mathbb{N} \models \varphi$ と $\mathfrak{M} \models \Phi(\ulcorner \varphi \urcorner)$ が $\mathcal{L}$ のすべての論理式 φ について同値になるような T の超準モデル $\mathfrak{M}$ と $\mathcal{L}$ の論理式 $\Phi(x)$ が存在する[10]．

さて，注意 5.5.9 で，ここで議論している理論 T は決定可能でないこと，つまり Prv_T は再帰的でないことを紹介した．これが次の Church の定理である．この Church の定理も対角化定理を用いて証明される．

[定理 7.3.16] Church の定理 (Church's Theorem)　T は無矛盾であるとする．このとき，T は決定可能ではない．つまり，Prv_T は再帰的ではない．

(証明)　Prv_T が再帰的であると仮定する．定理 6.5.5 により，Prv_T を T 上で表現する Σ_1 論理式 $\Phi(x)$ が存在する．つまり，以下の (1) および (2) を満たす Σ_1 論理式 $\Phi(x)$ が存在する．

(1) $\mathrm{Prv}_T = \{a \in \mathbb{N} : T \vdash \Phi(a)\}$
(2) $\mathbb{N} \setminus \mathrm{Prv}_T = \{a \in \mathbb{N} : T \vdash \neg\Phi(a)\}$

対角化定理から $T \vdash \delta \leftrightarrow \neg\Phi(\ulcorner \delta \urcorner)$ を満たす δ が存在する．$\ulcorner \delta \urcorner \in \mathrm{Prv}_T$ とすると $T \vdash \Phi(\ulcorner \delta \urcorner)$ となり，$T \vdash \neg\delta$ となるので T の無矛盾性に反する．また，$\ulcorner \delta \urcorner \notin \mathrm{Prv}_T$ とすると $T \vdash \neg\Phi(\ulcorner \delta \urcorner)$ となり，$T \vdash \delta$ となるので仮定に矛盾する．ゆえに Prv_T は再帰的ではない．　□

【注意 7.3.17】　対角化定理を用いずに，系 7.3.10 から定理 7.3.16 を証明することもできる．Prv_T は再帰的であるとする．$\mathcal{L}$ の文を Gödel 数の順序に並べて $\varphi_0, \varphi_1, \varphi_2, \ldots$ とする．$\mathcal{L}$ の文の列 $\psi_0, \psi_1, \psi_2, \ldots$ を以下のように定める．$\psi_0, \ldots, \psi_{n-1}$ が定まっていて，$T \cup \{\psi_0, \ldots, \psi_{n-1}\}$ は無矛盾であるとする．$T_n = T \cup \{\psi_0, \ldots, \psi_{n-1}\}$ とする．T_n は無矛盾なので，$T_n + \varphi_n$ と $T_n + \neg\varphi_n$ の少なくとも一方は無矛盾である．前者のみが無矛盾，または両方とも無矛盾ならば $\psi_n = \varphi_n$ とし，後者のみが無矛盾ならば $\psi_n = \neg\varphi_n$ とする．このとき $T_n + \psi_n$ は無矛盾である．$T = \bigcup\{T_n : n \in \mathbb{N}\}$ とする．

---

[10] 詳しくは菊池誠・倉橋太志 [26] を参照のこと．

明らかに T は完全である．φ_n が与えられたとき，$\varphi_n \in T$ と $\varphi_n \in T_{n+1}$ は同値で，Prv_T は再帰的なので，$\varphi_n \in T_{n+1}$ かどうかは再帰的に判定できる．したがって，T は再帰的になるので，系 7.3.10 に矛盾する．

【注意 7.3.18】 補題 5.5.10 で見たように，再帰的可算で完全な理論は再帰的なので，定理 7.3.16 から直ちに系 7.3.10 が得られる．その意味で定理 7.3.16 は系 7.3.10 と同等であり，曖昧に系 7.3.10 や定理 7.3.16 と定理 7.3.3 を同一視して，「第一不完全性定理の本質は再帰的可算だが再帰的でない集合の存在にある」と語られることが多い．しかし実際には，Gödel 文については何も語っていない系 7.3.10 や定理 7.3.16 からは定理 7.3.3 は導かれないので，系 7.3.10 や定理 7.3.16 と定理 7.3.3 を簡単に同一視することはできない．

一般に，再帰的可算であるが再帰的ではない集合の存在から，対角化定理を用いずに，系 7.3.10 を証明することができる．より正確には，以下の定理が成り立つ．

[定理 7.3.19] T は Σ_1 健全であるとする．$A \subseteq \mathbb{N}$ を再帰的可算であるが再帰的ではない集合とし，$\varphi(x)$ を T 上で A を弱表現する Σ_1 論理式とする．このとき，$T \not\vdash \varphi(a)$ かつ $T \not\vdash \neg\varphi(a)$ となる自然数 a が存在する．

(証明) $\varphi(x)$ は T 上で A を弱表現する Σ_1 論理式なので，$A = \{a \in \mathbb{N} : T \vdash \varphi(a)\}$ である．$B = \{a \in \mathbb{N} : T \vdash \neg\varphi(a)\}$ と定める．$a \in B$ とする．このとき，$T \vdash \neg\varphi(a)$ が成り立ち，T は Σ_1 健全なので無矛盾であり，$T \not\vdash \varphi(a)$ となる．つまり，$a \notin A$ である．したがって，$B \subseteq \mathbb{N} \setminus A$ である．

$B = \mathbb{N} \setminus A$ であると仮定する．このとき $\mathbb{N} \setminus A = \{a \in \mathbb{N} : T \vdash \neg\varphi(a)\}$ となるが，$\mathbb{N} \models \mathrm{Pr}_T(\ulcorner \neg\varphi(a) \urcorner)$ と $T \vdash \neg\varphi(a)$ は同値なので，$\mathbb{N} \setminus A = \{a \in \mathbb{N} : \mathbb{N} \models \mathrm{Pr}_T(\ulcorner \neg\varphi(a) \urcorner)\}$ となる．ゆえに $\mathbb{N} \setminus A$ は Σ_1 集合となるので再帰的可算である．したがって，補題 5.4.8 から A は再帰的になる．これは A は再帰的でないという仮定に矛盾するので，$B \neq \mathbb{N} \setminus A$ である．

このとき，$a \notin B$ である $a \in \mathbb{N} \setminus A$ が存在する．この a について，$a \notin A$ より $T \not\vdash \varphi(a)$ である．また，$a \notin B$ より $T \not\vdash \neg\varphi(a)$ である． □

【注意 7.3.20】 定理 5.6.8 で紹介したように，不完全性定理や対角化定理を

用いずに，再帰的可算であるが再帰的でない集合の存在を証明することもできる．再帰的可算であるが再帰的でない集合を一つ見つけることは，第一不完全性定理の別証明を一つ見つけることを意味している．例えば，次章で紹介する Kolmogorov 複雑性を用いた不完全性定理の証明も，再帰的可算だが再帰的でない集合の存在を示すことに基づく証明であるとも考えられる．ただし大抵の場合，そのような集合の存在を証明する際には対角化定理の証明と同様の手法が用いられている．

【注意 7.3.21】 注意 6.4.6 で紹介したように，T が Σ_1 健全でなくても無矛盾であれば再帰的可算集合は Σ_1 論理式で T 上で弱表現される．したがって，Rosser の定理を待つまでもなく，定理 7.3.19 は T が無矛盾であるという条件のみで成立する．ただし，T が Σ_1 健全でないときに，再帰的可算集合を T 上で弱表現する Σ_1 論理式が存在することを証明するためには，Rosser の定理の証明と同様の考え方が必要である．

【注意 7.3.22】 定理 7.2.14 で紹介したように対角化定理は $\mathbf{PA}^-$ 上で成り立ち，$\mathbf{PA}^- \subseteq T$ ならば T は Σ_1 完全なので，第一不完全性定理は $\mathbf{PA}^- \subseteq T$ である再帰的な T で成り立つ．ただし，理論 S が $S \subseteq T$ を満たし，T が不完全ならば S も不完全なので，$\mathbf{PA}$ で第一不完全性定理が成り立つことから $\mathbf{PA}^-$ も不完全であることが分かる．しかし，σ を $\mathbf{PA}^-$ の Gödel 文とするとき，$\mathbf{PA}^- \nvdash \sigma$ かつ $\mathbf{PA}^- \nvdash \neg\sigma$ であることを示すためには，$\mathbf{PA}^-$ が不完全であるという事実だけでは不十分で，やはり $\mathbf{PA}^-$ 上での第一不完全性定理が必要である．

7.4 可導性条件

さて，7.3 節では証明述語 $\mathtt{Pf}_T(x,y)$ は特定せずに，可証性述語 $\mathtt{Pr}_T(x)$ を Σ_1 論理式 $\exists y \mathtt{Pf}_T(x,y)$ として定義し，この可証性述語を用いて第一不完全性定理を証明した．ただし Gödel 自身による第一不完全性定理の証明では，証明述語 $\mathtt{Pf}_T(x,y)$ は単に存在が示されているだけでなく，証明の Gödel 数の定め方に沿った具体的な定義が与えられている．この節では可証性述語 $\mathtt{Pr}_T(x)$ は，この Gödel の定義にしたがって定められた証明述語を用いて定

義されているものと仮定する．このとき可証性述語は次の補題を満たし，そのことが第二不完全性定理の証明の鍵となっている．

[補題 7.4.1] 可導性条件 (Derivability Conditions) φ および ψ を $\mathcal{L}$ の文とする．このとき以下の条件 D1 から D3 が成り立つ．

D1 $T \vdash \varphi$ ならば $T \vdash \mathrm{Pr}_T(\ulcorner \varphi \urcorner)$
D2 $T \vdash \mathrm{Pr}_T(\ulcorner \varphi \to \psi \urcorner) \to (\mathrm{Pr}_T(\ulcorner \varphi \urcorner) \to \mathrm{Pr}_T(\ulcorner \psi \urcorner))$
D3 $T \vdash \mathrm{Pr}_T(\ulcorner \varphi \urcorner) \to \mathrm{Pr}_T(\ulcorner \mathrm{Pr}_T(\ulcorner \varphi \urcorner) \urcorner)$

【注意 7.4.2】 第二不完全性定理の証明に必要な可証性述語の条件を最初に整理したのは Hilbert と Bernays であるが，上の D1 から D3 という三つの条件は Löb によるものである．なお，φ を $\mathcal{L}$ の文とするとき，$T \vdash \varphi \to \mathrm{Pr}_T(\ulcorner \varphi \urcorner)$ という条件が成り立つことを示せれば，その条件と [MP] から D1 は直ちに得られる．しかし一般に，注意 2.3.18 で紹介した事実により，D1 が成り立っても $T \vdash \varphi \to \mathrm{Pr}_T(\ulcorner \varphi \urcorner)$ は成り立たない．ただし，φ が Σ_1 文ならば $T \vdash \varphi \to \mathrm{Pr}_T(\ulcorner \varphi \urcorner)$ が成り立つ．このことは定理 7.4.4 で紹介する．

次の補題は D1 と D2 に基づく．

[補題 7.4.3] φ, ψ を $\mathcal{L}$ の文とする．このとき，$T \vdash \varphi \to \psi$ ならば $T \vdash \mathrm{Pr}_T(\ulcorner \varphi \urcorner) \to \mathrm{Pr}_T(\ulcorner \psi \urcorner)$ である．

(証明) $T \vdash \varphi \to \psi$ とする．D1 より $T \vdash \mathrm{Pr}_T(\ulcorner \varphi \to \psi \urcorner)$ となるので，D2 より $T \vdash \mathrm{Pr}_T(\ulcorner \varphi \urcorner) \to \mathrm{Pr}_T(\ulcorner \psi \urcorner)$ である． □

D1 が証明述語 $\mathrm{Pf}_T(x, y)$ の定め方によらずに成り立つことは補題 7.2.8 で見た．したがって，補題 7.4.1 を証明するためには D2 および D3 を証明すればよいが，この二つの条件の証明を正確に書くことは困難である．

D2 および D3 を厳密に証明するためには，証明述語の定義を厳密に書き下して，その定義にしたがって証明を書き進めなければならない．しかし，これは大変に手間のかかる作業であるし，たとえその作業を完了させることができたとしても，その証明を読むことは機械語で書かれた計算機のプログラムを読むようなもので，それが証明になっているのか，その証明が何を意

7.4 可導性条件

味しているのかを理解することは困難である．そこで，不完全性定理を紹介する教科書では，可導性条件の証明は考え方の概要を紹介するか，まったく省略してしまうかのいずれかである場合が多い．本書でも証明そのものについては考え方の概要を紹介することに留める．

D2 は推論規則 [MP] が成り立つことが T 上で証明可能であることを主張するものである．この D2 の証明の考え方は比較的簡単である．

(補題 7.4.1 D2 の証明の概略) Gödel 数の定め方から，$a, b \in \mathbb{N}$ とするとき，もしも a と b がそれぞれ $\varphi \to \psi$ と φ の証明の Gödel 数であれば，その二つの証明を繋ぎ合わせて作られた ψ の証明の Gödel 数 c は，a と b から原始再帰的に計算できる．この計算をする原始再帰的な関数を f とし，f を表す関数記号を $\mathtt{f}$ とする．記号 $\mathtt{f}$ の導入に合わせて f を定義する条件を $\mathtt{f}$ を用いて表すものを $\mathtt{f}$ の公理として導入する．このとき，$\mathtt{Pf}_T(x, y)$ の定義と $\mathtt{f}$ に関する公理から，$T \vdash \forall x \forall y (\mathtt{Pf}_T(\ulcorner \varphi \to \psi \urcorner, x) \to (\mathtt{Pf}_T(\ulcorner \varphi \urcorner, y) \to \mathtt{Pf}_T(\ulcorner \psi \urcorner, \mathtt{f}(x, y))))$ が成り立つ．より正確には，このことが成り立つように $\mathtt{Pf}_T(x, y)$ と f を定めることができる．そして，このことから $T \vdash \forall x \forall y \exists z (\mathtt{Pf}_T(\ulcorner \varphi \to \psi \urcorner, x) \to (\mathtt{Pf}_T(\ulcorner \varphi \urcorner, y) \to \mathtt{Pf}_T(\ulcorner \psi \urcorner, z)))$ が示せて，さらに $T \vdash \exists x \mathtt{Pf}_T(\ulcorner \varphi \to \psi \urcorner, x) \to (\exists y \mathtt{Pf}_T(\ulcorner \varphi \urcorner, y) \to \exists z \mathtt{Pf}_T(\ulcorner \psi \urcorner, z))$ が成り立つので，D2 が得られる． $\square$

T は再帰的なので $\mathtt{Prf}_T$ は再帰的だが，T は原始再帰的とは限らないので $\mathtt{Prf}_T$ も原始再帰的とは限らない．しかし，この補題の証明の f の計算には自然数が証明の Gödel 数であるかの判定は用いないので，f は原始再帰的に定めることができる．ただし，この補題の証明では $\mathbb{N} \models \mathtt{Pf}_T(\ulcorner \varphi \to \psi \urcorner, a)$ および $\mathbb{N} \models \mathtt{Pf}_T(\ulcorner \varphi \urcorner, b)$ を満たす $a, b \in \mathbb{N}$ が具体的に与えられる訳ではないので，対角化定理の場合とは異なり，この補題の証明で用いられる f は T で表現可能であることでは不十分で，f が T で可証再帰的であることが必要である．そのため一般に，$\mathtt{PA}^- \vdash \mathtt{Pr}_T(\ulcorner \varphi \to \psi \urcorner) \to (\mathtt{Pr}_T(\ulcorner \varphi \urcorner) \to \mathtt{Pr}_T(\ulcorner \psi \urcorner))$ が成り立つとは限らないし，第二不完全性定理を $\mathtt{PA}^- \subseteq T$ を満たす T に一般化することは，証明に D2 が必要であるため，第一不完全性定理の場合ほどには簡単なことではない．

D3 の証明は難しい．補題 7.2.7 で紹介したように $T \vdash \varphi$ と $\mathbb{N} \models \mathtt{Pr}_T(\ulcorner \varphi \urcorner)$

は同値なので，D1 は $\mathbb{N} \models \mathrm{Pr}_T(\ulcorner\varphi\urcorner) \to \mathrm{Pr}_T(\ulcorner\mathrm{Pr}_T(\ulcorner\varphi\urcorner)\urcorner)$ と書き直せる．そして D3 は，このように書き直した D1 の $\mathbb{N} \models$ を $T \vdash$ で置き換えたものであり，D1 が T 上で形式的に証明できることを主張するものである．また，$\mathrm{Pr}_T(\ulcorner\varphi\urcorner)$ は Σ_1 文なので，D1 は定理 6.1.9 で紹介した T の Σ_1 完全性の特別な場合であり，D3 は T の Σ_1 完全性を形式化した次の定理の特別な場合である．

[定理 7.4.4] 形式化された Σ_1 完全性 (formalized Σ_1 completeness)
φ を Σ_1 文とする．このとき，$T \vdash \varphi \to \mathrm{Pr}_T(\ulcorner\varphi\urcorner)$ である．

(証明の方針)　φ の複雑さに関する帰納法による[11]．　　□

帰納法が通るようにするために，D3 そのものを直接証明するのではなく，D3 をこの定理に一般化する必要があった．

【注意 7.4.5】 φ の T からの証明が与えられたときに，それが証明になっているのかどうかは機械的に確認することが可能であり，その確認のために必要な計算のステップ数の上限も原始再帰的に評価できる．したがって，φ の証明の Gödel 数 a を入力とし，$\mathrm{Pr}_T(\ulcorner\varphi\urcorner)$ の証明の Gödel 数を出力とする原始再帰的な関数 g が存在すると考えられる．g を表す関数記号を g とする．このとき，もしも $T \vdash \mathrm{Pf}_T(\ulcorner\varphi\urcorner, a) \to \mathrm{Pf}_T(\ulcorner\mathrm{Pr}_T(\ulcorner\varphi\urcorner)\urcorner, \mathsf{g}(a))$ が成り立つように $\mathrm{Pf}_T(x, y)$ と g を定めることができれば，D2 と同様の方法で D3 も証明できる．ただし，D2 の証明に用いた f と比べて，この g の定義は遥かに複雑である．上の条件を満たすように $\mathrm{Pf}_T(x, y)$ と g を定義できると確信するためには，実際にこれらの定義を書き下す必要があるように思われる．

先にも紹介したように，D1 を可証性述語を用いて書き直すと $\mathbb{N} \models \mathrm{Pr}_T(\ulcorner\varphi\urcorner) \to \mathrm{Pr}_T(\ulcorner\mathrm{Pr}_T(\ulcorner\varphi\urcorner)\urcorner)$ となり，この $\mathbb{N} \models$ を $T \vdash$ に書き換えたもの，つまり D1 を T 上で形式化したものが D3 である．一般に正しい命題を算術化して T 上で形式的に証明することは，計算機のプログラムを機械語で書くことに似ていて，面倒で非常に手間のかかる作業である．この難し

---
[11] 詳しくは，新井敏康 [8] pp. 102–105, Boolos [128] pp. 46–49 を参照のこと．

さが D3 を証明することの難しさの大きな部分を占めていることは確かである．しかし，これは形式的証明を書くときに常に現れる問題であり，特別なものではない．D3 を証明することの難しさは，後で紹介する Rosser の可証性述語のように D3 を満たさない可証性述語が存在するため，D3 を可証性述語の一般的な性質に還元することができず，D3 を証明するためには機械語のプログラムのようなものを実際に書かなければならないことにある．

【注意 7.4.6】 Rosser の可証性述語の性質は Gödel 数の定め方によって大きく変化し，Rosser の可証性述語は必ず D3 を満たさないという訳ではない．正確にいえば，Rosser の可証性述語が D3 を満たさないような Gödel 数の定め方が存在する．そして，Rosser の可証性述語が D3 を満たすような Gödel 数の定め方も存在するが，その場合には Rosser の可証性述語は D2 を満たさない．詳しくは注意 7.6.14 で説明する．

形式主義の基礎にある有限主義的な立場のもとでは，数学的な議論はすべて ZFC の上で形式的に展開できるし，形式的に展開できて初めて厳密な証明が与えられたと考えることもできる．この考え方のもとでは，$\mathbb{N}$ の上で $\mathrm{Pr}_T(\ulcorner\varphi\urcorner) \to \mathrm{Pr}_T(\ulcorner\mathrm{Pr}_T(\ulcorner\varphi\urcorner)\urcorner)$ が正しいということは $\mathrm{Pr}_T(\ulcorner\varphi\urcorner) \to \mathrm{Pr}_T(\ulcorner\mathrm{Pr}_T(\ulcorner\varphi\urcorner)\urcorner)$ が ZFC から証明可能ということであり，D1 の正しさを確認するためには $\mathrm{ZFC} \vdash \mathrm{Pr}_T(\ulcorner\varphi\urcorner) \to \mathrm{Pr}_T(\ulcorner\mathrm{Pr}_T(\ulcorner\varphi\urcorner)\urcorner)$ という条件が成り立つことを証明する必要がある．そして T が ZFC である場合には，この条件は D3 に他ならない．つまり，ZFC に関して第二不完全性定理が成り立つことを示すためには，D1 とは別に D3 を証明する必要はないし，逆に，D3 が証明できていなければ D1 の正しさが確かであるとはいえない．

しかし，D3 から D1 を導くためには T が健全であるという条件が必要になるので，一般には D3 が成り立つとしても D1 が成り立つとは限らない．また，可証性述語の定め方によっては，T が ZFC の場合であっても，D1 が成り立っても D3 が成り立つとは限らない．この奇妙で捩れた状況を解きほぐすためには一般論で話をするのではなく，具体的に定められた Gödel の可証性述語について D1 と D3 をそれぞれ証明する必要がある．一般論が通用しないことこそが，可導性条件を証明することの一番の難しさである．

7.5 第二不完全性定理

さて，可導性条件を用いて第二不完全性定理とその証明を紹介する．まず，T が矛盾することと $T \vdash 0 = 1$ は同値なので，T の無矛盾性を表す文 $\mathrm{Con}(T)$ を以下のように定義する．

〔定義 7.5.1〕　$\neg \mathrm{Pr}_T(\ulcorner 0 = 1 \urcorner)$ を $\mathrm{Con}(T)$ と書く．

【注意 7.5.2】　T が矛盾することは，$T \vdash 0 = 1$ 以外にも様々な条件と同値である．例えば，T が矛盾することは，φ を $\mathcal{L}$ の文として，$T \vdash \varphi$ かつ $T \vdash \neg \varphi$ となること同値であるし，$\mathcal{L}$ のすべての文 φ について $T \vdash \varphi$ になることとも同値である．したがって，T の無矛盾性を表す文には，$\neg \mathrm{Pr}_T(\ulcorner 0 = 1 \urcorner)$ 以外にも，$\neg \mathrm{Pr}_T(\ulcorner \varphi \urcorner) \vee \neg \mathrm{Pr}_T(\ulcorner \neg \varphi \urcorner)$ や，$\mathcal{L}$ の文の Gödel 数全体の集合 $\mathrm{Snt}_{\mathcal{L}}$ を $\mathbb{N}$ 上で定義する論理式を $\mathrm{Sn}_{\mathcal{L}}(x)$ として，$\exists x (\mathrm{Sn}_{\mathcal{L}}(x) \wedge \neg \mathrm{Pr}_T(x))$ などがある．そして，可証性述語 $\mathrm{Pr}_T(x)$ の選び方によっては，これらの文は必ずしも同値ではない．また，$\mathrm{Con}(T)$ の定義の仕方によっては，第二不完全性定理を導くためには可導性条件のすべてが成り立つ必要はないことが知られている[12]．本書で紹介する第二不完全性定理は，あくまでも $\neg \mathrm{Pr}_T(\ulcorner 0 = 1 \urcorner)$ を $\mathrm{Con}(T)$ と定義することに基づいたものである．

さて，φ を $\mathcal{L}$ の文とする．次の補題は，「$T \vdash \varphi$ ならば $T \vdash \neg \varphi$ である」ならば，「$T \vdash \varphi$ ならば $T \vdash 0 = 1$ である」となることを形式化したものである．

[補題 7.5.3]　$T \vdash (\mathrm{Pr}_T(\ulcorner \varphi \urcorner) \to \mathrm{Pr}_T(\ulcorner \neg \varphi \urcorner)) \to (\mathrm{Pr}_T(\ulcorner \varphi \urcorner) \to \mathrm{Pr}_T(\ulcorner 0 = 1 \urcorner))$

（証明）　$T \vdash \varphi \to (\neg \varphi \to 0 = 1)$ なので，補題 7.4.3 から $T \vdash \mathrm{Pr}_T(\ulcorner \varphi \urcorner) \to \mathrm{Pr}_T(\ulcorner \neg \varphi \to 0 = 1 \urcorner)$ である．また，D2 から $T \vdash \mathrm{Pr}_T(\ulcorner \neg \varphi \to 0 = 1 \urcorner) \to (\mathrm{Pr}_T(\ulcorner \neg \varphi \urcorner) \to \mathrm{Pr}_T(\ulcorner 0 = 1 \urcorner))$ なので，$T \vdash \mathrm{Pr}_T(\ulcorner \varphi \urcorner) \to (\mathrm{Pr}_T(\ulcorner \neg \varphi \urcorner) \to \mathrm{Pr}_T(\ulcorner 0 = 1 \urcorner))$ となる．したがって，命題論理の論理的公理 Ax3 から $T \vdash (\mathrm{Pr}_T(\ulcorner \varphi \urcorner) \to \mathrm{Pr}_T(\ulcorner \neg \varphi \urcorner)) \to (\mathrm{Pr}_T(\ulcorner \varphi \urcorner) \to \mathrm{Pr}_T(\ulcorner 0 = 1 \urcorner))$ とな

---

[12] 詳しくは Jeroslow [166] を参照のこと．

る.

まったく同様に，次の補題も成り立つ.

[補題 7.5.4] $T \vdash (\mathrm{Pr}_T(\ulcorner \neg \varphi \urcorner) \to \mathrm{Pr}_T(\ulcorner \varphi \urcorner)) \to (\mathrm{Pr}_T(\ulcorner \neg \varphi \urcorner) \to \mathrm{Pr}_T(\ulcorner 0 = 1 \urcorner))$

注意 7.3.5 で紹介したように，第一不完全性定理の後段における「T が Σ_1 健全である」という条件は，「T が無矛盾であり，σ を T の Gödel 文とするとき，$T \vdash \mathrm{Pr}_T(\ulcorner \sigma \urcorner)$ ならば $T \vdash \sigma$ である」という条件に弱めることができる．次の定理は，第一不完全性定理の後段の条件としてこの条件を用いて，第一不完全性定理を T 上で形式化したものである．

[定理 7.5.5] 形式化された第一不完全性定理 (Formalized First Incompleteness Theoerm) σ を T の Gödel 文とする．このとき，以下の (1) および (2) が成り立つ．

(1) $T \vdash \mathrm{Con}(T) \to \neg \mathrm{Pr}_T(\ulcorner \sigma \urcorner)$ である．
(2) $T \vdash ((\mathrm{Pr}_T(\ulcorner \mathrm{Pr}_T(\ulcorner \sigma \urcorner) \urcorner) \to \mathrm{Pr}_T(\ulcorner \sigma \urcorner)) \land \mathrm{Con}(T)) \to \neg \mathrm{Pr}_T(\ulcorner \neg \sigma \urcorner)$ である．

(証明) (1) を示す．まず，D3 より $T \vdash \mathrm{Pr}_T(\ulcorner \sigma \urcorner) \to \mathrm{Pr}_T(\ulcorner \mathrm{Pr}_T(\ulcorner \sigma \urcorner) \urcorner)$ である．σ の定義から $T \vdash \mathrm{Pr}_T(\ulcorner \sigma \urcorner) \to \neg \sigma$ が成り立つので，補題 7.4.3 から $T \vdash \mathrm{Pr}_T(\ulcorner \mathrm{Pr}_T(\ulcorner \sigma \urcorner) \urcorner) \to \mathrm{Pr}_T(\ulcorner \neg \sigma \urcorner)$ である．よって $T \vdash \mathrm{Pr}_T(\ulcorner \sigma \urcorner) \to \mathrm{Pr}_T(\ulcorner \neg \sigma \urcorner)$ となり，補題 7.5.3 から $T \vdash \mathrm{Pr}_T(\ulcorner \sigma \urcorner) \to \mathrm{Pr}_T(\ulcorner 0 = 1 \urcorner)$ である．ゆえに $T \vdash \mathrm{Con}(T) \to \neg \mathrm{Pr}_T(\ulcorner \sigma \urcorner)$ である．

(2) を示す．σ の定義から $T \vdash \neg \sigma \to \mathrm{Pr}_T(\ulcorner \sigma \urcorner)$ なので，補題 7.4.3 から $T \vdash \mathrm{Pr}_T(\ulcorner \neg \sigma \urcorner) \to \mathrm{Pr}_T(\ulcorner \mathrm{Pr}_T(\ulcorner \sigma \urcorner) \urcorner)$ である．したがって，$T \vdash (\mathrm{Pr}_T(\ulcorner \mathrm{Pr}_T(\ulcorner \sigma \urcorner) \urcorner) \to \mathrm{Pr}_T(\ulcorner \sigma \urcorner)) \to (\mathrm{Pr}_T(\ulcorner \neg \sigma \urcorner) \to \mathrm{Pr}_T(\ulcorner \sigma \urcorner))$ となり，補題 7.5.4 から $T \vdash (\mathrm{Pr}_T(\ulcorner \neg \sigma \urcorner) \to \mathrm{Pr}_T(\ulcorner \sigma \urcorner)) \to (\mathrm{Pr}_T(\ulcorner \neg \sigma \urcorner) \to \mathrm{Pr}_T(\ulcorner 0 = 1 \urcorner))$ なので，$T \vdash (\mathrm{Pr}_T(\ulcorner \mathrm{Pr}_T(\ulcorner \sigma \urcorner) \urcorner) \to \mathrm{Pr}_T(\ulcorner \sigma \urcorner)) \to (\mathrm{Pr}_T(\ulcorner \neg \sigma \urcorner) \to \mathrm{Pr}_T(\ulcorner 0 = 1 \urcorner))$ である．ゆえに $T \vdash ((\mathrm{Pr}_T(\ulcorner \mathrm{Pr}_T(\ulcorner \sigma \urcorner) \urcorner) \to \mathrm{Pr}_T(\ulcorner \sigma \urcorner)) \land \mathrm{Con}(T)) \to \neg \mathrm{Pr}_T(\ulcorner \neg \sigma \urcorner)$ である． □

【注意 7.5.6】 第一不完全性定理の形式化が重要なのは，第二不完全性定理

を導くという数学的ないし哲学的な応用を持つからであって，形式化されていない証明の妥当性に不安があるからではない．一般に，T の健全性が保証されていなければ，ある主張 Φ が正しいということと，Φ を表す文 φ が T 上で証明可能であるということは独立であって，どちらか一方の主張が，もう一方の主張よりも強い訳ではない．また，数学基礎論の出自が集合論的な超越的手法の正当化にあるとしても，不完全性定理はその正当化の一部分を成すものではないので，有限的な手法で証明しなければ不完全性定理は意味がないという訳でもない．

【注意 7.5.7】 σ を T の Gödel 文とする．演繹定理により，形式化された第一不完全性定理の前段は $T + \mathrm{Con}(T) \vdash \neg \mathrm{Pr}_T(\ulcorner \sigma \urcorner)$ と書き直せる．このとき，$T + \mathrm{Con}(T)$ が矛盾する場合は $T + \mathrm{Con}(T) \vdash \neg \mathrm{Pr}_T(\ulcorner \sigma \urcorner)$ は明らかなので，重要なのは $T + \mathrm{Con}(T)$ が無矛盾な場合である．さて，対角化定理により，$T \vdash \varphi \leftrightarrow (\mathrm{Con}(T) \to \neg \mathrm{Pr}_T(\ulcorner \varphi \urcorner))$ を満たす φ が存在する．このとき，$T \vdash \varphi$ とすると，D1 から $T \vdash \mathrm{Pr}_T(\ulcorner \varphi \urcorner)$ であり，φ の定義から $T + \mathrm{Con}(T) \vdash \neg \mathrm{Pr}_T(\ulcorner \varphi \urcorner)$ なので $T + \mathrm{Con}(T)$ は矛盾する．また，$T + \mathrm{Con}(T) \vdash \neg \mathrm{Pr}_T(\ulcorner \varphi \urcorner)$ とすると，演繹定理から $T \vdash \mathrm{Con}(T) \to \neg \mathrm{Pr}_T(\ulcorner \varphi \urcorner)$ なので，φ の定義から $T \vdash \varphi$ となり，先の議論と同様に $T + \mathrm{Con}(T)$ は矛盾する．したがって，$T + \mathrm{Con}(T)$ が無矛盾であれば，$T \not\vdash \varphi$ かつ $T + \mathrm{Con}(T) \not\vdash \neg \mathrm{Pr}_T(\ulcorner \varphi \urcorner)$ である．すなわち，$T + \mathrm{Con}(T)$ が無矛盾であれば，T からは証明できないが，T から証明できないことは形式的には証明できない命題が存在する[13]．

形式化された第一不完全性定理から次の補題が得られる．この補題から，注意 7.3.2 で紹介したように，T の Gödel 文，すなわち $T \vdash \sigma \leftrightarrow \neg \mathrm{Pr}_T(\ulcorner \sigma \urcorner)$ を満たす $\mathcal{L}$ の文 σ はすべて T 上で同値であることが分かる．

[補題 7.5.8] σ を T の Gödel 文とする．このとき，$T \vdash \sigma \leftrightarrow \mathrm{Con}(T)$ である．

(証明) 定理 7.5.5 (1) と σ の定義から $T \vdash \mathrm{Con}(T) \to \sigma$ である．また，$T \vdash 0 = 1 \to \sigma$ なので，補題 7.4.3 から $T \vdash \mathrm{Pr}_T(\ulcorner 0 = 1 \urcorner) \to \mathrm{Pr}_T(\ulcorner \sigma \urcorner)$

---

[13] 詳しくは菊池誠・倉橋太志 [26] を参照のこと．

である．よって，$T \vdash \neg \mathrm{Pr}_T(\ulcorner \sigma \urcorner) \to \mathrm{Con}(T)$ となり，σ の定義により $T \vdash \sigma \to \mathrm{Con}(T)$ となる．以上から $T \vdash \sigma \leftrightarrow \mathrm{Con}(T)$ が成り立つ． □

〔定理 7.5.9〕第二不完全性定理 (Second Incompleteness Theorem) T は無矛盾であるとする．このとき，$T \not\vdash \mathrm{Con}(T)$ である．

（証明）σ を T の Gödel 文とする．補題 7.5.8 により $T \vdash \sigma \leftrightarrow \mathrm{Con}(T)$ であり，T は無矛盾なので第一不完全性定理により $T \not\vdash \sigma$ である．したがって，$T \not\vdash \mathrm{Con}(T)$ である． □

第二不完全性定理の証明では可導性条件が本質的に用いられている．しかし，可証性述語が常に可導性条件を満たす訳ではない．そこで，次のように定義する．

〔定義 7.5.10〕可導性条件を満たす可証性述語を標準的な可証性述語 (standard provability predicate) という．

【注意 7.5.11】第二不完全性定理の証明で示されたことは，標準的な可証性述語が少なくとも一つ存在すること，および，標準的な可証性述語のもとでは第二不完全性定理が成り立つことである．しかし，標準的でない可証性述語が存在するので，どのような可証性述語を用いても第二不完全性定理が成り立つ訳ではない．実際，次節で紹介する Rosser の定理は可証性述語を定義し直すことで証明されるが，Rosser の可証性述語は標準的ではなく，第二不完全性定理を成り立たせない．

ところで，Gödel 文 σ とは $T \vdash \sigma \leftrightarrow \neg \mathrm{Pr}_T(\ulcorner \sigma \urcorner)$ を満たす $\mathcal{L}$ の文であった．$T \vdash \varphi \leftrightarrow \mathrm{Pr}_T(\ulcorner \varphi \urcorner)$ を満たす $\mathcal{L}$ の文 φ を Henkin 文 (Henkin sentence) と呼ぶ．Löb は以下の定理を証明することで，「Henkin 文はすべて T から証明可能か」という Henkin の問題に答えた．

〔定理 7.5.12〕Löb の定理 (Löb's Theorem)　φ を $\mathcal{L}$ の文とする．このとき，以下の (1) と (2) は同値である．

(1) $T \vdash \mathrm{Pr}_T(\ulcorner \varphi \urcorner) \to \varphi$ である．
(2) $T \vdash \varphi$ である．

(証明) (2) ⇒ (1) は明らかである．(1) ⇒ (2) を示す．$T \vdash \mathrm{Pr}_T(\ulcorner\varphi\urcorner) \to \varphi$ を仮定する．

論理式 $\mathrm{Pr}_T(x) \to \varphi$ を $\Phi(x)$ とする．対角化定理から $T \vdash \psi \leftrightarrow \Phi(\ulcorner\psi\urcorner)$ を満たす ψ が存在する．このとき，$T \vdash \psi \leftrightarrow (\mathrm{Pr}_T(\ulcorner\psi\urcorner) \to \varphi)$ であり，補題 7.4.3 から $T \vdash \mathrm{Pr}_T(\ulcorner\psi\urcorner) \to \mathrm{Pr}_T(\ulcorner\mathrm{Pr}_T(\ulcorner\psi\urcorner) \to \varphi\urcorner)$ である．D2 より $T \vdash \mathrm{Pr}_T(\ulcorner\mathrm{Pr}_T(\ulcorner\psi\urcorner) \to \varphi\urcorner) \to (\mathrm{Pr}_T(\ulcorner\mathrm{Pr}_T(\ulcorner\psi\urcorner)\urcorner) \to \mathrm{Pr}_T(\ulcorner\varphi\urcorner))$ なので，$T \vdash \mathrm{Pr}_T(\ulcorner\psi\urcorner) \to (\mathrm{Pr}_T(\ulcorner\mathrm{Pr}_T(\ulcorner\psi\urcorner)\urcorner) \to \mathrm{Pr}_T(\ulcorner\varphi\urcorner))$ となる．D3 より $T \vdash \mathrm{Pr}_T(\ulcorner\psi\urcorner) \to \mathrm{Pr}_T(\ulcorner\mathrm{Pr}_T(\ulcorner\psi\urcorner)\urcorner)$ なので，$T \vdash \mathrm{Pr}_T(\ulcorner\psi\urcorner) \to \mathrm{Pr}_T(\ulcorner\varphi\urcorner)$ が成り立つ．

$T \vdash \mathrm{Pr}_T(\ulcorner\varphi\urcorner) \to \varphi$ と仮定したので，$T \vdash \mathrm{Pr}_T(\ulcorner\psi\urcorner) \to \varphi$ である．ψ の定め方から $T \vdash (\mathrm{Pr}_T(\ulcorner\psi\urcorner) \to \varphi) \to \psi$ なので $T \vdash \psi$ である．D1 より $T \vdash \mathrm{Pr}_T(\ulcorner\psi\urcorner)$ となるので，$T \vdash \varphi$ となる． □

第二不完全性定理は Gödel 文を用いずに Löb の定理から直ちに得られる．

(定理 7.5.9 の証明) $T \vdash \mathrm{Con}(T)$ とする．このとき $T \vdash \neg\mathrm{Pr}_T(\ulcorner 0=1\urcorner)$ なので，$T \vdash \mathrm{Pr}_T(\ulcorner 0=1\urcorner) \to 0=1$ である．Löb の定理から $T \vdash 0=1$ となるので，T は矛盾する． □

なお，以下のように第二不完全性定理を用いて Löb の定理の (1) ⇒ (2) を証明することもできる．この意味で Löb の定理は第二不完全性定理と同義である．ただし，可証性述語は形式化された演繹定理を満たすことを，すなわち，どのような φ と ψ についても $T \vdash \mathrm{Pr}_{T+\varphi}(\ulcorner\psi\urcorner) \leftrightarrow \mathrm{Pr}_T(\ulcorner\varphi \to \psi\urcorner)$ が成り立つことを仮定する．このとき，$T \vdash \mathrm{Pr}_{T+\neg\varphi}(\ulcorner 0=1\urcorner) \leftrightarrow \mathrm{Pr}_T(\ulcorner\varphi\urcorner)$ が成り立つ．

(定理 7.5.12 (1) ⇒ (2) の証明) $T \vdash \mathrm{Pr}_T(\ulcorner\varphi\urcorner) \to \varphi$ とする．このとき，$T + \neg\varphi \vdash \neg\mathrm{Pr}_T(\ulcorner\varphi\urcorner)$ であるが，上の仮定から $T \vdash \neg\mathrm{Pr}_{T+\neg\varphi}(\ulcorner 0=1\urcorner) \leftrightarrow \neg\mathrm{Pr}_T(\ulcorner\varphi\urcorner)$ なので，$T + \neg\varphi \vdash \neg\mathrm{Pr}_{T+\neg\varphi}(\ulcorner 0=1\urcorner)$ である．つまり，$T + \neg\varphi \vdash \mathrm{Con}(T + \neg\varphi)$ である．理論 $T + \neg\varphi$ に対する第二不完全性定理より $T + \neg\varphi$ は矛盾するので，$T \vdash \varphi$ である． □

第一不完全性定理を形式化することで第二不完全性定理が得られたが，第二不完全性定理も形式化できる．つまり，次の定理が成り立つ．証明は形式

化された第一不完全性定理の証明と同様であり，詳細は読者に任せる．

[定理 7.5.13] 形式化された第二不完全性定理 (Formalized Second Incompleteness Theorem) $T \vdash \text{Con}(T) \to \neg \text{Pr}_T(\ulcorner \text{Con}(T) \urcorner)$ である．

第一不完全性定理の場合と違って，$S \subseteq T$ であり，T で第二不完全性定理が成り立つとしても，S でも第二不完全性定理が成り立つとは限らない．つまり，$T \not\vdash \text{Con}(T)$ であっても，そのことから $S \not\vdash \text{Con}(S)$ は導かれない．これは，S が T より弱ければ $\text{Con}(S)$ も $\text{Con}(T)$ より弱くなる可能性があるからである．

実際には，PA より弱い大方の理論で第二不完全性定理は成り立つ．第二不完全性定理を証明するためには可導性条件を証明する必要があるが，原始再帰的関数が可証再帰的であれば可導性条件は証明できる．そして，定理 6.3.5 により，$I\Sigma_1 \subseteq T$ ならば原始再帰的関数は T 上で可証再帰的になるので，$I\Sigma_1 \subseteq T$ ならば T で第二不完全性定理が成り立つことが $\text{PA} \subseteq T$ の場合と同様に証明できる．T が $I\Sigma_1$ よりも弱い理論であっても第二不完全性定理は成り立つが，証明の方法は様々である[14]．

なお，無矛盾性の強さを表す論理式 $\text{Con}(T)$ の強さを測ることは，可証性述語の選び方が影響する微妙で厄介な問題である．例えば，一般に $S \subseteq T$ であれば，S および T の証明述語 $\text{Pf}_S(x,y)$ および $\text{Pf}_T(x,y)$ は $S \vdash \forall y(\text{Pf}_S(\ulcorner \varphi \urcorner, y) \to \text{Pf}_T(\ulcorner \varphi \urcorner, y))$ という条件を満たすことが期待される．そして，この条件が成り立つのなら $S \vdash \text{Pr}_S(\ulcorner \varphi \urcorner) \to \text{Pr}_T(\ulcorner \varphi \urcorner)$ となり，$S \vdash \text{Con}(T) \to \text{Con}(S)$ が得られる．しかし，以下で紹介する Orey の定理が成り立ち，証明述語の選び方によっては，$S \subseteq T$ であっても $S \vdash \text{Con}(T) \to \text{Con}(S)$ が成り立つとは限らない．

[定義 7.5.14] $\text{Pf}'_T(x,y)$ を証明述語とする．このとき，$\text{Pr}'_T(x)$ を $\text{Pf}'_T(x,y)$ によって定められる可証性述語 $\exists y \text{Pf}'_T(x,y)$ とし，$\text{Con}'(T)$ を $\neg \text{Pr}'_T(\ulcorner 0=1 \urcorner)$ とする．

---

[14] Robinson の Q で第二不完全性定理が成り立つことを最初に直接的に示したのは Bezboruah and Shepherdson [125] である．その証明は Gödel の第二不完全性定理の証明とは大きく異なり，¬Con(Q) が成り立つ，すなわち $0=1$ に至る証明を持つ Q の超準モデルを構成するものである．

一方，$\text{Con}(T)$ は通常の可証性述語 $\text{Pr}_T(x)$ に基づいて定義された無矛盾性を表す Π_1 文 $\neg\text{Pr}_T(\lceil 0=1 \rceil)$ とする．

[定理 7.5.15] Orey の定理 (Orey's Theorem)　φ を Π_1 文とし，$\mathbb{N} \models \varphi$ および $T \vdash \varphi \to \text{Con}(T)$ が成り立つとする．このとき，$T \vdash \varphi \leftrightarrow \text{Con}'(T)$ となる T の証明述語 $\text{Pf}'_T(x,y)$ が存在する．

（証明）　φ は Π_1 文なので，補題 6.5.6 により，$T \vdash \varphi \leftrightarrow \forall x \delta(x)$ となる Δ_0 論理式 $\delta(x)$ が存在する．Σ_1 論理式 $\text{Pf}_T(x,y) \lor \exists z \leq y \neg \delta(z)$ を $\text{Pf}'_T(x,y)$ と定める．仮定より $\mathbb{N} \models \varphi$ なので $\mathbb{N} \models \forall x \delta(x)$ である．よって $\mathbb{N} \models \forall x \forall y (\text{Pf}_T(x,y) \leftrightarrow \text{Pf}'_T(x,y))$ が成り立ち，$\text{Pf}'_T(x,y)$ は $\mathbb{N}$ 上で集合 Prf_T を定義するので T の証明述語である．

まず $T \vdash \varphi \to \text{Con}'(T)$ を示す．明らかに $T + \varphi \vdash \forall y (\text{Pf}'_T(\lceil 0=1 \rceil, y) \to \text{Pf}_T(\lceil 0=1 \rceil, y))$ なので，$T + \varphi \vdash \text{Con}(T) \to \text{Con}'(T)$ である．仮定より $T \vdash \varphi \to \text{Con}(T)$ なので $T \vdash \varphi \to \text{Con}'(T)$ である．

次に $T \vdash \text{Con}'(T) \to \varphi$ を示す．$T \vdash \forall y (\neg \delta(y) \to (\text{Pf}_T(\lceil 0=1 \rceil, y) \lor \exists z \leq y \neg \delta(z)))$ なので，$T \vdash \exists z \neg \delta(z) \to \exists y (\text{Pf}_T(\lceil 0=1 \rceil, y) \lor \exists z \leq y \neg \delta(z))$ である．したがって，$T \vdash \neg \varphi \to \neg \text{Con}'(T)$ となり，$T \vdash \text{Con}'(T) \to \varphi$ である． □

〈例 7.5.16〉　T が PA であり，φ が $\text{Con}(\text{ZF})$ である場合を考える．$\text{PA} \subseteq \text{ZF}$ なので $\text{PA} \vdash \text{Con}(\text{ZF}) \to \text{Con}(\text{PA})$ が成り立つ．したがって，この定理から $\text{PA} \vdash \text{Con}(\text{ZF}) \leftrightarrow \text{Con}'(\text{PA})$ を満たす PA の証明述語 $\text{Pf}'_{\text{PA}}(x,y)$ の存在が言える．すなわち，ZF の無矛盾性を表す Π_1 文と，PA の無矛盾性を表す Π_1 文は，PA の証明述語の選び方によっては PA 上で同値になる．

Orey の定理は，素朴な感覚では無矛盾性の強さが同じではない二つの理論でも，算術化の仕方次第では形式的な無矛盾性の強さは同値になってしまうこと，そして，無矛盾性の強さが同じ二つの理論でも，算術化の仕方次第では形式的な無矛盾性の強さは異なってしまうことを意味している．

【注意 7.5.17】　本来の Orey の定理は証明述語を作り直すものではない．本章では証明述語 $\text{Pf}_T(x,y)$ は $\mathbb{N}$ 上で集合 Prf_T を定義する Σ_1 論理式としたが，この $\text{Pf}_T(x,y)$ の定義には T の要素の Gödel 数の集合 $\{\lceil \varphi \rceil : \varphi \in T\}$

を T 上で表現する Σ_1 論理式 $\text{Ax}_T(x)$ が用いられる．つまり，$\text{Ax}_T(x)$ を用いて $\text{Con}(T)$ は定められている．この $\text{Ax}_T(x)$ を別の $\text{Ax}'_T(x)$ に置き換えると証明述語や可証性述語も変化するが，その結果として定まる無矛盾性を表す論理式を $\text{Con}'(T)$ とする．本来の Orey の定理は，この $\text{Con}'(T)$ が定理 7.5.15 の条件を満たすような $\text{Ax}'_T(x)$ が存在することをいうものである．ただし，本来の Orey の定理の証明の基本的な考え方は本節で紹介した証明と変わらない．なお，$T \vdash \text{Con}(T) \to \text{Con}'(T)$ および $T \not\vdash \text{Con}'(T) \to \text{Con}(T)$ が成り立つように $\text{Ax}'_T(x)$ を作れることを Feferman が証明している[15]．

7.6　Rosser の定理

　第一不完全性定理は，まず証明述語 $\text{Pf}_T(x,y)$ を定め，その証明述語を用いて可証性述語 $\text{Pr}_T(x)$ を $\exists y \text{Pf}_T(x,y)$ として定義して，論理式 $\neg \text{Pr}_T(x)$ に対角化定理を適用することで証明された．この第一不完全性定理から，系 7.3.6 で紹介したように，再帰的で PA を含む $\mathcal{L}$ の理論 T は，Σ_1 健全ならば不完全であることが分かる．系 7.3.6 の「T は Σ_1 健全である」という条件を「T は無矛盾である」という条件に弱めたものが Rosser の定理である．この Rosser の定理は証明述語の定め方を工夫して，第一不完全性定理の証明で用いられた証明述語 $\text{Pf}_T(x,y)$ を用いて新たな証明述語 $\text{Pf}_T^R(x,y)$ を定義することで証明される．本節ではこの Rosser の定理を紹介する．

　ただし，Gödel の第一不完全性定理を証明するためには T は再帰的であればよかったが，T が再帰的なだけでは Rosser の定理の証明は通らない．Rosser の定理を証明するためには T が原始再帰的であることが必要である．しかし，定理 5.5.16 により再帰的な理論は原始再帰的に公理化可能なので，無矛盾かつ完全で原始再帰的な理論が存在しないことを示せば，無矛盾かつ完全で再帰的な理論が存在しないことが分かる．そこで本節では T は原始再帰的であると仮定する．

　さて，T が原始再帰的であれば，集合 Prf_T も原始再帰的である．このとき注意 7.2.4 の議論に基づき，適当に言語と公理を拡張することで，証明

---

[15] Orey の定理および Feferman の定理については Lindström [186] p. 30 を参照のこと．

述語 $\mathrm{Pf}_T(x,y)$ は Δ_0 論理式であると仮定する．この $\mathrm{Pf}_T(x,y)$ を用いて定められる可証性述語，つまり論理式 $\exists y \mathrm{Pf}_T(x,y)$ を $\mathrm{Pr}_T(x)$ とする．この $\mathrm{Pf}_T(x,y)$ の定め方は，前節までは特定していなかった証明述語の条件を明示するもので，前節とは違った方法で $\mathrm{Pf}_T(x,y)$ を定義する訳ではない．したがって，前節までの議論はすべてここで定めた $\mathrm{Pf}_T(x,y)$ や $\mathrm{Pr}_T(x)$ でも成り立つ．特に，$\mathrm{Pr}_T(x)$ は可導性条件を満たすものとする．

原始再帰的関数 h を，$a \in \mathbb{N}$ が $\mathcal{L}$ の論理式 φ の Gödel 数のときは $h(a) = \ulcorner \neg\varphi \urcorner$，それ以外のときは $h(a) = 0$ によって定め，h を表す関数記号を ng とする．

[定義 7.6.1] (1) 論理式 $\mathrm{Pf}_T(x,y) \land \forall z < y \neg \mathrm{Pf}_T(\mathrm{ng}(x),z)$ を Rosser の証明述語と呼び，$\mathrm{Pf}_T^R(x,y)$ と書く，
(2) 論理式 $\exists y \mathrm{Pf}_T^R(x,y)$ を Rosser の可証性述語と呼び，$\mathrm{Pr}_T^R(x)$ と書く．

Rosser の証明述語は Gödel の定めた証明述語に細工を加えて作られたものであるが，証明述語を用いて Rosser の可証性述語を作る方法は Gödel 可証性述語の作り方と同じである．また，定義から明らかに $\mathrm{Pr}_T^R(x)$ は Σ_1 論理式であり，次の補題から T が無矛盾なら $\mathrm{Pr}_T^R(x)$ が $\mathbb{N}$ 上で集合 Prv_T を定義することが分かる．そのことが $\mathrm{Pr}_T^R(x)$ を可証性述語と呼ぶことの根拠となっている．

[補題 7.6.2] T は無矛盾であるとし，φ を $\mathcal{L}$ の文とする．このとき，$\mathbb{N} \models \mathrm{Pr}_T(\ulcorner\varphi\urcorner)$ であることと $\mathbb{N} \models \mathrm{Pr}_T^R(\ulcorner\varphi\urcorner)$ であることは同値である．

(証明) $\mathbb{N} \models \mathrm{Pr}_T^R(\ulcorner\varphi\urcorner)$ ならば $\mathbb{N} \models \mathrm{Pr}_T(\ulcorner\varphi\urcorner)$ であることは $\mathrm{Pr}_T^R(x)$ の定義から明らかである．また，$\mathbb{N} \models \mathrm{Pr}_T(\ulcorner\varphi\urcorner)$ かつ $\mathbb{N} \models \neg\mathrm{Pr}_T^R(\ulcorner\varphi\urcorner)$ ならば，$b < a$ を満たす自然数 a, b が存在して，$\mathbb{N} \models \mathrm{Pf}_T(\ulcorner\varphi\urcorner, a)$ かつ $\mathbb{N} \models \mathrm{Pf}_T(\ulcorner\neg\varphi\urcorner, b)$ となるので，補題 7.2.7 から $T \vdash \varphi$ かつ $T \vdash \neg\varphi$ となり，T は矛盾する．したがって，$\mathbb{N} \models \mathrm{Pr}_T(\ulcorner\varphi\urcorner)$ ならば $\mathbb{N} \models \mathrm{Pr}_T^R(\ulcorner\varphi\urcorner)$ が成り立つ． □

[系 7.6.3] T は無矛盾であるとする．このとき，$\mathrm{Pr}_T^R(x)$ は $\mathbb{N}$ 上で集合 Prv_T を定義する．

(証明) 前の補題と，$\Pr_T(x)$ が $\mathbb{N}$ 上で集合 Prv_T を定義することから直ちに得られる． □

もちろん，T が矛盾する場合には，$\Pr_T^R(x)$ は $\mathbb{N}$ 上で Prv_T を定義しない．実際，T が矛盾する場合には，Prv_T は $\mathcal{L}$ 文の Gödel 数全体の集合 $\mathrm{Snt}_\mathcal{L}$ と一致するが，集合 $\{\varphi : \mathbb{N} \models \Pr_T^R(\lceil\varphi\rceil)\}$ は φ の証明の Gödel 数が $\neg\varphi$ の証明の Gödel 数よりも先に現れるような文 φ 全体の集合なので，証明の Gödel 数の定め方によっては，この集合は $\mathrm{Snt}_\mathcal{L}$ とは一致しない．したがって T が矛盾している場合には $\Pr_T^R(x)$ を可証性述語と呼ぶことはできない．ただし，Rosser の定理では T の無矛盾性が仮定されるので，T が矛盾する場合に $\Pr_T^R(x)$ が可証性述語になるかどうかはあまり問題ではない．

補題 7.6.2 を T 上で形式化したものが次の補題である．

[**補題 7.6.4**] φ を $\mathcal{L}$ の文とする．このとき，$T + \mathrm{Con}(T) \vdash \Pr_T(\lceil\varphi\rceil) \leftrightarrow \Pr_T^R(\lceil\varphi\rceil)$ である．

(証明) $\Pr_T^R(x)$ の定め方から，明らかに $T \vdash \Pr_T^R(\lceil\varphi\rceil) \to \Pr_T(\lceil\varphi\rceil)$ である．同様に $\Pr_T^R(x)$ の定め方から，$T \vdash (\Pr_T(\lceil\varphi\rceil) \land \neg\Pr_T^R(\lceil\varphi\rceil)) \to (\Pr_T(\lceil\varphi\rceil) \land \Pr_T(\lceil\neg\varphi\rceil))$ が成り立つ．また，$\Pr_T(x)$ は可導性条件を満たすので，$T \vdash (\Pr_T(\lceil\varphi\rceil) \land \Pr_T(\lceil\neg\varphi\rceil)) \to \neg\mathrm{Con}(T)$ である．ゆえに $T + \mathrm{Con}(T) \vdash \Pr_T(\lceil\varphi\rceil) \to \Pr_T^R(\lceil\varphi\rceil)$ が成り立つ． □

また，補題 7.6.2 と T の Σ_1 完全性，すなわち定理 6.1.9 から，直ちに次の補題が得られ，Rosser の可証性述語 $\Pr_T^R(x)$ は可導性条件の D1 を満たすことが分かる．

[**補題 7.6.5**] φ を $\mathcal{L}$ の文とする．このとき，$T \vdash \varphi$ ならば $T \vdash \Pr_T^R(\lceil\varphi\rceil)$ である．

$\Pr_T^R(x)$ が通常の可証性述語 $\Pr_T(x)$ と大きく異なるのは，$\Pr_T^R(x)$ が次の補題を満たす点にある．

[**補題 7.6.6**] φ を $\mathcal{L}$ の文とする．このとき，$T \vdash \neg\varphi$ ならば $T \vdash \neg\Pr_T^R(\lceil\varphi\rceil)$ である．

(**証明**) T が矛盾している場合は，この補題は自明に成り立つ．そこで T は無矛盾であるとする．$T \vdash \neg\varphi$ を仮定する．$T \vdash \forall x(\neg\mathrm{Pf}_T(\ulcorner\varphi\urcorner, x) \vee \exists y < x\mathrm{Pf}_T(\ulcorner\neg\varphi\urcorner, y))$ であることを示す．

$T \vdash \neg\varphi$ を仮定したので，T から $\neg\varphi$ を導く証明が存在する．その証明の Gödel 数を b とする．このとき $\mathbb{N} \models \mathrm{Pf}_T(\ulcorner\neg\varphi\urcorner, b)$ である．ここで $\mathrm{Pf}_T(\ulcorner\neg\varphi\urcorner, b)$ は Δ_0 文なので，$T \vdash \mathrm{Pf}_T(\ulcorner\neg\varphi\urcorner, b)$ である．したがって，$T \vdash \forall x(b < x \to \exists y < x\mathrm{Pf}_T(\ulcorner\neg\varphi\urcorner, y))$ となり，$T \vdash \forall x(b < x \to (\neg\mathrm{Pf}_T(\ulcorner\varphi\urcorner, x) \vee \exists y < x\mathrm{Pf}_T(\ulcorner\neg\varphi\urcorner, y)))$ が成り立つ．

さて，T は無矛盾で $T \vdash \neg\varphi$ なので，$T \not\vdash \varphi$ である．よって $\mathbb{N} \models \forall x\neg\mathrm{Pf}_T(\ulcorner\varphi\urcorner, x)$ が成り立ち，$\mathbb{N} \models \forall x \leq b\neg\mathrm{Pf}_T(\ulcorner\varphi\urcorner, x)$ である．ここで $\forall x \leq b\neg\mathrm{Pf}_T(\ulcorner\varphi\urcorner, x)$ は Δ_0 文なので，$T \vdash \forall x \leq b\neg\mathrm{Pf}_T(\ulcorner\varphi\urcorner, x)$ である．したがって，$T \vdash \forall x \leq b(\neg\mathrm{Pf}_T(\ulcorner\varphi\urcorner, x) \vee \exists y < x\mathrm{Pf}_T(\ulcorner\neg\varphi\urcorner, y))$ となり，$T \vdash \forall x(x \leq b \to \neg\mathrm{Pf}_T(\ulcorner\varphi\urcorner, x) \vee \exists y < x\mathrm{Pf}_T(\ulcorner\neg\varphi\urcorner, y))$ が成り立つ．

$\mathrm{PA} \subseteq T$ なので $T \vdash \forall x(x \leq b \vee b < x)$ が成り立つので，以上の議論から $T \vdash \forall x(\neg\mathrm{Pf}_T(\ulcorner\varphi\urcorner, x) \vee \exists y < x\mathrm{Pf}_T(\ulcorner\neg\varphi\urcorner, y))$ となる．ゆえに $T \vdash \neg\mathrm{Pr}_T^R(\ulcorner\varphi\urcorner)$ である． □

論理式 $\neg\mathrm{Pr}_T(x)$ に対角化定理を適用することで得られる，$T \vdash \sigma \leftrightarrow \neg\mathrm{Pr}_T(\ulcorner\sigma\urcorner)$ を満たす $\mathcal{L}$ の文 σ が Gödel 文であった．$\neg\mathrm{Pr}_T^R(x)$ に対角化定理を適用することで $T \vdash \rho \leftrightarrow \neg\mathrm{Pr}_T^R(\ulcorner\rho\urcorner)$ を満たす $\mathcal{L}$ の文 ρ が得られる．

〔**定義 7.6.7**〕 $T \vdash \rho \leftrightarrow \neg\mathrm{Pr}_T^R(\ulcorner\rho\urcorner)$ を満たす $\mathcal{L}$ の文 ρ を，$\mathrm{Pr}_T^R(x)$ によって定められた T の Rosser 文 (Rosser sentence) と呼ぶ．

文脈から T や $\mathrm{Pr}_T^R(x)$ が明らかなときは，$\mathrm{Pr}_T^R(x)$ によって定められた T の Rosser 文を単に Rosser 文と呼ぶ．

【**注意 7.6.8**】 注意 7.3.2 で Gödel 文はすべて同値になることを，つまり，σ_1 と σ_2 が Gödel 文ならば，$T \vdash \sigma_1 \leftrightarrow \sigma_2$ となることを紹介した．Rosser 文について Guaspari と Solovay は，Gödel 数の定め方によって Rosser 文がすべて同値になる場合と同値にはならない場合があることを示している[16]．

---

[16] 詳しくは Guaspari and Solovay [155] を参照のこと．

Rosser の定理自身は Gödel 数の定め方によらず成り立つが，Rosser 文がどのような性質を持つのかは Gödel 数の定め方に依存して大きく変化する．

[定理 7.6.9] Rosser の定理 (Rosser's Theorem)　ρ を T の Rosser 文とする．このとき，T が無矛盾であれば $T \not\vdash \rho$ かつ $T \not\vdash \neg\rho$ である．

(証明)　$T \vdash \rho$ とする．補題 7.6.5 より $T \vdash \mathrm{Pr}_T^R(\ulcorner\rho\urcorner)$ となり，Rosser 文の定義から $T \vdash \neg\rho$ である．よって T は矛盾する．

$T \vdash \neg\rho$ とする．補題 7.6.6 より $T \vdash \neg\mathrm{Pr}_T^R(\ulcorner\rho\urcorner)$ となり，Rosser 文の定義から $T \vdash \rho$ である．よって T は矛盾する．

ゆえに，T が無矛盾ならば $T \not\vdash \rho$ かつ $T \not\vdash \neg\rho$ である．　□

この定理から直ちに次の系が得られる．

[系 7.6.10]　T は無矛盾ならば不完全である．

【注意 7.6.11】　Gödel の可証性述語 $\mathrm{Pr}_T(x)$，Rosser の可証性述語 $\mathrm{Pr}_T^R(x)$ 以外にも様々な可証性述語が知られている．例えば，$\exists y(\mathrm{Pr}_T(x,y) \wedge \neg\mathrm{Pr}_T(\ulcorner 0=1\urcorner,y))$ を $\mathrm{Pr}_T^*(x)$ とすれば，この $\mathrm{Pr}_T^*(x)$ は可証性述語になる．なお，$T \vdash \tau \leftrightarrow \neg\mathrm{Pr}_T^*(\ulcorner\tau\urcorner)$ を満たす τ は Gödel 文になるが，注意 7.6.15 で紹介するように，この $\mathrm{Pr}_T^*(x)$ は Rosser の可証性述語と似た性質を持つ．

第一不完全性定理はしばしば，Gödel の名前に Rosser の名前を加えて，Gödel-Rosser の不完全性定理と呼ばれている．この呼び方には，第一不完全性定理は Gödel の定理では未完成で，Rosser の定理で完成したという考え方が含まれる．この考え方はさらに二つに分類できる．一つは，理論が Σ_1 健全であることを要求する Gödel の定理は議論の対象が狭過ぎるというものである．もう一つは，数学の基礎を論じるためには純粋に構文論的であるべきであって，Gödel の定理に含まれる理論が Σ_1 健全であるという構文論的ではない条件を取り除いたものが Rosser の定理であるというものである．しかし，このいずれの考え方にも注意が必要である．

第一不完全性定理の条件を Σ_1 健全性から無矛盾性に弱めたことは，不完全性定理の適用範囲を広げる数学的に重要な進展である．しかし，不完全性定理の適用範囲についての議論で Rosser の定理の哲学的な意義を説明する

ことは難しい．$\mathbb{N} \models \mathrm{PA}$ なので PA は Σ_1 健全である．したがって，PA が完全かどうかに興味がある場合には Σ_1 健全であるという条件は決して強過ぎるものではない．ZF についても同様である．PA や ZF 以外の理論を考えるとしても，Σ_1 健全でない理論は $\mathbb{N}$ をモデルに持たないので，そのような理論は数学の基礎を論じるためには妥当ではない．

構文論的な観点から Σ_1 健全性が問題になるのは $\mathbb{N}$ 上の真偽の概念を参照するからである．しかし，注意 7.3.9 で論じたように，そもそも証明可能性について論じることは $\mathrm{Pr}_T(\ulcorner\varphi\urcorner)$ という形をした Σ_1 文の $\mathbb{N}$ 上での真偽を論じることに他ならないので，無矛盾性と Σ_1 健全性には大きな違いはないと考えることもできる．ただし，無矛盾性と Σ_1 健全性にまったく違いがないという訳ではない．詳しくは 8.7 節で論じる．

ところで，$\mathrm{Pr}_T^R(x)$ は $\mathbb{N}$ 上で集合 Prv_T を定義する Σ_1 論理式なので，T が矛盾することと $\mathbb{N} \models \mathrm{Pr}_T^R(\ulcorner 0 = 1 \urcorner)$ は同値である．したがって，$\neg\mathrm{Pr}_T(\ulcorner 0 = 1 \urcorner)$ が T の無矛盾性を表すと考えられたのと同様に，$\neg\mathrm{Pr}_T^R(\ulcorner 0 = 1 \urcorner)$ もまた T の無矛盾性を表すと考えられる．

〔定義 7.6.12〕 $\neg\mathrm{Pr}_T^R(\ulcorner 0 = 1 \urcorner)$ を $\mathrm{Con}^R(T)$ と書く．

しかし，第二不完全性定理の場合とは違って，この $\mathrm{Con}^R(T)$ については次の定理が成り立つ．

〔定理 7.6.13〕 **Kreisel の注意 (Kreisel's Remark)** $T \vdash \mathrm{Con}^R(T)$ である．

(証明) $T \vdash \neg(0 = 1)$ なので，補題 7.6.6 により $T \vdash \neg\mathrm{Pr}_T^R(\ulcorner 0 = 1 \urcorner)$ である．つまり，$T \vdash \mathrm{Con}^R(T)$ である． □

すなわち，形式的に表現された無矛盾性が T 上で証明可能になるような可証性述語が存在する．しかも，その無矛盾性の証明は T のモデルを構成するような集合論的なものではなく，Gödel の不完全性定理の証明と同様に，完全に構文論的なものである．もちろん，Rosser の可証性述語は人工的に定義された不自然なものであるので，Kreisel の注意によって T の無矛盾性が形式的に証明されたとは考えられない．しかし，Gödel の可証性述語

の自然さと，Rosser の可証性述語の不自然さを区別する何らかの客観的な判断基準がある訳でもない．

Gödel と Rosser の可証性述語を区別する基準の一つに，可導性条件を満たすかどうかがある．第二不完全性定理によると，可証性述語 $\mathrm{Pr}_T(x)$ が可導性条件をすべて満たせば，すなわち $\mathrm{Pr}_T(x)$ が標準的であれば，T が無矛盾ならば $T \not\vdash \neg\mathrm{Pr}_T(\ulcorner 0=1 \urcorner)$ である．それに対して，T が無矛盾でも $T \vdash \neg\mathrm{Pr}_T^R(\ulcorner 0=1 \urcorner)$ が成り立つので，$\mathrm{Pr}_T^R(x)$ は標準的ではない．しかし，そもそも可導性条件とは第二不完全性定理を導くために必要な可証性述語の性質であって，自然な可証性述語とは何かを吟味して得られた条件ではない．可導性条件を満たさないから $\mathrm{Pr}_T^R(x)$ は不自然だということは，第二不完全性定理を導かないから $\mathrm{Pr}_T^R(x)$ は不自然だと主張することに過ぎない．

【注意 7.6.14】 Rosser の可証性述語 $\mathrm{Pr}_T^R(x)$ は標準的ではなく，補題 7.6.5 により D1 を満たすので D2 と D3 の少なくとも一方は満たさない．そして，D2 と D3 のどちらを満たさないのかは技術的に興味深い問題である．この問題について Guaspari と Solovay は，Rosser の可証性述語が D2 と D3 のいずれも満たさないように Gödel 数を定められることを示し[17]，新井敏康は，Rosser の可証性述語が D2 を満たし D3 を満たさないように，または D3 を満たし D2 を満たさないように Gödel 数を定められることを示した[18]．つまり，Rosser の可証性述語が D2 や D3 を満たすかどうかは Gödel 数の定め方に依存し，普遍的な答はない．また，Gödel が具体的に定めた Gödel 数に基づいて定義される Rosser の可証性述語が D2 と D3 のどちらを満たさないのかは分かっていない．

Kreisel の注意によって T の無矛盾性が形式的に証明されたとは考えられないことは，有限の立場に対応する理論 S と，数学全体を形式化できる理論 T を区別して，定理 7.6.13 を $S \vdash \mathrm{Con}^R(T)$ と強い形に書き直すことによって説明できるようになる．詳しくは注意 8.1.16 で説明する．

【注意 7.6.15】 $\mathrm{Pr}_T^*(x)$ を注意 7.6.11 で定めた論理式とし，$\neg\mathrm{Pr}_T^*(\ulcorner 0=1 \urcorner)$

---

[17] 詳しくは Guaspari and Solovay [155] を参照のこと．
[18] 詳しくは Arai [117] を参照のこと．

を $\mathrm{Con}^*(T)$ とすると，$\mathrm{Con}^R(T)$ と同様に $T \vdash \mathrm{Con}^*(T)$ となる．なお，Feferman は T の要素の Gödel 数の集合を T 上で表現する論理式 $\mathrm{Ax}_T(x)$ を適当な Π_1 論理式 $\mathrm{Ax}'(x)$ に置き換えれば，証明述語の作り方を Rosser の定理の証明のように変えなくても，対応する無矛盾性を表す論理式 $\mathrm{Con}'(T)$ もまた T で証明可能になることを示している．ただし，この $\mathrm{Con}'(T)$ は Π_2 論理式になる[19]．

7.7　不完全性定理の数学的意義

　数学の基礎付けという意味での Hilbert のプログラムが過去の遺物となりつつある現在でも不完全性定理は数学的に有益な定理であり，歴史的な文脈には納まらない価値がある．ただし，役に立つのは第一不完全性定理ではなく第二不完全性定理であり，個々の理論を考えるときではなく二つの理論の強さを区別するときである．より正確には次のようなことである．S と T を $S \subseteq T$ という条件を満たし，第二不完全性定理が成立する二つの理論とする．T で S の無矛盾性が証明できれば，T は S よりも真に強いことになる．実際，数学基礎論ではこの方法で様々な理論や公理が区別されてきた．

　第一不完全性定理もまた現在でも興味深い定理であるが，どのように面白いのかは具体的にどのような理論を考えるのかによって大きく異なる．

　ZF ないし ZFC が不完全であることが興味深いのは，数学の全体がこれらの理論の上で特に ZFC の上で形式化できると信じられているからである．算術の命題は数学的な命題の中では最も単純で明解なものである．無限集合が絡み合う複雑な命題はともかく，算術の命題のように単純で明解な命題はすべて数学的な手法で真偽の決定ができると予想されるので，ZFC の上でも真偽が定まることが期待される．ZFC で第一不完全性定理が成り立つことは，この素朴な期待が裏切られることである．その意外性が第一不完全性定理の面白さでもある．

　ただし，最初から ZFC が完全であるはずがないと感じる人もいるであろう．また，素朴な期待が根拠の乏しい漠然とした印象に過ぎなければ ZFC

---

[19] 詳しくは Lindström [186] p. 29 を参照のこと．

が不完全であることにはやがて慣れてしまうし，慣れてしまえば ZFC が不完全であることは特に不思議なことではない．

PA が不完全であることの興味深さは ZFC の場合とはまったく異なる．ZFC では真偽が決定できない算術の命題が存在していて，その命題の真偽が ZFC よりも弱い PA でも決定できないのは当たり前である．つまり，ZFC において第一不完全性定理が成り立つという知識のもとでは，PA が不完全であることそれ自身は興味深い事実ではない．

単無限構造の定義と PA の最も大きな違いは数学的帰納法の適用範囲にある．単無限構造ではすべての部分集合に関して数学的帰納法が成り立つのに対して，PA では必ずしも自然数の集合のすべてについて数学的帰納法が成り立つ訳ではない．これは PA という理論の弱さであり，PA が超準モデルを持つことの原因である．そして第一不完全性定理もまた PA の弱さを表す定理である．しかし，この二種類の弱さの間には直接的な関係はない．

例えば，不完全な PA と完全な TA とでは数学的帰納法の適用範囲に違いはないので，数学的帰納法の強弱では PA と TA の違いは説明できない．また，注意 4.2.2 で紹介したように，積を持たない言語 $\{0, 1, +\}$ で定義される算術，いわゆる Presburger 算術では数学的帰納法の適用範囲は PA よりもさらに狭いが，この Presburger 算術は完全で，第一不完全性定理は成立しない．つまり，Presburger 算術の数学的帰納法は適用範囲が狭いにもかかわらず，言語 $\{0, 1, +\}$ の文として表現される正しい命題の証明をもたらすという意味では，十分に強い．問題なのは数学的帰納法の強弱ではなく，数学的帰納法の強さと論理式の表現力の関係である．

PA における第一不完全性定理が興味深いのは，PA が算術の言語 $\mathcal{L}_A$ の論理式で定義される集合に関する数学的帰納法を完全に持つからである．つまり PA における第一不完全性定理は，$\mathcal{L}_A$ の文として表現できる命題を証明するために，$\mathcal{L}_A$ の論理式では定義できない集合に関する数学的帰納法が必要になる場合があることを示している．我々は未だこのような状況を説明する言葉を持ち合わせておらず，この状況の不思議さは慣れれば解消されるというものではない．

さて，第一不完全性定理の証明で鍵となっていたのが Gödel 文 σ であった．第一不完全性定理についての議論では，σ が「σ は証明可能ではない」

を意味する文 $\neg\mathrm{Pr}_T(\lceil\sigma\rceil)$ と同値なので自己言及的であって,「この文は偽である」という「嘘つきの逆理」を形式化したものであること,σ の構成に対角線論法が用いられていることがしばしば話題になる.つまり,短絡的な書き方をすれば,第一不完全性定理とは対角線論法を用いて「嘘つきの逆理」を形式化することで証明された定理ということになる.このような解釈が第一不完全性定理に謎めいた魅力を与えていることは事実であろう.しかし,多少の不正確さには目を瞑るとしても,この短い要約が第一不完全性定理の特徴を正確に捉えているのかどうかは疑問である.

第一不完全性定理の証明において Gödel 文は Gödel 数を用いて定められているが,そもそも Gödel 数の定め方は恣意的で,$\mathcal{L}$ の論理式や証明とそれらの Gödel 数との対応は第一不完全性定理の証明を読む人間の主観的な解釈に過ぎない.例えば,第一不完全性定理の証明とは,結論だけを見れば,以下の (1) から (3) を満たす論理式 $\Phi(x)$,文 σ,自然数 n の存在を示したものであると要約することができる.

(1) $T \vdash \sigma$ ならば $T \vdash \Phi(n)$ である.
(2) $T \vdash \sigma \leftrightarrow \neg\Phi(n)$ である.
(3) T が Σ_1 健全で $T \vdash \Phi(n)$ ならば $T \vdash \sigma$ である.

T 上で対象として扱えるのは自然数だけであり,論理式や文を T 上で直接は扱うことはできない.したがって,第一不完全性定理の証明で与えられる n が σ の Gödel 数であることは証明を読む人の主観的な解釈に過ぎない.本書とはまったく異なる Gödel 数を用いる人が本書の証明を読んでも,本書の証明で与えた $\Phi(x), \sigma, n$ がこの三条件を満たすことに違いはない.しかし,そのような人にとって σ の Gödel 数は n ではなく何か別の自然数であり,$T \vdash \sigma \leftrightarrow \neg\Phi(n)$ が成り立つという事実は,σ が自分自身の証明不可能性を意味する文であることを表すものではなく,機械的に定められた σ と $\neg\Phi(n)$ という二つの文の同値性を示すものでしかない.

このような割り切った態度での読み方は数学的にはむしろ正確であり,不完全性定理の証明を数学的に理解するためには不可欠でもある.自己言及性や「嘘つきの逆理」と第一不完全性定理の類推が第一不完全性定理の理解を助けることは確かである.その類推があったからこそ,第一不完全性定理は

証明できたのかも知れない．しかし，その類推は曖昧で感覚的な印象に過ぎず，その類推が第一不完全性定理の本質を言い当てていると断定することは難しい．

様々な逆理が自己言及性と深く関わっていることは確かであろう．そして，自己言及性や「嘘つきの逆理」と第一不完全性定理の関係は大変に興味深い話題である．しかし，その関係は第一不完全性定理の証明の数学的な理解とは異なる話題であって，少なくとも第一不完全性定理の証明の正しさとは関係がない．

【注意 7.7.1】「嘘つきの逆理」と自己言及性の関係にも注意が必要である．「嘘つきの逆理」とは，命題 P が「P は偽である」ことと同値であるとすると，P は真としても偽としても矛盾する，というものである．Yablo は命題の列 $Y_0, Y_1, Y_2, \ldots$ で，すべての $a \in \mathbb{N}$ について，Y_a が「すべての $b > a$ について Y_b が偽である」と同値であるようなものを考えると，$a \in \mathbb{N}$ ならば Y_a は真としても偽としても矛盾することを示して，これは「嘘つき型」の逆理であるが，Y_a は直接的にも間接的にも Y_a 自身を参照しておらず自己言及的ではないと論じた[20]．この「Yabloの逆理 (Yablo's paradox)」が本当に自己言及的ではないかどうかには様々な議論があるが，第一不完全性定理の証明と同様に，Gödel 数と可証性述語を用いるとこの逆理は形式化できて，その形式化から第一および第二不完全性定理を導くことができる[21]．したがって，もしも「Yablo の逆理」が自己言及的でないのなら，自己言及的ではない不完全性定理の証明が存在することになる[22]．

第一不完全性定理と対角線論法の関係も必ずしも明らかではない．Gödel の原論文では Gödel 文は対角化定理を用いないで直接構成されているし[23]，Boolos は Berry の逆理を形式化することで対角線論法を用いない不完全性

---

[20] Yablo [231] を参照のこと．

[21] 詳しくは Priest [203]，菊池誠・倉橋太志 [26]，Cieśliński and Urbaniak [134]，倉橋太志 [28] などを参照のこと．

[22] 自己言及性については Cantini [131] を参照のこと．

[23] 対角化定理を証明し，それを用いて第一不完全性定理を証明したのは Carnap とされている．Mendelson [192] p. 203 を参照のこと．

定理の証明を与えている[24]．もっとも，Boolos の証明を対角化定理を用いて書き直すこともできる[25]．対角線論法の使用の有無は証明そのものに付随する性質というよりは，証明の解釈や理解に関わる問題である．対角化定理については次のような定理が成り立つ．

[**定理 7.7.2**] δ を $\mathcal{L}$ の文とする．このとき，以下の (1) および (2) を満たす $\mathcal{L}$ の論理式 $\Psi(x)$ が存在する．

(1) $T \vdash \delta \leftrightarrow \Psi(\lceil \delta \rceil)$ である．
(2) φ を $\mathcal{L}$ の文とする．このとき，$T \vdash \varphi \leftrightarrow \Psi(\lceil \varphi \rceil)$ ならば $T \vdash \delta \leftrightarrow \varphi$ である．

(**証明**) 論理式 $x = x \wedge \delta$ を $\Psi(x)$ とすればよい． □

　もちろん，この証明で $\Psi(x)$ は δ を用いて定義されているので，この定理は明らかにつまらない．それに対して第一不完全性定理の証明では不動点を取る論理式 $\neg \Phi(x)$ は自明なものではなく，$\neg \Phi(x)$ から Gödel 文 σ が定められている．第一不完全性定理はこの定理とは違う．しかし，結局，その σ は $\neg \Phi(x)$ を加工して作られるのだから，$\neg \Phi(x)$ を介して不動点として σ を定めることは，直接 σ を定義することと大した違いはないとも考えられるし，σ を直接定義してしまえば対角線論法は見えなくなる．

　どのような論理式に対して不動点を取ることには価値があるのかを説明することができず，定理 7.7.2 のつまらなさを「明らか」としかいえないのなら，「対角線論法を使っている，使っていない」と論じても不毛である．

---

[24] Boolos [91], Kikuchi [169], Cantini [131] などを参照のこと．
[25] Kikuchi, Kurahashi and Sakai [172] を参照のこと．

8

幾つかの話題

　この章では Gödel の不完全性定理に関係する数学的な事実や哲学的な議論を紹介する．まず最初に 8.1 節では無矛盾性プログラムと還元性プログラムという Hilbert のプログラムの二種類の数学的な定式化について論じる．8.2 節では形式的な証明の長さについて論じ，独立命題を算術に加えると証明が短くなるものが存在することをいう Gödel の加速定理を紹介する．8.3 節では算術の超準モデルの基本的な性質を紹介し，続く 8.4 節では数学的帰納法の適用範囲に制限を加えることで得られる弱い算術を紹介する．8.5 節では $\mathbb{Z}$ や $\mathbb{Q}, \mathbb{R}$ 上での $\mathbb{N}$ の定義可能性について議論する．8.6 節では個々の自然数に含まれる情報量を定式化したものである Kolmogorov 複雑性を用いた不完全性定理の証明を紹介する．最後に 8.7 節で不完全性定理の有限的性質について議論する．

8.1 Hilbert のプログラム

　本書の冒頭，1.2 節で紹介したように，Hilbert のプログラムとは証明を記号列として表現する枠組みを与えることで数学を形式化し，記号の有限的

な操作のみから構成される「有限の立場」で形式化された数学の無矛盾性を証明することで，数学を危機から救おうとするものであった．もしも「無限集合に関わる超越的な手法の無矛盾性が，無矛盾であることが確かな有限的な方法によって証明できれば，そのような手法の無矛盾性が信じられるようになる」と考えるのなら，Hilbert のプログラムの目的は形式化された数学の無矛盾性を証明することそれ自身であることになる[1]．この意味での Hilbert のプログラムを無矛盾性プログラムと呼ぶ．しかし Hilbert のプログラムの本来の目的は「具体的な数学的命題については，無限集合に関わる超越的な手法で証明可能であれば，有限的手法のみを用いても証明可能である」ことを示すことである．この意味での Hilbert のプログラムを還元性プログラム，または保存性プログラムと呼ぶ．

本節では，この二つのプログラムの数学的な定式化を与えて，その定式化のもとで，無矛盾性プログラムを実現すれば還元性プログラムが達成されることを紹介する[2]．なお本節では前章と同様に $\mathcal{L}$ を $\mathcal{L}_A$ を含み，Gödel 数が定まっている言語とする．また，S を有限の立場に対応する原始再帰的な $\mathcal{L}$ の理論，T を ZFC のように数学全体を展開できる十分に強い原始再帰的な理論として，$\mathrm{PA}^- \subseteq S \subseteq T$ が成り立つと仮定する．さらに，S と T の標準的な可証性述語をそれぞれ $\mathrm{Pr}_S(x)$ と $\mathrm{Pr}_T(x)$ とし，$\neg \mathrm{Pr}_S(\ulcorner 0=1 \urcorner)$，$\neg \mathrm{Pr}_T(\ulcorner 0=1 \urcorner)$ をそれぞれ $\mathrm{Con}(S), \mathrm{Con}(T)$ と書く．

【注意 8.1.1】 Hilbert の有限の立場が述語論理の理論 S として定式化できるかどうか，定式化できるとしても $S \subseteq T$ が成り立つかどうかについては議論が必要である．「不完全性定理から明らかになることは Hilbert のプログラムが実現不可能なことではなく，有限の立場は $S \subseteq T$ を満たす述語論理の理論 S としては定式化できないことだ」という考え方もある．この考え方については後で詳しく議論する．

---

[1] Hilbert のプログラムが無矛盾性プログラムとして解釈されることの背景には，Hilbert が 1900 年に提示した有名な 23 の問題の 2 番目が「算術（実数論）の無矛盾性を証明せよ」であることも関係していよう．

[2] 無矛盾性プログラムと還元性プログラムの関係については Smoryński [213] pp. 822–825，Smoryński [214] pp. 3–5，Raatikainen [205] に簡潔で明解な解説がある．

8.1 Hilbert のプログラム

前章では T のみを用いて可導性条件を紹介したが，可導性条件の証明を吟味すると，可導性条件に現れる幾つかの理論を T から S に置き換えることで可導性条件を強められることが分かる．例えば，$T \vdash \varphi$ であれば $T \vdash \mathrm{Pr}_T(\ulcorner \varphi \urcorner)$ となるだけでなく，$S \vdash \mathrm{Pr}_T(\ulcorner \varphi \urcorner)$ となるので，条件 D1 は $T \vdash \varphi$ ならば $S \vdash \mathrm{Pr}_T(\ulcorner \varphi \urcorner)$ という形に強められる．これらのことをまとめ，D1, D2, D3 を強めた可導性条件をそれぞれ sD1, sD2, sD3 と書くことにすると，次の補題になる．

[補題 8.1.2] 可導性条件 (Derivability Conditions) φ および ψ を $\mathcal{L}$ の文とする．このとき，以下の三つの条件が成り立つ．

sD1 $\quad T \vdash \varphi$ ならば $S \vdash \mathrm{Pr}_T(\ulcorner \varphi \urcorner)$
sD2 $\quad S \vdash \mathrm{Pr}_T(\ulcorner \varphi \to \psi \urcorner) \to (\mathrm{Pr}_T(\ulcorner \varphi \urcorner) \to \mathrm{Pr}_T(\ulcorner \psi \urcorner))$
sD3 $\quad S \vdash \mathrm{Pr}_T(\ulcorner \varphi \urcorner) \to \mathrm{Pr}_S(\ulcorner \mathrm{Pr}_T(\ulcorner \varphi \urcorner) \urcorner)$

算術の超準モデルを用いた sD1 の証明を 8.3 節で紹介する．なお，D1 を一般化した Σ_1 完全性，D3 を一般化した形式化された Σ_1 完全性は以下の二つの定理の形で成り立つ．ただし，これらは定理 6.1.9 で紹介した Σ_1 完全性，および定理 7.4.4 で紹介した形式化された Σ_1 完全性の T を単純に S で置き換えたものに過ぎない．

[定理 8.1.3] Σ_1 完全性 (Σ_1 completeness) $\varphi(x)$ を Σ_1 文とすると，$\mathbb{N} \models \varphi$ ならば $S \vdash \varphi$ である．

[定理 8.1.4] 形式化された Σ_1 完全性 (formalized Σ_1 completeness) φ を Σ_1 文とする．このとき，$S \vdash \varphi \to \mathrm{Pr}_S(\ulcorner \varphi \urcorner)$ である．

さて，S は無矛盾で $S \vdash \mathrm{Con}(T)$ であるとする．S が無矛盾であるので補題 6.1.16 により S は Π_1 健全であり，$\mathrm{Con}(T)$ は Π_1 文なので $\mathbb{N} \models \mathrm{Con}(T)$ となる．つまり T は無矛盾である．この流れで T の無矛盾性を証明することを目指すのが無矛盾性プログラムである．

[定義 8.1.5] $S \vdash \mathrm{Con}(T)$ を示すことを無矛盾性プログラム (Consistency Program) と呼ぶ．

ただし S が矛盾していれば，T が無矛盾であるかどうかにかかわらず自明に $S \vdash \mathrm{Con}(T)$ となるので，$S \vdash \mathrm{Con}(T)$ を示すことに意味はない．無矛盾性プログラムとは，S が無矛盾であるという信念に基づいて，T の無矛盾性を示そうとする試みである．

【注意 8.1.6】 $S \vdash \mathrm{Con}(T)$ を示すことと $T \vdash \mathrm{Con}(T)$ を示すことの意味は違う．もしも T が矛盾していれば $T \vdash \mathrm{Con}(T)$ となるので，T が無矛盾であると信じられないのなら，$T \vdash \mathrm{Con}(T)$ が示せても T が無矛盾であることの保証にはならない．一方，もしも T は無矛盾であると信じられるのなら，そもそも無矛盾性の証明は必要ない．したがって，$T \vdash \mathrm{Con}(T)$ を示すことは，無矛盾性プログラムにとって意味はない[3]．ただし，$T \not\vdash \mathrm{Con}(T)$ が成り立てば $S \not\vdash \mathrm{Con}(T)$ が成り立つので，無矛盾性プログラムが達成できないことを示すためには $T \not\vdash \mathrm{Con}(T)$ であることを示せば十分である．よって前章では S と T を区別せずに，第二不完全性定理を T が無矛盾ならば $T \not\vdash \mathrm{Con}(T)$ であるという定理として紹介した．

ところで，無限集合に関わる超越的手法の使用が問題になるのは，超越的手法を用いた議論の妥当性に不安があるからである．ただし，超越的な概念に関する命題を証明する場合に超越的手法が必要になることは半ば当然である．超越的手法の是非に関して問題にすべきことは，有限的で具体的な数学的命題を証明するときに超越的な方法を用いることの是非である．

有限的で具体的な数学的命題についても，一般に有限的な証明は長く複雑になるので，有限的な証明よりも超越的手法を用いた証明のほうが簡単で見通しがよい場合がある．したがって，話題を有限的で具体的な数学的命題に限るとしても，超越的手法を用いて構わないのなら，超越的手法を用いたほうがよい．そして，もしも超越的手法を用いて証明された具体的な数学的命題は，超越的手法を用いないでも証明可能であることを示すことができれ

---

[3] 前原昭二は次のように語っている．「もし公理的集合論の無矛盾性証明を公理的集合論の中で書けたとしても，そんなことやっても意味はない．問題としてはそれは面白いのかも知れないけれども，哲学的には何の意味も無いわけです．公理的集合論の中で公理的集合論の無矛盾性を証明したって，公理的集合論を初めから信用しているにしてもいないにしても，それは意味がない．」詳しくは [12] p. 178 を参照のこと．

ば，超越的手法を用いて証明しても構わないことが保証されることになる．これが還元性プログラムの考え方である．

還元性プログラムを数学的に定式化するためには，具体的な数学的命題という概念を数学的に定義する必要がある．もちろん，この概念を数学的に定義することは容易ではない．ただし，原始再帰的な集合を定義する述語は具体的であると考えられること，および，$\varphi(x_1, \ldots, x_n)$ を原始再帰的な集合を定義する論理式とするとき，$\forall x_1 \cdots \forall x_n \varphi(x_1, \ldots, x_n)$ という形の論理式で表せる命題は，真である場合には原始再帰的な集合に関する数学的帰納法によって証明できることが期待されることから，数学的命題が具体的であるとは，この形の論理式で表せることであると考えることができる．

そして，このように考えるとき，原始再帰的な集合は $\mathbb{N}$ 上で Π_1 論理式で定義可能であるので，具体的な数学的命題は Π_1 文で表せる．逆に，Π_1 文はすべて，$\varphi(x_1, \ldots, x_n)$ を Δ_0 論理式として $\forall x_1 \cdots \forall x_n \varphi(x_1, \ldots, x_n)$ という形をしていて，$\mathbb{N}$ 上で Δ_0 論理式が定義する集合は原始再帰的なので，Π_1 文で表せる命題は具体的な数学的命題になる．よって，具体的な数学的命題とは Π_1 文で表せる命題のことであると考えることができる[4]．

【注意 8.1.7】 初等整数論に現れる多くの具体的な数学的命題が Π_1 文で表現できるが Δ_0 文や Σ_1 文では表現できないという経験的な事実が，具体的な数学的命題と Π_1 文で表せる命題を同一視することの妥当性を裏付けている．なお，数学の命題が具体的であることは，必ずしも初等的であることと同義ではない．例えば，素数が無限に存在することは Π_2 文で表現される初等的な数学的命題であるが，自然数 a に対して，a より大きな素数がどの範囲に存在すると主張するのかを特定しなければ具体的な数学的命題ではないと考えられる．

還元性プログラムを理論 S と T を用いて定式化する方法は何通りかある．一つは次の定義で定められるものである．

〔定義 8.1.8〕 φ を Π_1 文とすると，$T \vdash \varphi$ ならば $S \vdash \varphi$ であることを示すことを弱還元性プログラム (Weak Reduction Program) または弱保存性プ

---
[4] このことについては，岡本賢吾 [16] pp. 331–336 も参照のこと．

ログラム (Weak Conservation Program) と呼ぶ[5]．

この定義で定められた弱還元性プログラムとは，T が S に対して Π_1 文に関しては保存的拡大になっていることを示すことである．ただし弱還元プログラムには，「$T \vdash \varphi$ ならば $S \vdash \varphi$ である」という主張をどのような手法を用いて証明すべきなのか，どのような理論の上で形式化できる証明を与えるべきなのかが明示されていないという問題がある．

「$T \vdash \varphi$ ならば $S \vdash \varphi$ である」という主張の証明が T 上で形式化できる場合，つまり，$T \vdash \mathrm{Pr}_T(\lceil \varphi \rceil) \to \mathrm{Pr}_S(\lceil \varphi \rceil)$ である場合には，$T \vdash \varphi$ が証明できれば D1 から $T \vdash \mathrm{Pr}_T(\lceil \varphi \rceil)$ が成り立ち，そのことから $T \vdash \mathrm{Pr}_S(\lceil \varphi \rceil)$ であることは分かる．しかし，T が Σ_1 健全かどうかが分からない場合には，$T \vdash \mathrm{Pr}_S(\lceil \varphi \rceil)$ が成り立つとしても $S \vdash \varphi$ が成り立つかどうかは分からない．したがって，もしも T が Σ_1 健全であるかどうかが分からない場合，特に T が無矛盾であるかどうかが分からない場合には，$T \vdash \mathrm{Pr}_T(\lceil \varphi \rceil) \to \mathrm{Pr}_S(\lceil \varphi \rceil)$ と $T \vdash \varphi$ が示せても，$S \vdash \varphi$ が示せたことにはならない．無限集合に関わる超越的手法の正当化という観点からは，「$T \vdash \varphi$ ならば $S \vdash \varphi$ である」という主張の証明は T 上で形式化可能であることだけでは不十分で，この主張の証明は S 上で形式化可能であることが必要である．

ただし，「$T \vdash \varphi$ ならば $S \vdash \varphi$ である」という主張の証明が S 上で形式化可能であるということには二通りの解釈が可能である．一つは $S \vdash \mathrm{Pr}_T(\lceil \varphi \rceil) \to \mathrm{Pr}_S(\lceil \varphi \rceil)$ が成り立つことである．これが成り立つとき，S が Σ_1 健全で $T \vdash \varphi$ ならば，$S \vdash \varphi$ となる．もう一つは $S \vdash \mathrm{Pr}_T(\lceil \varphi \rceil) \to \varphi$ が成り立つことである．これが成り立つとき，$T \vdash \varphi$ ならば sD1 から $S \vdash \mathrm{Pr}_T(\lceil \varphi \rceil)$ となり，やはり $S \vdash \varphi$ が得られる．そこで，次のように定義する．

〔定義 8.1.9〕 φ を Π_1 文とする．

(1) $S \vdash \mathrm{Pr}_T(\lceil \varphi \rceil) \to \mathrm{Pr}_S(\lceil \varphi \rceil)$ を示すことを還元性プログラム (Reduction Program) または保存性プログラム (Conservation Program) と呼ぶ．

---

[5] そもそも還元性プログラムまたは保存性プログラムという言い方はあまり一般的ではないが，弱を付けたものは本書以外では通用しない．

8.1 Hilbert のプログラム 245

(2) $S \vdash \Pr_T(\ulcorner\varphi\urcorner) \to \varphi$ を示すことを強還元性プログラム (Strong Reduction Program) または強保存性プログラム (Strong Conservation Program) と呼ぶ[6].

還元性プログラムが成り立ち，かつ $\mathbb{N} \models S$ であれば弱還元性プログラムは成り立つ．しかし，S が矛盾している場合や，S が無矛盾であっても $\mathbb{N} \models S$ でない場合には，還元性プログラムが成り立っても弱還元性プログラムが成り立つ訳ではない．したがって，還元性プログラムが弱還元性プログラムよりも強い主張である訳ではない．なお，S が無矛盾であろうとなかろうと，強還元性プログラムが成り立てば，還元性プログラムと弱還元性プログラムは共に成り立つ．つまり，次の補題が成り立つ．

[補題 8.1.10] φ を Π_1 文とし，$S \vdash \Pr_T(\ulcorner\varphi\urcorner) \to \varphi$ であるとする．このとき，以下の (1) および (2) が成り立つ．

(1) $T \vdash \varphi$ ならば $S \vdash \varphi$ である．
(2) $S \vdash \Pr_T(\ulcorner\varphi\urcorner) \to \Pr_S(\ulcorner\varphi\urcorner)$ である．

（証明） (1) を示す．$T \vdash \varphi$ とする．このとき可導性条件 sD1 により $S \vdash \Pr_T(\ulcorner\varphi\urcorner)$ である．よって，補題の仮定から $S \vdash \varphi$ が成り立つ．

(2) を示す．可導性条件 sD3 により $S \vdash \Pr_T(\ulcorner\varphi\urcorner) \to \Pr_S(\ulcorner\Pr_T(\ulcorner\varphi\urcorner)\urcorner)$ である．また，補題の仮定と，補題 7.4.3 で $T = S$ とした場合から，$S \vdash \Pr_S(\ulcorner\Pr_T(\ulcorner\varphi\urcorner)\urcorner) \to \Pr_S(\ulcorner\varphi\urcorner)$ である．ゆえに $S \vdash \Pr_T(\ulcorner\varphi\urcorner) \to \Pr_S(\ulcorner\varphi\urcorner)$ が成り立つ． □

【注意 8.1.11】 一般に逆は成り立たない．つまり，「$T \vdash \varphi$ ならば $S \vdash \varphi$ である」という条件が成り立つとしても $S \vdash \Pr_T(\ulcorner\varphi\urcorner) \to \varphi$ が成り立つとは限らないし，$S \vdash \Pr_T(\ulcorner\varphi\urcorner) \to \Pr_S(\ulcorner\varphi\urcorner)$ が成り立つとしても $S \vdash \Pr_T(\ulcorner\varphi\urcorner) \to \varphi$ が成り立つとは限らない．例えば，$S = T$ とすれば，「$T \vdash \varphi$ ならば $S \vdash \varphi$ である」という条件も，$S \vdash \Pr_T(\ulcorner\varphi\urcorner) \to \Pr_S(\ulcorner\varphi\urcorner)$ という条件もすべての Π_1 文 φ について自明に成り立つが，第二不完全性定理により，$S \not\vdash \Pr_T(\ulcorner 0 = 1\urcorner) \to 0 = 1$ である．

---
[6] この用語も本書でしか通用しない．

無矛盾性プログラムと還元性プログラムのいずれにおいても，最終的な目的が無限集合に関わる超越的手法の安全性の確立にあることに違いはないが，具体的な目標は異なる．しかし，無矛盾性プログラムの実現と強還元性プログラムの実現は数学的には同義である．まず，強還元性プログラムが達成されれば無矛盾性プログラムが達成されることは，次の補題で示される．

[補題 8.1.12] φ が Π_1 文ならば $S \vdash \mathrm{Pr}_T(\ulcorner \varphi \urcorner) \to \varphi$ であるとする．このとき，$S \vdash \mathrm{Con}(T)$ である．

(証明) φ が $0 = 1$ の場合を考えると，$S \vdash \mathrm{Pr}_T(\ulcorner 0 = 1 \urcorner) \to 0 = 1$ が成り立つ．したがって $S \vdash 0 \neq 1 \to \mathrm{Con}(T)$ であり，$S \vdash 0 \neq 1$ なので $S \vdash \mathrm{Con}(T)$ が成り立つ． $\square$

逆に，無矛盾性プログラムの達成から強還元性プログラムの達成が導かれることは，以下の補題と系で示される．

[補題 8.1.13] φ を Π_1 文とする．このとき，$S \vdash \mathrm{Con}(T) \to (\mathrm{Pr}_T(\ulcorner \varphi \urcorner) \to \varphi)$ である．

(証明) $S \vdash (\mathrm{Pr}_T(\ulcorner \varphi \urcorner) \land \neg \varphi) \to \neg \mathrm{Con}(T)$ を示せばよい．$\neg \varphi$ は Σ_1 文なので，定理 8.1.4 から $S \vdash \neg \varphi \to \mathrm{Pr}_T(\ulcorner \neg \varphi \urcorner)$ である．したがって，$S \vdash (\mathrm{Pr}_T(\ulcorner \varphi \urcorner) \land \neg \varphi) \to (\mathrm{Pr}_T(\ulcorner \varphi \urcorner) \land \mathrm{Pr}_T(\ulcorner \neg \varphi \urcorner))$ となる．また，sD1 と sD2 を用いて $S \vdash (\mathrm{Pr}_T(\ulcorner \varphi \urcorner) \land \mathrm{Pr}_T(\ulcorner \neg \varphi \urcorner)) \to \neg \mathrm{Con}(T)$ を示すことができるので，$S \vdash (\mathrm{Pr}_T(\ulcorner \varphi \urcorner) \land \neg \varphi) \to \neg \mathrm{Con}(T)$ が成り立つ． $\square$

[系 8.1.14] $S \vdash \mathrm{Con}(T)$ とする．φ が Π_1 文ならば $S \vdash \mathrm{Pr}_T(\ulcorner \varphi \urcorner) \to \varphi$ である．

以上から，無矛盾性プログラムを実現することと強還元性プログラムを実現することは数学的に同値であることが分かった．そして，第二不完全性定理から $S \nvdash \mathrm{Con}(T)$ なので，この二つのプログラムはいずれも実現不可能である．ただし，注意 8.1.11 で紹介したように，還元性プログラムの主張はこの二つのプログラムの主張よりも弱いので，第二不完全性定理が成り立つとしても，還元性プログラムが達成される可能性はある．

【注意 8.1.15】 自然数および自然数の集合についての理論を 2 階算術と呼び，Z_2 と書く．8.5 節で紹介するように各実数は自然数の無限集合でコード化できるので，Z_2 は自然数論に基礎をおいた形式的な実数論であると考えられる．また，適当なコード化を用いることによって初等的な解析学の多くの部分が Z_2 上で形式的に展開できるので，Z_2 はしばしば解析学 (Analysis) と呼ばれている．Z_2 における集合の存在公理を弱めることで得られる Z_2 の部分体系に，弱い順に RCA_0, WKL_0, ACA_0, ATR_0, $\Pi_1^1\text{-}CA_0$ がある．ACA_0 は PA に対応し，Gentzen は ACA_0 の無矛盾性を証明したといえる．竹内外史が証明したのは $\Pi_1^1\text{-}CA_0$ の無矛盾性である．Z_2 の部分体系の上で実際に数学を展開して，定理の証明に必要十分な公理の強さを測る研究プログラムが逆数学 (Reverse Mathematics) である[7]．大雑把に言えば，実数の完備性に関わる定理の多くは ACA_0 で証明できて，有界閉区間のコンパクト性に関わる定理の多くは WKL_0 で証明できる．WKL_0 で数学の多くの部分が展開できるが，φ を Π_2 文とすると $WKL_0 \vdash \varphi$ ならば $I\Sigma_1 \vdash \varphi$ であることが知られている．また，注意 6.3.6 で紹介したように，$I\Sigma_1$ は有限の立場を形式化したものと考えられているので，この事実は $S = I\Sigma_1$, $T = WKL_0$ と置いたときの還元性プログラムの実現と考えることもできて，この事実を Hilbert のプログラムの部分的実現ということもある[8]．

ただし Hilbert のプログラムで二つの理論 S と T は単に $S \subseteq T$ であればよい訳ではない．S は有限の立場を表すように十分に弱く，T は集合論的な超越的方法を形式化できるように十分に強い必要がある．もしも，有限的な命題は正しければ必ず証明できて，証明はすべて T で形式化できると考えるのなら，T は Π_1 完全である必要がある．そして，そのように考えるのなら，証明可能ではない正しい Π_1 文が存在することが証明され，弱還元性プログラムに必要な条件を満たす S と T は存在しないことが示されたという意味において，第二不完全性定理によってではなく，第一不完全性定理によって弱還元性プログラムは実現不可能であることが示されたことにな

---

[7] 逆数学について詳しくは山崎武 [109], Simpson [212], 田中一之 [60] などを参照のこと．

[8] 詳しくは Simpson [211], 山崎武 [109] pp. 178–184 を参照のこと．

る[9]．

さて，不完全性定理と Hilbert のプログラムの関係については，Gödel が原論文の中で「Hilbert の形式主義的な視点とまったく矛盾しない」と注意していること，また，Hilbert が「ゲーデルの結果により証明論が実行不可能となったという見解は間違いであり，それは有限の立場の拡張が必要であることが判明しただけだ」と述べていることがしばしば話題になる[10]．Gödel は上の言葉に続けて，有限の立場は必ずしも ZFC のような理論の一部分ではないと指摘している．これは，有限の立場は $S \subseteq T$ が成り立つような理論 S としては形式化できないという考え方である．

実際，T が PA の場合については，1930 年代に Gentzen は ε_0 と呼ばれる順序数に関する帰納法を用いて PA の無矛盾性を証明している．通常の数学的帰納法は，0 を端点に持ち，一列に並んだ頂点 $0, 1, 2, \ldots$ を線形に繋いだグラフに関する議論と考えることができる．この通常の帰納法を木の構造を持ったグラフに関する議論に拡張したものが，順序数に関する帰納法である．ε_0 に対応する木の構造はある意味で有限的であり，ε_0 に関する帰納法は PA の上では証明できないが有限的と見なし得るものである．その意味で Gentzen の結果は，$S \subseteq$ PA ではないが有限の立場を表す S を用いて，$S \vdash \mathrm{Con}(\mathrm{PA})$ を証明したものであると考えられる．

【注意 8.1.16】 Rosser の可証性述語 $\mathrm{Pr}_T^R(x)$ を用いて書かれた無矛盾性を $\mathrm{Con}^R(T)$ とする．定理 7.6.13 で $T \vdash \mathrm{Con}^R(T)$ となることを紹介した．この定理の証明を吟味すると，上で論じた S と T について，$S \vdash \mathrm{Con}^R(T)$ となることが分かる．ここで，S が無矛盾であり，T は矛盾している場合であっても，$0 \neq 1$ の T での証明の最小の Gödel 数が $0 = 1$ の T での証明の最小の Gödel 数よりも小さければ $S \vdash \mathrm{Con}^R(T)$ が成り立つ．したがって，$S \vdash \mathrm{Con}^R(T)$ であっても T が無矛盾であるとは限らない．ゆえに，S における $\mathrm{Con}^R(T)$ の証明は T の無矛盾性の有限的な証明とは見なし得ない．

---

[9] この議論については Smoryński [214] p. 4 を参照のこと．
[10] 林晋・八杉満利子 [83] p. 61 および p. 248 を参照のこと．

8.2 現実的な証明と Gödel の加速定理

形式的に証明することが可能であっても，その証明が長過ぎるために，人間にはその証明を書くことも読むこともできないことがある．例えば，人間が誕生してから現在までに書いた記号の数や，今後，100 年であれ 1000 年であれ，限られた時間内に人間が書くであろう記号の数は高々有限である．したがって，現実的に人間が書くことができる形式的証明の Gödel 数が a 以下になるような $a \in \mathbb{N}$ が存在する．この節では，このように Gödel 数が一定の値に押さえられるような証明を持つ定理について議論する．以下では言語 $\mathcal{L}$，理論 S，T は前節と同様であるとする．また，注意 7.2.4 の議論に基づいて，証明述語 $\mathrm{Pf}_T(x,y)$ は Δ_0 論理式であると仮定する．

まず，$a \in \mathbb{N}$ とし，Gödel 文の定義を変形して σ_a を $\mathrm{PA}^- \vdash \sigma_a \leftrightarrow \forall y \leq a \neg \mathrm{Pf}_T(\lceil \sigma_a \rceil, y)$ を満たす文とする．このとき，次の定理が成り立つ．

[定理 8.2.1] T は無矛盾であるとする．このとき，$\mathbb{N} \models \sigma_a$ かつ $S \vdash \sigma_a$ である．

(証明) まず，PA^- は健全であるので $\mathbb{N} \models \sigma_a \leftrightarrow \forall y \leq a \neg \mathrm{Pf}_T(\lceil \sigma_a \rceil, y)$ である．$\mathrm{Pf}_T(x,y)$ は Δ_0 論理式なので，$\forall y \leq a \neg \mathrm{Pf}_T(\lceil \sigma_a \rceil, y)$ は Δ_0 文である．したがって σ_a は Δ_0 文である．

$\mathbb{N} \models \neg \sigma_a$ とする．このとき $\mathbb{N} \models \exists y \leq a \mathrm{Pf}_T(\lceil \sigma_a \rceil, y)$ となるので，$b \leq a$ かつ $\mathbb{N} \models \mathrm{Pf}_T(\lceil \sigma_a \rceil, b)$ となる $b \in \mathbb{N}$ が存在する．よって，$T \vdash \sigma_a$ となる．T は無矛盾なので系 6.1.15 から Δ_0 健全であり，σ_a は Δ_0 文なので $\mathbb{N} \models \sigma_a$ となり，矛盾する．したがって $\mathbb{N} \models \sigma_a$ である．

系 8.1.3 から S は Σ_1 完全である．また，$\mathbb{N} \models \sigma_a$ であり，σ_a は Δ_0 文であることから，$S \vdash \sigma_a$ となる． □

したがって，T から σ_a に至る証明が存在することは数学的に確かめられるが，Gödel 数が a 以下の証明は存在しないので，我々はその証明を具体的に書き下すことはできない．形式的な証明は有限的に妥当性が確認し得ることに存在意義がある．しかし σ_a の形式的な証明は，存在が数学的に証明されているだけで具体的に与えられている訳ではない．そして，具体的には与えられていない形式的な証明の妥当性は，数学的には確かであっても，実際

に確認することはできない．このとき σ_a の正しさは，実際には書かれていない形式的な証明によって保証されるのか，それとも，形式的な証明の存在証明を含む，形式的な証明の外にある何らかの推論や議論によって保証されるのかという問が生じる[11]．なお無矛盾性に関しては，自然数 a の大小にかかわらず，次の定理が成り立つ．

[定理 8.2.2] T は無矛盾であるとし，$a \in \mathbb{N}$ とする．このとき，$S \vdash \forall y \leq a \neg \mathrm{Pf}_T(\ulcorner 0 = 1 \urcorner, y)$ である．

（証明） T は無矛盾なので $\mathbb{N} \models \forall y \neg \mathrm{Pr}_T(\ulcorner 0 = 1 \urcorner, y)$ である．したがって，$\mathbb{N} \models \forall y \leq a \neg \mathrm{Pf}_T(\ulcorner 0 = 1 \urcorner, y)$ が成り立つ．$\forall y \leq a \neg \mathrm{Pf}_T(\ulcorner 0 = 1 \urcorner, y)$ は Δ_0 文なので $S \vdash \forall y \leq a \neg \mathrm{Pf}_T(\ulcorner 0 = 1 \urcorner, y)$ である． □

つまり，もしも T が無矛盾であれば，我々が実際に書くことができる T の証明の中に $0 = 1$ に至るものは存在しないことは S 上で証明できる．ただし，T が矛盾していても，矛盾に至る証明が極めて大きいために，我々が実際に書くことができる T の証明の中には $0 = 1$ に至るものは存在しない場合があり，その場合でも $S \vdash \forall y \leq a \neg \mathrm{Pf}_T(\ulcorner 0 = 1 \urcorner, y)$ となる．したがって，S が無矛盾であり，$S \vdash \forall y \leq a \neg \mathrm{Pf}_T(\ulcorner 0 = 1 \urcorner, y)$ であっても T が無矛盾であることの保証にはならない．ゆえに上の定理は Hilbert のプログラムには貢献しない．

【注意 8.2.3】 しかし，たとえ ZFC が矛盾しているとしても，我々が書き得る ZFC の証明の中には $0 = 1$ に至るものが存在しないのなら，現実的な意味では ZFC は無矛盾であることになる．このとき，ZFC が矛盾しているとしても ZFC は数学の基礎として不適格であるとは限らない．そもそも我々が現実的に証明し得る命題すべてを形式的に証明するためには ZFC 全体は

---

[11] 人間には書けない証明でも計算機に出力させることはできるかも知れない．そして Kripke は，人間には書くことができないが計算機によって正しさが確認された数学的事実は，ア・ポステリオリだが必然的な真実であるとしている．つまり Kripke は，計算機の動作は物理的な現象なので，計算機によって正しさが確認された数学的事実は物理的な現象によって正しさが確認された経験的な真実であり，数学的事実なので必然的な真実であるとしている．詳しくはクリプキ [29] pp. 39–40 を参照のこと．この問題については Woodin [229]，Parikh [198] なども参照のこと．

必要ない．分離公理や置換公理を適用できる論理式の長さや量化子の現れ方に制限を加えることなどによって，$ZFC_0 \subseteq ZFC_1 \subseteq \cdots \subseteq ZFC$ であり，$\bigcup\{ZFC_n\} = ZFC$ となる ZFC の部分理論 ZFC_n を定義する．例えば Gödel 数が n 以下の ZFC の非論理的公理からなる ZFC の部分集合を ZFC_n とする．このとき，たとえ ZFC が矛盾していても，すべての数学が ZFC_n の上で展開できる十分大きな n について ZFC_n が無矛盾であり，その ZFC_n の無矛盾性が有限の立場で証明できれば数学の無矛盾性は保証されることになる．もちろん，ZFC は矛盾しているかも知れないと主張したい訳ではない．しかし，論理式全体の集合を考える必要がある ZFC という概念は非常に強力であり，その無矛盾性は数学の無矛盾性とは関係がないのかも知れない．

現実的な証明可能性についての議論は，$\mathbb{N}$ の部分集合 $\mathcal{C}$ を適当に定めて，Gödel 数が $\mathcal{C}$ に入る証明は現実的であり，それ以外の証明は大き過ぎて非現実的であると区別するものと考えられる．この $\mathcal{C}$ を数学的に定義することは難しいが，上の議論では $\mathcal{C} \subseteq \{n \in \mathbb{N} : n \leq a\}$ を満たす $a \in \mathbb{N}$ が存在すること，すなわち $\mathcal{C}$ が上に有界であることが仮定されている．実際には，現実的であることと非現実的であることの境界は文脈や知識によって変化するし，$\mathcal{C}$ が本当に上に有界であるかどうかは定かではない．そもそも $\mathcal{C}$ の意味を考えれば，$n \in \mathcal{C}$ ならば $n+1 \in \mathcal{C}$ であるように思われる．それならば数学的帰納法により $\mathcal{C} = \mathbb{N}$ とならざるを得ない．$\mathcal{C} \neq \mathbb{N}$ と考えることは難しい．

【注意 8.2.4】$\mathcal{C}$ を考えることには，次のような「禿頭の逆理」と同種の難しさがある．髪の毛がない人は禿頭である．髪の毛が n 本の人が禿頭ならば，髪の毛が $n+1$ 本の人も禿頭である．ゆえに髪の毛が何本あっても禿頭である．この逆理は嘘つきの逆理と同様に歴史が古く，様々な解決方法が提案されている[12]．最も代表的な解決方法は，禿頭であることは曖昧で数学的な述語ではなく，数学的帰納法は適用できないというものである．現実的な証明に関しても，証明が現実的であることは数学的な述語ではないと主張

---

[12] この逆理は砂山の逆理，Sorites 逆理などとも呼ばれている．この種の逆理の標準的な解消方法について詳しくは，例えば吉満昭宏 [112] を参照のこと．

することはできる．ただし，この解決方法を選ぶことは現実的な証明について数学的に議論することを放棄することになる．また Dummett は，数学的帰納法を用いることで「すべての自然数は小さい」ことが証明できるという Wang の逆理について論じ，述語が曖昧で数学的帰納法が適用できないとしても，この種の逆理は解消できないことを指摘している[13]．なお，述語の曖昧さに訴えないこの逆理の解消方法の一つに，禿頭かどうかは髪の毛の本数だけでは判断できないという考え方がある．禿頭かどうかは髪の毛の本数だけでなく生え方や毛質にもより，本数だけで禿頭かどうかを判断することはできない．したがって，たとえ禿頭かどうかに曖昧さがなく，髪の毛が n 本の人がすべて禿頭であるとしても，髪の毛が $n+1$ 本の人もすべて禿頭であるとは限らない．現実的な証明についても，証明が現実的であることは Gödel 数や記号の総数だけでは判断できないと考えることができる．たとえ Gödel 数が大きくても，単純な原理によって生成可能な証明は現実的であるかも知れない．そのように考えるのなら，$n \in \mathcal{C}$ ならば $n+1 \in \mathcal{C}$ という主張は正しくない．

$\mathcal{C}$ を考えることの難しさは，素朴な意味での自然数全体の集合 $\mathcal{N}$ について考えることの難しさに通じている．$\mathcal{N} \subseteq \mathbb{N}$ であることは確かであろうが，$\mathcal{C} \neq \mathbb{N}$ であると考えることが難しいのと同じように，$\mathcal{N} \neq \mathbb{N}$ であると考えることは難しい．ただし，もしも $\mathcal{N} \neq \mathbb{N}$ が正しくて，かつ，具体的に書かれた記号列としての形式的証明のみについて議論したいのなら，形式的な証明を定義するために必要なのは $\mathcal{N}$ であって $\mathbb{N}$ ではない．よって，$\mathcal{N} \neq \mathbb{N}$ が正しくて，かつ，「T が無矛盾である」という主張が「具体的に書くことができる証明の中には $0 = 1$ に至るものは存在しない」ことを意味すると考えるのなら，$\mathbb{N} \models \mathrm{Con}(T)$ であることは T が無矛盾であることよりも強い主張であり，T が無矛盾であることを示すためには，必ずしも $\mathrm{Con}(T)$ が正しいことを有限の立場で証明する必要ない．

したがって，もしも $\mathcal{N} \neq \mathbb{N}$ が正しくて，$a \in \mathcal{N}$ と $\mathbb{N} \models \Phi(a)$ が同値になるような $\Phi(x)$ を見つけることができれば，T が無矛盾であることと $\mathbb{N} \models \forall y(\Phi(y) \to \neg \mathrm{Pf}_T(\ulcorner 0 = 1 \urcorner, y))$ が同値になり，かつ，$\forall y(\Phi(y) \to$

---

[13] 詳しくは Dummett [139] を参照のこと．

$\neg \mathrm{Pf}_T(\ulcorner 0 = 1 \urcorner, y))$ が正しいことが有限の立場で証明できるかも知れない．例えば $\Phi(x)$ を $x \leq a$ とすれば，$\forall y(\Phi(y) \to \neg \mathrm{Pf}_T(\ulcorner 0 = 1 \urcorner, y))$ は定理 8.2.2 で論じた $\forall y \leq a \neg \mathrm{Pf}_T(\ulcorner 0 = 1 \urcorner, y)$ のことであり，a を適当に選べばこの文は現実的な意味での T の無矛盾性を表して，かつ，$\forall y \leq a \neg \mathrm{Pf}_T(\ulcorner 0 = 1 \urcorner, y)$ が正しいことは有限の立場を表す S で証明できる．したがって，この $\Phi(x)$ は上の条件を部分的に満たしている．$\mathcal{C}$ について考えることは $\mathcal{N}$ について考えることの手がかりになる[14]．

【注意 8.2.5】 現実的な証明可能性について考えることは，現実的な計算可能性について考えることと関係が深い．現実的な計算可能性は計算量理論と呼ばれる理論計算機科学の重要な研究課題の一つであり，計算量理論は数学基礎論の代表的な応用分野の一つである[15]．ただし，そのような応用が本当に現実の問題に役立っているかどうかには注意深い吟味が必要である．そもそも現実的な証明可能性や計算可能性について考えることが大切なのは，現実の問題への応用を持つからではなく，それ自身が数学的および哲学的に興味深い問題であるから．そして，証明や計算の概念そのものについての反省に繋がるからであるように思われる．

通常の数学では証明は常に具体的に書かれ，実際に書かれた証明の是非が論じられている．本来，証明とは構成的な概念である．Hilbert のプログラムの目標は，素朴な意味で正しいと感じられている理論 T について，T の無矛盾性を表す形式的な表現 $\mathrm{Con}(T)$ の具体的な形式的証明を一つ書き下ろすことであった．たとえ $\mathbb{N} \models \mathrm{Con}(T)$ であることが T が無矛盾であることよ

---

[14] $\mathcal{N}$ という集合について考えることは Yessenin-Volpin による超直観主義という考え方と関係が深い．Yessenin-Volpin は，例えば 10^{12} は大き過ぎるため自然数とは見なし得ないという考え方のもとで自然数とは何であるのかについて論じ，ZF の無矛盾性を証明したと主張している．この Yessenin-Volpin の議論は 10^{12} が $\mathcal{N}$ の上限であるという主張を含むと考えられる．この Yessenin-Volpin の議論を理解することは容易ではないが，8.4 節で紹介する限定算術の考え方や，Dummett による自然数概念の無際限拡張可能性という考え方とも関係を持つと考えられる．Yessenin-Volpin の議論について詳しくは Yessenin-Volpin [232, 233] を参照のこと．また，算術の超準モデルを用いた Yessenin-Volpin の議論の数学的な正当化の試みが Geiser [151] にある．本章の注意 8.3.13 も参照のこと．

[15] 数学基礎論と計算量理論の関係については，例えば竹内外史 [52, 53] を参照のこと．

りも強い主張であるとしても，もしも Hilbert のプログラムが達成されて，$\text{Con}(T)$ の形式的証明を与えることに成功していれば，少なくとも T が無矛盾であることは確かになるので，形式的証明の全体という捉え難い概念を持ち出すことも，$\mathbb{N}$ とは何かという問題に関わることもなく，Hilbert によって紡ぎ始められた数学の基礎をめぐる物語は完結したはずであった．

しかし，構成的であった証明の概念が有限的な規則によって生成される記号の有限列として形式化され算術化されたことにより，実際に証明を構成することなしに，一定の条件を満たす自然数の存在または非存在として証明可能性を抽象的に論じることができるようになって，証明の概念は非構成的なものに変貌した．これは，$\mathbb{N}$ 全体を暗黙裏に参照して記号の有限列という概念を定式化することによって，形式的証明の全体を数学的に定義したことの副作用である．この意味で有限的手法の導入による証明の概念の明確化と形式化は，素朴な証明の概念の数学的な厳密化であると同時に，自然数の概念の力を借りた証明の概念の拡張である．

竹内外史は Gödel の研究方法について，Gödel は構成的な着想を非構成的な方法で用いるが，他の人々は単に構成的であるか，単に非構成的であるかのいずれかでしかない，と語っている[16]．証明について論じるときに非構成的な方法をまったく用いないのであれば，具体的に証明を書くことや，書かれた証明の正しさを確かめることはできても，証明不可能性を示すことはできない．無矛盾性について論じる際に $\mathbb{N}$ 全体を参照する量化という非構成的な概念が現れることは必然的なことであり，そのような量化を用いることは不完全性定理の欠点ではない．

形式的な証明の構成的な性質を突き詰めれば算術化が可能になり，算術化の結果として非構成的な方法で証明に関する議論が可能になるという事実を指摘し，実際にその非構成的な方法を用いて興味深い帰結を導いていることにこそ，不完全性定理の最も大きな特徴と魅力があるように思われる．

【注意 8.2.6】 注意 4.5.5 で論じたように，$\mathbb{N}$ や $\mathbb{R}$ といった数学的対象のなす世界，その世界を調べる数学の世界，さらに，数学とは何かを問う哲学の世界という三層構造がある．数学の世界を構成的に展開しようとしたのが直

---

[16] 竹内外史 [54] p. 27.

観主義であり，数学の世界を形式化することで哲学の世界を有限的な手法で展開しようとしたのが形式主義であった．ところが，数学の世界が形式化されたことによって，数学の世界は数学的対象の世界に，哲学の世界が数学の世界に移った．この事実を用いて不完全性定理は証明されている．そして，数学の世界で超越的な手法が許されるのなら，形式化された数学を論じる際に超越的な手法が禁じられるべき理由はない．構成的な手法で数学の世界が何処まで理解できるのかの限界を見極めることは興味深く重要な問題である．しかし，無矛盾性の証明は構成的な方法で行う必要があるとしても，構成的な手法の限界は構成的な手法で見極めなければ意味がないという訳ではない[17]．

さて，φ が T から証明可能な $\mathcal{L}$ の文のとき，T から文 φ を導く証明のGödel 数の最小値を $w_T(\varphi)$ と定め，φ が T から証明可能ではない $\mathcal{L}$ の文のときには $w_T(\varphi) = 0$ と定めることで，$\mathcal{L}$ の文の集合から $\mathbb{N}$ への全域的な関数 w_T を定義する．この w_T について，次の定理が成り立つ．

[定理 8.2.7] **Gödel の加速定理 (Gödel's Speedup Theorem)**　π を $\mathcal{L}$ の文とし，$T \not\vdash \pi$ とする．このとき，$\mathcal{L}$ のすべての文 φ について $w_T(\varphi) \leq f(w_{T+\pi}(\varphi))$ を満たす全域的で再帰的な単調増加関数 f は存在しない．

この定理で $f(x) = 2^x$ とすれば，$w_{T+\pi}(\varphi) < \log_2(w_T(\varphi))$ となる文 φ が存在することが分かる．この f を選び直すことにより，$w_{T+\pi}(\varphi) < \log_2(w_T(\varphi))$ を満たす文 φ は無限に存在することが分かる．また，f の条件は単調増加であることのみなので，どのような早さで単調増加する再帰的な関数を基準に考えても，その基準に照らし合わせて $w_{T+\pi}(\varphi)$ の値が $w_T(\varphi)$ の値よりも小さくなる文 φ が無限に存在することが分かる．標準的な Gödel 数の定め方では短い証明の Gödel 数は小さく，長い証明の Gödel 数は大きい．この定理は，T に文 π を新たな公理として付け加えることは，

---

[17] Gödel は，有限的でない推論に対する認識的態度の欠如はロジシャンの偏見であって，有限の立場による推論だけにしか意味を認めない考え方が数学基礎論の発展を阻害していた，と考えていたという．竹内外史 [54] p. 34 を参照のこと．

単に定理の集合を増やすだけでなく，T で証明可能な定理の証明を短くする効果を持つことを意味している．

(定理 8.2.7 の証明)　$T \not\vdash \pi$ なので $T + \neg\pi$ は無矛盾である．また T は再帰的なので $T + \neg\pi$ も再帰的である．したがって，定理 7.3.16（Church の定理）から $T + \neg\pi$ の定理の Gödel 数全体の集合 $\text{Prv}_{T+\neg\pi}$ は再帰的ではない．

$\mathcal{L}_A$ のすべての文 φ について $w_T(\varphi) \leq f(w_{T+\pi}(\varphi))$ を満たす全域的で再帰的な単調増加関数 f が存在したとする．このとき $\text{Prv}_{T+\neg\pi}$ が再帰的な集合になることを示す．φ を $\mathcal{L}$ の文とする．

(1) 演繹定理と推論規則 [MP] から $T + \neg\pi \vdash \varphi$ と $T \vdash \neg\pi \to \varphi$ は同値である．ここで，T から $\neg\pi \to \varphi$ を導く証明である論理式の有限列に $\neg\pi$ と φ を追加すると，$T + \neg\pi$ から φ を導く証明になる．したがって，原始再帰的な単調増加関数 g が存在して，$w_{T+\neg\pi}(\varphi) \leq g(w_T(\neg\pi \to \varphi))$ である．

(2) 仮定から，$w_T(\neg\pi \to \varphi) \leq f(w_{T+\pi}(\neg\pi \to \varphi))$ である．ただし，$T \vdash \neg\pi \to \varphi$ ならば $T + \pi \vdash \neg\pi \to \varphi$ であるが，必ずしも逆は成り立たない．

(3) 再び演繹定理と [MP] から $T + \pi \vdash \neg\pi \to \varphi$ と $T \vdash \pi \to (\neg\pi \to \varphi)$ は同値であり，(1) と同様に原始再帰的な単調増加関数 h が存在して，$w_{T+\pi}(\neg\pi \to \varphi) \leq h(w_T(\pi \to (\neg\pi \to \varphi)))$ である．

(4) さらに，$\pi \to (\neg\pi \to \varphi)$ は恒真式なので，φ の選択によらず，$\pi \to (\neg\pi \to \varphi)$ は T から同じ形で証明できる．したがって，原始再帰的な単調増加関数 k が存在して，$w_T(\pi \to (\neg\pi \to \varphi)) \leq k(\lceil \varphi \rceil)$ である．

さて，上で与えた関数を用いて $l(x) = g(f(h(k(x))))$ と定める．このとき $l(x)$ は全域的で再帰的な単調増加関数で，$w_{T+\neg\pi}(\varphi) \leq l(\lceil \varphi \rceil)$ となる．したがって，$\mathcal{L}$ の文 φ が与えられたとき，Gödel 数が $l(\lceil \varphi \rceil)$ 以下の $T + \neg\pi$ の証明をすべて調べて，その中に $T + \neg\pi$ から φ への証明が存在すれば $T + \neg\pi \vdash \varphi$ であり，存在しなければ $T + \neg\pi \not\vdash \varphi$ である．ゆえに $\text{Prv}_{T+\neg\pi}$ は再帰的な集合であることが示せた．

しかし，$\mathrm{Prv}_{T+\neg\pi}$ は再帰的な集合ではなかったので矛盾する．よって定理の条件を満たす全域的で再帰的な単調増加関数 f は存在しない． □

【注意 8.2.8】 算術の言語 $\mathcal{L}_A$ の理論は自然数を対象とした理論であるが，これを 1 階の算術と呼ぶ．自然数および自然数の集合を対象とした理論を 2 階の算術と呼ぶことは既に紹介した．さらに自然数の集合の集合を対象に加えた理論を 3 階の算術と呼び，同様に一般に n 階の算術が定められる．n 階の算術を Z_n と書くことにする．加速定理は最初に Gödel によって証明されたものであるが，Gödel が証明した加速定理は Z_n と Z_{n+1} での証明の長さを比較するものである．ここで紹介した定理 8.2.7 とその証明は Ehrenfeucht と Mycielski の議論に基づくが[18]，加速定理を最初に示したのが Gödel であること，最近は 1 階の算術が話題になることが多いことから，本書では定理 8.2.7 を Gödel の加速定理として紹介した．なお，Turing 機械の計算時間に関しても同様の加速定理が成り立つ[19]．

ここまでの議論は証明の長さを証明の Gödel 数で評価したものである．しかし，証明で用いられた推論規則の数で証明の長さを定義することもできて，その場合には，同じ長さの証明でも証明に現れる論理式の違いによって証明の Gödel 数の大きさが著しく異なる可能性がある．推論規則の数で定義された証明の長さは，記号の数で定義された証明の長さと異なる性質を持っている．例えば，次の定理が成り立つ．

[定理 8.2.9] $\mathcal{L}$ の再帰的な理論 U で，$\mathrm{Th}(T) = \mathrm{Th}(U)$ であり，すべての定理が U から推論規則を二度だけ用いて証明できるものが存在する．

（証明） 理論 $\{(n = n) \to \varphi : n$ は T から φ を導く証明の Gödel 数 $\}$ を U とする．n と φ が与えられたとき，n が T から φ を導く証明の Gödel 数であるかどうかを判定するアルゴリズムが存在するので，U は再帰的である．$\mathrm{Th}(T) = \mathrm{Th}(U)$ となることは明らかである．$U \vdash \varphi$ とする．このとき，$T \vdash \varphi$ であり，T から φ を導く証明が存在する．その証明の Gödel 数

---

[18] 詳しくは Ehrenfeucht and Mycielski [142] を参照のこと
[19] 詳しくは篠田寿一 [43] pp. 137–144 を参照のこと．

を n とすると, $n = n$ は等号に関する公理 $\forall x(x = x)$ に定義 3.4.1 で定めた推論規則 [G] を適用して得られる. また φ は $n = n$ と U の非論理的公理 $(n = n) \to \varphi$ に推論規則 [MP] を適用して得られるので, φ は U から推論規則を二度だけ用いて証明できる. □

8.3 算術の超準モデル

T を $\mathrm{PA}^- \subseteq T$ である算術の言語 $\mathcal{L}_A$ の無矛盾な理論とする. 4.3 節で紹介したように, $\mathfrak{M} \models T$ かつ $\mathfrak{M} \neq \mathbb{N}$ である $\mathfrak{M}$ を T の超準モデルと呼ぶ. 第二不完全性定理より $T \nvdash \mathrm{Con}(T)$ なので $T + \neg \mathrm{Con}(T)$ は無矛盾である. したがって $T + \neg \mathrm{Con}(T)$ はモデル $\mathfrak{M}$ を持つが, $\mathbb{N} \models \mathrm{Con}(T)$ なので $\mathfrak{M} \neq \mathbb{N}$ である. つまり, $\mathfrak{M}$ は T の超準モデルである. 4.3 節で紹介したように TA も超準モデル $\mathfrak{M}$ を持つので, 不完全性定理が成り立つことと超準モデルが存在することが対応する訳ではないが, 第二不完全性定理によらずに $\mathfrak{M} \models \neg \mathrm{Con}(T)$ が成り立つ T のモデル $\mathfrak{M}$ の存在を示すことができれば $T \nvdash \mathrm{Con}(T)$ が示せたことになる.

$\mathrm{PA} + \neg \mathrm{Con}(\mathrm{PA})$ の超準モデルは「PA は矛盾する」という主張が真である世界である. この「PA は矛盾する」という主張は, 算術の言語で定義可能な集合に関する数学的帰納法は矛盾をもたらすという主張である. 万が一, この主張が正しければ数学の世界は破綻するので, この主張は誤りであると強く信じられている. しかし, $\mathrm{PA} + \neg \mathrm{Con}(\mathrm{PA})$ の超準モデルは PA のモデルとしての構造を持つ整合的な世界であり, そのモデル上で PA が破綻しているとしても, そのモデル自身が破綻している訳ではない. 算術の超準モデルとは, 現実にはあり得ない性質を持つ空想的な $\mathbb{N}$ の平行世界のようなものである. この節では算術の超準モデルの基本的な性質を紹介する.

算術の標準モデルである $\mathbb{N}$ は, 最初に 0 があり, その後ろに $1, 2, \ldots$ という自然数が一列に並んでいる. $\mathfrak{M}$ を PA^- の超準モデルとする. つまり, $\mathfrak{M} \models \mathrm{PA}^-$ かつ $\mathfrak{M} \neq \mathbb{N}$ とする. 混乱の恐れがない場合には, 自然数 a を表す数項 a^* の $\mathfrak{M}$ 上での解釈 $(a^*)^{\mathfrak{M}}$ を a と書くことにする. 特に定数記号 0 や 1 の $\mathfrak{M}$ 上での解釈 $0^{\mathfrak{M}}$ や $1^{\mathfrak{M}}$ を 0 や 1 と書いて, $0, 1, 2, \cdots \in |\mathfrak{M}|$ と考る. また, $|\mathfrak{M}|$ の要素の $0, 1, 2, \ldots$ と $\mathbb{N}$ の要素の $0, 1, 2, \ldots$ を同一視して,

$\mathbb{N} \subseteq \mathfrak{M}$ であると考える．

定義 4.2.6 で定められた PA^- の公理 8 から公理 11 と公理 16 により，集合 $|\mathfrak{M}|$ 上に定められている 2 項関係 $\leq$ は 0 を最小限とする線形順序であることが分かる．また，公理 15 から $0 < 1$ であり，$0 < 1$ と公理 12 から $\mathfrak{M} \models \forall x(x < x+1)$ である．そして，$a \in |\mathfrak{M}|$ とすると，次の補題により $\mathfrak{M} \models a < b \land b < a+1$ を満たす $b \in |\mathfrak{M}|$ は存在しないので，$\mathfrak{M}$ 上に定められている順序は離散的であることが分かる．

[補題 8.3.1] $\mathfrak{M} \models \forall x \neg \exists y(x < y \land y < x+1)$

(証明) $a, b \in |\mathfrak{M}|$ として，$\mathfrak{M} \models a < b$ とする．公理 14 により $\mathfrak{M} \models a + c = b$ となる $c \in |\mathfrak{M}|$ が存在する．$\mathfrak{M} \models c \neq 0$ なので，公理 15 から $\mathfrak{M} \models 1 \leq c$ である．したがって公理 12 から $\mathfrak{M} \models a + 1 \leq b$ となり，$\mathfrak{M} \models \forall x \neg \exists y(x < y \land y < x+1)$ が成り立つ． □

この補題から 0 と 1，1 と 2 の間には $|\mathfrak{M}|$ の要素は存在しないことが分かり，$\mathfrak{M}$ の最初のほうに $\mathbb{N}$ の要素に対応する $0, 1, 2, \ldots$ が並んでいることになる．$\mathfrak{M}$ は超準モデルなので $a \in |\mathfrak{M}| \setminus \mathbb{N}$ が存在する．この a について，$n \in \mathbb{N}$ ならば $\mathfrak{M} \models n < a$ である．つまり，a はどんな自然数よりも大きい．そこで次のように定義する．

[定義 8.3.2] $\mathfrak{M}$ を PA^- の超準モデルとし，$a \in \mathfrak{M}$ とする．$a \in \mathbb{N}$ のとき，a は $\mathfrak{M}$ の標準元 (standard element) であるといい，$a \in |\mathfrak{M}| \setminus \mathbb{N}$ のとき，a は $\mathfrak{M}$ の超準元 (nonstandard element)，または無限大元 (infinite element) であるという．

さらに PA^- の超準モデル $\mathfrak{M}$ の順序構造を調べる．先に紹介したように，$\mathfrak{M}$ の最初のほうには $\mathbb{N}$ に対応する要素が並んでいる．$a \in |\mathfrak{M}| \setminus \mathbb{N}$ とする．a の後ろには $a+1, a+2, \ldots$ が並んでいる．

[補題 8.3.3] $\mathfrak{M} \models \forall x(x \neq 0 \to \exists y(x = y + 1))$

(証明) $a \in |\mathfrak{M}|$ かつ $\mathfrak{M} \models a \neq 0$ とする．$\mathfrak{M} \models a \neq 0$ なので PA^- の公理 16 と公理 15 から $\mathfrak{M} \models 1 \leq a$ となる．公理 14 から $\mathfrak{M} \models \exists z(1 + z = a)$

である．以上から $\mathfrak{M} \models \forall x(x \neq 0 \to \exists y(x = y+1))$ が成り立つ． □

この補題から，$a \in |\mathfrak{M}|$，$\mathfrak{M} \models a \neq 0$ とすると，$\mathfrak{M} \models a = b+1$ となる $b \in |\mathfrak{M}|$ の存在が分かる．この b を $a-1$ と書くことにする．$(a-1)-1$ を $a-2$，$(a-2)-1$ を $a-3$ と書くことにする．$a-n \in \mathbb{N}$ となる自然数 n が存在するならば，$n \in \mathbb{N}$ より $a \in \mathbb{N}$ となる．したがって，$a \in |\mathfrak{M}| \setminus \mathbb{N}$ かつ $n \in \mathbb{N}$ ならば，$a-n \in |\mathfrak{M}| \setminus \mathbb{N}$ である．ゆえに a の前には無限大元 $a-1, a-2, \ldots$ が無限に並んでいることが分かる．つまり，a の前後には $\mathbb{Z}$ と同型になるように $|\mathfrak{M}|$ の要素が並んでいる．

同じことが他の $|\mathfrak{M}| \setminus \mathbb{N}$ の要素についてもいえる．そこで，$2 \cdot a$ を考える．$n \in \mathbb{N}$ ならば $a + n < 2 \cdot a$ なので，a の前後に $\mathbb{Z}$ の形に並んでいる $|\mathfrak{M}|$ の要素の集合と，$2 \cdot a$ の前後に $\mathbb{Z}$ の形に並んでいる $|\mathfrak{M}|$ の要素の集合の共通部分は空集合である．さらに $3 \cdot a, 4 \cdot a, \ldots$ を考えると，$\mathfrak{M}$ の最初に $\mathbb{N}$ があり，その後には $\mathbb{Z}$ と同型な集合が無限に一列に並んでいることが分かる．

〔定義 8.3.4〕 R を離散的な順序環とする．このとき，$R_{\geq 0} = \{a \in R : 0 \leq a\}$ と定める．

明らかに $0, 1 \in R_{\geq 0}$ である．R 上の $+, \cdot, \leq$ を $R_{\geq 0}$ に制限したものを $R_{\geq 0}$ 上の $+, \cdot, \leq$ と考えると，次の補題が成り立つ．

〔補題 8.3.5〕 R を離散的な順序環とする．このとき，$(R_{\geq 0}; +, \cdot, 0, 1, \leq)$ は PA^- のモデルである．

〈例 8.3.6〉 $\mathbb{Z}$ 係数の 1 変数の多項式環 $\mathbb{Z}[X]$ を考える．$D \subseteq \mathbb{Z}[X]$ を $D = \{f \in \mathbb{Z}[X] : f = 0$ または f の最高次係数は正$\}$ と定める．$\mathbb{Z}[X]$ 上の順序 $\leq$ を，$f, g \in \mathbb{Z}[X]$ について，$f \leq g$ となるのは $g - f \in D$ のときと定義する．このとき，この順序 $\leq$ で $\mathbb{Z}[X]$ は離散的な順序環になる．また，明らかに $D = \mathbb{Z}[X]_{\geq 0}$ であり，D 上に制限された順序 $\leq$ と，D 上に自然に定められている $+, \cdot, 0, 1$ によって定義される $\mathcal{L}_A$ の構造 $(D; +, \cdot, 0, 1, \leq)$ は PA^- の可算超準モデルである．

逆に，$\mathfrak{M} \models \mathsf{PA}^-$ ならば，$\mathbb{N}$ から $\mathbb{Z}$ を作る操作とまったく同じ作業を $\mathfrak{M}$

に対して行うことで $\mathfrak{M}$ に適当に負数部分を補うことにより, $\mathfrak{M} = R_{\geq 0}$ となる離散的な順序環 R を構成することができる. $\mathbf{PA}^-$ のモデルを考えることは離散的な順序環を考えることに対応している.

さて, $\mathbf{PA}^-$ の超準モデル $\mathfrak{M}$ の最初のほうには $\mathbb{N}$ の要素 $0, 1, 2, \ldots$ が並んでいた. この $\mathbb{N}$ と $\mathfrak{M}$ の関係を一般化して, 次のように定義する.

〔定義 8.3.7〕 $\mathfrak{M}, \mathfrak{N}$ を $\mathcal{L}_A$ の構造とし, $\mathfrak{N} \subseteq \mathfrak{M}$ とする. $a \in |\mathfrak{N}|$ かつ $b \in |\mathfrak{M}| \setminus |\mathfrak{N}|$ ならば $\mathfrak{M} \models a < b$ であるとする. このとき $\mathfrak{N} \subseteq_e \mathfrak{M}$ と書いて, $\mathfrak{N}$ は $\mathfrak{M}$ の始切片 (initial segment) である, または, $\mathfrak{M}$ は $\mathfrak{N}$ の終拡大 (end-extension) であるという.

これまでの議論から, 次の補題は明らかである.

[補題 8.3.8] $\mathfrak{M} \models \mathbf{PA}^-$ とする. このとき, $\mathbb{N} \subseteq_e \mathfrak{M}$ である.

以下で, 8.1 節で紹介した可導性条件 sD1 を補題 8.3.8 を用いて証明する. なお, 以下では $\mathfrak{M}, \mathfrak{N}$ を $\mathbf{PA}^-$ の標準モデルまたは超準モデルとする.

[補題 8.3.9] $\mathfrak{N} \subseteq_e \mathfrak{M}$ とし, $\varphi(x_1, \ldots, x_n)$ を Δ_0 論理式, $a_1, \ldots, a_n \in |\mathfrak{N}|$ とする. このとき, 以下の (1) と (2) は同値である.

(1) $\mathfrak{N} \models \varphi(a_1, \ldots, a_n)$ である.
(2) $\mathfrak{M} \models \varphi(a_1, \ldots, a_n)$ である.

(証明) 簡単のため $n = 1$ とする. (1) と (2) が同値であることを $\varphi(x)$ の複雑さに関する帰納法で証明する.

$\varphi(x)$ が原子論理式の場合は明らかである. 論理記号の数が $\varphi(x)$ よりも少ない Δ_0 論理式については補題の条件が成立すると仮定する. $\varphi(x)$ が補題の条件が成立する Δ_0 論理式から命題結合子で作られている場合も明らかである. $t(x)$ を $\mathcal{L}_A$ の項として, $\varphi(x)$ は $\exists y \leq t(x) \psi(x, y)$ であり, $a \in |\mathfrak{N}|$ とする. このとき帰納法の仮定から, $b \in |\mathfrak{N}|$ のときには $\mathfrak{N} \models \psi(a, b)$ と $\mathfrak{M} \models \psi(a, b)$ は同値である.

(1) $\Rightarrow$ (2) を示す. $\mathfrak{N} \models \exists y \leq t(a) \psi(a, y)$ とする. このとき, $\mathfrak{N} \models b \leq t(a)$ かつ $\mathfrak{N} \models \psi(a, b)$ となる $b \in |\mathfrak{N}|$ が存在する. 帰納法の仮定から $\mathfrak{M} \models$

$b \leq t(a)$ かつ $\mathfrak{M} \models \psi(a,b)$ が成り立つ. ゆえに $\mathfrak{M} \models \exists y \leq t(a)\psi(a,y)$ となる.

(2) $\Rightarrow$ (1) を示す. $\mathfrak{M} \models \exists y \leq t(a)\psi(a,y)$ とする. このとき, $\mathfrak{M} \models b \leq t(a)$ かつ $\mathfrak{M} \models \psi(a,b)$ となる $b \in |\mathfrak{M}|$ が存在する. $a \in |\mathfrak{N}|$ より $t(a) \in |\mathfrak{N}|$ となる. よって, $\mathfrak{N} \subseteq_e \mathfrak{M}$ なので $b \in |\mathfrak{N}|$ となり, 帰納法の仮定から $\mathfrak{N} \models b \leq t(a)$ かつ $\mathfrak{N} \models \psi(a,b)$ となる. ゆえに $\mathfrak{N} \models \exists y \leq t(a)\psi(a,y)$ が成り立つ. □

この補題から直ちに次の系が得られる.

[補題 8.3.10] $\mathfrak{N} \subseteq_e \mathfrak{M}$ とする. $\varphi(x_1,\ldots,x_n)$ を Σ_1 論理式, $a_1,\ldots,a_n \in |\mathfrak{N}|$ とする. このとき, $\mathfrak{N} \models \varphi(a_1,\ldots,a_n)$ ならば $\mathfrak{M} \models \varphi(a_1,\ldots,a_n)$ である.

(証明) 簡単のため $n = 1$ とする. $\psi(x,y)$ を Δ_0 論理式として $\varphi(x)$ は $\exists y \psi(x,y)$ であるとする. $a \in |\mathfrak{N}|$ であり, $\mathfrak{N} \models \exists y \varphi(a,y)$ とする. このとき, $\mathfrak{N} \models \varphi(a,b)$ が成り立つ $b \in |\mathfrak{N}|$ が存在する. 前の補題から $\mathfrak{M} \models \varphi(a,b)$ なので $\mathfrak{M} \models \exists y \varphi(a,y)$ である. □

次の補題もまったく同様に証明できる.

[補題 8.3.11] $\mathfrak{N} \subseteq_e \mathfrak{M}$ とする. $\varphi(x_1,\ldots,x_n)$ を Π_1 論理式, $a_1,\ldots,a_n \in |\mathfrak{N}|$ とする. このとき, $\mathfrak{M} \models \varphi(a_1,\ldots,a_n)$ ならば $\mathfrak{N} \models \varphi(a_1,\ldots,a_n)$ である.

補題 8.3.10 から次の定理, すなわち PA$^-$ の Σ_1 完全性が導かれる.

[定理 8.3.12] φ を Σ_1 文とする. $\mathbb{N} \models \varphi$ ならば PA$^- \vdash \varphi$ である.

(証明) $\mathbb{N} \models \varphi$ を仮定し, $\mathfrak{M} \models$ PA$^-$ とする. $\mathbb{N} \subseteq_e \mathfrak{M}$ なので, 系 8.3.10 から $\mathfrak{M} \models \varphi$ となる. よって完全性定理により PA$^- \vdash \varphi$ が成り立つ. □

【注意 8.3.13】 $\mathfrak{M} \models T$ に対して, $\text{Th}_T(\mathfrak{M}) = \{\varphi : \mathfrak{M} \models \text{Pr}_T(\ulcorner \varphi \urcorner)\}$ と定める. $\text{Th}_T(\mathbb{N}) = \text{Th}(T)$ である. $\mathfrak{N}$ および $\mathfrak{M}$ を T のモデルとし, $\mathfrak{N} \subseteq_e \mathfrak{M}$ であるとする. $\text{Pr}_T(\ulcorner \varphi \urcorner)$ は Σ_1 文なので, 補題 8.3.10 により $\text{Th}_T(\mathfrak{N}) \subseteq \text{Th}_T(\mathfrak{M})$ となる. つまり, 一般に終拡大での定理の集合は始切片での定理の

集合よりも大きくなる．これは終拡大の上では超準元が増えるために証明の Gödel 数が増えることによる．$\mathfrak{N} \subseteq_e \mathfrak{M}$ である $\mathfrak{N}$ と $\mathfrak{M}$ の関係は，前節で議論した集合 $\mathcal{C}$ または $\mathcal{N}$ と $\mathbb{N}$ の関係に類似し，この類推のもとで $\mathrm{Th}_T(\mathfrak{N}) \subseteq \mathrm{Th}_T(\mathfrak{M})$ であることは，$\mathbb{N}$ 上で形式的に定められる証明は具体的な証明よりも多い可能性があるという主張に対応する．$\mathcal{C}$ や $\mathcal{N}$ と $\mathbb{N}$ の関係について数学的に考えることは難しいが，$\mathfrak{N}$ と $\mathfrak{M}$ の関係については数学的な議論が可能である．ただし，$\mathfrak{M}$ が T の超準モデルであれば $\mathbb{N} \subseteq_e \mathfrak{M}$ なので $\mathrm{Th}(T) \subseteq \mathrm{Th}_T(\mathfrak{M})$ であるが，$\mathrm{Th}(T) \neq \mathrm{Th}_T(\mathfrak{M})$ であれば $\mathrm{Th}_T(\mathfrak{M}) \not\subseteq \mathrm{TA}$ であることが示せる．つまり，$\mathbb{N} \models \mathrm{Th}_T(\mathfrak{M})$ でない[20]．

さて，S および T を 8.1 節で定めた理論とする．φ を $\mathcal{L}_A$ の文とすると $T \vdash \varphi$ と $\mathbb{N} \models \mathrm{Pr}_T(\ulcorner \varphi \urcorner)$ は同値である．また，$\mathrm{Pr}_T(\ulcorner \varphi \urcorner)$ は Σ_1 文なので，定理 8.3.12 から $T \vdash \varphi$ かつ $\mathrm{PA}^- \subseteq S$ ならば $S \vdash \mathrm{Pr}_T(\ulcorner \varphi \urcorner)$ となることが分かる．これは可導性条件 sD1 そのものであり，算術の超準モデルを用いた sD1 の証明が得られた．

不完全性定理は計算可能性に関わる様々な概念の定義可能性や表現可能性の上に成立する定理であるが，そうした定義可能性や表現可能性にとって最も重要な性質は Σ_1 完全性である．その Σ_1 完全性が，算術の超準モデルはすべて $\mathbb{N}$ の終拡大になっていること，つまり，$\mathbb{N}$ はすべての算術の超準モデルの始切片になっているという事実から導かれる．この事実は不完全性定理の成立と深く関わっている．

【注意 8.3.14】 この sD1 の証明には完全性定理が本質的に関わっている．完全性定理は ZFC で証明が可能であるが，適当に形式化すれば PA やその他の算術の体系の上で証明することも可能である．そして，PA 上などで形式化された完全性定理から sD3 を導くことも可能である[21]．

さて，$\mathfrak{M}$ が数学的帰納法を満たす場合には，$|\mathfrak{M}|$ の上に定められる順序をもう少し詳しく調べることができる．注意 6.3.5 で，PA^- の数学的帰納法を Σ_1 論理式に制限して得られる理論を $\mathrm{I}\Sigma_1$ と定めた．この $\mathrm{I}\Sigma_1$ で可証再

---

[20] 詳しくは菊池誠・倉橋太志 [26] を参照のこと．
[21] 詳しくは Kikuchi and Tanaka [171] を参照のこと．

帰的であることと原始再帰的であることが同値なので，$I\Sigma_1$ は有限の立場を形式化したものであると考えられている．この $I\Sigma_1$ よりもさらに弱い理論を考える．

〔定義 8.3.15〕 PA の数学的帰納法の適用範囲を開論理式，すなわち量化子を含まない論理式に制限して得られる理論を IOpen とする．また，PA の数学的帰納法の適用範囲を Δ_0 論理式に制限して得られる理論を $I\Delta_0$ とする．

定義から明らかに $PA^- \subseteq \text{IOpen} \subseteq I\Delta_0 \subseteq I\Sigma_1 \subseteq PA \subseteq ZF$ である．$I\Delta_0$ がどのような特徴を持つ理論であるのかは次節で詳しく説明することにして，この節では IOpen の超準モデルの基本的な性質を紹介する．

〔補題 8.3.16〕 $\mathfrak{M} \models \text{IOpen}$ とする．このとき，$\mathfrak{M} \models \forall y \exists x (2 \cdot x = y \lor 2 \cdot x + 1 = y)$ である．

(証明) $b \in |\mathfrak{M}|$ とする．量化子を持たない論理式 $2 \cdot x \leq y$ を $\varphi(x, y)$ とする．$\mathfrak{M} \models 2 \cdot 0 = 0$ なので，$\mathfrak{M} \models \varphi(0, b)$ が成り立つ．もしも $\mathfrak{M} \models \forall x (\varphi(x, b) \to \varphi(x+1, b))$ が成り立つならば，$\mathfrak{M} \models \text{IOpen}$ なので $\mathfrak{M} \models \forall x \varphi(x, b)$ となる．しかし，$\mathfrak{M} \models \neg \varphi(b, b)$ なので $\mathfrak{M} \models \exists x \neg \varphi(x, b)$ である．よって，$\mathfrak{M} \models \varphi(a, b) \land \neg \varphi(a+1, b)$ となる $a \in |\mathfrak{M}|$ が存在する．この a について，$\mathfrak{M} \models 2 \cdot a \leq b \land b < 2 \cdot (a+1)$ が成り立つ．$\mathfrak{M} \models 2 \cdot a = b$ ならば証明終わり．$\mathfrak{M} \models 2 \cdot a < b$ とする．$\mathfrak{M} \models b < 2 \cdot (a+1)$ なので $\mathfrak{M} \models 2 \cdot a + 1 = b$ となり証明終わり． □

$a \in |\mathfrak{M}| \setminus \mathbb{N}$ とする．$\mathfrak{M} \models a < 2 \cdot a$ であり，a の前後に $\mathbb{Z}$ の形に並んでいる $|\mathfrak{M}|$ の要素の集合と，$2 \cdot a$ の前後に $\mathbb{Z}$ の形に並んでいる $|\mathfrak{M}|$ の要素の集合の共通部分は空集合であった．補題 8.3.16 から $\mathfrak{M} \models 2 \cdot b = a \lor 2 \cdot b + 1 = a$ となる $b \in |\mathfrak{M}|$ の存在がいえる．この b の前後にも $\mathbb{Z}$ の形に $|\mathfrak{M}|$ の要素が並んでいて，その要素の集合と a の前後に $\mathbb{Z}$ の形に並んでいる $|\mathfrak{M}|$ の要素の集合の共通部分は空集合である．また，$a, b \in |\mathfrak{M}|$ とし，$n \in \mathbb{N}$ ならば $\mathfrak{M} \models a + n < b$ とする．このとき，補題 8.3.16 から $\mathfrak{M} \models 2 \cdot c = a + b \lor 2 \cdot c + 1 = a + b$ となる $c \in |\mathfrak{M}|$ の存在がいえて，この c について $\mathfrak{M} \models a < c \land c < b$ が成り立つ．この c の前後にも $\mathbb{Z}$ の形に

$|\mathfrak{M}|$ の要素が並んでいて，その要素の集合と a や b の前後に $\mathbb{Z}$ の形に並んでいる $|\mathfrak{M}|$ の要素の集合の共通部分は空集合である．

以上から，$\mathfrak{M} \models \text{IOpen}$ ならば $|\mathfrak{M}|$ の要素は，最初に $\mathbb{N}$ と同型になる集合が存在して，その後ろに $\mathbb{Z}$ を複製したものが無限に，$\cdots \mathbb{Z} \cdots \mathbb{Z} \cdots \mathbb{Z} \cdots$ というように，端点を持たない稠密な線形順序の形に並んでいることが分かる．特に $\mathfrak{M}$ が IOpen の可算超準モデルの場合には，$\mathfrak{M}$ を構成する $\mathbb{Z}$ の複製の数も可算無限個になる．そして例 3.5.6 (2) で紹介したように，端点を持たない稠密で可算な線形順序はすべて $\mathbb{Q}$ と同型なので，$\mathfrak{M}$ は $\mathbb{N}$ の後ろに $\mathbb{Z}$ が $\mathbb{Q}$ の順序に並んでいることが分かる．したがって，同型ではない IOpen の可算超準モデルを考えても，それらの演算などを落として順序構造と見たときには互いに同型である．このことから，IOpen の超準モデル上では和や積は順序だけを用いては定義可能でないことが分かる．ただし，0 と 1 は順序を用いて定義可能である．

PA の可算超準モデルは IOpen の可算超準モデルなので，PA の可算超準モデルの構造も完全に分かっている．しかし，和や積については次の定理が成り立つことが知られている[22]．

[定理 8.3.17] Tennenbaum の定理 (Tennenbaum's Theorem) $\mathbb{N}$ 上に再帰的な関数 $f_+, f_\times$ と再帰的な関係 $R_\leq$, $\mathbb{N}$ の要素 c_0, c_1 を定めて，$(\mathbb{N}; f_+, f_\times, c_0, c_1, R_\leq)$ を PA の超準モデルとすることはできない．

【注意 8.3.18】 和と積の両方が再帰的に定められた超準モデルが存在しないだけでなく，和のみが再帰的な超準モデル，積のみが再帰的に定められた超準モデルも存在しないことが知られている．なお，Tennenbaum の定理は $I\Delta_0$ の超準モデルに対しても成り立つが，IOpen の超準モデルについては成り立たないことが知られている．

ところで，R が離散的な順序環であるとき，$R_{\geq 0} = \{a \in R : a \geq 0\}$ 上に定められる $\mathcal{L}_A$ の構造は PA^- のモデルになる．この $R_{\geq 0}$ が PA のモデルであるかどうかを判定することは難しい．しかし，以下で紹介するように，

---

[22] この定理の証明は，例えば Kaye [168] pp. 153–157，田中一之他 [59] pp. 177–181 を参照のこと．

$R_{\geq 0}$ が IOpen のモデルになることの代数的な特徴付けは知られている.

R を離散的な順序環とするとき, R の商体の実閉包を $\mathrm{RC}(R)$ とする. ただし, 順序体の実閉包とはその順序体を包む最小の順序実閉体のことである. また, R を離散的な順序環とし, F を $R \subseteq F$ を満たす順序体とするとき, すべての $a \in F$ に対して $|a - b| < 1$ となる $b \in R$ が存在するならば, R は F の整数部分 (integer part) であるということにする. 例えば $\mathbb{Q}$ や $\mathbb{R}$ は順序体であるが, $\mathbb{Z}$ は $\mathbb{Q}$ や $\mathbb{R}$ の整数部分である. このとき, 次の定理が成り立つ[23].

[定理 8.3.19] Shepherdson の定理 (Shepherdson's Theorem) R を離散的な順序環とする. このとき, 以下の (1) と (2) は同値である.

(1) $R_{\geq 0} \models$ IOpen である.
(2) R は $\mathrm{RC}(R)$ の整数部分である.

〈例 8.3.20〉 例 8.3.6 で見たように, $\mathbb{Z}[X]$ を離散的な順序環と考える. $X/2 \in \mathrm{RC}(\mathbb{Z}[X])$ であるが, $|X/2 - f| < 1$ を満たす $f \in \mathbb{Z}[X]$ は存在しないので, $\mathbb{Z}[X]_{\geq 0}$ は IOpen のモデルではない.

さて, 一般に $T \not\vdash \varphi$ を示すためには $T + \neg\varphi$ のモデルの存在を示せばよい. 第二不完全性定理を証明するためにも, T が無矛盾で $\mathrm{PA} \subseteq T$ を満たす再帰的な理論であるとき, $T + \neg\mathrm{Con}(T)$ がモデルを持つことを示せばよい. しかし, 初等的に構成できる $\mathcal{L}_A$ の構造は大概の場合 $\mathbb{N}$ 上に再帰的な関数や関係を定めたもので, Tennenbaum の定理から $T + \neg\mathrm{Con}(T)$ はそのような構造をモデルには持たないことが分かる. そもそも $T + \neg\mathrm{Con}(T)$ のモデルを構成するという有限の立場を超える方法で第二不完全性定理を証明することの是非には議論もあろうが, いずれにせよ, $T + \neg\mathrm{Con}(T)$ のモデルを構成することは容易ではない.

ただし, 何もないところから T のモデルを具体的に作ることは難しくても, T が無矛盾であれば完全性定理により T は何らかの可算超準モデル $\mathfrak{M}$ を持つ. そして, そのような $\mathfrak{M}$ を適当な長さで切り取って $\mathfrak{N} \subseteq_e \mathfrak{M}$ となる

---

[23] この定理の証明は, 例えば van den Dries [225] を参照のこと. IOpen については竹内外史 [48] pp. 75–87 も参照のこと.

$\mathfrak{N} \models T$ を作る方法や，$\mathfrak{M}$ を伸ばして $\mathfrak{M} \subseteq_e \mathfrak{N}$ となる $\mathfrak{N} \models T$ を作る方法はいろいろある．そして，そのような方法を用いた不完全性定理の証明も知られている[24]．

なお，何らかの命題が PA などの理論から独立であることを示す道具であることが算術の超準モデルの唯一の存在意義である訳ではない．算術の超準モデルとは $\mathbb{N}$ とは異なる架空の自然数全体の集合である．もちろん，PA のモデルの中で $\mathbb{N}$ は特別である．$\mathbb{N}$ とその他の超準モデルが対等な立場にある訳ではなく，算術の超準モデルはあくまでも $\mathbb{N}$ の存在を前提とした上で成立する擬似的な架空の世界に過ぎない．しかし，実のところ我々は $\mathbb{N}$ とは何であるのかはよく知らない．超準モデルは $\mathbb{N}$ の在り方の可能性を示す小さな模型なのであって，我々が無反省に受け入れている信念から離れて自然数について考えるための道具である．

8.4 可述的な自然数論と限定算術

自然数を対象とする理論である算術や，集合を対象とする理論である集合論は数学の世界の写し絵である．もしも写し絵の描写は正確であれば正確であるほど優れているのなら，理論は強ければ強いほどよい．だからこそ，述語論理を用いた強さの追求には限界があり，述語論理を用いて数学の世界を正確に記述することは不可能であることを明らかにした Gödel の不完全性定理の影響は大きかった．そして，短絡的な見方であることを承知の上でいえば，例えば集合論における巨大基数に関する研究は不完全性定理が明らかにした限界の中でより強い公理を探す努力であるし，$T_0 = \mathrm{PA}$ とし，$n \in \mathbb{N}$ のとき $T_{n+1} = T_n + \mathrm{Con}(T_n)$ と定めることで理論の列 $T_0 \subseteq T_1 \subseteq T_2 \subseteq \cdots$ を構成することは TA に近づこうとする，強さを求める試みである[25]．

---

[24] Kreisel は完全性定理を PA 上で形式的に展開できることを用いて，$\mathfrak{M}$ から見て超準モデルになっている $\mathfrak{N}$ を構成することで第二不完全性定理を証明している．詳しくは Kreisel [179] pp. 381–383 および Smoryński [213] を参照のこと．関連する議論が Kreisel [178], Kaye [168], Kikuchi [169, 170], Kotlarski [176], Kikuchi, Kurahashi and Sakai [172] などにある．この他にもモデルを用いた第二不完全性定理の証明として Vopěnka [227], Jech [165] などがある．

[25] 算術におけるこの試みは Turing および Feferman に始まる．詳しくは Franzen [148]

しかし算術においては 1980 年代以降，単に強さを追い求めるだけでなく，弱い理論についても積極的に研究がなされるようになった．最も代表的な弱い算術は $I\Sigma_1$ である．$I\Sigma_1$ で可証再帰的な関数の集合は原始再帰的な関数全体の集合と一致していて，原始再帰的な関数のみを用いた証明を有限の立場による証明とする考え方がある．この考え方のもとで $I\Sigma_1$ は有限の立場を形式化したものであり，Hilbert のプログラムを数学的に議論するためには $I\Sigma_1$ が重要である．また，PA で証明可能な具体的な数学的命題のほとんどが $I\Sigma_1$ 上でも証明可能なことが経験的に知られている．二階算術についても興味を持たれているのは，注意 8.1.15 で紹介した逆数学のように，むしろ弱い理論である．

さて，Σ_1 文や Π_1 文の真偽を確定させるためには $\mathbb{N}$ 全体を参照する必要がある．もしも述語論理の上で展開される算術は $\mathbb{N}$ を公理的に定めるものであると考えるのなら，算術の非論理的公理の中に $\mathbb{N}$ 全体を参照する量化子が出現しても何も問題にはならない．しかし，算術の非論理的公理を定めることが「$\mathbb{N}$ とは何か」という問に答える試みであると考えるのなら，算術の非論理的公理の中に $\mathbb{N}$ 全体を参照する量化子が現れることは循環論法になる．一般に数学基礎論では循環論法を誘発しない表現は可述的であるといわれている．算術において，$\mathbb{N}$ 全体を参照することなく，具体的に書き下ろすことが可能な自然数のみに依存して真偽が決定される文を可述的な文と呼ぶことにする．文が可述的であることは 8.1 節で議論した命題が具体的であることと類似するが，この二つの概念の基本的な考え方は異なる．

Σ_1 文や Π_1 文は非可述的である．一方，補題 6.1.12 により Δ_0 文は $\mathbb{N}$ 上で量化子を含まない文と同値なので，Δ_0 文の真偽を決定するためには自然数の有限部分集合のみを参照すればよい．したがって，Δ_0 文は可述的である．自由変数に自然数を代入したときに可述的な文となる論理式を可述的な論理式と呼ぶことにすると，Δ_0 論理式は可述的である．そして，PA の数学的帰納法の適用範囲を Δ_0 論理式に制限して得られる理論が $I\Delta_0$ である．$I\Delta_0$ は可述的な算術と考えられている代表的な理論である．この $I\Delta_0$ は $I\Sigma_1$ よりも真に弱く，通常の証明は $I\Delta_0$ の上で直接形式化することはできない．

---

pp. 185–197, Lindström [186] pp. 52–57 を参照のこと．

8.4 可述的な自然数論と限定算術　269

一方，この $I\Delta_0$ および関連する理論の上での証明可能性の問題は計算量理論と深い関係を持つことが明らかにされており，それらの理論について1980年代以降，様々な手法を用いて積極的に研究がなされている[26]．

この $I\Delta_0$ および $I\Delta_0$ に関連する理論についての研究は限定算術 (Bounded Arithmetic) と呼ばれている．次の Parikh の定理が限定算術において最も基本的な定理である．

[**定理 8.4.1**] **Parikh の定理 (Parikh's Theorem)** $\varphi(x_1,\ldots,x_n,y)$ を Δ_0 論理式とし，$I\Delta_0 \vdash \forall x_1 \cdots \forall x_n \exists y \varphi(x_1,\ldots,x_n,y)$ とする．このとき，$I\Delta_0 \vdash \forall x_1 \cdots \forall x_n \exists y \leq t(x_1,\ldots,x_n)\varphi(x_1,\ldots,x_n,y)$ を満たす $\mathcal{L}_A$ の項 $t(x_1,\ldots,x_n)$ が存在する．

この定理を証明するために，次の補題を用意する．

[**補題 8.4.2**] $\mathfrak{M}$ および $\mathfrak{N}$ を $\mathcal{L}_A$ の構造とし，$\mathfrak{M} \models I\Delta_0$ とする．このとき，$\mathfrak{N} \subseteq_e \mathfrak{M}$ ならば $\mathfrak{N} \models I\Delta_0$ である．

(証明) PA^- の公理はすべて Π_1 文で $\mathfrak{M} \models PA^-$ なので，補題 8.3.11 から $\mathfrak{N} \models PA^-$ である．また，$\varphi(x)$ を Δ_0 論理式とし，$y_1,\ldots,y_n$ を $\varphi(x)$ に現れる x 以外の自由変数とすると，$\varphi(x)$ に対する数学的帰納法 $I_{\varphi(x)}$ は $\forall y_1 \cdots \forall y_n \forall x(\varphi(0) \wedge \forall z < x(\varphi(z) \to \varphi(z+1)) \to \varphi(x))$ と同値である．これは Π_1 文なので，$\mathfrak{M} \models I\Delta_0$ と補題 8.3.11 から $\mathfrak{N} \models I\Delta_0$ である． □

(定理 8.4.1 の証明) 簡単のため，$n=1$ とする．対偶を証明する．$\mathcal{L}_A$ のすべての項 $t(x)$ について $I\Delta_0 \not\vdash \forall x \exists y \leq t(x)\varphi(x,y)$ であるとする．このとき，$t(x)$ を $\mathcal{L}_A$ の項とすれば $I\Delta_0 + \exists x \forall y \leq t(x)\neg\varphi(x,y)$ は無矛盾なので，c を新しい定数記号とすれば，$I\Delta_0 + \forall y \leq t(c)\neg\varphi(c,y)$ は無矛盾である．そこで，c を新しい定数記号として，集合 $\{\forall y \leq t(c)\neg\varphi(c,y) : t(x)$ は $\mathcal{L}_A$ の項$\}$ を T とする．$I\Delta_0 \cup T$ がモデルを持つことを示す．

---

[26] 可述的な自然数論としての限定算術は1970年代の Parikh [198], Nelson [195] などの議論から始まる．もちろん，この可述的な自然数論という概念は哲学的な動機から生まれたものであるが，限定算術は命題論理の証明の長さの研究や計算量理論と結びつき，計算量理論の数学的な基礎理論として発展した．詳しくは Krajíček [177], Buss [130], Hájek and Pudlák [156] Part C, 竹内外史 [52, 53] などを参照のこと．

T' を T の有限部分集合とし，$T' = \{\forall y \leq t_i(c) \neg \varphi(c, y) : i = 1, 2, \ldots, n\}$ とする．$t(x) = t_1(x) + \cdots + t_n(x)$ とすると，$t(x)$ は $\mathcal{L}_A$ の項なので，$I\Delta_0 + \forall y \leq t(c) \neg \varphi(c, y)$ は無矛盾であり，完全性定理からモデル $\mathfrak{M}$ を持つ．$i = 1, 2, \ldots, n$ のとき $I\Delta_0 \vdash \forall x(t_i(x) \leq t(x))$ なので，$\mathfrak{M} \models \forall y \leq t_i(c) \neg \varphi(x, y)$ である．ゆえに $\mathfrak{M}$ は $I\Delta_0 \cup T'$ のモデルであり，コンパクト性定理により $I\Delta_0 \cup T$ はモデルを持つ．

$\mathfrak{M}$ を $I\Delta_0 \cup T$ のモデルとする．定数記号 c の $\mathfrak{M}$ 上での解釈を $a \in |\mathfrak{M}|$ とし，$|\mathfrak{M}|$ の部分集合 $\{b \in |\mathfrak{M}| : \mathcal{L}_A$ の項 $t(x)$ が存在して $\mathfrak{M} \models b \leq t(a)\}$ を $|\mathfrak{N}|$ とする．$|\mathfrak{N}|$ の定義から $|\mathfrak{N}|$ は $\mathfrak{M}$ 上の $+$ および $\cdot$ の解釈である関数について閉じているので，$|\mathfrak{N}|$ の上に $\mathfrak{M}$ の部分構造 $\mathfrak{N}$ が定められる．このとき $\mathfrak{N} \subseteq_e \mathfrak{M}$ であり，$\mathfrak{M} \models I\Delta_0$ なので補題 8.4.2 より $\mathfrak{N} \models I\Delta_0$ となる．また，$\mathfrak{M} \models T$ と $\mathfrak{N}$ の定義より $\mathfrak{N} \models \forall y \neg \varphi(a, y)$ である．ゆえに $\mathfrak{N} \models I\Delta_0 + \neg \forall x \exists y \varphi(x, y)$ となり，$I\Delta_0 \not\vdash \forall x \exists y \varphi(x, y)$ である． □

[系 8.4.3] $\varphi(x, y)$ を Σ_1 論理式とし，$I\Delta_0 \vdash \forall x \exists y \varphi(x, y)$ とする．このとき，$I\Delta_0 \vdash \forall x \exists y \leq t(x) \varphi(x, y)$ を満たす $\mathcal{L}_A$ の項 $t(x)$ が存在する．

(証明) $I\Delta_0 \vdash \forall x \exists y \varphi(x, y)$ とする．$\varphi(x, y)$ は Σ_1 論理式なので，$\varphi(x, y)$ が $\exists z_1 \cdots \exists z_n \psi(x, y, z_1, \ldots, z_n)$ となる Δ_0 論理式 $\psi(x, y, z_1, \ldots, z_n)$ が存在する．$I\Delta_0 \vdash \forall x \exists y \varphi(x, y)$ なので $I\Delta_0 \vdash \forall x \exists y \exists z_1 \cdots \exists z_n \psi(x, y, z_1, \ldots, z_n)$ であり，$u = y + z_1 + \cdots + z_n$ とすることで，$I\Delta_0 \vdash \forall x \exists u \exists y \leq u \exists z_1 \leq u \cdots \exists z_n \leq u \psi(x, y, z_1, \ldots, z_n)$ である．よって，Parikh の定理から $I\Delta_0 \vdash \forall x \exists u \leq t(x) \exists y \leq u \exists z_1 \leq u \cdots \exists z_n \leq u \psi(x, y, z_1, \ldots, z_n)$ となる $\mathcal{L}_A$ の項 $t(x)$ が存在する．ゆえに，$I\Delta_0 \vdash \forall x \exists y \leq t(x) \varphi(x, y)$ が成り立つ． □

$f : \mathbb{N} \to \mathbb{N}$ を全域的な再帰的関数とし，f は $I\Delta_0$ 上で可証再帰的であるとする．つまり，f のグラフ $\{(a, b) \in \mathbb{N}^2 : f(a) = b\}$ を $\mathbb{N}$ 上で定義する Σ_1 論理式 $\varphi(x, y)$ で，$I\Delta_0 \vdash \forall x \exists y \varphi(x, y)$ が成り立つものが存在すると仮定する．このとき上の系から，$I\Delta_0 \vdash \forall x \exists y \leq t(x) \varphi(x, y)$ となる $\mathcal{L}_A$ の項 $t(x)$ が存在する．$\mathcal{L}_A$ の項とは自然数を係数に持つ x の多項式である．したがって，$I\Delta_0$ で可証再帰的な関数の値は多項式で押さえられるので，冪 2^x や階乗 $x!$ は $I\Delta_0$ では可証再帰的ではない．大雑把にいうと $I\Delta_0$ で証明可能な命

題とは，冪や階乗のように多項式を超える早さで増加する関数は用いないで証明可能な命題である．

【注意 8.4.4】 注意 6.2.5 で紹介したように冪関数 x^y のグラフは Δ_0 集合である．Δ_0 帰納法を用いることで，$x^{y+z} = x^y \cdot x^z$ など冪関数に期待される基本的な計算法則は $\mathrm{I}\Delta_0$ 上で証明可能である．

$\mathrm{I}\Delta_0$ 上で証明可能かどうかが知られていない自然数に関する初等的な命題の代表的なものに，素数が無限に存在することがある．自然数 x が素数であることは $2 \leq x \land \forall y \forall z(y \cdot z = x \to y = 1 \lor z = 1)$ という Δ_0 論理式で書ける．この Δ_0 論理式を $\varphi(x)$ とすると，素数が無限に存在することは $\forall x \exists y(x < y \land \varphi(y))$ と書くことができる．このとき，$\mathbb{N} \models \forall x \exists y(x < y \land \varphi(y))$ が成り立つが，その既知の証明はいずれも $x!$ などの多項式よりも早く増加する関数が用いられているため，$\mathrm{I}\Delta_0$ 上では形式化できない．そこで，次の問題が考えられる．

⟨問題 8.4.5⟩ $\mathrm{I}\Delta_0 \vdash \forall x \exists y(x < y \land \varphi(y))$ は成り立つか．つまり，$\mathrm{I}\Delta_0$ 上で素数が無限に存在することは証明できるか．

もしも $\mathrm{I}\Delta_0 \vdash \forall x \exists y(x < y \land \varphi(y))$ であれば，Parikh の定理から $\mathcal{L}_A$ の項 $t(x)$ が存在して $\mathrm{I}\Delta_0 \vdash \forall x \exists y \leq t(x)(x < y \land \varphi(y))$ となる．実際，よく知られているように，$\forall x \exists y \leq 2 \cdot x(x < y \land \varphi(y))$ は正しく，自然数 a 以上の素数は $2 \cdot a$ 以下に存在する．また，自然数 b が素数かどうかは b 以下の自然数のみを参照することで確認できるので，$2 \cdot a$ 以下の自然数のみについて議論することで a よりも大きな素数の存在は示せるはずである．しかし，a と $2 \cdot a$ の間に素数が存在することの既知の証明はいずれも $2 \cdot a$ よりも大きな自然数を用いている．その大きな自然数は本当に必要なのか，と問うのが問題 8.4.5 である．

【注意 8.4.6】 数学の証明において自然数は二つの役割を担っている．一つは議論の対象としての自然数であり，例えば「$2^{31} - 1$ は素数か？」と問うときの $2^{31} - 1$ という自然数である．もう一つは証明を機能させるための自然数であり，例えば 10 通りに場合分けして証明するときの 10 という自然数

である．この二つの役割の区別は，注意 4.5.5 で論じた「数学的対象の世界」「数学」「哲学」という三層構造を考えるときの，「数学的対象の世界」に属する自然数と，「数学」で用いられる自然数の区別である．そして問題 8.4.5 が問うのは，自然数のこの二つの役割の区別であるようにも思われる．対象としての自然数は $2 \cdot a$ 以下を見ればよくても，証明を機能させるためには，より大きな自然数が必要になるのかも知れない．もちろん，二つの役割に応じて二種類の自然数があるという訳ではない．しかし，自然数の二つの役割は区別できるし，「証明とは何か」という問題について考える際には区別する必要があるのかも知れない．問題 8.4.5 について考えることは，この区別について考えることの手掛かりの一つである．

【注意 8.4.7】 数学ではどの分野でも，正しいことが既知である命題 φ について，限定された手法で φ を証明できるか，という形の問題がある．注意 8.1.15 で紹介した逆数学のように，数学基礎論には主にこの形の問題で構成されている分野もあるし，問題 8.4.5 も典型的なこの形の問題である．そして，この形の問題は解けてもあまり数学的な価値はないという考え方がある[27]．実際，ただ単に「どこまで仮定を弱められるのか」と問うだけであれば，この種の問題に大した意味はないのかも知れない．しかし，ある理論 S の上で φ が証明可能であるかどうかが，何らかの数学的ないし哲学的な帰結を導く場合もある．

注意 6.2.5 で紹介したように関数 2^x のグラフは Δ_0 集合である．そこで，$y = 2^x$ という関係を $\mathbb{N}$ 上で定義する Δ_0 論理式を $\gamma(x, y)$ とし，$\forall x \exists y \gamma(x, y)$ を Exp と書くことにする．自然数 x が素数であることを意味する Δ_0 論理式を $\varphi(x)$ とするとき，$\mathrm{I}\Delta_0 + \mathrm{Exp} \vdash \forall x \exists y (x < y \wedge \varphi(y))$ であることは直ちに分かる．また，冪のグラフが $\mathrm{I}\Delta_0$ 集合であることから関数 $x^{\log_2 x}$ のグラフも Δ_0 集合になる．そこで，$y = x^{\log_2 x}$ という関係を $\mathbb{N}$ 上で定義する Δ_0

---

[27] 例えば志村五郎は [44] pp. 136–137 で，「素数定理を複素解析を使わずに初等的に証明できるか」といった，昔からある「問題の解決に方法を限定しようとする試み」は，「実際的でも有用でもないと思われる．そういう努力のおかげで新しい方法が生まれて，別の問題に適用できるということもないわけではないが，今までの例でみると，あまり大したものは生まれていないようである」と語っている．

論理式を $\delta(x,y)$ とし，$\forall x \exists y \delta(x,y)$ を Ω_1 と書く．現在までに知られている問題 8.4.5 に関する最良の結果は，$I\Delta_0 + \Omega_1 \vdash \forall x \exists y (x < y \wedge \varphi(y))$ というものである[28]．

さて，$\varphi(x, y_1, \ldots, y_m)$ を $\mathcal{L}_A$ の論理式とし，$z_1, \ldots, z_k$ を $\varphi(x, y_1, \ldots, y_m)$ に現れる $x, y_1, \ldots, y_m$ 以外の自由変数とする．$y_1, \ldots, y_m$ を $\bar{y}$ と書き，$z_1, \ldots, z_k$ を $\bar{z}$ と書く．次の $\mathcal{L}_A$ の文を $\varphi(x, \bar{y})$ に対する堆積公理 (Collection Axiom) と呼び，$B_{\varphi(x,\bar{y})}$ と書く．

$$\forall \bar{z} \forall t (\forall x < t \exists \bar{y} \varphi(x, \bar{y}) \to \exists s \forall x < t \exists \bar{y} < s \varphi(x, \bar{y}))$$

もしも $m = 1$ であり，$\varphi(x,y)$ が関数のグラフを定義する場合には，$\varphi(x,y)$ に対する堆積公理は，$\varphi(x,y)$ が表す関数による有限集合 $\{0, 1, \ldots, t-1\}$ の像は有限集合 $\{0, 1, \ldots, s-1\}$ の部分集合になることを意味している．$n \in \mathbb{N}$ とする．集合 $\{B_\varphi(x, \bar{y}) : \varphi(x, \bar{y})$ は Σ_n 論理式 $\}$ を Coll_n と書き，$B\Sigma_n = I\Delta_0 \cup \mathrm{Coll}_n$ とする．$I\Sigma_n \subseteq B\Sigma_{n+1} \subseteq I\Sigma_{n+1}$ かつ $\mathrm{Th}(I\Sigma_n) \neq \mathrm{Th}(B\Sigma_{n+1}) \neq \mathrm{Th}(I\Sigma_{n+1})$ であり，$B\Sigma_{n+1}$ は $I\Sigma_n$ の Π_{n+2} 文についての保存的拡大であることが知られている[29]．特に $I\Delta_0 \subseteq B\Sigma_1 \subseteq I\Sigma_1$ であり，$B\Sigma_1$ は $I\Delta_0$ の Π_2 文についての保存的拡大である．したがって，$\varphi(x)$ を x が素数であることを意味する Δ_0 論理式とすると，次の補題が成り立つ．

[補題 8.4.8] $B\Sigma_1 \vdash \forall x \exists y (x < y \wedge \varphi(y))$ ならば $I\Delta_0 \vdash \forall x \exists y (x < y \wedge \varphi(y))$ である．

さて，$\mathfrak{M}$ および $\mathfrak{N}$ を $\mathcal{L}_A$ の構造とするとき，$\mathfrak{M} \subseteq_e \mathfrak{N}$ かつ $\mathfrak{N} \models \mathrm{PA}$ であれば，$\mathfrak{M} \models B\Sigma_1$ となることが知られている[30]．$\mathfrak{M} \models B\Sigma_1$ とする．$\mathfrak{M} \subseteq_e \mathfrak{N}$ となる $\mathfrak{N} \models \mathrm{PA}$ が存在するなら，$\mathfrak{N} \models \forall x \exists y (x < y \wedge y \leq 2 \cdot x \wedge \varphi(y))$ なの

---

[28] 自然数の集合 $\{0, \ldots, a\}$ から $\{0, \ldots, a-1\}$ への関数が単射でないことを鳩の巣原理 (Pigeonhole Principle) と呼び，Δ_0 論理式で定義可能な関数が鳩の巣原理を満たすことを主張する $\mathcal{L}_A$ の文の集合を Δ_0-PHP と書く．$I\Delta_0 + \Omega_1 \vdash \forall x \exists y (x < y \wedge \varphi(y))$ という結果は，$I\Delta_0 + \Delta_0$-PHP $\vdash \forall x \exists y (x < y \wedge \varphi(y))$ および $I\Delta_0 + \Omega_1 \vdash \Delta_0$-PHP という二つの事実から導かれる．$I\Delta_0 \vdash \Delta_0$-PHP かどうかは知られていない．詳しくは Paris, Wilkie and Woods [197] を参照のこと．

[29] Paris と Friedman の定理．証明は Kaye [168] pp. 137–138 を参照のこと．

[30] 証明は Kaye [168] p. 135 を参照こと．

で, $\mathfrak{M} \models \forall x \exists y(x < y \wedge \varphi(y))$ となる. また, Löwenheim-Skolem の定理によって, すべての $\mathrm{B}\Sigma_1$ のモデルに対して初等的同値な $\mathrm{B}\Sigma_1$ の可算モデルが存在する. したがって, すべての可算な $\mathfrak{M} \models \mathrm{B}\Sigma_1$ に対して, $\mathfrak{M} \subseteq_e \mathfrak{N}$ となる $\mathfrak{N} \models \mathrm{PA}$ が存在すれば, 問題 8.4.5 は肯定的に解ける. しかし, $\mathfrak{M} \subseteq_e \mathfrak{N}$ となる $\mathfrak{N} \models \mathrm{PA}$ が存在しない可算な $\mathfrak{M} \models \mathrm{B}\Sigma_1$ が存在する.

【注意 8.4.9】 $\mathrm{I}\Delta_0$ よりも弱い IOpen では, 素数についてはほとんど何も証明できないことが知られている. 例えば, 素数の集合が上に有界な IOpen の超準モデルや, 双子素数の集合が上限を持たない IOpen の超準モデルの存在が知られている[31]. ただし, この事実の面白さは, 結果そのものよりも IOpen の超準モデルの数学的な構成方法にある. 素数の集合は Δ_0 論理式では定義できても開論理式では定義できないので, IOpen で素数に関する事実が何も証明できないことは特に驚くべき事実ではない. IOpen はとても弱く, IOpen 上では $\sqrt{2}$ が無理数であることも証明できない. つまり, $\mathfrak{M} \models \exists x \exists y(x \cdot y \neq 0 \wedge x^2 = 2 \cdot y^2)$ となる IOpen の超準モデル $\mathfrak{M}$ が存在する.

ところで, Buss は $\mathrm{I}\Delta_0 + \Omega_1$ と同等である S_2 と呼ばれる理論と, S_2 の部分理論の列 $S_2^1 \subseteq S_2^2 \subseteq \cdots \subseteq S_2$ を定義し, これらの理論でも第二不完全性定理が成り立つことと, および, これらの理論の列が真の増加列になること, すなわち $\mathrm{Th}(S_2^1) \neq \mathrm{Th}(S_2^2) \neq \cdots \neq \mathrm{Th}(S_2)$ であることを示せば, 計算量理論の基本問題の一つが解けることを示した[32]. 理論を分離する最も基本的な方法は第二不完全性定理を用いることである. もしも $S_2^2 \vdash \mathrm{Con}(S_2^1)$ が成り立てば, $\mathrm{Th}(S_2^1) \neq \mathrm{Th}(S_2^2)$ であることになる. しかし, この方法は上手くいかない. Paris と Wilkie は $\mathrm{I}\Delta_0 + \Omega_1 \not\vdash \mathrm{Con}(\mathrm{I}\Delta_0 + \Omega_1)$ が成り立つだけでなく, $\mathrm{I}\Delta_0 + \Omega_1 \not\vdash \mathrm{Con}(\mathrm{PA}^-)$ も成り立つことを示した[33]. $\mathrm{PA}^- \subseteq S_2^1$ なので, この結果から $S_2^2 \not\vdash \mathrm{Con}(S_2^1)$ であることが分かる. 限定算術の理論を分離するためには不完全性定理は無力である.

---

[31] 詳しくは Macintyre and Marker [187] を参照のこと.
[32] 詳しくは Buss [130], 竹内外史 [52] などを参照のこと.
[33] 詳しくは Paris and Wilkie [228] を参照のこと.

限定算術において理論を分離するために第二不完全性定理が通用しないのは，T の無矛盾性を表す文 $\mathrm{Con}(T)$ が強過ぎるからである．この強さの原因は $\mathrm{Con}(T)$ が Π_1 文であり，$\mathbb{N}$ 全体を参照する量化子が用いられていることにある．限定算術の問題は量化子の取り扱いにあり，これは 8.2 節の議論における現実的な証明についての問題でもある．現実的な証明という哲学的な問題が，限定算術の理論を分離するという数学的な問題に繋がっている．

8.5　整数・有理数・実数

自然数は最も素朴で最も基本的な数学的対象であり，不完全性定理は自然数全体の集合 $\mathbb{N}$ を理解しようとする試みの中から生まれた定理である．$\mathbb{N}$ を用いて整数全体の集合 $\mathbb{Z}$ や有理数全体の集合 $\mathbb{Q}$，そして実数全体の集合 $\mathbb{R}$，複素数全体の集合 $\mathbb{C}$ を定義することができる．$\mathbb{N}$ から数学の世界の主要部分が構成される．ただし，整数や有理数が有限個の自然数の組で表現でき，有限個の自然数の組は一つの自然数でコード化できるので算術の言語を用いても整数や有理数についての議論ができるのに対して，実数を構成するためには自然数の無限集合が必要であり，$\mathbb{N}$ を用いた構成をもとに $\mathbb{R}$ や $\mathbb{C}$ についての議論をするためには，集合論や 2 階算術 Z_2 のように，自然数の集合を形式的に扱うことができる枠組みが必要である．

ところで，$\mathbb{Z}$ は単位元を持つ環であり，順序環である．$\mathbb{Q}$ は $\mathbb{Z}$ の商体であって，$\mathbb{R}$ は順序実閉体，$\mathbb{C}$ は標数 0 の代数的閉体である．加法に関する逆元を持たない $\mathbb{N}$ と違って，これらの構造は代数的な観点から詳しく調べられている．そして，環や体の公理は演算 $+, \cdot$ を用いて述語論理の論理式で表現できるので，代数的な構造としての $\mathbb{Z}$ や $\mathbb{Q}, \mathbb{R}, \mathbb{C}$ についての議論は $\mathbb{N}$ を用いた構成を介さずに直接，述語論理の理論として形式的に展開することができる．以下では，これらの代数的な構造と $\mathbb{N}$ との関係を不完全性定理の文脈で紹介する．

まず $\mathbb{Z}$ について考える．定義 3.2.2 で定めた環の言語 $\mathcal{L}_R = \{+, -, \cdot, 0, 1\}$ を考え，標準的な和，積と $0, 1 \in \mathbb{Z}$ によって $\mathbb{Z}$ を $\mathcal{L}_R$ の構造と見る．

[補題 8.5.1]　$\mathbb{N} = \{a \in \mathbb{Z} : \mathbb{Z} \models \sigma(a)\}$ となる $\mathcal{L}_R$ の論理式 $\sigma(x)$ が存在

する．

(証明) $a \in \mathbb{Z}$ とする．$a \geq 0$ ならば Lagrange の四平方数定理により，$a = (a_1)^2 + \cdots + (a_4)^2$ となる $a_1, \ldots, a_4 \in \mathbb{Z}$ が存在する．したがって，$\sigma(x)$ を $\exists y_1 \cdots \exists y_4 (x = (y_1)^2 + \cdots + (y_4)^2)$ とすれば，$\mathbb{N} = \{a \in \mathbb{Z} : \mathbb{Z} \models \sigma(a)\}$ である． □

[系 8.5.2] $\mathrm{Th}(\mathbb{Z})$ は決定可能ではない．

(証明) φ を $\mathcal{L}_A$ の文とし，$\sigma(x)$ を補題 8.5.1 で存在が示された $\mathcal{L}_R$ の論理式とする．まず φ に現れる原子論理式 $s \leq t$ をすべて $\exists x(s + x = t)$ に書き換えた $\mathcal{L}_A$ の文を φ' とする．次に，φ' に現れる量化子 $\forall x(\cdots)$ および $\exists x(\cdots)$ をすべて $\forall x(\sigma(x) \to \cdots)$ および $\exists x(\sigma(x) \wedge \cdots)$ に書き換えて得られる $\mathcal{L}_R$ の文を φ^σ とする．このとき，$\mathbb{N} \models \varphi$ と $\mathbb{Z} \models \varphi^\sigma$ は同値になる．よって，もしも $\mathrm{Th}(\mathbb{Z})$ が決定可能であれば $\mathrm{Th}(\mathbb{N})$ も決定可能になる．しかし系 7.3.11 により $\mathrm{Th}(\mathbb{N})$ は決定可能ではない．ゆえに $\mathrm{Th}(\mathbb{Z})$ は決定可能ではない． □

$\mathbb{Q}$ についても $\mathbb{Z}$ と同様のことが成り立つ．J. Robinson による次の定理は $\mathbb{Q}$ 上でも $\mathbb{N}$ が定義可能であることを主張するものである．ただし，その証明は $\mathbb{Z}$ の場合と比べるとかなり複雑であり，本書では紹介しない[34]．

[定理 8.5.3] **J. Robinson の定理 (J. Robinson's Theorem)** $\mathbb{N} = \{a \in \mathbb{Q} : \mathbb{Q} \models \sigma(a)\}$ となる $\mathcal{L}_R$ の論理式 $\sigma(x)$ が存在する．

$\mathbb{Z}$ の場合と同様に，この定理から次の系が得られる．

[系 8.5.4] $\mathrm{Th}(\mathbb{Q})$ は決定可能ではない．

【注意 8.5.5】 定理 8.5.3 は Hasse-Minkowski の定理を用いて証明される．数学基礎論においても最近のモデル論などでは $\mathbb{R}$ や $\mathbb{C}$ などに関わる深い数学的事実を用いた議論は珍しくはない．しかし，不完全性定理に関係する話題では今でも，結果自身は初等的ではなくても証明に用いられる数学的な事

---

[34] 定理 8.5.3 の証明は詳しくは Flath and Wagon [145] を参照のこと．

実は初等的である場合が多い．定理 8.5.3 は初等的ではない数学的な事実を用いて証明される不完全性定理に関わる珍しい定理である．

Th($\mathbb{Z}$) および Th($\mathbb{Q}$) は決定可能ではなく，その二つの事実はいずれも Th($\mathbb{N}$) が決定可能でないという事実から導かれる．しかし $\mathbb{R}$ に関する状況は完全に異なる．順序環の言語 $\mathcal{L}_{OR} = \{+, -, \cdot, 0, 1, \leq\}$ を考え，標準的な和，積，順序と $0, 1 \in \mathbb{R}$ によって $\mathbb{R}$ を $\mathcal{L}_{OR}$ の構造と考える．また，RCOF を定義 3.2.17 で定めた順序実閉体の理論とする．まず，次の定理が成り立つ．

[定理 8.5.6] 順序実閉体の量化子除去定理 (Quantifier Elimination Theorem for Real Closed Ordered Fields)　φ を $\mathcal{L}_{OR}$ の論理式とし，$x_1, \ldots, x_n$ を φ に現れる自由変数とする．このとき，$x_1, \ldots, x_n$ を自由変数に持ち，量化子を含まない $\mathcal{L}_{OR}$ の論理式 ψ が存在して，RCOF $\vdash \forall x_1 \cdots \forall x_n (\varphi \leftrightarrow \psi)$ となる．

この定理は，議論は煩雑にはなるが，論理式の複雑さに関する帰納法で具体的かつ構成的に証明することができる．また，量化子除去が可能であることのモデル論的な条件を用いて簡単に，ただし非構成的に証明することもできる．いずれにせよ，この定理の証明は本書では省略する[35]．さて，φ が量化子を持たない $\mathcal{L}_{OR}$ の文のときには，命題結合子の数に関する帰納法で容易に RCOF $\vdash \varphi$ または RCOF $\vdash \neg\varphi$ であることが示せる．したがって，例 3.4.12 で紹介したように，定理 8.5.6 から RCOF は完全であり，決定可能であることが分かる．また，$\mathbb{R}$ を $\mathcal{L}_{OR}$ の構造と考えるとき，$\mathbb{R} \models$ RCOF なので Th($\mathbb{R}$) = Th(RCOF) となり，次の系が得られる．

[系 8.5.7]　Th($\mathbb{R}$) は決定可能である．

【注意 8.5.8】　量化子除去定理が成り立つかどうかは言語の選択に強く依存する．例えば，環の言語 $\mathcal{L}_R$ の理論 RCF を考える．$\mathcal{L}_{OR} = \mathcal{L}_R \cup \{\leq\}$ であり，RCF $\subseteq$ RCOF である．そして，例 3.4.12 および注意 3.4.14 で紹介したよ

---

[35] 構成的だが複雑な証明方法については，例えば新井敏康 [8] pp. 465–471 を参照のこと．モデル論的で一般的な条件を用いる非構成的な証明方法については，例えば Chang and Keisler [133] pp. 202–206 を参照のこと．

うに，実閉体上では順序が一意的に定義されて実閉体となり，RCF は完全である．$\mathbb{R}$ を $\mathcal{L}_R$ の構造とみる．$\mathbb{R} \models \text{RCF}$ であるが，集合 $\{a \in \mathbb{R} : 0 \leq a\}$ は $\mathbb{R}$ 上で x を自由変数に持つ $\mathcal{L}_R$ の論理式 $\exists y(x = y \cdot y)$ で定義される．しかし，この集合 $\{a \in \mathbb{R} : 0 \leq a\}$ は $\mathbb{R}$ 上で $\mathcal{L}_R$ の開論理式では定義できないので，RCF では量化子除去定理は成り立たない．

系 8.5.7 より，$\mathbb{Z}$ や $\mathbb{Q}$ の場合とは異なり，$\mathcal{L}_A$ の論理式 φ に対して $\mathcal{L}_{OR}$ の論理式 φ^σ を構成して，$\mathbb{N} \models \varphi$ と $\mathbb{R} \models \varphi^\sigma$ が同値とすることはできないことが分かる．つまり，$\mathbb{N} \subseteq \mathbb{R}$ であるが，$\mathcal{L}_A$ の理論 $\text{Th}(\mathbb{N})$ は $\mathcal{L}_{OR}$ の理論 $\text{Th}(\mathbb{R})$ には翻訳できず，$\text{Th}(\mathbb{N})$ は $\text{Th}(\mathbb{R})$ の一部分であるとは考えられない．また，このことから，$\mathbb{N}$ は $\mathbb{R}$ 上では $\mathcal{L}_{OR}$ の論理式では定義可能でないことが分かる．なお，注意 3.4.15 で紹介したように，定理 8.5.6 から $\mathcal{L}_{OR}$ の論理式で定義可能な $\mathbb{R}$ の部分集合は有限個の点と有限個の開区間の和集合に限られることが示せて，このことからも，$\mathbb{N}$ は $\mathbb{R}$ 上で定義可能でないことが分かる．

【注意 8.5.9】 $\mathbb{C}$ についても $\mathbb{R}$ と同様である．すなわち，環の言語 $\mathcal{L}_R$ を考え，$\mathbb{C}$ を $\mathcal{L}_R$ の構造とみるとき，標数 0 の代数的閉体の理論 ACF_0 でも量化子除去が成り立つ．このことから ACF_0 は完全であり，決定可能であることが分かる．また，$\mathbb{C} \models \text{ACF}_0$ なので $\text{Th}(\mathbb{C}) = \text{Th}(\text{ACF}_0)$ であり，$\text{Th}(\mathbb{C})$ も決定可能である．ゆえに，$\mathcal{L}_A$ の理論 $\text{Th}(\mathbb{N})$ は $\mathcal{L}_R$ の理論 $\text{Th}(\mathbb{C})$ には翻訳できない．

さて，$(0, 1) = \{a \in \mathbb{R} : 0 < a < 1\}$ として，$a \in (0, 1)$ を 2 進数展開したときの小数第 n 桁目を a_{n-1} とする．このとき $a^\mathbb{N} = \{n \in \mathbb{N} : a_n = 1\}$ と定めると，$a, b \in (0, 1)$ のとき，$a \neq b$ ならば $a^\mathbb{N} \neq b^\mathbb{N}$ であり，$(0, 1)$ に属する実数 a に $\mathbb{N}$ の部分集合 $a^\mathbb{N}$ を対応させることができる．また，$(0, 1)$ と $\mathbb{R}$ の間には全単射が存在するので，$\mathbb{R}$ の代数構造や位相構造を無視すれば，$\mathbb{R}$ を $\mathbb{N}$ の冪集合 $\mathcal{P}(\mathbb{N})$ の部分集合と見なすことができる．$\mathbb{N}$ と $\mathcal{P}(\mathbb{N})$ を扱う理論が注意 8.1.15 で紹介した 2 階算術であった．2 階算術は $\mathcal{P}(\mathbb{N})$ についての理論であるという意味で実数論である．そして，2 階算術として実数論を展開する場合には不完全性定理が成立する．

8.6 Kolmogorov 複雑性　279

【注意 8.5.10】 $\mathcal{P}(\mathbb{N})$ を考えることは大きな無限集合を考えることの第一歩であって，$\mathcal{P}(\mathbb{N})$ は集合論の重要な研究対象の一つである．$S \subseteq \mathcal{P}(\mathbb{N})$ を無限集合とするとき，$\mathbb{N}$ と S の間に全単射が存在しなければ，$\mathcal{P}(\mathbb{N})$ と S の間に全単射が存在する，というのが連続体仮説である．この連続体仮説について考えるためには ZF のような理論が必要であるが，連続体仮説は ZF についての問題であるというよりは $\mathcal{P}(\mathbb{N})$ についての，そして実数についての問題である．

8.6　Kolmogorov 複雑性

　記号の有限列は自然数でコード化できて，コードとしての自然数はコード化される記号列が持つ情報を含むと考えられる．一般に，記号の有限列が持つ情報を数学的に分析することは難しいが，単純なものの見方では，短い文字列に含まれる情報は少なく，多くの情報を表現するためには長い文字列が必要である．この考え方で定義される自然数に含まれる情報量の概念が，本節で紹介する Kolmogorov 複雑性である．

　さて，コード化とは計算の一種である．コード化という計算を考える場合，常識的にはコード化される文字列が入力で，コードが出力である．しかし，見方を少し変えると，コード化される記号の有限列とはコード化を実行するためのプログラムであり，その記号の有限列のコードが，そのプログラムの出力であるとも考えられる．そして，プログラムを入力すると，そのプログラムを実行して計算結果を求める計算機が万能 Turing 機械である．コード化される文字列をプログラムと見る考え方のもとでは，Kolmogorov 複雑性とは万能 Turing 機械に関わる概念である[36]．

　Turing 機械 f を 0 と 1 の有限列で表現して，その表現を f のプログラムと呼ぶ．さらに f のプログラムを自然数の 2 進数表現だと考え，f のプログラムで表される自然数を f の Gödel 数と呼ぶことにして $\lceil f \rceil$ と書く．$\log_2(\lceil f \rceil)$ を f の長さと呼び，f の出力を $[f]$ と書く．入力の項数が

---

[36] Kolmogorov 複雑性の理論は様々な概念と結びついて豊穣な世界を築いている．詳しくは Li and Vitányi [185] を参照のこと．

0 の Turing 機械に対する万能 Turing 機械が $V_0(x)$ であった．この V_0 は Turing 機械の Gödel 数の定め方によって変化するが，以下では万能 Turing 機械 $V_0(x)$ を一つ固定する．なお，万能 Turing 機械に入力されるのはプログラムそのものではなく，プログラムのコードである．つまり，f を入力を持たず自然数を出力する Turing 機械とすると，$V_0(\lceil f \rceil) = [f]$ である．

〔定義 8.6.1〕 $a \in \mathbb{N}$ とする．a を出力する入力を持たない Turing 機械のプログラムの長さの最小値を a の Kolmogorov 複雑性 (Kolmogorov complexity) といい，$K(a)$ と書く．

【注意 8.6.2】 自然数 a の Kolmogorov 複雑性 $K(a)$ の値は万能 Turing 機械の選択によって変化する．例えば，a がどのような自然数であっても，一つの命令で a を出力する特殊な万能 Turing 機械を考えることができて，その万能 Turing 機械を用いて Kolmogorov 複雑性を定義すれば $K(a) = 1$ となる．Kolmogorov 複雑性の概念とは，自然数に含まれる普遍的な意味での情報量を表す概念ではない．

【注意 8.6.3】 長さの概念を持ち出さず，a を出力する Turing 機械の Gödel 数の最小値として a の Kolmogorov 複雑性 $K(a)$ を定義することもできる．Kolmogorov 複雑性はプログラムの長さで定義したほうが感覚的に理解し易いが，Gödel 数で定義したほうが再帰的関数に関する様々な定理を用いることができて数学的には議論を展開し易い[37]．

さて，$a \in \mathbb{N}$ とする．プログラム中に a 自身を書き込むことで a を出力するプログラムが書ける．このプログラムは a を 2 進数で書くための長さ $\log_2 a$ の部分と，a を出力するための制御部分からなる．制御部分は a の値によらず共通に書くことができるので，次の補題が成り立つ．

〔補題 8.6.4〕 $a \in \mathbb{N}$ ならば $K(a) \leq \log_2 a + C$ となる $C \in \mathbb{N}$ が存在する．

次に，$b \in \mathbb{N}$ とする．長さが b 未満のプログラムは有限個しか存在せず，

---

[37] この方法で定義された Kolmogorov 複雑性について，詳しくは篠田寿一 [43] pp. 84–85, Oddifreddi [196] pp. 151–152, pp. 261–263 などを参照のこと．

一つのプログラムは一つの自然数しか出力しないので，$b \leq K(a)$ となる $a \in \mathbb{N}$ が存在する．したがって，次の補題が成り立つ．

[補題 8.6.5]　$\{K(a) : a \in \mathbb{N}\}$ は上に有界ではない．

ところで，$K(x) < y$ であることは，長さ y 未満のプログラムを持つ Turing 機械 f と，終了状態に至る f の計算過程が存在して，その計算過程から得られる出力は x である，ということである．万能 Turing 機械が定める関数のグラフは Σ_1 論理式で書けるので，この $K(x) < y$ という主張も Σ_1 論理式で書くことができる．混乱の恐れがない場合には，この Σ_1 論理式を $K(x) < y$ と書く．このとき $\neg(K(x) < y)$ は Π_1 論理式になるが，この Π_1 論理式を $y \leq K(x)$ と書く．

[定理 8.6.6]　**Chaitin の不完全性定理 (Chaitin's Incompleteness Theorem)**　T を $\mathtt{PA} \subseteq T$ を満たす再帰的で無矛盾な $\mathcal{L}_A$ の理論とする．このとき $b \in \mathbb{N}$ が存在して，$a \in \mathbb{N}$ ならば $T \not\vdash b \leq K(a)$ である．

補題 8.6.5 により，この定理で存在が示されている $b \in \mathbb{N}$ に対しても $\mathbb{N} \models b \leq K(a)$ を満たす $a \in \mathbb{N}$ が存在する．この a についても $T \not\vdash b \leq K(a)$ となるので，$b \leq K(a)$ は正しいが T 上では証明できない命題である．そして，正しいが T 上では証明できない命題の存在が示されているという意味で，Chaitin の定理は不完全性定理の一種である．なお，Kolmogorov 複雑性についての理論はアルゴリズム情報論と呼ばれ，Chaitin の定理は不完全性定理の情報論的解釈であるといわれている．

(定理 8.6.6 の証明)　$b \in \mathbb{N}$ とする．次のような動作をする入力を持たない Turing 機械 f を作る．

> T の証明を次々と生成して T の定理を順々に求める．$b \leq K(a)$ という形の T の定理が最初に得られたときに，a を出力して停止する．

この f のプログラムの長さは b の値によって変化するが，大きな数を短い文字数で表現することで，f のプログラムの長さが b 未満になるように b を選び，f のプログラムを書くことができる．

この f が a を出力して停止したとする．a は長さ b 未満のプログラムを持つ Turing 機械によって出力されているので，$\mathbb{N} \models K(a) < b$ である．一方，$b \leq K(a)$ は Π_1 文であり，f が a を出力したので $T \vdash b \leq K(a)$ である．T は無矛盾なので補題 6.1.16 により Π_1 健全である．よって，$\mathbb{N} \models b \leq K(a)$ となり矛盾する．したがって f は停止しない．ゆえに，$a \in \mathbb{N}$ ならば $T \not\vdash b \leq K(a)$ である． □

【注意 8.6.7】 一般にプログラムの書き方を自然に定めれば，$S \subseteq T$ のときには，定理の条件を満たす $b \in \mathbb{N}$ の値の最小値は T よりも S のほうが小さい．したがって，その最小値はある意味で T の強さを表現している．しかし，この最小値はプログラムのコード化の方法によって変化するので，T の強さを普遍的に表現するものではない[38]．

Turing 機械 f が自然数 a を出力することを f が a を定義することだと考える．このとき Chaitin の定理の証明は，b を適当に選べば，もしも $T \vdash b < K(a)$ であるとすると，「長さ b 未満のプログラムを持つ Turing 機械では定義できない自然数 a が，長さ b 未満のプログラムを持つ Turing 機械で定義されることになる」という結論が導かれる，というものであると要約できる．したがって Chaitin の定理の証明は，「100 字以内では定義できない最小の自然数は 100 字以内で定義されている」という「Berry の逆理」を形式化したものであると考えることもできる[39]．

さて，もしも a が 10^{10} のように簡単な計算方法を持つ自然数であれば，a が大きな数であっても a を出力する短いプログラムが存在する．一方，a を出力する短く簡単に表現方法できる計算方法が存在せず，a を出力する方法がプログラム中に a を書き込むことに限られるのなら，$\log_2 a \leq K(a)$ となる．そこで，次のように定義する．

〔定義 8.6.8〕 $a \in \mathbb{N}$ とする．$\log_2 a \leq K(a)$ のとき，a は乱数 (random number) であるということとする．

---

[38] この議論について詳しくは，van Lambalgen [226], Raatikainen [204], Ibuka, Kikuchi and Kikyo [164] を参照のこと．

[39] 詳しくは Chaitin [132] を参照のこと．

このとき，次の定理が成り立つ．

[定理 8.6.9] 無限に多くの乱数が存在する．

(証明) $a \in \mathbb{N}$ とする．長さが a 未満のプログラムを持つ Turing 機械は 2^a 個未満しか存在しない．そのような Turing 機械の全体からなる集合を $\{f_0, f_1, \ldots, f_n\}$ とする．$n+1 < 2^a$ である．$\mathbb{N} \setminus \{[f_0], [f_1], \ldots [f_n]\}$ の最小値を b とする．明らかに $b \le n+1$ である．このとき $b < 2^a$ となるので，$\log_2 b < a$ である．また，$f_0, f_1, \ldots, f_n$ の中には b を出力する Turing 機械は存在しないので，$a < K(b)$ である．したがって $\log_2 b < K(b)$ となるので，b は $a < K(b)$ を満たす乱数である．また，$a \in \mathbb{N}$ には条件が無いので，乱数は無限に存在する． □

集合 $\{a \in \mathbb{N} : a \text{ は乱数}\}$ を R とし，$N = \mathbb{N} \setminus R$ とする．このとき $N = \{a \in \mathbb{N} : K(a) < a\}$ である．$K(x) < y$ は Σ_1 論理式で書けるので N は $\mathbb{N}$ 上で Σ_1 論理式で定義可能であり，再帰的可算である．そして N は再帰的でないことが証明できる[40]．すなわち，Kolmogorov 複雑性を用いて再帰的可算だが再帰的でない集合の存在を示すことができる．この集合の存在と定理 7.3.19 から直ちに第一不完全性定理が得られるが，この集合の存在から第二不完全性定理を証明することもできる[41]．

8.7 不完全性定理の有限的性質

さて，$\mathcal{L}$ と T を第 7 章で論じた言語と理論とする．すなわち，$\mathcal{L}$ は $\mathcal{L}_A$ を含み Gödel 数を伴う言語とし，T を PA を含む $\mathcal{L}$ の再帰的な理論とする．不完全性定理についての哲学的な議論では，不完全性定理が有限の立場で形式化が可能な構文論的な定理であり，有限的に証明された定理であることがしばしば話題になる．また，これまでにも紹介したように，不完全性定理については構文論的な無矛盾性と $\mathbb{N}$ 上の真偽の概念を必要とする Σ_1 健全性の違いや，構文論的な第一不完全性定理と意味論的な「真であるが証明可能

---

[40] 証明は篠田寿一 [43] pp. 84–85, Odifreddi [196] pp. 261–262 を参照のこと．
[41] 詳しくは Kikuchi [170], Kikuchi, Kurahashi and Sakai [172] を参照のこと．

でない命題が存在する」という主張の違いが話題になる．しかし，これらの性質や主張の違いが具体的に何を意味しているのかについては注意深い議論が必要である．

不完全性定理の構文論的ないし有限的な性質という話題に関しては，互いに関連する以下のような概念もしくは性質がある．

(1) N 上の真偽を参照しないこと．
(2) 構文論的であること．
(3) 有限的であること．
(4) 形式化可能であること．
(5) 計算可能性の概念で議論できること．

一般に言葉に関する議論は，意味論と構文論に区別されている．述語論理において真偽に関わる議論は意味論であると考えられているので，算術において (1) は (2) と同義であるとされている．また，構文論は言葉の表現についての議論であり，言葉の表現とは記号の有限列としての言葉の表現のことであるため，構文論的であることは有限的であることに繋がる．すなわち (2) から (3) が得られる．そして，有限的であることから形式化が可能になり，さらに，有限的であることから証明の概念を計算可能性の概念を用いて議論できるようになる．つまり，(3) であることから，(4) および (5) が導かれる．もちろん，この図式は (1) から (5) という性質の関係を単純化し過ぎているが，ともかく不完全性定理の証明では (1) から (5) という性質がすべて成り立ち，その基礎となっているのが N 上の真偽を参照していないことであると考えられている．

しかし，自然数に関する構文論的な議論が N 上の真偽の概念を参照していないことは見かけ上のことでしかない．算術を構文論的に展開するためには N との縁を切る必要があるが，記号の有限列という概念を正確に定義するためには自然数の概念が必要であり，構文論には N が必要である．自然数と無縁な事柄を話題にする文章については意味論と構文論を明確に区別することもできよう．しかし，自然数論については事情が異なる．算術を純粋に構文論的に展開しようとしても，対象としての自然数と道具としての自然数が重なり，簡単に N との関係を断つことはできない．

8.7 不完全性定理の有限的性質

注意 7.3.9 で紹介ように，証明可能性について論じることは $\Pr_T(\ulcorner \varphi \urcorner)$ という形をした Σ_1 文の $\mathbb{N}$ 上の真偽を論じることに他ならない．したがって，$\mathbb{N}$ 上の真偽の概念への参照の有無によっては，第一不完全性定理の前後段や，第一不完全性定理と「真であるが証明可能でない命題が存在する」という主張は区別できない．つまり，算術に関しては (1) と (2) は同値ではなく，(2) が成り立つとしても (1) は成り立たないし，(1) を伴わない (2) にあまり意味はない．ただし，(1) が (3) から (5) を導くとしても，(1) は (3) から (5) を成り立たせるために必要ではない．そして実際に (1) が成り立たなくても (4) は成り立つ．つまり，不完全性定理は形式化できる．

しかし，形式化可能性によっても，第一不完全性定理の前後段や，第一不完全性定理と「真であるが証明可能でない命題が存在する」という主張は区別できない．定理 7.5.5 で紹介したように，第一不完全性定理の前後段は共に T 上で形式化可能である．また，補題 7.5.8 で紹介したように，σ を T の Gödel 文とすると $T \vdash \sigma \leftrightarrow \mathrm{Con}(T)$ が成り立つ．この補題から次の定理が導かれるが，これは「Gödel 文は真であるが証明可能でない」という主張を T 上で形式化したものに他ならない．

[定理 8.7.1] σ を T の Gödel 文とする．このとき，$T \vdash \mathrm{Con}(T) \to \sigma \wedge \neg \Pr_T(\ulcorner \sigma \urcorner)$ が成り立つ．

第一不完全性定理の前後段や，第一不完全性定理と「真であるが証明可能でない命題が存在する」という主張を区別するためには，(1) や (2) という性質では強過ぎるし，(4) という性質では弱過ぎる．

有限的であることについて論じる際には，何の，どのような特徴について論じているのかを明確にすることが大切である．算術の言語の文 φ は文字列としては有限的であるが，一般に φ の意味内容は $\mathbb{N}$ 全体を参照するので有限的ではないし，φ の $\mathbb{N}$ 上の真偽の概念も有限的ではない．ただし，φ が $\mathbb{N} \models \varphi$ を満たす Σ_1 文の場合には，φ の意味内容はやはり $\mathbb{N}$ 全体に関わり有限的ではないが，$\mathbb{N} \models \varphi$ であることは，有限個の原子論理式の $\mathbb{N}$ 上での真偽に基づいて確かめられるという意味で有限的である．形式的な証明は文字列としては有限的な対象であるが，証明可能性は非有限的な主張であり，証明可能性を表す論理式は文字列としては有限的である．$\mathbb{N}^n$ の部分集

合として与えられる原始再帰的な関数のグラフは有限的ではないが，原始再帰的な関数を計算するアルゴリズムは有限的である．有限的な対象についての議論はいつでも有限的であるという訳ではないし，$\mathbb{N}$ 上の真偽の概念は常に非有限的であるという訳でもない．

定理と証明にはそれぞれ意味内容と文字列としての表現がある．$\mathbb{N}$ 上の真偽の概念への参照の有無を問題にする (1) は「定理の意味内容」に関わるものであり，形式化可能性を問題にする (4) は「証明の文字列としての表現」に関わるものである．そして，無矛盾性を仮定する第一不完全性定理の前段と Σ_1 健全性を仮定する第一不完全性定理の後段の区別は，「証明の意味内容」を考えることによって可能になる．

第一不完全性定理の前段は $\mathbb{N} \models \mathrm{Con}(T) \to \neg \mathrm{Pr}_T(\ulcorner\sigma\urcorner)$ と書き直せる．これは $\mathbb{N} \models \mathrm{Pr}_T(\ulcorner\sigma\urcorner) \to \mathrm{Pr}_T(\ulcorner 0=1 \urcorner)$ と同値であり，$\mathbb{N} \models \exists x \mathrm{Pf}_T(\ulcorner\sigma\urcorner,x) \to \exists y \mathrm{Pf}_T(\ulcorner 0=1 \urcorner,y)$ のことである．これはさらに $\mathbb{N} \models \forall x \exists y (\mathrm{Pf}_T(\ulcorner\sigma\urcorner,x) \to \mathrm{Pf}_T(\ulcorner 0=1 \urcorner,y))$ と書き直せる．$\mathrm{Pf}_T(\ulcorner\sigma\urcorner,x) \to \mathrm{Pf}_T(\ulcorner 0=1 \urcorner,y)$ を $\Phi(x,y)$ とする．このとき，Gödel の第一不完全性定理の前段の証明は，σ の T からの証明の Gödel 数を入力とし，$0=1$ の T からの証明の Gödel 数を出力とする原始再帰的関数 f を定義して，$\mathbb{N} \models \forall x \Phi(x,f(x))$ を示すことで $\mathbb{N} \models \forall x \exists y \Phi(x,y)$ を証明したものである[42]．この f を計算するアルゴリズムを具体的に与えているという意味で，第一不完全性定理の前段の証明は有限的ないし構成的である．

一方，第一不完全性定理の後段の主張は，注意 7.3.5 での議論に基づいて，$\mathbb{N} \models ((\mathrm{Pr}_T(\ulcorner\mathrm{Pr}_T(\ulcorner\sigma\urcorner)\urcorner) \to \mathrm{Pr}_T(\ulcorner\sigma\urcorner)) \wedge \mathrm{Con}(T)) \to \neg \mathrm{Pr}_T(\ulcorner\neg\sigma\urcorner)$ と書き直せる．これは $\mathbb{N} \models (\mathrm{Pr}_T(\ulcorner\mathrm{Pr}_T(\ulcorner\sigma\urcorner)\urcorner) \to \mathrm{Pr}_T(\ulcorner\sigma\urcorner)) \to (\mathrm{Pr}_T(\ulcorner\neg\sigma\urcorner) \to \mathrm{Pr}_T(\ulcorner 0=1 \urcorner))$ と同値である．この主張の $\to$ の左側にある条件部分を書き直すと，$\exists x \mathrm{Pf}_T(\ulcorner\mathrm{Pr}_T(\ulcorner\sigma\urcorner)\urcorner,x) \to \exists y \mathrm{Pf}_T(\ulcorner\sigma\urcorner,y)$ となる．この条件部分が正しいならば，$\mathrm{Pr}_T(\ulcorner\sigma\urcorner)$ の T からの証明の Gödel 数を入力とし，σ の T からの証明の Gödel 数を出力する関数が存在することになる．この関数を g とする．一方，先の主張の $\to$ の右側にある結論部分を書き直すと，$\exists x \mathrm{Pf}_T(\ulcorner\neg\sigma\urcorner,x) \to \exists y \mathrm{Pf}_T(\ulcorner 0=1 \urcorner,y)$ となる．したがって，$\neg\sigma$ の T から

---

[42] この考え方は渕野昌 [89] による．

8.7 不完全性定理の有限的性質

の証明の Gödel 数を入力とし，$0 = 1$ の T からの証明の Gödel 数を出力する関数が存在すれば，この結論部分は正しいということが分かる．このような関数を h とする．

このように関数 g と h を定めたとき，第一不完全性定理の後段の証明とは，g を用いて h を定義したものである．h の計算方法を与えているという意味では，この h の定義は先の f の定義と同様に有限的である．ただし，h の定義は g に依存しているため具体的でないし，h が原始再帰的になる保証もない．この点で，Σ_1 健全性を仮定する第一不完全性定理の後段の証明は，具体的に原始再帰的関数 f の定義を与えている前段の証明が有限的であることとまったく同じ意味で有限的であるとは言えない．

このような第一不完全性定理の前後段の区別は，不完全性定理の「証明の意味内容」とは原始再帰的な関数を計算するアルゴリズムであると見るものである．議論は多少複雑になるが，Rosser の定理の証明もこの見方のもとで原始再帰的関数の定義を具体的に与えたものと解釈できる．ただし，この見方が第一不完全性定理の証明の唯一の解釈である訳ではないし，この見方では第一不完全性定理と「真であるが証明可能でない命題が存在する」という主張は区別できない．

部分的にであるとしても，この見方が不完全性定理の有限性を説明し得るのは，注意 5.2.1 で論じたように，アルゴリズムによって関数を定めるために N は必要はなく，素朴な意味での自然数の集合 $\mathcal{N}$ があれば十分だからであろう．不完全性定理の有限的な性質を正確に理解するためには，そして有限と非有限の違いを明確にするためには，数学的に論じることはできないと一般に数学では忌諱されている $\mathcal{N}$ の理解が不可欠である．

不完全性定理について語ることは，有限と無限という二つの世界を行き来し，その二つの世界の狭間に彷徨う不思議な物語を紡ぐことである．

9

跋：形式主義のふたつのドグマ

　現代の形式主義は，ふたつのドグマによって大きく条件づけられてきた．ひとつは，構文論，すなわち，モデルの概念とは独立に形式的証明に基づく数学的真理と，意味論，すなわち，モデルに基づく数学的真理とのあいだに，ある根本的な分裂があるという信念である．もうひとつのドグマは，還元主義，すなわち，数学的な証明はどれも，公理と推論規則に基づく有限的対象を指示する名辞からの論理的構成物と同値であるという信念である．どちらのドグマにも根拠がないと私は論ずる．これらのドグマを捨て去ることのひとつの結果は，あとで見るように，数学の哲学と数学としての数学基礎論のあいだにあると考えられてきた境界がぼやけてくることである．もうひとつの結果は，プラグマティズムへの方向転換である．[1]

---

[1] 言うまでもなく本章の表題とこの文章は「経験主義のふたつのドグマ」と題された Quine の有名な論文 [31] のパロディである．この表題を選んだことの本当の理由は小さな遊び心と，分析哲学に素養のある人の関心を引こうという不純な動機にあるが，この表題のもとに本文を書き進めていくうちに，この表題はパロディ以上の内容を持つのかも知れないと考えるようになった．本章はこの表題に相応しい内容を持っていない

第 9 章　跋：形式主義のふたつのドグマ　289

　一般に，述語論理によって数学における証明の概念の形式的な定義が与えられ，数学における真偽の概念と証明可能性の概念の区別が明らかにされたと考えられている．不完全性定理は述語論理の上で展開される算術や集合論に関する定理であり，不完全性定理の意味や意義も述語論理の標準的な理解のもとで論じられている．しかし，述語論理の標準的な理解を疑う余地がまったくない訳ではない．そして，もしも述語論理の標準的な理解が通用しないのなら，不完全性定理が明らかにしたのは何であるのかについての解釈も大きく変化することになる．

　本章ではまず 9.1 節と 9.2 節で，述語論理の意味論と構文論の違いについて論じる．9.1 節では意味論と構文論の違いの通俗的な理解のもとでは述語論理の意味論と構文論の違いを論じることは難しく，意味論と構文論の違いは素朴に思い描くほど明らかなものではないことについて議論する．9.2 節では数学に関わる議論の多くが無自覚に論理実証主義的な数学観の影響を受けていて，述語論理の意味論もその影響のもとで展開されているのかも知れないことについて論じる．

　次に 9.3 節から 9.6 節で，述語論理における形式的な証明の概念と数学における素朴な証明の概念の関係について考える．証明の概念は演繹の概念と関係が深く，一般に演繹を形式化したものが述語論理における形式的な証明の概念であると考えられている．9.3 節では形式的な証明の概念は発見の特徴とされている性質を持ち，形式的な証明の概念は必ずしも演繹とは対応しないことについて論じる．また，9.4 節では証明可能性の概念と命題結合子の「ならば」の関係について論じることで，素朴な証明の概念が形式的な証明の概念と対応しない可能性について考えて，述語論理の意味論の在り方は証明の形式化の考え方と対を成していることをいう．

　9.5 節では Carnap と Quine に由来する同義性の報告，解明，名付けという定義の区別と，この定義の区別と形式主義的な数学観の関係を紹介する．特に，証明を作ること，証明を理解すること，そして証明の正しさを確かめ

であろうが，この Quine の論文がしばしば 20 世紀で最も影響力を持った分析哲学の論文であると讃えられ，また数多くの批判がなされてきたことを鑑みるとき，この論文に対する賞賛と批判を述語論理に適用した場合に何が見えてくるのかを明らかにすることは，不完全性定理を理解する上で欠かすことのできない考察であるように思われる．

ることの違いと関連して，解明としての定義は証明をつくるときに，そして名付けとしての定義は証明の正しさを確かめるときに重要であることを論じる．その議論のもとで，9.6 節では形式的証明の概念は素朴な証明の概念の解明であるとは言い切れないことについて議論する．

述語論理を構築した当初の目的はともかく，現在の数学基礎論にとって形式的な証明の概念が素朴な証明の概念の解明であるかどうかは大した意味がない．9.7 節で現在の数学基礎論にとって述語論理は，数学の基礎に関わる哲学的な概念分析の枠組みであるというよりは，むしろ「関係の代数学」であるという見方を提示する．そして最後の 9.8 節で，この「関係の代数学」という見方がもたらした数学基礎論における二種類のプラグマティズムを紹介し，形式的な証明の概念が素朴な証明の概念の解明ではないと考えるときの形式主義や不完全性定理の理解の可能性について論じる．

9.1 神聖な論理と世俗的な論理

言葉に関わる議論には意味論と構文論があり，命題論理や述語論理にも意味論と構文論がある[2]．意味論とは広義には言葉の表す内容に関わる議論，狭義には真偽の概念に関わる議論であり，命題論理では真理値の割り当てに関わる議論のこと，述語論理では構造やモデルに関わる議論のことである．一方，構文論とは記号列の操作に関わる議論であり，命題論理でも述語論理でも証明や定理に関わる議論のことである．そして命題論理や述語論理においては，意味論は集合概念を用いた無限を孕む超越的な議論であることに，構文論は記号という具体的な対象についての有限的な操作に関する議論であることに特徴があるとされている．

素朴に，または通俗的にいえば意味論とは言葉の意味する内容についての理論であり，構文論とは言葉の記号列による表現についての理論である．しかし，命題論理における意味論と構文論の特徴は必ずしもこの通俗的な意味論や構文論の理解と対応するものではない．命題論理における真理値の計算

---

[2] 「論理は『神聖』な姿と『世俗的』な姿で現れる．神聖な姿は証明論において，世俗的な姿はモデル論において支配的である．」van Dalen [224] p. V. この van Dalen の言葉については，足立恒雄 [4] pp. 65–89 も参照のこと．

9.1 神聖な論理と世俗的な論理

は真偽を表す二種類の記号を一定の規則にしたがって書き換えていく有限的な記号の操作に過ぎず，その操作が真偽の概念と関わるといえるのは，真理値の計算を読む人が，真偽を表す記号を真偽の概念と結びつけているからに過ぎない．一方，命題論理の定理や証明についての議論は確かに有限的な記号の操作に関する議論ではあるが，もしも論理的公理や推論規則の選択の妥当性が完全性定理によって与えられているのであれば，命題論理の定理や証明についての議論が真偽の概念と無関係であるとは言い難いし，論理的公理や推論規則は必要十分なものが選ばれていることを完全性定理を参照せずに説明することは容易ではない[3]．

命題論理の場合，真理値の計算と証明の構成の最も大きな違いは，真偽の概念に関わるか，記号列の操作であるかということにあるのではなく，真理値の計算が「決定的だが非効率的」であるのに対して，証明の構成は「効率的だが非決定的」であることにある．もちろん，この違いこそが意味論と構文論の違いであるという考え方もあり得よう．しかし，その考え方を選ぶのであれば意味論や構文論の通俗的な理解を捨てなければならず，その考え方の妥当性についてはかなりの議論が必要である．

命題論理と比べると述語論理の意味論と構文論の違いは明確であるように見える．述語論理のモデルは集合概念を用いて定められ，述語論理の理論からある論理式が導出可能であることを示すためには，そうしたモデルのすべてを参照する必要がある．一方，命題論理の場合と同様に述語論理においても証明とは記号の有限列に過ぎない．述語論理の意味論には集合概念を用いた超越的な手法が不可欠であるのに対して，述語論理の構文論はあくまで記号という具体的な対象に関する有限的な議論である．

しかし，このような述語論理の意味論と構文論の違いの理解もまた，意味

---

[3] このことは所謂 Hilbert 流の形式化による命題論理の展開の場合に顕著である．ただし自然演繹に関しては，この指摘は必ずしも妥当ではないかも知れない．なお，Brouwer は [129] p. 58 (または [124] p. 81) で「形式主義者は言語や公理，推論規則の選択を心理学者に任せたがっている．しかし心理学者がその仕事を始めないので自分でやっている」と述べている．この言葉は大した根拠のない言いがかりのようにも思える．しかしこの言葉を，構文論と意味論を分離するのなら，言語や公理，推論規則の選択には真偽の概念とは無関係な根拠が必要なはずであり，心理学でも持ち出さなければ，真偽の概念と無関係に言語や公理，推論規則の選択を根拠付けることはできないのではないか，という問題提起と読むことができよう．

論や構文論の通俗的な理解とは対応していない．このことは，述語論理の完全性定理の証明に顕著に現れている．無矛盾な理論がモデルを持つことの証明で鍵になったのは構造の初等的図式に対応する理論の構成である．モデルはこの理論から直ちに得られるので，この理論はモデルとほとんど同じものである．したがって，この理論は意味論に関わる対象である．しかし，この理論は文の集合なので構文論の通俗的な理解のもとでは構文論的な対象であると考えることもできる．

命題論理においても述語論理においても，意味論や構文論の通俗的な理解は通用しない．ここで三つの可能性がある．一つは，世の中には二種類の意味論と構文論があるというものである．この考え方は明解ではあるが，要するに開き直りに過ぎない．もう一つは，命題論理や述語論理の意味論や構文論は本来，意味論や構文論と呼ぶべきものではないというものである．そして最後の一つは，我々は未だ意味論や構文論の違いを十分には理解していないというものである．

9.2 経験主義者の亡霊

述語論理の意味論と構文論の微妙で奇妙な関係は，述語論理の言語 $\mathcal{L}$ の構造 $\mathfrak{M}$ の上で $\mathcal{L}$ の文 φ が真となること，すなわち $\mathfrak{M} \models \varphi$ であることの数学的な定義に典型的に現れている．

$\mathfrak{M}$ は $\mathcal{L}$ の構造なので $\mathcal{L}$ の非論理的記号の解釈は $\mathfrak{M}$ の上で与えられている．その解釈のもとで φ が何を意味するのかは明白であり，その明白な意味を用いてよいのなら，$\mathfrak{M} \models \varphi$ であるかどうかは数学的に定義をする必要のない自明な概念である．しかし，この概念を自明とすることは数学的に厳密な議論とは見なされず，数学的に丁寧に書かれた述語論理の教科書では多くの場合，まず $\mathfrak{M}$ の初等的図式 $\mathrm{Th}(\mathfrak{M}_{|\mathfrak{M}|})$ の再帰的な定義を与え，$\varphi \in \mathrm{Th}(\mathfrak{M}_{|\mathfrak{M}|})$ であるときに $\mathfrak{M} \models \varphi$ であると定められている．

初等的図式 $\mathrm{Th}(\mathfrak{M}_{|\mathfrak{M}|})$ は文の集合としての理論であり，構文論の通俗的な理解のもとでは構文論の領域に属する概念である．したがって，構造上の真という意味論的な概念は，初等的図式という構文論的な概念を介することで数学的に厳密に定義されると考えられていることになる．

しかし，数学的な厳密性は，我々の素朴な常識への参照の有無によって判断されるべきものであって，表現が形式的かどうかとは基本的に関係がない．そして，$\text{Th}(\mathfrak{M}_{|\mathfrak{M}|})$ の再帰的な定義では，原子的論理式については $\mathfrak{M}$ 上の真偽が素朴に参照されているし，例えば量化子 $\forall$ については，「$\forall x \varphi(x) \in \text{Th}(\mathfrak{M}_{|\mathfrak{M}|})$ となるのは，すべての $a \in |\mathfrak{M}|$ について $\varphi(c_a) \in \text{Th}(\mathfrak{M}_{|\mathfrak{M}|})$ となるとき」というように，論理的記号の素朴で常識的な解釈が用いられている．したがって，初等的図式を持ち出しても我々の素朴な常識が排除されたことにはならず，初等的図式を用いた方が数学的に厳密であると考えるべき根拠はない．

Kant に由来する真理もしくは判断の区別に，分析的真理と総合的真理がある．分析的真理とは「主語が指す概念が述語の指す概念を含んでいる」ことによる真理であり，総合的真理とは分析的ではない真理である．Kant はまたア・プリオリとア・ポステリオリという区別も与えていて，ア・プリオリな真理とア・ポステリオリな真理とはそれぞれ，経験とは独立に知り得る真理と経験に基づかずには知り得ない真理である．大雑把には分析的であることとア・プリオリであることが，総合的であることとア・ポステリオリであることが対応するが，Kant はこの二種類の区別は異なり，数学は「ア・プリオリかつ総合的」であると論じた[4]．

後に Frege は分析的真理を「定義的変形によって論理的真理に還元できるもの」と再定義し，幾何学は「ア・プリオリかつ総合的」であるが算術は「ア・プリオリかつ分析的」であるとした[5]．そして乱暴に単純化すれば，数学全体が「ア・プリオリかつ分析的」であると考えるのが論理主義の流れを汲む論理実証主義である[6]．要するに Kant，Frege，そして単純化された論理実証主義の数学観の違いは，「分析的真理と総合的真理」と数学の関係の捉え方の違いである．

分析的真理と総合的真理の区別は「数学とは何か」という問題と関係が深い．定義から出発し，定理，証明と進む現在の数学の論文や教科書の様式に

---

[4] 飯田隆 [10] pp. 12–20 を参照のこと．
[5] 飯田隆 [10] pp. 26–35 および p. 171 註 (11) を参照のこと．
[6] 飯田隆 [10] pp. 126–127 および p. 171 註 (11) を参照のこと．

慣れ親しんでいる我々は，その関係を単純化し，分析的であることを数学であることの定義としているのかも知れない．ところが Quine は，分析的真理と総合的真理の区別は経験主義者が抱く根拠のないドグマであると断じた[7]．もしも Quine が正しく，かつ，再帰的に定義された初等的図式を用いて $\mathfrak{M} \models \varphi$ を定義することに拘ることが分析的であることへの指向に基づくのであれば，その拘りは根拠のないドグマによってもたらされた習慣に過ぎないことになる．

　分析的真理と総合的真理，ア・プリオリとア・ポステリオリとよく似た区別に，必然と偶然，確実と不確実などがある．我々はいつの間にか，数学的と非数学的という区別もそうした一連の区別の仲間に招き入れて，さらに，漠然と構文論を計算に，意味論を感覚に結びつけることで，構文論と意味論の区別も曖昧にそのような区別に対応させているのかも知れない．

　初等的図式を用いた構造の上での真という概念の定義が数学的に厳密であると考えられるのも，初等的図式が構文論的な概念であり，構文論的な概念は分析的で，分析的な概念は数学的であるという素朴な信念に基づく判断であるのかも知れない．そして，もしも我々がそのような同一視を行なっているのだとしたら，構造を介した真の概念として定められている述語論理の意味論と，意味論の通俗的な理解の相性が悪いのは，述語論理の意味論が数学的に展開されることを条件付けられており，そして「数学的な意味論」という概念それ自身が矛盾しているからなのかも知れない．

　本当に難しいのは意味論と構文論の区別ではなく，意味論の構築である．自然言語でも数学でも，言葉や命題の意味する内容を説明することは容易ではない．そもそも言葉や命題の意味する内容を明解で正確に表現する方法が存在するのなら，我々は最初からその表現方法を我々の言葉として用いているであろう．逆理のように病的で極端な表現を持ち出したりさえしなければ，自然言語は言葉の意味する内容を明確に表現する優れた枠組みなのであり，言葉の意味する内容を説明するために，わざわざ意味論など持ち出す必要もない．自然言語の意味論が難しいことはよく知られている．しかし述語

---

[7] W.V.O. クワイン「経験主義のふたつのドグマ」[31] pp. 31–70．飯田隆 [10] 第 3 章も参照のこと．

論理の意味論は良く分かっているという訳ではない．

ところで，ここで論じているような話題は，哲学との繋がりを失った現在の数学としての数学基礎論とはほとんど関係がない．真理値の計算が意味論であろうとなかろうと，定理や証明についての議論が構文論であろうとなかろうと，数学としての数学基礎論にとってそれらが重要で有益な概念であることに変わりはない．しかし本当に現在の数学基礎論が哲学とは関係がないのなら，「完全性定理とは意味論と構文論を繋ぐ定理である」といった類いの解釈は，随分と軽々しく繰り返されてきたように思う．

古典的な命題論理や述語論理が確立した後に，これまでいろいろな目的のために，様々な新しい論理体系が提案されてきた．しかし，ほとんどの場合，新しい論理体系の意味論と構文論の基本的な枠組みは古典的な命題論理や述語論理の意味論や構文論の枠組みと根本的な違いはない[8]．そして，述語論理の枠組みには収まり切らない新しい意味論や構文論が提案された場合には[9]，意味論と構文論の常識的な，もしくは通俗的な理解のもとで我々は安易に「意味論になっていない」「証明になっていない」と批判してきたように思う．要するにそうした批判は「自分の知っているものとは違う」ということでしかない．

9.3 机の上の白い豆

さて，証明が推論を重ねることで作られたものであるのなら，「証明とは何か」を問うことは「推論とは何か」を問うことに他ならない．そして数学

---

[8] そのような新しい論理として直観主義論理や様々な様相論理，部分構造論理などが挙げられ，それらの論理に関わる新しい意味論として「真，偽」以外の真理値をとる多値論理や代数的意味論，Kripke による可能世界意味論などが挙げられよう．それらは確かに革新的で重要であるが，それらの意味論や構文論は古典的な意味論や構文論の枠組みで理解可能であるという意味において，良識的で常識的なものである．こうした新しい論理については小野寛晰 [19]，古森雄一・小野寛晰 [36] などを参照のこと．

[9] 本質的に新しい意味論や構文論を持つ論理の例として，Gödel と Cohen によって示された連続体仮説の ZF からの独立性をもって連続体仮説の最終的な解決と見なさず，連続体仮説を解決しようとする試みの中から Woodin によって提唱されている Ω-論理を挙げることができよう．Ω-論理にも意味論と構文論があるが，我々の常識的な理解では，それらが意味論や構文論であることを納得することは容易ではない．Ω-論理については Woodin [230]，依岡輝幸 [114]，Larson [184] などを参照のこと．

や科学における推論はしばしば，正しい仮定から正しい結論を導く演繹と，個別の事例から一般的な法則を導く帰納に区別される．演繹は数学の証明で用いられる推論であると考えられており，数理論理学が解明しようとしてきた推論である[10]．一方，帰納は科学において典型的に見られる推論であると見なされており，数理統計学で論じられてきた推論である．

もちろん，話題を数学や科学に限ったとしても，すべての推論がこの二つに分類できる訳ではない．記号論の創始者の一人である Peirce は，観測された事実を説明するための仮説を形成する推論は演繹でも帰納でもないことを指摘し，その推論をアブダクションと名付けた[11]．この Peirce のアブダクションは発見と呼び得る代表的な推論であり，人間の創造的な推論に関わる様々な分野で興味を持たれている[12]．

アブダクションとは何なのかを正確に定義することは容易ではない．ただし，命題論理や述語論理の枠組みを借り，論理式 φ で表現される事実を説明するための仮説とは $T \vdash \varphi$ を満たす理論 T であると考えるならば，T から φ を導く推論が演繹であり，逆に φ から T を導く推論がアブダクションであることになる．前者を「前向き推論」と呼び，後者を「後ろ向きの推論」と呼ぶことにする．もちろん，「後ろ向き推論」としてのアブダクションの理解には限界も批判もあろう．しかし，他に適当な形式化の方法が見当たらないこともあり，比較的よく参照される考え方である[13]．

---

[10] Peirce は「論理学とは推論の学究である（Logic is the art of reasoning）」(Peirce [199]) と述べるなど，論理学をもっと広く捉えている．

[11] アブダクションとしては Peirce 自身による「机の上の白い豆」による説明が有名であるが，惑星の位置についての観測値から惑星の軌道は楕円であると看破する推論は典型的なアブダクションである．ただし，アブダクションと帰納に本質的な違いはないと主張する立場もある．アブダクションについて詳しくは米盛裕二 [113]，ハンソン [85] 第四章，Flack and Kakas [144] などを参照のこと．

[12] 代表的なものに論理プログラミングにおける議論がある．井上克巳 [13] などを参照のこと．また，一般設計学および人工物工学を提唱した吉川弘之は，工学設計における推論の本質はアブダクションにあるという考え方を提示している．吉川弘之 [110] pp. 74–77 を参照のこと．

[13] もちろん，この図式は単純化し過ぎている．よくある考え方は，背景理論 T と観測された事実 G から，$T \cup \Delta$ が無矛盾であり，$T \cup \Delta \vdash G$ が成り立つ Δ を導く推論をアブダクションとするものである．詳しくは Flack and Kakas [144] p. 13 を参照のこと．

「後ろ向き推論」として形式化されたアブダクションは「真理を保存しない，間違える可能性がある，規則を持たない，非決定的である」という四つの特徴を持つ．この四つの特徴は一般に発見と考えられる推論に共通する特徴であり，むしろ我々はこの四つの特徴をもつ推論を発見と見なしていると考えるべきかも知れない．しかし，本当にこの四つの特徴が演繹と発見を区別しているかどうかには注意深い吟味が必要である．

「前向き推論」や「後ろ向き推論」において，$T \vdash \varphi$ を満たす論理式 φ や理論 T を導く場合には，推論の結果として単に φ や T が得られるだけではなく，同時に T から φ を導く証明が得られる．むしろ，結論が φ であることや仮定が T であることは証明が満たすべき条件または仕様でしかなく，推論の結果として得られるものは証明であるとも考えられる．そして，そのように考えるのなら，以下のように「前向き推論」もまた「真理を保存しない，間違える可能性がある，規則を持たない，非決定的である」という四つの特徴を持つことが分かる．したがって，この四つの特徴は演繹と発見を区別してはいないか，または，「前向き推論」は演繹を正確には形式化してはいないことになる．

まず，推論が真理を保存するとは，「推論の前提がすべて真であれば，結論も真になる」ことである．$T \vdash \varphi$ が成り立つと仮定し，$\mathfrak{M}$ を構造とする．このとき推論規則の健全性により，「$\mathfrak{M} \models T$ ならば $\mathfrak{M} \models \varphi$ である」が成り立ち，この意味で「前向き推論」は真理を保存する．一方，$T \vdash \varphi$ が成り立っても，一般に「$\mathfrak{M} \models \varphi$ ならば $\mathfrak{M} \models T$ である」は成り立たず，確かに「後ろ向き推論」は真理を保存しない．このことは，「$T \vdash \varphi$ が成り立っていて，φ が真であっても，T が真とは限らない」という意味で「後ろ向き推論」が間違える可能性があるということでもある．しかし，証明を前向きに作ったとしても後ろ向きに作ったとしても，結果として得られた証明を前から後ろに読めば真理は保存されているし，後ろから前に読めば真理は保存されていないことに違いはない[14]．

[14) そもそも数学においては，真理を保存することが保証されているから演繹をするのではなく，演繹によって得られた結果であるから真であることを確信するのであろう．したがって，本来，演繹であるかどうかは真理を保存するかどうかとは独立に定められるべきである．これは，「演繹は真理を保存するという事実によって正当化されるの

間違う可能性があることについては，証明になっていない論理式の有限列を証明であると勘違いしてしまうという種類の間違いもある．この意味では，現実の数学の証明の中にも間違っているものはたくさんあるし，形式的な証明を構成する過程でも $T \vdash \varphi$ が成り立たない φ を T から導いてしまうことは珍しくない．要するに，この意味での間違いについては，「前向き推論」については「完成された証明」が話題になるのに，「後ろ向き推論」については「証明の構成過程」が問題になるという視点の違いがあるだけで，視点を揃えてしまえば「前向き推論」も間違いと無縁ではない．

なお，T が妥当な仮説であるためには，正しいということ以外に「単純である，本質を突いている」といった主観的な価値基準を満たすことが重要であり，この基準を明確にすることの難しさが発見の理解の難しさでもある．しかし，ある命題を述語論理の専門用語としての定理ではなく，本来の意味での定理と呼ぶときにも何らかの主観的な価値判断がなされていて，この基準を明確にすることもまた容易ではない．この意味でも「前向き推論」と「後ろ向き推論」に違いはない．

ところで，「後ろ向き推論」において，φ から出発して $T \vdash \varphi$ を満たす T を導く方法には確かに規則はない．しかし，「後ろ向き推論」の結果として得られる証明は推論規則にしたがっている必要がある．その意味では「後ろ向き推論」においても規則は用いられている．一方，「前向き推論」においても証明を構成する際に，どのような順番でどの論理式に推論規則を適用していくのかについては何の規則もない．したがって，「前向き推論」と「後ろ向き推論」は共に規則を持つとも，持たないともいえる．

決定的か非決定的かということについても同様である．「前向き推論」に

か」という問題でもある．Dummett は [68] でこの問題について論じ，その議論の中で帰納と演繹について p. 276 で次のように語る．「帰納の場合，正当化が原理上存在し得ないとする，われわれがもっている論法は，まったく説得力がないようにみえる．しかるにわれわれは，その正当化の候補を一つももっていない．演繹の場合，われわれは，健全性証明や完全性証明という，特定の論理体系を正当化すべき論法の，すぐれた候補をもっている．そのような正当化は存在し得ないとする，一見説得力のある論法が存在するにもかかわらずである．」そして，p. 300 では次のようにいう．「健全性の証明や完全性の証明とは，その証明が適用される論理学理論のテストというより，意味論の背後に横たわる意味の理論のテストである．」これは標準的な見方とは完全に逆であるが，例えば我々がなぜ Modus Ponens を認めるのかを振り返ってみれば，Dummett の言葉には説得力があるように思われる．

おいても証明を構成する際にどの推論規則を用いるかは非決定的であるし，「後ろ向き推論」においても適用する推論規則と論理式を定めてしまえば，その推論規則によって仮定として導かれる論理式は決定的に定まる．なお，もしも決定的な推論が演繹で非決定的な推論が発見ならば，前に紹介したように命題論理の意味論は決定的で構文論は非決定的なので，命題論理の意味論と構文論の違いは演繹と発見の違いになる．

「後ろ向き推論」も真理を保存するといえる．また，規則を持たない，非決定的であること，間違える可能性があることは「前向き推論」も無縁ではない．要するに，「前向き推論」では書かれた証明が問題になるのに，「後ろ向き推論」では証明の構成過程が話題になるために，この四つの特徴は「後ろ向き推論」についての議論では必ず問題になるが，「前向き推論」についての議論では余り話題にならないというだけのことである．もちろん，このことは演繹と発見に違いはないことを意味するものではない．しかし，もしも演繹と発見がこの四つの特徴で区別できるのなら，演繹は必ずしも「前向き推論」に対応する訳ではないことになる．

現実の数学では証明は，仮定から出発したり，結論から出発したり，場合によっては仮定や結論を取り替えながら，試行錯誤しながら書かれている．数学には「前向き推論」のみからなる推論や，「後ろ向き推論」のみからなる推論など存在しない．形式化された証明を書く場合も同様なのであって，素朴な証明であれ，形式化された証明であれ，証明について議論する際には「前向き推論」と「後ろ向き推論」の区別は大した意味を持たない．

証明を作ること，証明を理解すること，そして証明の正しさを確認することは違う．もしも演繹や発見という概念が証明という概念と関係を持つのなら，証明を作ることが発見と，証明の正しさを確認することが演繹と対応するであろう．証明という概念を理解するために演繹や発見という概念が必要であるとしても，演繹と証明の関係は「演繹を書き留めたものが証明である」という簡単な図式で説明できるものではない．

9.4 隠れた次元

形式的に定義された「証明」とは，すなわち形式的証明とは論理的公理お

および非論理的公理から出発し，推論規則を繰り返し適用することで作られた論理式の有限列であり，「定理」とは証明の最後に現れた論理式であった[15]．「定理」と「証明」は共に記号の有限列ではあっても基本的にまったく違った種類の存在物であるし，実際，定理と証明が違うということは数学者の実感でもある．そして命題論理でも述語論理でも「定理」と「証明」の違いに対応して $\to$ と $\vdash$ は明確に区別されていて，その区別を正確に把握することは命題論理や述語論理の理解の第一歩である．

しかし同時に，大概の数学者は「$\varphi \to \psi$ が証明できること」と「φ を仮定して ψ が証明できること」を，すなわち $\to$ と $\vdash$ を区別しない．もちろん，演繹定理によって $\to$ と $\vdash$ の同値性が示されるので，実際には我々は $\to$ と $\vdash$ を区別する必要はない．ただし，数学者は演繹定理から $\to$ と $\vdash$ を区別しなくてよいことを学ぶのではなく，要するに最初から $\to$ と $\vdash$ を区別していない．それでは，「定理と証明は違う」という実感と，$\to$ と $\vdash$ を区別しない習慣とでは，どちらが理に適っているのであろうか．

命題論理や述語論理の体系のうち自然演繹では，φ を仮定して ψ を導くことができたときに $\varphi \to \psi$ は証明されたと定義されるので，演繹定理は証明する必要がない自明な事実である．したがって演繹定理は $\to$ や $\vdash$ の基本的な性質に関する定理なのではなく，Hilbert 流と呼ばれる定理や証明の形式化に関する定理であると考えるべきであろう．それならば，何が $\to$ や $\vdash$ に固有の性質で，何が形式化に関わる性質なのかは，必ずしも明確ではないのかも知れない．そして，$\to$ と $\vdash$ の違いは本来曖昧なのに，定理や証明という概念を強引に形式化したことによって，$\to$ と $\vdash$ という二つの概念が無理矢理引き裂かれたのかも知れない．もしもそうなら，$\to$ と $\vdash$ の違いは定理や証明を形式化したことの副産物に過ぎず，$\to$ と $\vdash$ を区別しない数学者の習慣は妥当なものであることになる．

ただし，もしも $\to$ と $\vdash$ は区別できず，しかも $\to$ が定理に，$\vdash$ が証明に対応するのなら，「定理と証明に違いはない」ことになる．常識的には「定理と証明は違う」という主張は反駁し得ない自明な事実であるように見える

---

[15] 本章では形式化された証明を「証明」，述語論理で定義された証明を持つ論理式としての定理を「定理」と書いて，素朴な意味での証明や定理と区別する．

が，定理と証明が同種の存在物であると考える立場は必ずしも不可能ではない．何年も前にある証明論の知己が「定理とは証明の省略である」という昔の数学基礎論の偉い人の言葉を教えてくれた[16]．要するに定理と証明の関係は見出しと本文の関係であって，定理と証明の違いは表現の丁寧さの違いに過ぎないということである．確かに「証明を読んで初めて定理の意味が分かった」という経験は珍しくない[17]．それなら，もしかしたら定理と証明の間には説明の長さや丁寧さ以上の違いはなく，定理と証明を区別する常識は根拠のない思い込みなのかも知れない．

しかし，数学者は通常，定理と証明を明確に区別している．そして，→ と ⊢ を区別せず，定理と証明を区別する数学者の実感を尊重するためには，「→ と ⊢ は違う」と考えるのでも，「定理と証明に違いはない」と考えるのでもない，「→ が定理に，⊢ が証明に対応する訳ではない」という第三の選択肢が必要になる．

定理と証明が同じものであろうとなかろうと，定理と証明の違いを → と ⊢ の違いに押し込めてしまう枠組みや，証明を丁寧に書かれた定理としか考えない見方が貧相なのであろう．そもそも「→ と ⊢ の違いが定理と証明の違いである」という考え方は命題論理や述語論理という枠組みがもたらした固定観念に過ぎないのかも知れず，論理的公理および非論理的公理から出発して推論規則にしたがって論理式を並べたものが「証明」で，「証明」の最後に現れる論理式が「定理」であるという理解では不十分で，我々はまだ定理と証明の関係を適切に語る言葉を持ち合わせていないのかも知れない．

本章の最初の節で意味論と構文論の違いについて論じた．意味論と構文論の違いが明確であろうとなかろうと，確かに「意味論と構文論」という二項

---

[16] 残念ながら「誰の言葉なのかは忘れた」とのことであった．

[17] このことを振り返ると，Brouwer の弟子である Heyting によって提案され，Dummett によって哲学的な議論が展開された「命題の意味とはその証明のことである」という直観主義から生まれた提唱は，敢えてその哲学的な文脈を無視して単純で素朴なスローガンとして読むとき，ことさら強い説得力を持つように思われる．この提唱についてはシャピロ [45] pp. 246–248，金子洋之 [24] pp. 201–209 などを参照のこと．また，形式主義と直観主義の違いは，証明に先立ち命題が存在し，命題を並べることで証明が構築されると考えるのが形式主義であり，命題に先立ち証明が存在し，証明によって表される意味内容を端的に表現したものが命題であると考えるのが直観主義であると考えることもできるかも知れない．

対立は数学の世界を見通す一本の座標軸である．しかし，「定理と証明」という二項対立もまた数学の世界を読み解くためのもう一本の座標軸であろう[18]．この二本の座標軸を重ねることで見えてくるものもある[19]．例えば，この二本の座標軸を重ねると，「証明」には意味論がないことが明らかになる[20]．命題論理や述語論理に備わっているのは命題の意味論のみで，「正しくない証明」が存在しない述語論理に「証明」の意味論は必要ない[21]．ただし，証明が論理式の有限列として定められている限り，証明の意味は論理式の意味に基づいて定められることになり，証明そのものの意味論が存在する余地はない．述語論理の意味論の在り方は証明が論理式の有限列として形式的に表現できるという信念と対をなしている．

証明には確かに意味があり，数学者は証明の真偽を論じている．そもそも

---

[18] 理論を定める座標軸について物理学の佐藤文隆は [42] pp. 74–75 で次のように言う．「理論とは，カリカチュア化しすぎるぐらいに単純化した対抗軸を人工的に設定して，その『座標軸』との関連で現実を記述することである．現実の中に座標軸が実存するわけではなく，それを参照して語られる現実はあくまでも「座標系依存」であり，現実そのものではない．」自然科学についてはこのことが半ば常識であるとしても，述語論理にも同様の「座標系依存」があるかどうかにはあまり関心が持たれていない．形式的な証明と現実の証明は素朴に同一視されることが多い．

[19] 先に紹介した「命題の意味とはその証明のことである」という Heyting の提唱は，この二本の座標軸が一致するという考え方と見ることもできよう．

[20] これは標準的な命題論理や述語論理の枠組みには「証明」の意味論がないということであって，世の中に「証明」の意味論が存在しないということではない．例えば Schroeder-Heister [207] を参照のこと．

[21] もちろん，論理式の有限列を一般に「証明」と呼ぶことにすれば，「正しくない証明」を定義することはできる．しかしその場合，無意味な論理式の有限列と「間違っている証明」は区別できない．このことは，偽となる論理式と無意味な記号列を区別できる命題の意味論とは大きく異なる．また逆に，例えば「定理ではない論理式」という概念を無意味なものとする Wittgenstein の考え方に関連して奥雅博が [18] pp. 175–176 で論じているように，偽となる論理式など存在しない枠組みを作ることも不可能ではない．実際，Gentzen の LK を考えて，LK の推論規則を推論規則ではなく sequent の再帰的な定義であると考え，$\to \varphi$ の形をした特別な sequent を定理と定義すれば，偽となる論理式を含む一般的な論理式を定義することなしに定理を定義できることになる．もちろん，この定義はあまりに人工的であるし，例えば飯田隆 [11] が p. 140 注 4 でこの立場から得られる帰結を「堪えがたいものに思える」と書いているように，不自然で非常識ではある．しかし，もしもこのような定理の定義を認めるのなら，定理と証明の関係は定義されるものと定義の関係になるので，この定理の定義のもとでは，「命題の意味とはその証明のことである」という提唱は，むしろ自然で自明なものになるのかも知れない．

証明の正しさが命題の正しさを与えるべきであって，命題の正しさに基づいて論理的公理や推論規則の妥当性を論じることは因果が転倒しているのかも知れない[22]．

9.5 数学的無垢

　分析的真理と総合的真理のあいだに根本的な断絶があるという信念がドグマに過ぎないことを示す議論の中でQuineは，定義は三種類に分類できると論じた[23]．一つは「同義性の報告」であり，我々が漠然と抱いている同義性の信念を明示するものである．もう一つはCarnapが「解明」と呼ぶものであり，ある言葉の意味や使い方を分析し，その言葉の意味を正確に特定し，場合によっては拡張するものである．これは哲学において数多く見られる定義である．最後の一つは新しい言葉を表現の省略として導入するものであり，「名付け」と呼び得るものである．

　ただし，「解明」における定義される言葉と定義する条件の同義性は，定義を与えることによって初めて意識されるものである．したがって「解明」は「名付け」との類似性を持ち，この二種類の定義は「同義性の報告」とは大きく異なる．しかしQuineは，「解明」においても定義される言葉と定義する条件を共に含む文脈が存在し，その文脈の中で定義される言葉も定義する条件も意味が与えられて，その意味を参照することで「解明」は定義として受け入れられると論じている．つまりQuineは，「解明」においても「同義性の報告」と同様に，定義に先立って定義される言葉の意味の理解が前提とされていることを指摘している．

　一般に数学者は「名付け」こそが定義であると考え，「同義性の報告」や「解明」は曖昧でいい加減な議論であると嫌う．哲学に「解明」としての定義が溢れていることが，数学者の哲学嫌いの一因であろう．ただし，そもそも「解明」とは曖昧模糊とした概念を明晰にしようという試みであり，「解

---

[22] この問題は「真だから証明できるのか，証明できるから真なのか」という問題と関係している．Tait [220] はこの問題を真/証明-問題 (Truth/Proof problem) と名付けて，この問題と数学的プラトン主義の関係について論じている．

[23] 詳しくは W.V.O. クワイン [31] pp. 37–41 を参照のこと．

明」という試みの中に明晰でない部分が含まれることは当然である．議論の対象が明晰でないことと，議論そのものが明晰でないことは区別する必要がある．また，実際には数学でも「解明」としての定義は珍しくないし，そもそも「解明」と「名付け」の区別も明確ではない．例えば，Church-Turing の提唱は計算可能性という概念の解明に他ならないであろうが[24]，二点からの距離の和が一定の値である点の集合を「楕円」と定めることが，楕円という概念の「解明」であるかどうかは判然としない[25]．要するに「解明」という概念それ自身が明確ではなく，具体的な個々の定義について「解明」か「名付け」かを問うことは，あまり意味がない．

おそらく，「同義性の報告」「解明」「名付け」という区別は，定義そのものの分類ではなく定義の解釈または働きの分類である．そして，一つの定義が異なる文脈で異なる働きを持つこともあり，この三つの分類は互いに排他的なものではないし，定義の解釈がこの三つの分類で網羅される訳でもない[26]．また，「解明」と「名付け」の区別が不明瞭なのではなく，曖昧なのは「解明」という概念である．「名付け」が何であるのかは比較的明確であって，与えられた定義が「名付け」と解釈し得ることが，その定義が数学的であることの条件であるとも考えられよう．そのように考えるとき Hilbert の形式主義とは，「名付け」と解釈し得る定義の条件を明確化し，問題を孕む定義を数学の世界から駆逐して，「名付け」として解釈し得る定義のみに基づいて数学の世界を再構築する試みであったと言えるかも知れない．

ただし，すべての定義が「名付け」と解釈し得るということと，すべての定義が「名付け」でしかないと考えることは違う．後者も形式主義の一種ではあろうが，むしろ「数学的無垢 (mathematical innocence)」とでも呼ぶべ

---

[24] ただし Church-Turing の提唱は「定義」とは呼ばれていない．

[25] もしもこの「楕円」の定義が楕円という概念の「解明」であるとしても，空間内の円柱と平面の交わりに現れる図形がこの定義での楕円であることを証明した後に，この条件付けを「楕円」の新しい定義として定めた場合，その新しい定義が「解明」なのか「名付け」なのかは一層，不明瞭になる．なお，この二種類の楕円の定義の関係については Dummett が [68] pp. 284–285 で論じている．

[26] 例えば，数学でしばしば見られる概念拡張としての定義は，この三つのいずれに分類することも難しい．概念拡張については例えば，Dedekind によって論じられた数学における概念拡張を分析した八杉満利子 [107, 108] を参照のこと．

きもので，曖昧さを許さないという意味で数学的に誠実な態度ではあるが，数学的対象を記述するための記号こそが数学の実体であると考える狭義の形式主義，もしくは極端な唯名論に繋がるものであり，数学的な豊かさに繋がるかどうかは甚だ疑問である[27]．

「名付け」として解釈し得る定義についても，その定義が「解明」としての働きが期待されているのか，期待されているのならその「解明」の試みは成功しているのかという問題には，哲学だけでなく数学でも注意を払う必要がある．

9.6 金槌で板を切る

さて，述語論理では「理論」は非論理的公理と呼ばれる論理式の集合として定義され，「証明」は論理的公理と「理論」の非論理的公理から出発して，推論規則を繰り返し適用することで得られる論理式の有限列として定義されている．そもそも数学基礎論は「命題とは何か，証明とは何か」を明らかにしようとして生まれたのだから，述語論理に現れる定義は「解明」としての働きを持つことが期待される．そして数学基礎論には「解明」としての働きが重要であると思われる定義が数多く存在しているので，多くの数学者が「数学基礎論は数学でなく，哲学的で空虚な議論である」という印象を持つのであろう．

ただし，理論とは本来，相対性理論やガロア理論のように，興味の対象と方法論を持ち，導かれた結果の意義を判断する価値基準を持つ学問領域のこ

---

[27] 小平邦彦は [34] p. 182 で次のように言う．「ヒルベルトの幾何学基礎論では，『点』，『直線』，などは意味のない無定義語であって，『鯨』，『豚』，などで置換えてもいっこうに差し支えないということになっていますが，われわれが，たとえば『三角形の内角の和は二直角に等しい』という定理を証明するときには，やはり三角形を紙上に描くかまたは頭の中で想像しているのであって，その代わりに三頭の鯨と三匹の豚の絵を眺めていては証明不可能でしょう．」点や直線という言葉の意味を忘れてピタゴラスの定理を証明することは無理であろう．しかし，そもそも鯨や豚の絵を描いていては，「点」，「直線」を無定義語と考えて「鯨」，「豚」で置換えることにはならない．そして，すべての定義が「名付け」と解釈し得るということは，必要に応じて「点」や「直線」という言葉の意味を忘れられるということであって，本当に忘れてしまうことではない．

とである．しかし，述語論理における「理論」の代表的な例は，群や体の公理の集合や，自然数の全体や集合の全体の満たすべき公理の集合である．この場合，「理論」として記述できるのは高々興味の対象とその基本的な性質のみであり，「理論」の定義が理論という概念の「解明」になっているとは考え難い．また，述語論理ではしばしば「理論」と同じ意味で「公理系」という言葉が使われているが，日常語には「公理系」という言葉はないので，「公理系」の定義は「名付け」でしかあり得ない．したがって，「理論」の定義もまた「名付け」でしかないと考えるべきであろう[28]．

数学基礎論に現れる定義が「解明」としての働きを持とうと持たなかろうと，とりあえず「名付け」と解釈することは可能であり，「名付け」でしかないと考える立場もあり得る．これが「数学基礎論は数学である」という数学基礎論の専門家の実感の根拠でもあろう．「形式化された数学に関して得られた結果から，数学そのものに関する言説を引き出すべきではない」という考え方もある[29]．この考え方は「証明」の定義は「名付け」でしかないと考える，または，「証明」の定義の「解明」としての働きには沈黙を守ろうとする態度である．ただし，不完全性定理の素朴な解釈は大抵の場合，「証明」の定義が「解明」であることが前提になっており，もしも「証明」の定義が「名付け」でしかないのなら，不完全性定理の持つ意味合いは大きく変わってしまう．また，もしも「証明」の定義が「解明」であるとしても，その「解明」という試みによって，証明の概念それ自身が大きく変化している可能性もある[30]．

20世紀を通して述語論理は数学に限らず自然言語の文や概念を精密に，そして形式的に分析するための最も標準的な枠組みであった．もちろん，豊かな自然言語の表現力や人間の認知の能力は述語論理の枠組みには収まりきらず，様々な視点や問題意識のもとで述語論理の修正や拡張が試みられてい

---

[28] もちろん，すべての理論は言葉を用いて説明されるので，原理的には理論を論理式の集合として表現することもできる．そう考えれば，論理式の集合を「理論」と呼ぶことは理論という言葉の意味の拡張であり，「理論」の定義は「解明」であると考えられないこともない．例えば，吉田夏彦 [111] pp. 300–301 を参照のこと．

[29] 例えば八杉滿利子 [106] を参照のこと．

[30] 不完全性定理の難しさの原因が「証明」と本来の証明の関係の理解しにくさにあるという議論が江田勝哉 [14] pp. 104–105 にある．

る．しかし，そうした試みは必ずしも十分な成果を挙げてはいない．その理由の一つは，そうした試みでは述語論理の「証明」や「理論」の定義が「解明」であると素朴に信じられているからであり，もう一つは，そもそも述語論理は人間の思惟や認知の全体を「解明」することを究極的な目的として構築されたものではないからであろう．

述語論理の原型の創造者である Frege は，自然言語と彼の構築した形式的体系の関係を肉眼と顕微鏡の関係にたとえているが，顕微鏡は肉眼に勝る点も劣る点もある[31]．そして述語論理とは数学における公理的方法をモデル化するという特殊な目的において最大限の性能が発揮できるように敢えて機能を制限して，Frege が考案した顕微鏡を作り直したものである．自然言語の形式的意味論の一種である状況意味論の構築を試みた Barwise は次のように言う．「1 階述語論理に基づく自然言語の意味論や認知の分析が上手くいっていないのは金槌で板を切ろうとするようなものだからだ．1 階述語論理とは公理的方法をモデル化するために作られたものであって，そのためには大変に上手く機能している[32]．」

ただし，その特殊な目的のためには上手くいっているという事実も，必ずしも単純なことではない．例えば，集合論の Martin は述語論理で数学的証明の厳密な定義を与えられたのは驚くべきことだと言う[33]．Martin の意図はともかく，この主張には二通りの解釈が可能である．一つは，数学における証明を定義するための唯一無二の正しい方法である述語論理に人間が辿り着くことができたのは驚くべきことだというものであり，もう一つは，述語

---

[31] 「肉眼は適用範囲の広さと多様な状況に対してもつ適応力から言って，顕微鏡よりもはるかに優れている．・・・しかしながら，科学的目的のためにより高度の解像力が必要となるや否や，肉眼の不十分性は明らかとなる．これに対して，顕微鏡はまさにこうした目的に完全にかなうものである．だが，このことこそ，それが他の目的のためには役に立たない理由でもある．」飯田隆 [9] p. 36 を参照．

[32] Barwise [120] p. 294.

[33] 「ある言明 S の数学的証明，厳密な数学的証明を与えるとは何なのであろうか．この問に明解で曖昧さのない標準的な答があり得るということはかなり驚きである．S を証明するためには，純粋な論理にしたがって数学の基本原理から S が導かれることを示さなければならない．『純粋な論理』とは何であるかを，つまり 1 階の述語論理であると，妥当な意味で正確にいい得るのは，現代論理学の大きな成果の一つである．そして『数学の基本原理』とは何であるのかを，つまり集合論 ZFC の公理であると，正確にいい得るのはかなり驚くべき事実である．」Martin [190] p. 216.

論理が命題や証明の本質を捉えているとは言い難いにもかかわらず，その不完全な述語論理を用いて証明の厳密な定義を与えることができたのは驚くべきことだというものである．前者は「証明」の定義を「解明」であるとすることに，後者は「名付け」でしかないとすることに対応する．

　述語論理が採用する文を主語と述語に分解する枠組みは欧米の言語に由来し，日本語と相性は良くないという考え方もある[34]．したがって，述語論理による文の分析方法は必ずしも普遍的で自然なものであるとは限らない．また，たとえ数学的事実の普遍性が確かであるとしても，例えば公理的方法が20世紀に入ってから数学で普及したように，何が数学的方法であるのかは時代と共に変化しよう．それならば，証明を分析するための唯一無二の正しい絶対的な方法が存在するとは考え難く，「証明」の定義が「解明」であるとは，もしくは「解明」として成功しているとは簡単には言い切れない．

　形式的な「証明」の定義は素朴な証明の概念の「解明」を意図した試みであろうが，その試みは成功しているかも知れないし，失敗して「名付け」としての役割しか残されていないのかも知れない．成功しているとしても，その「解明」によって証明の概念が大きく変化している可能性もある．いずれにせよ，「証明」という概念を理解するために大事なのは「解明か，名付けか」という問題に決着を付けることではなく，「証明」の定義の背後にはどのような考え方があるのか，その定義が与えられたことによって，我々の証明の概念の理解がどのように変化したのかを明らかにすることであろう．「解明か，名付けか」という問題を考えることは，「証明」と素朴な証明の概念の関係を考えるための手掛かりであって，その関係を明らかにすることは不完全性定理を理解することの重要な一部分であろう．

　しかし，少なくとも現在，数学基礎論において「証明」と素朴な証明の概念の関係が話題になることは滅多にない．それは第一に，「証明」の定義は素朴な証明という概念の「解明」になっていると素朴に信じられているからであり[35]，第二に，この古めかしい話題には興味が持てず，周囲にも話題に

---

[34] 例えば金田一春彦 [25] 下巻 p. 222 や金谷武洋 [23] を参照のこと．逆に，日本語における主語を擁護する議論もある．例えば小池清治 [32] pp. 161–165 を参照のこと．

[35] 多くの教科書はこの信念のもとで書かれている．例えば鹿島亮は [21] p. 18 下線部で次のように述べている．「現実のどんな証明も自然演繹の導出図に写し取ることがで

する人が居ないからであり，そして何より，「証明」と証明の関係など考えなくても論文は書けるし，考えても論文は書けないから，つまり現在の数学基礎論とは関係のない問題だからであろう[36]．

9.7 関係の代数学

20世紀を通して述語論理は数学の基礎を議論するための事実上の標準的な枠組みの役割を果たしていて，このことは21世紀に入っても違いはない．しかし，述語論理で自然に表現できる公理的方法は限られているし，そもそも公理的方法が数学で普及したのは数学の長い歴史と比べればごく最近のことに過ぎない[37]．述語論理が事実上の標準的な枠組みとなったことは形式

きるし，逆に自然演繹の導出図はすべて現実の証明に直訳して戻すことができる．」この考え方に同意する数学基礎論の専門家は少なくないであろう．しかし，必ずしもこの考え方がすべてではない．例えば新井敏康 [8] は p. x で次のように語っている．「数学における『証明できる』という直観的な概念は，形式的概念『1階論理で証明可能』によって置き換え得る．いやむしろこう言ったほうがいいかもしれない．原理的には1階論理で表現できて，そこでの形式的証明が書けない数学の真理は存在しない，というのが数学の『定義（の一部）』になっているのだろう．」この新井敏康の言葉はあたかも「形式化された数学こそが数学である」と高らかに宣言しているような印象を与えるが，注意深く読めば，この言葉は「素朴な証明の存在と形式的な証明の存在は同値である」「数学の真理は1階論理で形式的に表現できて，形式的に証明可能である」という二つの主張のみから構成されており，この言葉には「素朴な証明と形式的な証明は同一視できる」という主張は含まれておらず，「素朴な証明は形式的な証明に逐語訳できる」という穏健な主張さえ含まれていないことに気が付くことであろう．素朴な証明と形式的証明の同一視は，飯田隆が [11] で「皮相な形式主義」と呼んだ，数学と形式化された数学の同一視に繋がるが，八杉満利子は [106] で不完全性定理を理解する際の数学と形式化された数学の区別の重要性を強調している．本橋信義 [103] はさらに踏み込んで，命題と形式化された命題の区別について論じている．ただし，たとえ素朴な証明と形式的証明を区別するとしても，数学としての数学基礎論という立場のもとでは素朴な証明について無関心でいることもできよう．

[36] ただし，Kreiselが素朴な証明と形式的な「証明」の関係について度々注意を促していることを振り返れば，この問題に興味が持たれなくなったのは最近の傾向に過ぎないのかも知れない．例えばKreiselは [179] の冒頭で，直観的な証明，すなわち素朴な証明と形式的な証明を明確に区別した上で，「現時点で証明論が存続するためには，直観的な証明に関係せざるを得ない」と書いている．しかし，少なくとも現在の数学としての数学基礎論の中で，こうしたKreiselの言葉や議論が話題になることは滅多にない．

[37] もちろん，公理という概念自身は古くから知られていた．しかし，ここでいう公理的方法とは，林晋・八杉満利子が [83] p. 125 で「数学を公理からの演繹で構築するとい

主義的な数学観の普及だけでは説明できない．数学の全体は述語論理というよりは集合論の上で形式的に展開されるものである．述語論理という地盤の上にはまず集合論という基礎があり，その基礎の上に数学という伽藍が聳え建っている．数学の基礎における述語論理の成功とは，集合論を形式的に展開する枠組みとしての成功のことである．

しかし，この述語論理，集合論，数学という三層構造によって数学を基礎付けることもまた簡単な話ではない．集合論における Skolem の逆理を発見した後に Skolem は，集合に関する諸概念の解釈はモデルの選択に依存して変化するという事実から，集合に関する様々な概念は普遍的ではないという集合論的相対論 (set-theoretic relativism) と呼ばれる見方を提示し，集合概念は数学の基礎として不適格であるという主張を導いた[38]．つまり，述語論理という地盤の上に築かれた集合論は揺らいでいるので，数学という構造物を支える基礎としては不適格である，ということである．

この集合論的相対論から導かれる立場の一つに，集合を単なる点と見なし，集合論を抽象的な $\in$ という 2 項関係の定められた数学的構造についての公理的な理論と考えるものがある[39]．極端な言い方をすればこの立場は，述語論理，集合論，数学という三層構造を一塊のものとは考えず，集合論を数学の基礎の問題から切り離して，群論や体論と同種類のある種の代数的な理論と考えるものである．

述語論理の通常の数学への典型的な応用例に実代数幾何学がある．実代数

う方法は，古代ギリシャのユークリッド幾何学以来の極めて古い方法である．ヒルベルトは，この公理的数学を，伝統的ユークリッド幾何学とは本質的に違う目的のために，また，本質的に異なるやり方で実行できることを示した」というときの，Hilbert に由来する公理的方法である．例えばスピノザの「エチカ」は，たとえ「定義と公理から出発して，演繹的に定理を導く」という現代の数学で普通に見られる公理的方法で展開されていても，決して数学的に議論を展開しているとは思われない．しかし，Hilbert の公理的方法にしたがえば，価値の有無はともかく，とりあえず数学的な議論が展開できる．一方，「エチカ」とユークリッドの「原論」を比較すれば，確かに「エチカ」は「原論」に倣っていることが見てとれよう．

[38] 例えば，自然数の集合 ω の冪集合 $\mathcal{P}(\omega)$ が具体的に何物であるのかはどのような ZF のモデルの上で $\mathcal{P}(\omega)$ を考えるかによって変わってしまうため，唯一不変の絶対的な $\mathcal{P}(\omega)$ は特定できない．集合論的相対論については様々な議論がある．詳しくは出口康夫 [71]，シャピロ [45] pp. 52–54, Putnam [202] を参照のこと．

[39] この立場も Skolem に由来する．カナモリ [22] p. 4 を参照のこと．

9.7 関係の代数学

幾何学で鍵となるのは実閉体上の順序であり，集合論の $\in$ が2項関係であるのと同様に順序も2項関係である．和や積といった演算から多項式が作られるのに対して $\in$ や順序からは論理式が作られて，論理式を用いて実閉体の様々な数学的性質が調べられる．つまり，通常の代数学が「演算の代数学」であるのに対して，述語論理は「関係の代数学」である．そして述語論理を「関係の代数学」と考えるときには，述語論理そのものは「命題とは何か」「証明とは何か」という哲学的な問題に答えるための枠組みではない．この，述語論理を「関係の代数学」と考える視点こそが，数学としての数学基礎論という考え方の核である．

ただし，述語論理を「関係の代数学」と考えるとしても，形式的に定義された「証明」の概念が素朴な証明の概念と無関係になる訳ではない．述語論理を「関係の代数学」と考えることは常識的な意味での述語論理と哲学の繋がりをいったん断ち切ることであるが，これは，数学的思考は演繹的であり，演繹を記述したものが証明であるという固定観念から自由になることであって，「命題とは何か」「証明とは何か」という哲学的な問いに改めて向かい合うことである．

演繹，素朴な証明，形式的な「証明」という三つの概念がある．標準的な見方は，演繹によって素朴な証明が構成されて，その演繹を形式化したものが形式的な「証明」であるというものであろう．つまりこの三つの概念は重なり合うが，素朴な証明と形式的な「証明」が直接結びついているのではなく，この二つの概念は演繹という概念を介して繋がっている．それならば，もしも素朴な証明と「証明」の概念が上手く繋がらないのなら，それは「証明」の概念が不適切であるという単純な話ではなく，演繹，素朴な証明，「証明」という三つの概念の関係についての我々の理解が十分ではないということなのかも知れない．

推論は我々の心の働きである．我々は演繹と素朴な証明の概念を同一視することによって，本来の素朴な証明の概念を歪めてしまっているのかも知れない．形式的な「証明」の定義を与える述語論理とは，演繹的であろうとなかろうと，生身の人間の推論を理解するための枠組みではなくて，「書かれた証明」を精査するための観測機器である．そして「書かれた証明」とは，理解や納得，説明，そして説得のための言葉であり，数学の世界の論理的な

整合性についての観察結果の報告である．「関係の代数学」としての述語論理とは，このような見方を支えるものであろう．

　証明とは人間の思考の記録というよりは映画や芝居の台本に似たものであって，自動車や建築物といった人工物の設計図に相当するものである．作家が台本を書き，技術者が設計図を描くように，数学者は証明を作る．数学者が求めているのは定理ではなく証明である．我々は数学的な活動の結果として証明を発見ないし創造しているのであって，演繹の記録が証明なのではない．9.3 節で論じたように，もしも人間の認知活動の中に演繹と発見と呼び得るものがあるのなら，証明を作ることが発見であり，証明の正しさを確認することが演繹であろう．そして，証明を理解することは演繹とも発見とも異なる心の働きであり，それは小説や映画の理解とも似た「物語の理解」とでも呼ぶべきものであるように思われる[40]．

9.8　ドグマなき形式主義

　ところで，集合論が複数のモデルを持つことは Skolem が考えたような集合論の否定的な性質というよりは，むしろ集合論の豊穣さの現れであると考えられる．そして，集合論のどのモデルを選ぼうとも，そのモデルの上には互いに微妙に，しかし決定的に異なる数学の伽藍が構築できて，異なるモデルの上に構築される数学の伽藍の違いを見ることは，数学の世界を知るため

---

[40] 数学を真面目に勉強したことがある人なら誰でも，証明は単なる計算ではなくある種の物語であると感じたことがあるであろう．Stewart は [217] の p. 166 で「証明とは物語である」と宣言している．しかし，「証明とは何か」と問われた途端に，真理だとか規則だとか数多くの難解な哲学的な言葉が想起されると共に，物語としての証明という感覚は失われてしまう．もっとも，証明そのものが物語なのではなく，どのような話題であれ，我々は物語性を見出したときに「分かった」と感じるのかも知れない．野家啓一は [78] p. 66 で「物語」とは「時間的に隔たった複数の出来事を結びつけることによって経験を組織化する言語行為のこと」であると定め，[77] p. 260 で次のようにいう．「『虚』と『実』との間にある両義的な空間を『物語』と呼んでおけば，『物語』は文学にとってのみならず，科学にとっても不可欠な要素だと言わねばならない．だとすれば，その『物語』の生成と構造を分析することこそ哲学に課せられた役目であろう．科学と文学と哲学とは，『物語』という半透明の壁に隔たれていると同時に，『物語』という共通の大地に足を据えることによって，根源的に結びつけられてもいるのである．」

9.8 ドグマなき形式主義

の重要な方法の一つになる．集合論の揺らぎは素朴な意味での集合論による数学の基礎付けを拒んだが，数学という伽藍の基礎としての瑕疵ではなく，素朴な感覚では辿り着けない未知の世界への入り口であった[41]．

集合論の様々なモデルを構成することで連続体仮説や選択公理がZermelo-Fraenkelの集合論から独立であることを示したCohenの結果こそが，こうした世界観を生み出す契機であった．そしてこのCohenの結果もまた哲学的な拘りから離れて述語論理を「関係の代数学」と見なすことによって可能になったものであろうし，Cohenの結果によって「関係の代数学」のような考え方が広まったのかも知れない．

不完全性定理に加えてCohenの結果が得られたことで集合論では，我々は究極的には真実には辿り着けないのだから，集合論は数学として面白いことが大切で，数学として面白いことで十分であるという，数学的には現実的で哲学的には虚無的な思想が広まった．「数学としての数学基礎論」という考え方が先鋭化したこの思想は，数学的な活動そのものに集合論の存在意義を求めるという意味で，集合論の数学的プラグマティズムと呼ぶことができよう[42]．その一方で，集合論における独立命題の発見は，公理の妥当性は真であるかどうかによってではなく，何をもたらすのかによって判断されるべきであるというGödelに由来する思想も生まれた．公理的方法が生み出したこの思想は数学的な実在論を形式主義によって正当化する試みであり，集合論の形式主義的プラグマティズムと呼ぶこともできよう[43]．

この二種類のプラグマティズムは共存可能であるが，基本的に互いに独立

---

[41] 数学の世界は単一の宇宙(universe)ではなく多元宇宙(multiverse)をなしており，幾つもある数学的世界の中のどの宇宙に我々が居るのかは我々には分からないという，集合論的多元宇宙と名付けられた考え方もある．集合論的多元宇宙についてはHamkins [159]，Fuchino [149] などを参照のこと．

[42] 同様の思想が証明論にも存在する．例えば，算術の無矛盾性を証明しようとする証明論の試みについて，新井敏康は [7] p. 93 で次のようにいう．「··· 無矛盾性を示そうとする公理系が自然数論よりずっと強い無限を扱う公理系になっていれば，よりその証明の哲学的意義を考えることは難しさが増す．そこでこう考えたい：不完全性定理によって強いられて，新しい原理を見出していかなければより強い公理系の無矛盾性証明はできない．これはその都度が暗闇での跳躍であり，だからこそ面白い．つまり無矛盾性を証明することは，数学者としての論理学者に与えられた数学的に困難な問題群だと．」これは証明論における数学的プラグマティズムである．

[43] 詳しくは戸田山和久 [74, 75]，松原洋 [100] を参照のこと．

である．また，この二種類のプラグマティズムの妥当性に対しては様々な考え方が存在しよう．いずれにせよ，この二種類のプラグマティズムは数学の基礎の問題に対する最終的な答ではない[44]．この二種類のプラグマティズムは数学的にだけでなく哲学的にも先に進むための足場であって，先に進むためにこそ，この二種類のプラグマティズムそれ自身と，この二種類のプラグマティズムを生み出した形式主義を理解する必要があろう．

　数学の基礎としての形式主義を否定する典型的な二つの考え方がある．一つは，今では形式主義は数学の基礎を語るための基本的な枠組みとして重要なのではなく，新たな興味深い数学的対象を生み出したという事実においてこそ評価されるべきというものである．数学としての数学基礎論という標語に象徴される考え方である．もう一つは，数学の基礎として形式主義を奉じてきた我々は100年に渡って誤った数学観を抱いてきたという告発を，今こそ受け入れようというものである．形式主義に代わる新たな枠組みを求める人の考え方である．この二つの考え方は厳しく対峙し，敵対しさえするが，数学の基礎としての形式主義を拒否していること，そして，必ずしも形式主義の二つのドグマを否定していないことは共通している．

　数学の基礎としての形式主義を支える二つのドグマに対して無自覚で無防備であれば，無闇に形式主義を否定したところで，形式主義の破片は数学観の至る所に生き残るであろう．全面的な拒絶は無反省な肯定と同じく，考えることを放棄していて，言葉に乏しく，想像力にも欠けている．形式主義の二つのドグマを相対化する言葉を持ち合わさなければ，形式主義的な数学観から解き放たれることはない．数学としての数学基礎論や，数学の基礎を論じるための新たな枠組みに必要なのは，数学の基礎としての形式主義の拒否ではなく形式主義の理解である．そして，その理解は形式主義の二つのドグマからの自由を得ることによって可能になるものであろう．

　形式主義の二つのドグマは述語論理の標準的な解釈を与えていて，数学の

---

[44] Quine は「経験主義の二つのドグマ」[31] において「全体論」に繋がる「プラグマティズムへの方向転換」を打ち出しているが，全体論について Dummett は [68] p. 299 で「全体論のような悲観主義」という言い方をしている．ここで紹介した二種類のプラグマティズムは，数学としては正にプラグマティズムであって決して悲観主義ではないが，哲学としてはやはり一種の悲観主義であろう．

9.8 ドグマなき形式主義

基礎としての形式主義は述語論理によって体現されている．しかし，形式主義は多様な体現方法を持っているであろうし，述語論理の標準的な解釈のみが述語論理の意義を説明する訳でもない．形式主義の哲学的な意義と，述語論理の数学的な有効性は区別する必要があるが，形式主義の二つのドグマはこの二つを混同させてしまう．形式主義の哲学的な意義に頼らずに述語論理の数学的な有効性を明らかにする方法も，述語論理のもたらした数学的世界を参照せずに形式主義の哲学的な意義を説明する言葉も存在しよう．形式主義の二つのドグマを放棄することは形式主義の全体を否定することではなく，述語論理や形式主義に対する一面的な理解を拒否することであって，むしろ述語論理や形式主義の可能性を広げるものである．

形式化された「証明」の概念が素朴な証明の概念と対応していないと考えるとき，多くの人はそれは形式的手法の弱さであり，人間には述語論理では捉え切れていない数学的な能力があることを思い描く．しかし，8.2 節で紹介したように，形式的な「証明」を定義することで素朴な証明の概念が解明されたことによって，証明の概念は拡張されたと考えることもできる．そのように考える場合には，やはり 8.2 節で論じたように，形式的に表現された無矛盾性が証明できれば数学の無矛盾性は保証されたことになるが，第二不完全性定理で明らかにされたように形式的に表現された数学の無矛盾性が証明できないとしても，本来の意味での数学の無矛盾性が数学的に証明できる可能性は残されているのかも知れない．

不完全性定理が Hilbert のプログラムにとって決定的な意味を持っているのは，形式主義の二つのドグマを受け入れているからである．形式主義の二つのドグマを相対化することができれば，不完全性定理や Hilbert のプログラムの理解や解釈について様々な可能性が生じることであろう．

形式主義が紡ぐ数学の基礎をめぐる物語はとてもよくできていて，形式主義に無関心な人でも，形式主義は誤りであると主張する人でさえも，「数学とは何か」と問われれば思わずその物語を口にしてしまう魔力のようなものを備えている．それはもちろん，その物語が数学の世界の出来事を正確に描いているからなのかも知れないが，その物語に漠然とした違和感を覚えている人は珍しくないし，すべてが正確に見えているのではなく，見えているものがすべてであると，また，自分が見ていると信じているものがすべてであ

ると思い込んでいるだけなのかも知れない．「象の物語」を聞きたかったのに，形式主義が紡いだものは「象の足の物語」であったのかも知れない．そして，もしも直観主義が詳らかにしたものが「象の鼻の物語」であったのなら，二つの主義の間の論争はそもそも的外れで，形式主義と直観主義は共存可能で相補的な二つの思想であるのかも知れない[45]．

　数学は興味深く大切であるが，「数学とは何か」という問に答えることは容易ではない．そもそも，議論の対象が何であろうとも，「とは何か」という形の問に意味のある答があるようには思えない．まして「数学とは何であるべきか」という規範を与えようとする教条主義的な試みは滑稽でさえある．ただ，我々は数学をどのように理解しているのかを知りたいと思うし，どのような理解の仕方があり得るのかを知りたいと思う．

---

[45] 9.4節の脚注17で，証明に先立ち命題が存在すると考えるのが形式主義で，命題に先立ち証明が存在すると考えるものが直観主義であると考えられるかも知れないと書いた．もしもこの考え方が妥当であるならば，命題と証明のどちらが先に存在するのかと問うことを止めれば，形式主義と直観主義の対立の大きな部分は消滅するようにも思われる．

おわりに

数学としての数学基礎論の誕生

　Hilbert のプログラムが破綻した後には，Hilbert のプログラムを実現するために中心的な役割を果たすことが期待されていた述語論理と公理的集合論という二つの巨大な建造物が残された．しかしそれらは廃墟と化した伽藍にはならず，述語論理と公理的集合論の周りにはやがて証明論，集合論，モデル論，計算論という四つの世界からなる，数学基礎論と呼ばれる数学の新しい一分野が築かれていった[1]．

　不完全性定理によると，述語論理の上で形式的に展開された算術や公理的集合論の中では自分自身の無矛盾性は証明できない．このことに関してGentzen は 1930 年代に，形式化された証明の構造を分析することで，有限

---

[1] この四つの世界からなる数学の一分野を数学基礎論もしくは略して基礎論と呼ぶのは日本の習慣，より正確に言えば日本における，この一分野の専門家以外の数学者の習慣である．この一分野の専門家は自分達の分野を数学基礎論よりはむしろ数理論理学や論理学と呼ぶことが多く，数学基礎論という言葉は数学の基礎に関する哲学的な議論を指す場合が多い．ただし，数理論理学という言葉は数学的に展開された論理学という意味で使われることもあり，その場合の論理学とは人間の思惟や推論についての学問という古典的な意味での論理学である．

的と見なし得るある種の超限帰納法を用いて1階の算術の無矛盾性を証明した．竹内外史は1950年代にGentzenの結果は高階の算術，すなわち解析学が形式的に展開できる公理系に拡張し得ると予想し（竹内の基本予想），この予想を部分的に解決した．こうした議論に始まる，形式化された証明の数学的な性質を分析する理論が証明論である．

数学において集合に関する最も基本的な問題は選択公理と連続体仮説の真偽を決定することであった．そして1940年代のGödelの結果と1960年代のCohenの結果により，選択公理および連続体仮説は公理的集合論から独立であることが証明された．数学全体は公理的集合論に収まると信じられているので，二人の証明した事実は選択公理と連続体仮説の真偽は我々には決定できないことを意味した．しかし話はそこでは終わらず，二人の証明で与えられた手法は巨大な無限集合の性質や実数の部分集合の性質などを調べる理論としての集合論の出発点となった．

述語論理では命題が形式的に証明可能であることと真であることが区別され，命題の真偽は集合論的に構成された数学的構造を用いて定義される．そして，形式化された証明についての議論が証明論であれば，命題の真偽を定める数学的構造についての理論がモデル論である．このモデル論とは群や体といった代数的構造や順序集合などに関する様々な概念を抽象化して得られた，数学的構造についての一般論である．1929年に証明されたGödelの完全性定理は形式化された証明と数学的構造という数学的に定義された二つの概念を橋渡しする定理であり，証明論とモデル論を繋ぐ定理である．

1931年に発表されたGödelの不完全性定理は自然数の集合の上に定義されるある関数が計算可能でないことを示した定理でもあり，不完全性定理は計算可能性の概念と極めて関係が深い．計算可能性はChurchやTuring，Kleeneらによって1930年代に定式化された概念であり，計算可能性に関する関数の様々な性質を論じる理論，特に，相対的な計算可能性の概念に基づいて計算不可能な関数を分類し，それらの特徴を論じる理論が計算論である．そしてGödelの不完全性定理とは証明論と計算論が重なり合った領域の上に成立する，証明論と計算論を結びつける定理である．

証明論，集合論，モデル論，計算論という数学基礎論の四つの領域は1970年代以降に爆発的に発展し，まさに「人間精神の名誉」を讃えるという言葉

に相応しい豊穣な数学的世界を形作った[2]．それと同時に，数学基礎論の内部では数学の基礎に関わる哲学的な問題への興味は徐々に失われ，「有限の立場」への関心も薄れていった．

「数学的構造」や「関数」といった数学的対象についての数学であるモデル論や計算論では最初から「有限の立場」に興味は持たれていなかったし，数学の基礎に関わる哲学的な議論の中から生まれた証明論や集合論も「形式化された数学」や「無限集合」という数学的対象についての数学となり，哲学的な立場は普通の数学と何ら変わりないものになった．不完全性定理も数学の基礎に関わる哲学的な定理から普通の数学の定理の一つになった．

ただし，数学基礎論では有限的手法による証明への関心が完全に失われてしまった訳ではない．例えば Gentzen による 1 階の算術の無矛盾性の証明は，有限的手法による証明と見なし得るからこそ重要な結果であったし，1960 年代の高橋元男らのモデル論的な手法による竹内の基本予想の証明は，この予想の最終的な解決とは見なされていない[3]．集合論においても，選択公理や連続体仮説の公理的集合論からの独立性が有限の立場で証明できることは，敢えて注意を喚起すべき事実とされている[4]．「不安の時代」が終焉を迎えた後で有限的手法で何かを証明することにどのような意義があるのかは明らかでないし，そもそも有限の立場とは何であるのかも釈然としない．しかし，有限的手法とは数学の基礎を語る際にのみ意味を持つものではない．有限的手法は今でも数学基礎論の重要な話題の一つである[5]．

---

[2] この四つの分野の基本的な枠組みと，四つの分野の爆発的な発展の契機となった幾つかの代表的な定理が新井敏康 [8] の基礎編で紹介されている．なお，数学基礎論をこの四つの分野に分類することは数学基礎論における便宜的な習慣で，この四つの分野の複数の領域にまたがる議論や，この四つの分野には収まらない研究も少なくない．

[3] 例えば新井敏康 [6] p. 2，竹内外史 [55] p. 16 を参照のこと．

[4] 例えばキューネン [183] pp. 237–239 を参照のこと．

[5] 新井敏康は [5] p.334 で次のように物語っている．「通常，竹内の仕事は（G. Gentzen の仕事も含めて），有限的 (finitary) ／超越的 (transcendent)，可述的 (predicative) ／非可述的 (impredicative)，構成的 (constructive) ／非構成的，といった対立のタームで語られることが多い．しかし，管見では，これらの対立の意味・意義・内実について文献では，十分に吟味・検討されているとは言い難いように思うし，この問題を扱った数学としての体をなした理論は未だ成っていないと思う．少なくとも筆者には，それらの差異や，境界をどこで区切ったらよいか，また，なぜある種の結果は有限的な方法で証明されてこそ意味があるのかなどがわからないのである．」この言葉が発せられてか

壮大な循環論法と小さな寓話

　現在の数学基礎論の多くの部分では，有限的であれ超越的であれ，標準的な数学的手法は何でも用いられている．そして，もしも数学基礎論の目的は有限的手法を用いて堅牢な数学的世界を再構築することであると考えるのなら，この数学基礎論の現状は理解し難いものである．論理的公理や推論規則の正当化を与える完全性定理は選択公理や Zorn の補題を用いて証明されている．しかし，超越的手法の妥当性が明らかでないのなら，当然，超越的手法を用いた命題論理や述語論理の正当化の妥当性も明らかではない．

　もちろん，注意2.5.12で紹介したように，完全性定理を証明するためには選択公理そのものは必要なく弱い選択公理で十分であるし，算術の言語や集合論の言語の上に定められる理論を考える際には選択公理はまったく必要ない．しかし，選択公理のみが数学基礎論に循環論法をもたらす訳ではない．記号の有限列を正確に定義するためには N が必要になるので，述語論理を用いて算術や集合論を展開することは，N を用いて N について論じることである．これも一種の循環論法である．この循環論法を防ぐのが有限の立場である．超数学を普通の数学と区別なく展開するのではなく，有限の立場の上で展開することによって，N に関わる循環論法を防ぐことが可能になる．ただし，そもそも演繹について演繹的に考えること，または，数学について数学的に論じることも循環論法であると考えられる．そして，この循環論法は簡単には解消できない．

　Dummett は演繹の働きには説得と説明の二つがあると論じた．数学基礎論にも説得と説明の二つの機能がある．堅牢な数学的世界を再構築することによる集合論的な超越的手法の正当化とは数学基礎論の説得としての機能である．この機能に関しては，超越的手法を用いて数学基礎論を展開することによる循環論法は確かに問題であり，数学基礎論の説得としての機能を損なわせてしまう．Hilbert のプログラムは超越的手法の妥当性の説得を目的

ら既に20年以上の歳月が過ぎ，その間に Rathjen，新井敏康らの研究によって竹内の基本予想を中心とする証明論は著しい発展を遂げた．しかし，この言葉で記された状況は今でも大した違いはないように思われる．また，「数学として体をなした理論」という言葉を「哲学として体をなした理論」と置き換えてみても，状況はあまり変わらないように思われる．

とするものであり，数学基礎論の説得としての機能に関わるものである．一方，数学としての数学基礎論とは $\mathbb{N}$ や $\mathbb{Q}$, $\mathbb{R}$ が形作る数の世界を説明することが数学基礎論の目的であると考えるものであり，説明が目的であれば循環論法は問題にはならない．これは，通常の数学で素朴な意味で自然数の概念を用いて $\mathbb{N}$ について議論しても問題ないのと同じことである．不完全性定理は数学基礎論の説得としての機能の文脈で語られることが多いが，定理の内容はむしろ数学基礎論の説明としての機能に関わるものである．

哲学として生まれた数学基礎論は数学として成熟して，数学基礎論の働きも説得から説明へと変化した．この変化に伴い，有限的手法の役割も変わった．説得のための数学基礎論にとって有限的手法とは，堅牢な数の世界全体を再構築するための道具である．一方，数学としての数学基礎論における有限的手法とは，数や集合を調べるための観測機器を制作するための道具であって，定理の妥当性を保証することは有限的手法の役割ではない．現在でも数学基礎論において有限的手法に関心が持たれているのは，数学基礎論に説得としての役割が期待されているからではなく，優れた観測機器を作り，作られた観測機器の性能を最大限に発揮するためには観測機器の作り方に精通している必要があるからであろう．

しかし，演繹の説得と説明という二つの働きが簡単に区別できるものではないのと同じように，数学基礎論の説得と説明という二つの機能も明確には区別できない．集合の世界を調べることの目的が数の世界を再構築することではないとしても，集合の世界の上で数の世界が再構築できることに違いはない．説得としての機能には興味がなく，数の世界を再構築することには興味がないから循環論法は問題にならないと考えることは，単に循環論法には関心がないといっているだけでしかない．現在でも有限的手法が話題になるのは数学基礎論に説得としての役割が期待されているからではないとしても，数学基礎論に説得としての働きはないということではないし，数学基礎論が引き起こす循環論法に問題がないことの保証はない．

現在の数学基礎論の持つ説得としての働きとは，有限的手法で証明されたから確実に正しいと主張する単純なものではない．数学基礎論における循環論法が問題になるのは，集合の世界の中に再構築された数の世界が本物の数の世界であるという単純な見方を選ぶときである．数学基礎論に現れる循環

論法とは合わせ鏡の上に映し出される複雑な文様のようなものである．その文様はたとえ現実の世界の一部分を反映しているとしても，ありのままの世界ではない．しかし，鏡の上に映し出された複雑な文様をもとに見ることができる現実もある．その文様を通して現実の数の世界や集合の世界について物語ることこそが数学基礎論の説得としての働きであろう．もちろん，その物語りは現実の世界とはかけ離れた小さな寓話に過ぎないのかも知れない．しかし，動物が人語を操る「あり得ない世界」についての子供向けの寓話が，実世界を忠実に複製した記録よりも美しく効果的に現実を描き出すことは珍しいことではない．

読書案内

不完全性定理に関連する分野の研究者は我が国でも海外でもそれほど多くはないが，不完全性定理にまつわる書物は専門書から啓蒙書に至るまで数知れない．そのなかで，本書を執筆するにあたり，最も強く影響を受け，参考にしたのは次の二冊である．

- 前原昭二，数学基礎論入門，朝倉書店，1977．（復刊版 1996）
- 新井敏康，数学基礎論，岩波書店，2011．

〔前原〕は筆者が初めて不完全性定理を学んだ教科書であり，個人的には最も思い入れが深い．基本的に Gödel の原論文に忠実に不完全性定理の証明が展開されていて，明解な解説が随所に挿入されている．しかし，過剰に丁寧に書かれているために不完全性定理の証明が始まるまでが長く退屈である．また，さすがに古く，〔前原〕が採用する枠組みは現在では標準的ではないので読み難いし，話題にも乏しい．この一冊で不完全性定理を理解することは困難である．しかし，この〔前原〕では不完全性定理に対する著者の考え方が明確に提示されており，〔前原〕は名著である．なお，大概の人は自分の経験した学習方法が最善であると無意識的に信じて，いろいろな場所で自分の経験した学習方法を再現しようとする．筆者も例に漏れず，本書の構成は〔前原〕とよく似ている．ただし，本書は〔前原〕の増補改訂版の役割を果たし得るものを目指したものでもある．構成が似ていることは，ある

程度は意図的な選択の結果である．

〔新井〕は数学基礎論の初歩から，現在の数学としての数学基礎論を構成する各専門領域の入り口を一歩入った所までを網羅的に紹介する教科書である．難易度は本書よりもかなり高いが，不完全性定理までの易しい話題と各分野の専門書を繋ぐ教科書が少ない数学基礎論において，〔新井〕は貴重である．これから高度な数学的技量を身につけようとする学生にとって〔新井〕はまたとない道案内であろうし，ある程度の数学基礎論の素養があれば数学的に興味深い話題に溢れる〔新井〕は，不思議で興味深い玩具が詰め込まれた屋根裏部屋のような魅力を持つものであろう．しかし〔新井〕では数学基礎論や不完全性定理の動機や意義の紹介は「数学基礎論の問題構制」と題された最初の4頁に限られ，その他の部分では徹底して数学的には誠実で，哲学的には禁欲的な態度で書かれている．そのため，数学基礎論の初学者や専門外の人が最も必要とし興味を持つ不完全性定理に関する議論の動機や問題意識を，予備知識なしに〔新井〕から汲み取ることは難しい．本書は500頁を超える巨大な〔新井〕の入門編を構成する最初の約100頁への注釈または補足でもある．

本書と似たような難易度の数学基礎論の教科書は珍しくない．そのような教科書の中で，特に優れたものとして以下の本を紹介したい．

- Enderton, H.B., A Mathematical Introduction to Logic (2nd ed.), Academic Press, 2001.
- van Dalen, D., Logic and Structure (5th ed.), Springer, 2012.
- Ebbinghaus, H.-D., Flum, J., and Thomas, W., Mathematical Logic (2nd ed.), Springer, 1994.
- Shoenfield, J.R., Mathematical Logic, Addison Wesley, 1967.

〔Enderton〕の初版は1972年であり，長い期間に渡り最も標準的な数学基礎論の教科書であった．〔Enderton〕と比べると〔van Dalen〕と〔Ebbighaus他〕の二冊は比較的新しいが，この三冊はいずれも数学的な例が多く，数学的な素養を持つ初学者は比較的短期間で読み終えられるであろう．〔van Dalen〕は筆者が〔前原〕の次に読んだ本で，〔前原〕では分かり難かったことが明解に説明されていたことの印象が強いこと，セミナーのテキストとし

て何度も用いていて内容をよく知っていることから，個人的には人から尋ねられたときに勧めることが多い．

〔Shoenfield〕はこの三冊と比べると難易度は高いが，数学基礎論の教科書の中で古典的な名著として知られるものである．数学基礎論の全体を通して基礎的な事柄が数学的に明晰に整理されており，決して読み易くはないが，現在でも価値はまったく衰えていない．無駄のない簡潔な表現も含め，〔新井〕は〔Shoenfiled〕の現代版とも言えよう．これらの教科書はいずれも，話題が不完全性定理に特化している本書とは異なり，不完全性定理を含めて数学基礎論を学ぶ上で必要となる事柄が偏りなく選ばれている．

本書や上記の数学基礎論の教科書に紹介されている内容よりも，さらに詳しく不完全性定理について学ぶためには以下の本を紹介したい．

- Lindström, P., Aspects of Incompleteness (2nd ed.), Lecture Notes in Logic 10, AK Peters, 2003.
- Kaye, R., Models of Peano Arithemtic, Oxford, 1991.
- Hájek, P. and Pudlák, P., Metamathematics of First-Order Arithmetic, Springer, 1993.
- Boolos, G., The Logic of Provability, Cambridge, 1993.
- Smoryński, C., Self-Reference and Modal Logic, Springer, 1985.

本書で紹介した不完全性定理についての比較的発展的な内容をさらに網羅的に紹介しているのが〔Lindström〕である．簡潔に記述された薄い本であるが，内容は豊富である．本書ではほとんど触れることができなかった不完全性定理のモデル論的側面は〔Kaye〕に詳しい．この〔Kaye〕で扱われる題材は基本的に算術の超準モデルに限られているが，それでもモデル論の基本的な概念は一通り現れていて，明解に記述されているので数理論理学の入門書としても優れている．〔Hájek/Pudlák〕は網羅的で，かなり分量が多い．算術に関わる多くの話題が紹介されていて，後半には限定算術と計算量のことが詳しく紹介されている．本書でまったく紹介できなかった不完全性定理に関する重要な話題に，Paris と Harrington による組合せ論的な独立命題の存在証明と，可証性述語を様相演算子として捉えることによる，様相論理の枠組みを用いた不完全性定理についての議論がある．前者について

は〔Kaye〕および〔Hájek/Pudlák〕が，後者については〔Boolos〕および〔Smoryński〕が詳しい．

　本書は哲学や歴史の教科書や専門書を目指すものではない．そして，十分な調査と考察をせずに哲学や歴史の話題に触れることは安易な先入観を流布させることでしかなく，控えるべきである．しかし，不完全性定理について語るためには哲学や歴史に触れない訳にはいかず，本書では随所で，しかもかなり乱暴に哲学や歴史の話題にも触れている．不完全性定理に関する哲学および歴史に関するものとして，以下の本を紹介したい．

- 飯田隆, 言語哲学大全, I, II, III, IV, 勁草書房, 1987, 1989, 1995, 2002.
- Shapiro, S., Thinking about Mathematics: The Philosophy of Mathematics, Oxford, 2000. （邦訳：スチュアート・シャピロ著, 金子洋之訳, 数学を哲学する, 筑摩書房, 2012.）
- 林晋, 八杉滿利子（訳・解説）, ゲーデル不完全性定理, 岩波書店, 2006.
- 佐々木力, 二十世紀数学思想, みすず書房, 2001.

数学の専門家にとって哲学の本は何とも読み難い．その中で〔飯田〕は，現代的な論理学が誕生した19世紀末から現代に至るまでの，数学基礎論の哲学的な側面と関係が深い分析哲学の流れを明解に紹介している．この〔飯田〕が数学の哲学ではなく分析哲学の優れた解説であるのに対して，〔Shapiro〕は数学の哲学に関する古典的な話題から最近の考え方に至るまでを網羅的かつ明解に紹介する解説である．不完全性定理の数学的背景および歴史的背景については〔林/八杉〕の解説が詳しく，〔林/八杉〕の解説は読み物としても楽しい．〔佐々木〕の第一章では20世紀初頭の数学の基礎をめぐる論争の要点が簡潔かつ明解に紹介されている．

　現在の数学としての数学基礎論を構成する証明論，集合論，モデル論，計算論の教科書としては以下のものを紹介したい．

- Takeuti, G., Proof Theory (2nd ed.), North-Holland, 1987.
- Troelstra, A.S. and Schwichtenberg, H., Basic Proof Theory (2nd ed.), Cambridge, 2000.
- Kunen, K., Set Theory, North-Holland, 1980. （邦訳：ケネス・キュー

ネン著,藤田博司訳,集合論,日本評論社,2008.)
- Jech, T., Set Theory (3rd ed.), Springer, 2003.
- Chang, C.C. and Keisler, H.J., Model Theory (3rd ed.), North-Holland, 2012.
- Hodges, W., Model Theory, Cambridge, 1993.
- Shoenfield, J.R., Recursion Theory, Springer, 1993.
- Soare, R.I., Recursively Enumerable Sets and Degrees, Springer, 1987.

ただし,数学基礎論の各分野は著しく発展していて,どの分野にも新しい優れた専門的な教科書は少なくない.上記の教科書は筆者の手近にあるものを並べただけで,いずれも定評のある教科書ではあるが,既に内容が古いものもあり妥当な選択であるとの確信はない.

最後に,不完全性定理に関する啓蒙書として次の二冊を紹介したい.本書でも参考にしている.もっとも,参考にしているという言い方は傲慢かも知れなくて,全体を通して強い影響を受けている.

- 竹内外史,数学的世界観―現代数学の思想と展望,紀伊國屋書店,1982.
- 竹内外史,ゲーデル(新版),日本評論社,1998.

〔竹内82〕には,不完全性定理の証明の簡潔な紹介を含め,数学基礎論に関わる様々な事柄が書かれている.不完全性定理の証明の数学的な細部に立ち入らずに,気軽に不完全性定理とは何かを知りたければ,まず〔竹内82〕を勧めたい.〔竹内98〕には不完全性定理そのものよりも,Gödel を初めとして数学基礎論の黎明期に活躍した数学者の思想や人となりが,著者の考え方や個人的な思い出と共に紹介されていて大変に興味深い.もちろん,正確な歴史を知るためには〔竹内98〕では不十分であろう.しかし〔竹内98〕で紹介されているような話題は,単に興味深い逸話として終わるものではなく,不完全性定理そのものを理解する上で貴重な手掛かりになる.

数学の啓蒙書は一般に,内容の正確さよりも手軽な分かり易さを優先するために大雑把なものにならざるを得ない.また,簡単に説明しようとすれば紋切り型に陥り易く,啓蒙書はどれも似たようなものになりがちである.そして,不完全性定理についての啓蒙書は枚挙に遑がないが,どの啓蒙書もよ

く似ていて，同じようなことが同じような書き方で紹介されている．そのような啓蒙書から得られる手軽な知識のみで不完全性定理の全体像を掴むことは不可能であろうし，啓蒙書の不十分な記述は誤解を増長させる危険も持つ．しかし，初学者には全体像を俯瞰できる地図が不可欠である．また，数学の新しい局面を切り開くためには，数学的に成熟し完成された議論だけでなく，茫漠とした信念や妄想のようなものも必要であろう．初学者にとっても専門家にとっても，啓蒙書で語られるような単純で感覚的な言葉は貴重である．そして，たとえ同じようなことが書かれているように見えるとしても，啓蒙書で語られるような平易で明解な言葉にこそ，書き手の個性が如実に現れるように思われる．

参考文献

- [1] 足立恒雄, フェルマーの大定理, 日本評論社, 1984.
- [2] 足立恒雄, 数とは何か そしてまた何であったか, 共立出版, 2011.
- [3] 足立恒雄, デデキント, ペアノ, フレーゲを読む – 現代における自然数論の成立, 日本評論社, 2013.
- [4] 足立恒雄, 数の発明, 岩波書店, 2014.
- [5] 新井敏康, 竹内の基本予想について, 数学, 40 (4), 322–337, 1988.
- [6] 新井敏康, 竹内の基本予想とは何か, 何であるべきか – 50 年に, 数理解析研究所講究録, 1442, 1–7, 2005.
- [7] 新井敏康, ゲーデルの無矛盾性証明, 現代思想 2007 年 2 月臨時増刊号「総特集ゲーデル」, 82–93, 2007.
- [8] 新井敏康, 数学基礎論, 岩波書店, 2011.
- [9] 飯田隆, 言語哲学大全 I：論理と言語, 勁草書房, 1987.
- [10] 飯田隆, 言語哲学大全 II：意味と様相（上）, 勁草書房, 1989.
- [11] 飯田隆, 不完全性定理はなぜ意外だったのか, 科学基礎論研究, 20 (3), 135–151, 1991.
- [12] 彌永昌吉・佐々木力編, 現代数学対話, 朝倉書店, 1986.
- [13] 井上克巳, アブダクションとインダクション, 人工知能学会誌, 25 (3), 389–399, 2010.
- [14] 江田勝哉, 数理論理学, 内田老鶴圃, 2010.
- [15] H.-D. エビングハウス（成木勇夫訳）, 数（上・下）, シュプリンガー, 1991.

参考文献　329

[16] 岡本賢吾, 数学基礎論の展開とその哲学, In: 飯田隆責任編集, 哲学の歴史 11：20 世紀 II – 論理・数学・言語, 中央公論新社, 281–344, 2007.
[17] 岡本賢吾, ウィトゲンシュタインの数学の哲学 –「概念形成 (concept-formation)」論の射程, In: ウィトゲンシュタイン, 河出書房新社, 57–81, 2011.
[18] 奥雅博, ウィトゲンシュタインのゲーデル理解について, 大阪大学人間科学部紀要, 17, 167–183, 1991.
[19] 小野寛晰, 情報科学における論理, 日本評論社, 1994.
[20] 角田譲, 数理論理学, 朝倉書店, 1996.
[21] 鹿島亮, 数理論理学, 朝倉書店, 2009.
[22] A.J. カナモリ (渕野昌訳), 巨大基数の集合論, シュプリンガー, 1998. [167] の邦訳.
[23] 金谷武洋, 日本語に主語はいらない, 講談社, 2002.
[24] 金子洋之, ダメットにたどりつくまで, 勁草書房, 2006.
[25] 金田一春彦, 日本語 (新版) 上・下, 岩波書店, 1988.
[26] 菊池誠・倉橋太志, Gödel の不完全性定理を巡る三つの断章, 科学基礎論研究, 38 (2), 27–32, 2011.
[27] K. キューネン (藤田博司訳), 集合論 – 独立性証明への案内, 日本評論社, 2008. [183] の邦訳.
[28] 倉橋太志, Rosser 可証性述語について, 科学基礎論研究, 41 (2), 13–21, 2014.
[29] S.A. クリプキ (八木沢敬・野家啓一訳), 名指と必然性, 産業図書, 1985.
[30] 黒田亘・野本和幸編, フレーゲ著作集, 勁草書房, 1999.
[31] W.V.O. クワイン (飯田隆訳), 論理的観点から, 勁草書房, 1992.
[32] 小池清治, 現代日本語文法入門, 筑摩書房, 1997.
[33] U. ゴスワミ (岩男卓実他訳), 子どもの認知発達, 新曜社, 2003.
[34] 小平邦彦, 怠け数学者の記, 岩波書店, 1986.
[35] 古森雄一, 汎用システムとしての「ラムダ計算 + 論理」, 数理解析研究所講究録 1533, 39–48, 2007.
[36] 古森雄一・小野寛晰, 現代数理論理学序説, 日本評論社, 2010.
[37] 近藤基吉, ヒルベルトの形式主義と現代科学, 科学基礎論研究, 12 (2), 59–64, 1975.
[38] 齋藤正彦, 数と言葉の世界へ, 日本評論社, 1983.
[39] 齋藤正彦, 数学の基礎 – 集合・数・位相, 東京大学出版会, 2002.
[40] 坂本百大編, 現代哲学基本論文集 I, 勁草書房, 1986.
[41] 佐々木力, 二十世紀数学思想, みすず書房, 2001.
[42] 佐藤文隆, 職業としての科学, 岩波書店, 2011.
[43] 篠田寿一, 帰納的関数と述語, 河合文化教育研究所, 1997.
[44] 志村五郎, 数学をいかに使うか, 筑摩書房, 2010.
[45] S. シャピロ (金子洋之訳), 数学を哲学する, 筑摩書房, 2012. [206] の邦訳.

- [46] 高橋正子, 計算論：計算可能性とラムダ計算, 近代科学社, 1991.
- [47] 竹内外史, 形式主義の立場から I, II, III, 科学基礎論研究, 2 (2), 265–269, (3), 295–299, (4), 348–351, 1958.
- [48] 竹内外史, 数学基礎論の世界：ロジックの雑記帳から, 日本評論社, 1972.
- [49] 竹内外史, 数学について, 科学基礎論研究, 10 (4), 170–174, 1972. [58] に再掲.
- [50] 竹内外史, 数理論理学：語の問題, 培風館, 1973.
- [51] 竹内外史, 層・圏・トポス：現代的集合像を求めて, 日本評論社, 1978.
- [52] 竹内外史, 証明論と計算量, 裳華房, 1995.
- [53] 竹内外史, P と NP – 計算量の根本問題, 日本評論社, 1996.
- [54] 竹内外史, ゲーデル (新版), 日本評論社, 1998.
- [55] 竹内外史, GLC の基本予想に依る第二階証明論の発生について, In: 杉浦光夫・足立恒雄編, 臨時別冊・数理科学「現代数学のあゆみ」, サイエンス社, 10–17, 1998.
- [56] 竹内外史, 数学の回顧と展望, 科学基礎論研究, 28 (2), 55–58, 2001.
- [57] 竹内外史, 集合とは何か (新装版), 講談社, 2001.
- [58] 竹内外史・八杉満利子, 証明論入門, 共立出版, 1988.
- [59] 田中一之・角田法也・鹿島亮・菊池誠, 数学基礎論講義 – 不完全性定理とその発展, 日本評論社, 1997.
- [60] 田中一之, 逆数学と 2 階算術, 河合文化教育研究所, 1997.
- [61] 田中一之, 数の体系と超準モデル, 裳華房, 2002.
- [62] 田中一之編, ゲーデルと 20 世紀の論理学 2：不完全性定理と算術の体系, 東京大学出版会, 2007.
- [63] 田中一之編, ゲーデルと 20 世紀の論理学 4：集合論とプラトニズム, 東京大学出版会, 2007.
- [64] 田中尚夫, 選択公理と数学, 遊星社, 1987.
- [65] 田畑博敏, フレーゲの論理哲学, 九州大学出版会, 2002.
- [66] M. ダメット (藤田晋吾訳), 真理という謎, 勁草書房, 1986. [140] の抄訳.
- [67] M. ダメット, ゲーデルの定理の哲学的意義, In: [66], 164–189, 1986.
- [68] M. ダメット, 演繹の正当化, In: [66], 267–314, 1986.
- [69] J. ディユドネ (齋藤正彦訳), 空虚な数学と意味のある数学, In: 齋藤正彦監訳「数学・言語・現実 (上)」, 日本評論社, 3–31, 1984.
- [70] 出口康夫, スコーレムの有限主義, 哲学論叢, 29, 81–104, 2002.
- [71] 出口康夫, ゲーデルとスコーレム：「完全性定理」をめぐって, 現代思想 2007 年 2 月臨時増刊号「総特集ゲーデル」, 164–178, 2007.
- [72] R. デデキント (渕野昌訳), 数とは何かそして何であるべきか, 筑摩書房, 2013.
- [73] M. デービス (難波完爾訳), 超準解析, 培風館, 1982.
- [74] 戸田山和久, ゲーデルのプラトニズムと数学的直観, In: [63], 227–293, 2007.

[75] 戸田山和久, 「ゲーデルの数学的プラトニズム」とは何か, 現代思想 2 月臨時増刊総特集ゲーデル, 118–137, 2007.
[76] 永田雅宜, 可換体論 (新版), 裳華房, 1985.
[77] 野家啓一, 物語の哲学 (増補版), 岩波書店, 2005.
[78] 野家啓一, 科学のナラトロジー –「物語り的因果性」をめぐって, In: 飯田隆他編集, 岩波講座哲学第 1 巻：いま〈哲学する〉ことへ, 岩波書店, 51–72, 2008.
[79] 野本和幸, 訳者解説, フレーゲ著作集 6 書簡集, 勁草書房, 385–431, 2002.
[80] 野本和幸, フレーゲ哲学の全貌 – 論理主義と意味論の原型, 勁草書房, 2012.
[81] 橋爪大三郎, はじめての構造主義, 講談社, 1988.
[82] 林晋, 変貌する数学観 – そのとき形式化は？ –, 科学基礎論研究, 22, 1–6, 1994.
[83] 林晋・八杉満利子, 解説, ゲーデル不完全性定理, 岩波書店, 2006.
[84] J. バーワイズ, J. エチェメンディ (金子洋之訳), うそつき, 産業図書, 1992. [121] の邦訳.
[85] N.R. ハンソン (村上陽一郎訳), 科学的発見のパターン, 講談社, 1986.
[86] 広瀬健, 帰納的関数, 共立出版, 1998.
[87] 渕野昌, 構成的集合と公理的集合論入門, In: [63], 29–148, 2007.
[88] 渕野昌, 現代の視点からの数学の基礎付け, In: [72], 181–287, 2013.
[89] 渕野昌, [[[不完全性定理に挑む] に挑む] に挑む], 科学基礎論研究, 41 (1), 63–80, 2013.
[90] G. フレーゲ (藤村龍雄訳), フレーゲ哲学論集, 岩波書店, 1988.
[91] G. ブーロス (斎藤浩文訳), ゲーデルの不完全性定理の新しい証明, 現代思想 1989 年 12 月号「特集ゲーデルの宇宙」, 72–79, 1989. [127] の邦訳.
[92] G. ブーロス (中川大訳), 反復的な集合観, In: 飯田隆編, リーディングス数学の哲学 ゲーデル以降, 勁草書房, 135–160, 1995.
[93] 前原昭二, 記号論理入門, 日本評論社, 1967.
[94] 前原昭二, 数学の哲学, 科学基礎論研究, 9 (2), 49–53, 1969.
[95] 前原昭二, 数理論理学序説, 共立出版, 1976.
[96] 前原昭二, 数学基礎論入門, 朝倉書店, 1977.
[97] 前原昭二, ブーロス氏の原稿を見て, 現代思想 1989 年 12 月号「特集ゲーデルの宇宙」, 80–82, 1989.
[98] M. マシャル (高橋礼司訳), ブルバキ – 数学者達の秘密結社, シュプリンガー・フェアラーク東京, 2002.
[99] 松坂和夫, 集合・位相入門, 岩波書店, 1968.
[100] 松原洋, 集合論の発展 – ゲーデルのプログラムの視点から, In: [63], 149–225, 2007.
[101] 松本和夫, 数理論理学, 共立出版, 1970.
[102] 丸山圭三郎, ソシュールを読む, 岩波書店, 1983.

[103] 本橋信義, 今度こそわかるゲーデル不完全性定理, 講談社, 2012.
[104] 森田紀一, 位相空間論, 岩波書店, 1981.
[105] 八杉満利子, 不連続関数の極限計算可能性 – 意義と問題点 –, 科学基礎論研究, 30 (2), 43–48, 2003.
[106] 八杉満利子, ゲーデルの不完全性定理：それは何であるか, 何でないか, 数理科学 2008 年 11 月号, 54–55, 2008.
[107] 八杉満利子, 数学における概念拡張の仕組み：デデキントの研究計画に沿って, 哲学論叢 39（別冊）, S24–S35, 2012.
[108] 八杉満利子, デデキントの数学観：大学教授資格取得講演における概念拡張の仕組み, 哲学研究, 596, 24–45, 2013.
[109] 山崎武, 逆数学と 2 階算術, In: [62], 115–203, 2007.
[110] 吉川弘之, テクノグローブ, 工業調査会, 1993.
[111] 吉田夏彦, 形式主義の方法について, 科学基礎論研究, 2 (3), 299–310, 1958.
[112] 吉満昭宏, ソリテス・パラドクス, In: 飯田隆編, 論理の哲学, 講談社, 59–81, 2005.
[113] 米盛裕二, アブダクション – 仮説と発見の論理, 勁草書房, 2007.
[114] 依岡輝幸, 強制公理と Ω-論理, 科学基礎論研究, 36 (2), 1–8, 2009.
[115] 渡辺治・米崎直樹, 計算論入門, 日本評論社, 1997.
[116] Aczel, P., Non-Well-Founded Sets, CLSI Publications, 1988.
[117] Arai, T., *Derivability conditions on Rosser's provability predicates*, Notre Dame Journal of Formal Logic, 31 (4), 487–645, 1990.
[118] Barwise, J., *An Introduction to First-Order Logic*, In: [119], 5–46, 1977.
[119] Barwise, J. (Ed.), Handbook of Mathematical Logic, North-Holland, 1977.
[120] Barwise, J. *Toward a mathematical theory of meaning*, In: J. Barwise, Situation in Logic, Stanford CSLI, 1989.
[121] Barwise, J. and Etchemendy, J., The Liar: An Essay on Truth and Circularity (reprinted ed.), Oxford University Press, 1989. 邦訳 [84].
[122] Barwise J. and Moss, L., Vicious Circles: On the Mathematics of Non-Wellfounded Phenomena, CLSI Publications, 1996.
[123] Bell, J.L., Toposes and Local Set Theories: An Introduction, Oxford, 1988.
[124] Benacerraf, P. and Putnam, H. (Eds.), Philosophy of Mathematics: Selected Readings (2nd ed.), Cambridge, 1983.
[125] Bezboruah, A. and Shepherdson, J.C., *Gödel's second incompleteness theorem for Q*, Journal of Symbolic Logic, 41 (2), 503–512, 1976.
[126] Bochnak, J., Coste, M., and Roy, M.-F., Real Algebraic Geometry, Springer, 1998.
[127] Boolos, G., *A new proof of the Gödel incompleteness theorem*, Notices of American Mathematical Society, 36, 388–390, 1989. 邦訳 [91].

[128] Boolos, G., The Logic of Provability, Cambridge, 1993.
[129] Brouwer, L.E.J., *Intuitionism and formalism*, Bulletin (New Series) of the American Mathematical Society, 37 (1), 55–64, 1913. [124], 77–89 に再掲.
[130] Buss, S., Bounded Arithmetic, Bibliopolis, 1986.
[131] Cantini, A., *Paradoxes, self-reference and truth in the 20th century*, In: D.M. Gabbay and J. Woods (Eds.), Handbook of the History of Logic, vol. 5, 875–1013. Elsevier/North-Holland, 2009.
[132] Chaitin, G., *The Berry paradox*, Complexity, 1 (1), 26–30, 1995.
[133] Chang, C.C. and Keisler, H.J., Model Theory (3rd ed.), North-Holland, 1990.
[134] Cieśliński, C. and Urbaniak, R., *Gödelizing the Yablo sequence*, Journal of Philosophical Logic, 42 (5), 679–695, 2013.
[135] Clay, R.E., Leśniewski's Mereology, unpublished monograph.
[136] Copeland, B.J. and Sylvan, R., *Beyond the universal Turing machine*, Australasian Journal of Philosophy, 77, 46–66, 1999.
[137] Dales, H.G. and Oliveri, G. (Eds.), Truth in Mathematics, Oxford, 1998.
[138] Devlin, K., The Joy of Sets: Fundamentals of Contemporary Set Theory (2nd ed.), Springer, 1993.
[139] Dummett, M., *Wang's paradox*, Synthese, 30, 301–324, 1975. [140] 248–268 に再掲.
[140] Dummett, M., Truth and Other Enigmas, Harvard University Press, 1978. 抄訳 [66].
[141] Ehrenfeucht, A. and Feferman, S., *Representability of recursively enumerable sets in formal theories*, Archiv für Mathematische Logik und Grundlagenforschung, 5, 37–41, 1960.
[142] Ehrenfeucht, A. and Mycielski, J., *Abbreviating proofs by adding new axioms*, Bulletin of the American Mathematical Society, 77 (3), 366–367, 1971.
[143] Enderton, H., A Mathematical Introduction to Logic (2nd ed.), Academic Press, 2000.
[144] Flach, P.A. and Kakas, A.C., *Abductive and Inductive Reasoning: Background and Issues*, In: P.A. Flach and A.C. Kakas (Eds.), Abduction and Induction: Essays on their Relation and Integration, Kluwer Academic Press, 1–27, 2000.
[145] Flath, D. and Wagon, S., *How to pick out the integers in the rationals: An application of number theory to logic*, American Mathematical Monthly, 98 (9), 812–823, 1991.
[146] Fraenkel, A.A., Bar-Hillel, Y. and Levy, A., Foundations of Set Theory (2nd ed.), North Holland, 1973.

[147] Fraenkel, A.A., Abstract Set Theory (4th rev. ed.), North-Holland, 1976.
[148] Franzen, T, Inexhaustibility, Lecture Notes in Logic 16, CRC Press, 2004.
[149] Fuchino, S., *The set-theoretic multiverse as a mathematical plenitudinous Platonism viewpoint*, Annals of the Japan Association for Philosophy of Science, 20, 49–54, 2012.
[150] Gandy, R., *Church's Thesis and Principle for Mechanisms*, In: J. Barwise, H.J. Keisler and K. Kunen (Eds.), The Kleene Symposium, North-Holland, 123–148, 1980.
[151] Geiser, J.R., *A Formalization of Essenin-Volpin's proof theoretical studies by means of nonstandard analysis*, Journal of Symbolic Logic, 39 (1), 81–87, 1974.
[152] Gold, E.M., *Limiting recursion*, Journal of Symbolic Logic, 30 (1), 28–48, 1965.
[153] Grišin, V.N., *A nonstandard logic, and its application to set theory* (Russian), In: Studies in Formalized Languages and Nonclassical Logics, 135–17, Nauka, 1974.
[154] Grišin, V.N., *Predicate and set-theoretic calculi based on logic without contractions*, Math. USSR Izvestija, 18, 41-59, 1982.
[155] Guaspari, D. and Solovay, R.M. *Rosser sentences.* Annals of Mathematical Logic, 16 (1), 81–99, 1979.
[156] Hájek, P. and Pudlák, P., Metamathematics of First-Order Arithmetic, Springer, 1998.
[157] Halbach, V., Axiomatic Theories of Truth, Cambridge, 2011.
[158] Hallett, M., Cantorian Set Theory and Limitation of Size, Oxford, 1986.
[159] Hamkins, J.D., *The set-theoretic multiverse: A natural context for set theory*, Annals of the Japan Association for Philosophy of Science, 19, 37–55, 2011.
[160] Henkin, L., *The completeness of the first-order functional calculus*, Journal of Symbolic Logic, 14 (3), 159–166, 1949.
[161] Hodges, W., *Truth in a structure*, Proceedings of the Aristotelian Society, New Series, 86, 135–151, 1985–1986.
[162] Hodges, W., A Shorter Model Theory, Cambridge, 1997.
[163] Isaacson, D., *Necessary and sufficient conditions for undecidability of the Gödel sentence and its truth*, In: D. De Vidi et al. (Eds.), Logic, Mathematics, Philosophy: Vintage Enthusiasms, Essays in Honour of John L. Bell, Springer, 135–152, 2011.
[164] Ibuka, S., Kikuchi, M. and Kikyo, H., *Kolmogorov complexity and characteristic constants of formal theories of arithmetic*, Mathematical Logic Quarterly, 57 (5), 470–473, 2011.
[165] Jech, T., *On Gödel's second incompleteness theorem.* Proceeding of the

American Mathematical Society, 121 (1), 311–313, 1994.
[166] Jeroslow, R.G., *Redundancies in the Hilbert-Bernays derivability conditions for Gödel's second incompleteness theorem*, Journal of Symbolic Logic, 38 (3), 359–367, 1973.
[167] Kanamori, A., The Higher Infinite (2nd ed.), Springer, 2003. 邦訳 [22].
[168] Kaye, R., Models of Peano Arithmetic, Oxford, 1991.
[169] Kikuchi, M., *A note on Boolos' proof of the incompleteness theorem*, Mathematical Logic Quarterly, 40 (4), 528–532, 1994.
[170] Kikuchi, M., *Kolmogorov complexity and the second incompleteness theorem*, Archive for Mathematical Logic, 36 (6), 437–443, 1997.
[171] Kikuchi, M. and Tanaka, K., *On formalization of model-theoretic proofs of Gödel's theorems*. Notre Dame J. Formal Logic. 35 (3), 403–412, 1994.
[172] Kikuchi, M., Kurahashi, T. and Sakai, H., *On proofs of the incompleteness theorems based on Berry's paradox by Vopěnka, Chaitin, and Boolos*, Mathematical Logic Quarterly, 58 (4–5), 307–316, 2012.
[173] Kleene, S.C., *On notation for ordinal numbers*, Journal of Symbolic Logic, 3, 150–155, 1938.
[174] Kleene, S.C., *Origin of recursive function theory*, Annals of the History of Computing, 3 (1), 52–67, 1981.
[175] Kleene, S.C., *Turing's analysis of computability and major application of it*, In: R. Herken (Ed.), The Universal Turing Machine: A Half-Century Survey (2nd ed.), Springer, 1994/1995.
[176] Kotlarski, H., *On the incompleteness theorems*, Journal of Symbolic Logic, 59 (4), 1414–1419, 1994.
[177] Krajíček, J., Bounded Arithmetic, Propositional Logic, and Complexity Theory, Cambridge University Press, 1995.
[178] Kreisel, G., *Notes on arithmetical models for consistent formulae of the predicate calculus*, Fundamenta Mathematicae 37, 265–285, 1950.
[179] Kreisel, G., *A survey of proof theory*, Journal of Symbolic Logic, 33 (3), 321–388, 1968.
[180] Kreisel, G., *Hilbert's Programme*, Dialectica, 12, 346–372, 1958. [124] 207–238 に再掲.
[181] Kreisel, G. and Krivine, J.L., Elements of Mathematical Logic, North-Holland, 1971.
[182] Kripke, S.A., *The Church-Turing "thesis" as a special corollary of Gödel's completeness theorem*, In: B.J. Copeland, C.J. Posy, O. Shagrir (Eds.), Computability: Turing, Goedel, Church, and Beyond, MIT Press, 77–104, 2013.
[183] Kunen, K., Set Theory, Springer, 1980. 邦訳 [27].
[184] Larson, P.B., *Three days of Ω-logic*, Annals of the Japan Association for

Philosophy of Science,19, 57–86, 2011.
- [185] Li, M., and Vitányi, P., An Introduction to Kolmogorov Complexity and Its Applications (3rd ed.), Springer, 2008.
- [186] Lindström, P., Aspects of Incompleteness, Lecture Notes in Logic, 10, Springer, 1997.
- [187] Macintyre, A. and Marker, D., *Primes and their residue rings in modes of open induction*, Annals of Pure and Applied Logic, 43, 57–77, 1989.
- [188] Maddy, P., *Believing Axioms. I*, Journal of Symbolic Logic, 53 (2), 481–511, 1987.
- [189] Marker, D., *Model theory and exponentiation*, Notices of American Mathematical Society, 43 (7), 753–759, 1996.
- [190] Martin, D., *Mathematical Evidence*, In: [137], 215–231, 1998.
- [191] McLarty, C., *Anti-foundation and self-reference*, Journal of Philosophical Logic, 22, 19–28, 1993.
- [192] Mendelson, E., Introduction to Mathematical Logic (5th ed.), CRC Press, 2010.
- [193] Moore, G.H., *Beyond first-order logic: the historical interplay between mathematical logic and axiomatic set theory*, History and Philosophy of Logic, 1, 95–137, 1980.
- [194] Moore, G.H., *The emergence of first-order logic*, In: W. Aspray and P. Kitcher (Eds.), History and Philosophy of Modern Mathematics, Minnesota Studies in the Philosophy of Science vol. XI, University of Minnesota Press, 95–135, 1988.
- [195] Nelson, E., Predicative Arithmetic, Princeton University Press, 1986.
- [196] Odifreddi, P., Classical Recursion Theory: The Theory of Functions and Sets of Natural Numbers, Vol. 1 (Studies in Logic and the Foundations of Mathematics, Vol. 125), North-Holland, 1989.
- [197] Paris, J.B., Wilkie, J. and Woods, A.R., *Provability of the pigeonhole principle and the existence of infinitely many primes*, Journal of Symbolic Logic, 53 (4), 1235–1244, 1988.
- [198] Parikh, R., *Existence and feasibility in arithmetic*, Journal of Symbolic Logic, 36 (3), 494–508, 1971.
- [199] Peirce, C.S., *Of Reasoning in General*, In: Peirce, C.S., The Essential Peirce Volume 2 (1893–1913) (the Peirce Edition Project ed.), Indiana University Press, 11–26, 1998.
- [200] Pogorzelski, W.A. and Wojtylak, P., Completeness Theory for Propositional Logics, Birkhäuser, 2008.
- [201] Putnam, H., *Trial and error predicates and the solution to a problem of Mostowski*, Journal of Symbolic Logic, 31 (1), 49–57, 1965.
- [202] Putnam, H., *Models and reality*, Journal of Symbolic Logic, 45 (3), 464–

482, 1980. [124] 421–444 に再掲.
- [203] Priest, G., *Yablo's paradox*, Analysis, 57 (4), 236–242, 1997.
- [204] Raatikainen, P., *On interpreting Chaitin's incompleteness theorem*, Journal of Philosophical Logic, 27, 569–586, 1998.
- [205] Raatikainen, P., *Hilbert's program revisited*, Synthese, 137, 157–177, 2003.
- [206] Shapiro, S., Thinking about Mathematics: The Philosophy of Mathematics, Oxford, 2000. 邦訳 [45].
- [207] Schroeder-Heister, P., *Validity concepts in proof-theoretic semantics*, Synthese, 148, 525–571, 2006.
- [208] Shepherdson, S.C., *Representability of recursively enumerable sets in formal theories*, Archiv für Mathematische Logik und Grundlagenforschung, 5, 119–127, 1960.
- [209] Shoenfield, J.R., Mathematical Logic, Addison-Wesley, 1967.
- [210] Siegelmann, H.T., *Computation beyond the Turing limit*, Science, New Series, 268 (5210), 545–548, 1995.
- [211] Simpson, S.G., *Partial realization of Hilbert's program*, Journal of Symbolic Logic, 53 (2), 349–363, 1988.
- [212] Simpson, S.G., Subsystems of Second Order Arithmetic (2nd ed.), Cambridge University Press, 2010.
- [213] Smoryński, C., *The incompleteness theorems*. In: [119], 821–865, 1977.
- [214] Smoryński, C., Self-Reference and Modal Logic, Springer, 1985.
- [215] Smoryński, C., Logical Number Theory I: An Introduction, Springer, 1991.
- [216] Soare, R.I., *Computability and recursion*, Bulletin of Symbolic Logic, 2 (3), 284–321, 1996.
- [217] Stewart, I., *Secret narratives of mathematics*, In: J.L. Casti and A. Karlqvist (Eds.), Mission to Abisko, Perseus Books, 157–185, 1998.
- [218] Syropoulos, A., Hypercomputation: Computing Beyond the Church-Turing Barrier, Springer, 2008.
- [219] Tait, W.W., *Finitism*, Journal of Philosophy, 78 (9), 524–546, 1981.
- [220] Tait, W.W., *Truth and proof: the Platonism of mathematics*, Synthese, 69, 341–370, 1986.
- [221] Takeuti, G., Proof Theory (2nd rev.), North Holland, 1987.
- [222] Tarski, A., Logic, Semantics, Metamathematics (2nd ed.), Hackett, 1983.
- [223] Tourlakis, G., Theory of Computation, Wiley, 2012.
- [224] van Dalen, D., Logic and Structure (5th ed.), Springer, 2012.
- [225] van den Dries, L.P.D., *Some model theory and number theory for models of weak systems of arithmetic*, In: L. Pacholski (Ed.), Model Theory of Algebra and Arithmetic, Lecture Notes in Mathematics, 834, Springer, 346–362, 1980.

[226] van Lambalgen, M., *Algorithmic information theory*, Journal of Symbolic Logic, 54 (4), 1389–1400, 1989.
[227] Vopěnka, P., *A new proof of the Gödel's result on non-provability of consistency*, Bull. Acad. Polon. Sci. Sér. Sci. Math. Astronom. Phys., 14, 111–116, 1966.
[228] Wilkie, A., and Paris, J., *On the scheme of induction for bounded arithmetic formulas*, Annals of Pure and Applied Logic, 35, 261–302, 1987.
[229] Woodin, W.H., *Tower of Hanoi*, In: [137], 329–351, 1998.
[230] Woodin, W.H., *The Continuum Hypothesis, Part I, II*, Notices of American Mathematical Society, 48 (6), 567–576, ibid., 48 (7), 681–690, 2001.
[231] Yablo, S. *Paradox without self-reference*, Analysis, 53, 251–252, 1993.
[232] Yessenin-Volpin, A.S., *The ultra-intuitionistic criticism and the antitraditional program for foundations of mathematics*, In: A. Kino, J. Myhill and R.E. Vesley (Eds.), Intuitionism and Proof Theory. North-Holland, 3–45, 1970.
[233] Yessenin-Volpin, A.S., *About infinity, finiteness and finitization*, In: F. Richman (Ed.), Constructive Mathematics, Lecture Notes in Mathematics, 873, Springer, 274–313, 1981.

索 引

【記号】

$\forall$　58
$\forall x \leq t$　171
$\exists$　58
$\exists!$　73
$\exists x \leq t$　171
$\equiv$　78
$\cong$　78
$\preceq$　83
$\to$　18
$\leftrightarrow$　41
$\neg$　18
$\wedge$　18
$\vee$　18
$\models$　25, 66
$\vdash$　31, 72
$\simeq$　143
$\subseteq_e$　261
Δ_0　171
Δ_0-PHP　273
Δ_1　176
ω　129
ω 無矛盾 (ω-consistent)　208
ω モデル (ω model)　132
Ω_1　273
Π_1^1-CA_0　247
Π_1　171
Π_n 完全 (Π_n complete)　173
Π_n 健全 (Π_n sound)　173
Σ_1　171
Σ_1 完全性 (Σ_1 completeness)　174, 241
Σ_n 完全 (Σ_n complete)　173
Σ_n 健全 (Σ_n sound)　173
ACA_0　247
ACF　63
ACF_0　63
ACF_p　63
ATR_0　247
$B_{\varphi(x,\bar{y})}$　273

$\mathbb{C}$ 278
DLO 62
$\text{ex}(a)$ 132
Exp 272
F 63
$\mathbb{F}$ 23
Fml 19
$\text{Fml}_{\mathcal{L}}$ 60
[G] 71
$I_{\varphi(x)}$ 107
IOpen 264
IΔ_0 264
IΣ_1 184
$L_{\varphi(x)}$ 108
$\mathcal{L}_{OR}$ 57
$\mathcal{L}_A$ 57, 105
$\mathcal{L}_O$ 57
$\mathcal{L}_R$ 57
$\mathcal{L}_S$ 57, 114
LO 62
[MP] 33
$\mathbb{N}$ 109
$\mathcal{N}$ 123
n 無矛盾性 (n-consistency) 209
$O_{\varphi(x)}$ 108
O 62
OF 64
$\mathcal{P}(z)$ 120
PA 107
PA$^-$ 106
PV 17
$\mathbb{Q}$ 276
$\mathbb{R}$ 277
RCA$_0$ 247
RCF 63
RCOF 64
RF 63
$\text{Snt}_{\mathcal{L}}$ 60
$\mathbb{T}$ 23
$\text{Th}(\mathfrak{M})$ 77
$\text{Th}(T)$ 31, 72
U 125
V 125
Val 23
WKL$_0$ 247
$\mathbb{Z}$ 275
$\mathbb{Z}_n$ 257
$\mathbb{Z}_2$ 247

【A】

Ackermann 関数 (Ackermann function) 141
algebraically closed field 63
Analysis 247
arithmetic 104
arity 57
assignment 23
atomic formula 58
axiom 21, 62
Axiom of Choice 121
Axiom of Comprehension 113
Axiom of Extensionality 113
Axiom of Foundation 120
Axiom of Full Comprehension 116
Axiom of Infinity 120
Axiom of Regularity 120
Axiom of Replacement 120
Axiom of Separation 116
axiomatic definition 22
axiomatic system 21, 62
axiomatizable 163

【B】

base set 65
Basic Axioms of Arithmetic 106
bound variable 60
Bounded Arithmetic 269
bounded quantifier 171

【C】

categorical 80
Categoricity Theorem 80
Chaitin の不完全性定理 (Chaitin's Incompleteness Theorem) 281
characteristic 63
characteristic function 149
Church の定理 (Church's Theorem) 213
class 125
Collection Axiom 273
Compactness Theorem 50, 94
complete 40
completeness 42, 86
Completeness Theorem 42, 86
composition 138
Comprehension Principle 113
computational complexity 147
conseqence 28, 69
consequence operator 51
Conservation Program 244
conservative extension 77
Consistency Program 241
consistent 39
constant symbol 57
countable nonstandard model 110
Craig のトリック (Craig's trick) 164

【D】

decidable 149, 161
Deduction Theorem 37, 73
deductive inference 30
Definability 177
dense linear order 62
dense linear order without endpoint 62
Derivability Conditions 216, 241

deterministic 27
direct definition 22
domain 143

【E】

elementarily equivalent 78
elementary diagram 81
elementary extension 83
elementary substructure 83
end-extension 261
equality 58
existential quantifier 58
expansion 81
extension 76, 83, 132

【F】

false 23, 66
field 57, 63
First Incompleteness Theorem 208
fixed point 206
Fixed Point Theorem 206
formal proof 31
formal theory 21
Formalized First Incompleteness Theoerm 221
Formalized Second Incompleteness Theorem 225
formalized Σ_1 completeness 218, 241
formula 19, 59
free variable 60
function symbol 57

【G】

Gödel 数 (Gödel number) 159
Gödel の加速定理 (Gödel's Speedup Theorem) 255

general recursive function 142
Generalization 71
Generalized Completeness Theorem 42, 86
Gödel 文 (Gödel sentence) 208

【H】

Henkin 拡大 (Henkin extension) 89
Henkin 公理 (Henkin axiom) 89
Henkin 定数 (Henkin constant) 88
Henkin 文 (Henkin sentence) 223

【I】

implicit definition 22
inconsistent 39
indirect definition 22
inference rule 30
infinite element 259
initial segment 261
integer part 266
interpretation 65
isomorphic 78
isomorphism 78

【J】

J. Robinson の定理 (J. Robinson's Theorem) 276

【K】

Kolmogorov 複雑性 (Kolmogorov complexity) 280
Kreisel の注意 (Kreisel's Remark) 232

【L】

Löb の定理 (Löb's Theorem) 223
Löwenheim-Skolem の定理 (Löwenheim-Skolem's Theorem) 96
Löwenheim-Skolem's Theorem 96
language 57
language of arithmetic 57, 105
language of order 57
language of ordered ring 57
language of ring 57
language of set theory 57, 114
Least Number Principle 108
linear order 62
logical axiom 30
logical conseqence 28
logical consequence 69
logical symbol 58

【M】

Mathematical Induction 107
mathematical innocence 304
mathematical structure 65
maximally consistent 47
Mereology 112
metamathematics 126
minimization 144
model 28, 69
model complete 83
Modus Ponens 33

【N】

nonlogical axiom 21, 62
nonlogical symbol 57
nonstandard element 259
nonstandard model 110, 132
Normal Form Theorem 166
Nullstellensatz 52

numeral 162

【O】
Ontology 112
open formula 59
order 62
Order Induction 107
ordered field 64
Oreyの定理(Orey's Theorem) 226

【P】
Parikh の定理 (Parikh's Theorem) 269
Parsons の定理 (Parsons' Theorem) 184
partial function 143
partial order 62
Peano 算術 (Peano Arithmetic) 107
Peirce の法則 (Peirce's law) 39
Pigeonhole Principle 273
Predicate Logic 17, 53
Presburger 算術 (Presburger Arithmetic) 104
primitive recursion 138
primitive recursive 149
primitive recursive function 138
projection function 138
proof 30
proof figure 31
proof predicate 203
proper class 125
propositional connective 18
Propositional Logic 17
propositional variable 18
provability prediate 204
provable 31
provably recursive 183

【Q】
quantifier 58
quantifier elimination 75, 277

【R】
random number 282
range 143
real closed field 63
real closed ordered field 64, 277
real field 63
Real Nullstellensatz 85
Recursion Theorem 168
recursive 149
recursive definition 20
recursive function 145
recursively enumerable 152, 155
Reduction Program 244
relation symbol 57
representability 189, 193
representable 188, 193
Reverse Mathematics 247
Riceの定理(Rice's Theorem) 168
Rosser の定理 (Rosser's Theorem) 231
Rosser文 (Rosser sentence) 230
Rule of Detachment 33
Russell の逆理 2

【S】
Second Incompleteness Theorem 223
sentence 60
set theory 104
set-theoretic relativism 310
Shepherdson の定理 (Shepherdson's Theorem) 266
Skolem の逆理 (Skolem's Paradox) 133

S_n^m 定理 (S_n^m Theorem)   167
sound   110
soundness   42, 86
standard element   259
standard model   110
standard provability predicate   223
Strong Conservation Program   245
Strong Reduction Program   245
structure   65
substructure   83
successor function   99

【T】

T 述語 (T predicate)   167
Tarski の定理 (Tarski's Theorem)   212
tautological formula   26
tautology   26
Tennenbaum の定理 (Tennenbaum's Theorem)   265
term   58
theorem   31
theory   21, 62, 77
total   143
total order   62
true   23, 66
True Arithmetic   109
truth assignment   23
truth table   26
truth value   23
Turing 機械 (Turing machine)   141
type theory   116

【U】

universal quantifier   58
universal Turing machine   167
universe   65
universe of sets   125

urelement   114

【V】

valuation   23
variable   58

【W】

Weak Conservation Program   244
Weak Reduction Program   243
weak representability   187
weakly representable   186

【Y】

Yablo の逆理 (Yablo's paradox)   237

【Z】

Zermelo-Fraenkel 集合論 (Zermelo-Fraenkel Set Theory)   118
zero function   138
Zorn の補題 (Zorn's lemma)   46

【ア行】

アブダクション   296

一般化   71
一般化された完全性定理   42, 86
一般再帰的関数   142
陰伏的定義   22

宇宙   65

演繹   296
演繹定理   37, 73
演繹的推論   30

【カ行】

外延　132
外延性の公理　113
解釈　65
解析学　247
開論理式　59
拡大　76, 83
拡張　81
可算超準モデル　110
可証再帰的　183, 185
可証性述語　204
数の世界　125
型理論　116
可導性条件　216, 241
関係記号　57
還元性プログラム　202, 240, 244
関数記号　57
間接的定義　22
完全　40
完全性　42, 86
完全性定理　42, 86
完全な内包の公理　116
環の言語　57

偽　23, 66
帰結　28, 69
帰結作用素　51
基礎の公理　120
帰納　296
逆数学　247
強還元性プログラム　245
強保存性プログラム　245
極大無矛盾　47

クラス　125

計算の複雑さ　147
計算量　147
形式化された Σ_1 完全性　218, 241
形式化された第一不完全性定理　221
形式化された第二不完全性定理　225
形式主義　5
形式的証明　31
形式的理論　21
決定可能　149, 161
決定的　27
言語　57
原子元　114
原始再帰的　149
原始再帰的関数　138
原始再帰法　138
原子的論理式　58
健全　110
健全性　42, 86
限定算術　269
限定量化子　171

項　58
後者関数　99
恒真式　26
恒真命題　26
項数　57
合成　138
構造　65
公理　21, 62
公理化可能　163
公理系　21, 62
公理主義　6
公理的定義　22
コンパクト性定理　50, 94

【サ行】

再帰定理　168
再帰的　149
再帰的可算　152, 155
再帰的関数　145
再帰的定義　20

最小化　144
最小値原理　108
算術　104
算術の基本公理　106
算術の言語　57, 105

始切片　261
実在論　6
実体　63
実代数幾何学　85
実閉体　63
実零点定理　85
射影関数　138
弱還元性プログラム　243
弱表現可能　186
弱表現可能性　187
弱保存性プログラム　244
終拡大　261
集合の世界　125
集合論　104
集合論的相対論　310
集合論の言語　57, 114
自由変数　60
述語論理　17, 53
順序　62
順序環の言語　57
順序帰納法　107
順序実閉体　64, 277
順序体　64
順序の言語　57
証明　30
証明可能　31
証明述語　203
証明図　31
初等的拡大　83
初等的図式　81
初等的同値　78
初等的部分構造　83
真　23, 66
真のクラス　125

真の算術　109
真理値　23
真理値の割り当て　23
真理値表　26

推論規則　30
数学的帰納法　107
数学的構造　65
数学的対象の世界　125
数学的無垢　304
数項　162

正規形定理　166
制限　81
整数部分　266
正則性の公理　120
全域的　143
線形順序　62
全順序　62
全称量化子　58
選択公理　121

束縛変数　60
存在量化子　58
存在論　112

【タ行】

体　57, 63
第一不完全性定理　208
台集合　65
代数的閉体　63
堆積公理　273
第二不完全性定理　223
端点のない稠密な線形順序　62
単無限構造　99

値域　143
置換公理　120
稠密な線形順序　62

超準元　259
超準モデル　110, 132
超数学　126
直接的定義　22
直観主義　4

強い　62

定義域　143
定義可能性　177
定数記号　57
定理　31

同型　78
同型写像　78
等号　58
トートロジー　26
特性関数　149

【ナ行】
内包の公理　113

【ハ行】
発見　296
鳩の巣原理　273
半順序　62
範疇性定理　80
範疇的　80
万能 Turing 機械　167

表現可能　188, 193
表現可能性　189, 193
標準元　259
標準的な可証性述語　223
標準モデル　110
標数　63
非論理的記号　57
非論理的公理　21, 62

付値　23
不動点　206
不動点定理　206
部分関数　143
部分構造　83
部分論　112
プラトン主義　6
文　60
分離規則　33
分離公理　116

変数　58

包括原理　113
保存性プログラム　202, 240, 244
保存的拡大　77

【マ行】
無限公理　120
無限大元　259
矛盾　39
無矛盾　39
無矛盾性プログラム　202, 240, 241

命題結合子　18
命題変数　17
命題論理　17

モデル　28, 69
モデル完全　83

【ヤ行】
唯名論　6

弱い　62

【ラ行】

乱数　282

量化子　58
量化子除去　74, 277
理論　21, 62, 77

累積帰納法　108

零関数　138
零点定理　52

論理式　19, 59
論理主義　4
論理的帰結　28, 69
論理的記号　58
論理的公理　30

【ワ行】

割り当て　23

Memorandum

Memorandum

著者紹介

菊池　誠（きくち　まこと）

1991年　東京工業大学理学部数学科卒業
1996年　博士（理学）（東北大学）
現　在　神戸大学大学院システム情報学研究科 教授
専　門　数学基礎論

不完全性定理 *The Incompleteness Theorems*	著　者　菊池　誠　© 2014 発行者　南條光章 発行所　共立出版株式会社 　　　　東京都文京区小日向4-6-19 　　　　電話　03-3947-2511（代表） 　　　　郵便番号 112-0006／振替口座 00110-2-57035 　　　　URL www.kyoritsu-pub.co.jp
2014年10月25日　初版1刷発行 2024年 5月15日　初版4刷発行	
	印　刷　啓文堂 製　本　ブロケード
検印廃止 NDC 410.9 ISBN 978-4-320-11096-0	一般社団法人 自然科学書協会 会員 Printed in Japan

JCOPY <出版者著作権管理機構委託出版物>
本書の無断複製は著作権法上での例外を除き禁じられています．複製される場合は，そのつど事前に，出版者著作権管理機構（TEL：03-5244-5088，FAX：03-5244-5089，e-mail：info@jcopy.or.jp）の許諾を得てください．

「数学探検」「数学の魅力」「数学の輝き」の三部からなる数学講座

共立講座 数学の輝き

新井仁之・小林俊行・斎藤 毅・吉田朋広 編

大学院に入ってもすぐに最先端の研究をはじめられるわけではありません。この「数学の輝き」では、「数学の魅力」で身につけた数学力で、それぞれの専門分野の基礎概念を学んでください。現在活発に研究が進みまだ定番となる教科書がないような分野も多数とりあげ、初学者が無理なく理解できるように基本的な概念や方法を紹介し、最先端の研究へと導きます。　　　＜各巻A5判・税込価格＞

❶数理医学入門
鈴木 貴著　画像処理／生体磁気／逆源探索／細胞分子／他・・・270頁・定価4400円

❷リーマン面と代数曲線
今野一宏著　リーマン面と正則写像／リーマン面上の積分／他 266頁・定価4400円

❸スペクトル幾何
浦川 肇著　リーマン計量の空間と固有値の連続性／他・・・・・・350頁・定価4730円

❹結び目の不変量
大槻知忠著　絡み目のジョーンズ多項式／量子群／他・・・・・・288頁・定価4400円

❺$K3$曲面
金銅誠之著　格子理論／鏡映群とその基本領域／他・・・・・・・240頁・定価4400円

❻素数とゼータ関数
小山信也著　素数に関する初等的考察／他・・・・・・・・・・・・・・・300頁・定価4400円

❼確率微分方程式
谷口説男著　確率論の基本概念／マルチンゲール／他・・・・・・236頁・定価4400円

❽粘性解 —比較原理を中心に—
小池茂昭著　準備／粘性解の定義／比較原理／他・・・・・・・・216頁・定価4400円

❾3次元リッチフローと幾何学的トポロジー
戸田正人著・・・・・・・・328頁・定価4950円

❿保型関数 —古典理論とその現代的応用—
志賀弘典著　楕円曲線と楕円モジュラー関数／他・・・・・・・・・288頁・定価4730円

⓫D加群
竹内 潔著　D-加群の基本事項／D-加群の様々な公式／他・・・・・324頁・定価4950円

⓬ノンパラメトリック統計
前園宜彦著　確率論の準備／統計的推測／他・・・・・・・・・・・・・252頁・定価4400円

⓭非可換微分幾何学の基礎
前田吉昭・佐古彰史著　数学的準備と非可換幾何の出発点／他 292頁・定価4730円

⓮リー群のユニタリ表現論
平井 武著　Lie群とLie環の基礎／群の表現の基礎／他・・・・・・502頁・定価6600円

⓯離散群とエルゴード理論
木田良才著　保測作用／保測同値関係の基礎／他・・・・・・・・・308頁・定価4950円

⓰散在型有限単純群
吉荒 聡著　$S(5; 8; 24)$系と二元ゴーレイ符号／他・・・・・・・2024年8月発売予定

www.kyoritsu-pub.co.jp　　共立出版　　（価格は変更される場合がございます）